用思维导图学Excel

中国水利水电出版社
www.waterpub.com.cn
·北京·

内 容 简 介

本书以“思维导图”的形式对Excel软件进行了系统的阐述；以“知识速记”的形式对各类知识点进行全面的解析；以“综合实战”的形式将知识点进行综合应用；以“课后作业”的形式让读者了解自己对知识的掌握程度。

全书共8章，分别对数据的录入、数据的整理、工作表的格式化设置、数据透视表的应用、公式与函数、VBA、图表、数据报表的输出等内容进行了讲解。所选案例紧贴实际，以达到学以致用、举一反三的目标。本书结构清晰，思路明确，内容丰富，语言简炼，解说详略得当，既有鲜明的基础性，也有很强的实用性。

本书适合作为办公人员的学习用书，尤其适合想要提高工作效率的办公人员，以及经常需要处理大量数据报表的人员阅读。同时，本书也可以作为社会各类Office培训班的首选教材。

图书在版编目（CIP）数据

用思维导图学Excel / 一品云课堂编著. -- 北京 : 中国水利水电出版社, 2020.1
ISBN 978-7-5170-8350-4

Ⅰ. ①用… Ⅱ. ①一… Ⅲ. ①表处理软件 Ⅳ. ①TP391.13

中国版本图书馆CIP数据核字(2019)第280003号

策划编辑：张天娇　责任编辑：周春元　加工编辑：张天娇　封面设计：德胜书坊

书　　名	用思维导图学Excel YONG SIWEI DAOTU XUE Excel
作　　者	一品云课堂　编著
出版发行	中国水利水电出版社 （北京市海淀区玉渊潭南路1号D座　100038） 网址：www.waterpub.com.cn E-mail：mchannel@263.net（万水） sales@waterpub.com.cn 电话：（010）68367658（营销中心）、82562819（万水）
经　　售	全国各地新华书店和相关出版物销售网点
排　　版	徐州德胜书坊教育咨询有限公司
印　　刷	北京天恒嘉业印刷有限公司
规　　格	185mm×240mm　16开本　16.5印张　350千字
版　　次	2020年1月第1版　2020年1月第1次印刷
印　　数	0001—5000册
定　　价	59.80元

■思维导图&Excel

思维导图是一种有效地表达发散性思维的图形思维工具，它用一个中心的关键词引起形象化的构造和分类，并用辐射线连接所有代表的字词、想法、任务或其他关联的项目。思维导图有助于人们掌握有效的思维方式，将其应用于记忆、学习、思考等环节，更进一步扩展人脑思维的方式。它简单有效的特点吸引了很多人的关注与追捧。目前，思维导图已经在全球范围内得到了广泛应用，而且有了世界思维导图锦标赛。

Excel也称为电子表格，利用它可以制作各式各样的统筹报表，还可以对报表数据进行统计、分析等，现已广泛地应用于财务管理、薪酬管理、市场营销、金融理财等众多领域。本书用思维导图对Excel的知识点进行了全面介绍，通过这种发散性的思维方式更好地领会各个知识点之间的关系，为综合应用解决实际问题奠定良好的基础。

万丈高楼平地起。本书构建的就是一座体系完善的Excel知识大厦，思维导图就是构造大厦的蓝图，知识点的讲解是建筑的基石，综合实战案例层层搭建，最后创造出整座大厦。本书致力于让读者掌握完整的Excel知识体系，并熟练运用这些知识改变工作的现状。

■本书的显著特色

1．结构划分合理 + 知识板块清晰

本书每一章都分为思维导图、知识速记、综合实战、课后作业四大块，读者可以根据自己学习的阶段选择知识充电、动手练习、作业检测等环节。

2．知识点分步讲解 + 知识点综合应用

本书以思维导图的形式增强读者对知识的把控力，注重于Excel知识的系统阐述，更注重于解决问题时的综合应用。

3．图解演示 + 扫码观看

书中案例配有大量插图以呈现操作效果，同时，还能扫描二维码进行在线学习。

4．突出实战 + 学习检测

书中所选择的案例具有一定的代表性，对知识点的覆盖面较广。课后作业的检测，可以起到查缺补漏的作用。

5．配套完善 + 在线答疑

本书不仅提供了全部案例的素材资源，还提供了典型操作过程的学习视频。此

外，QQ群在线答疑、作业点评、作品评选可为学习保驾护航。

■软件说明

安装并激活Microsoft Office 2019后，软件会自动更新，每次更新会发生一些细微的变化。例如，更新前Excel功能区中的活动选项卡是分上下级显示的，经过更新后，选项卡名称变得更加简洁，便于调用。下图展示了数据透视表活动选项卡更新前后的样式。在使用过程中，用户也可以通过设置产品信息禁止软件更新。

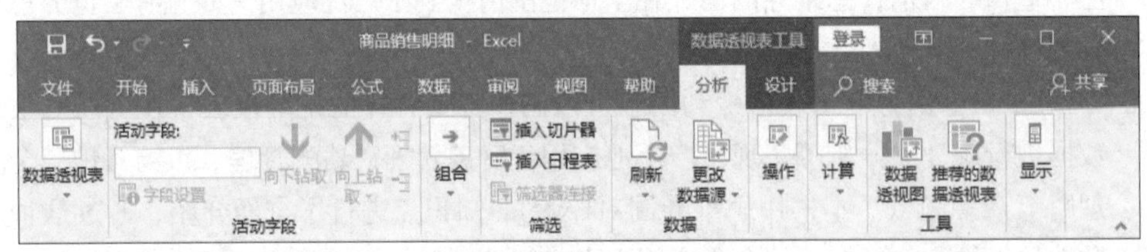

更新前活动选项卡样式

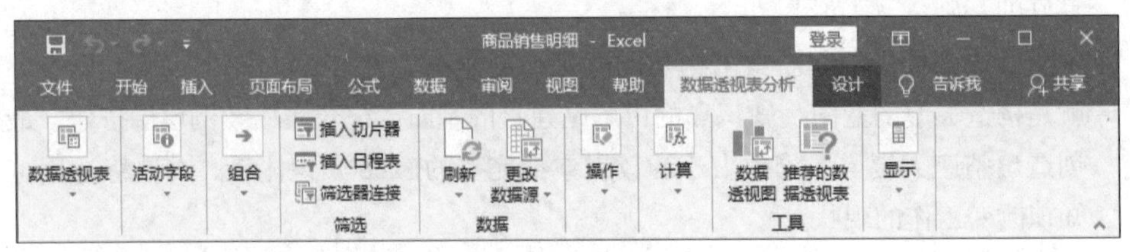

更新后活动选项卡样式

■操作指导

1．Microsoft Office 2019 软件的获取

要想学习本书，须先安装Excel 2019 应用程序，你可以通过以下方式获取：

（1）登录微软官方商城（https://www.microsoftstore.com.cn/），选择购买。

（2）到当地电脑城的软件专卖店咨询购买。

（3）到网上商城咨询购买。

2．本书资源及服务的获取方式

本书提供的资源包括案例文件、学习视频、常用模板等。案例文件可以在学习交流群（QQ群号：737179838）中获取，学习视频可以扫描书中二维码进行观看，作业点评可以通过QQ与管理员在线交流。

本书在编写和案例制作过程中力求严谨细致，但由于水平和时间有限，疏漏之处在所难免，望广大读者批评指正。

编者

2019年10月

目 录
CONTENTS

Excel

第 2 章 有序整理，让你的报表更利于分析

第3章 数据表美化不容忽视

第 4 章 看看数据透视表的七十二变

第 5 章 Excel的灵魂伴侣——公式与函数

第 6 章 VBA与宏，Excel的高级神助攻

第7章 数字图形化展示更直观

Excel

第8章 打印、输出、保护，这些全都很重要

Excel

第 1 章

会打字，不等于会在 Excel 中输数据

提到打字，毫无疑问大部分人都会，可是会打字却不等同于会在Excel中输入数据，也许只有没怎么接触过Excel的人，才会觉得在Excel中输入数据和平常打字聊天是一个概念。Excel作为一款专业的数据处理软件，对数据的类型及输入肯定是有一套严格的标准的，本章将对Excel中的数据类型及输入方法进行细致的介绍。

思维导图

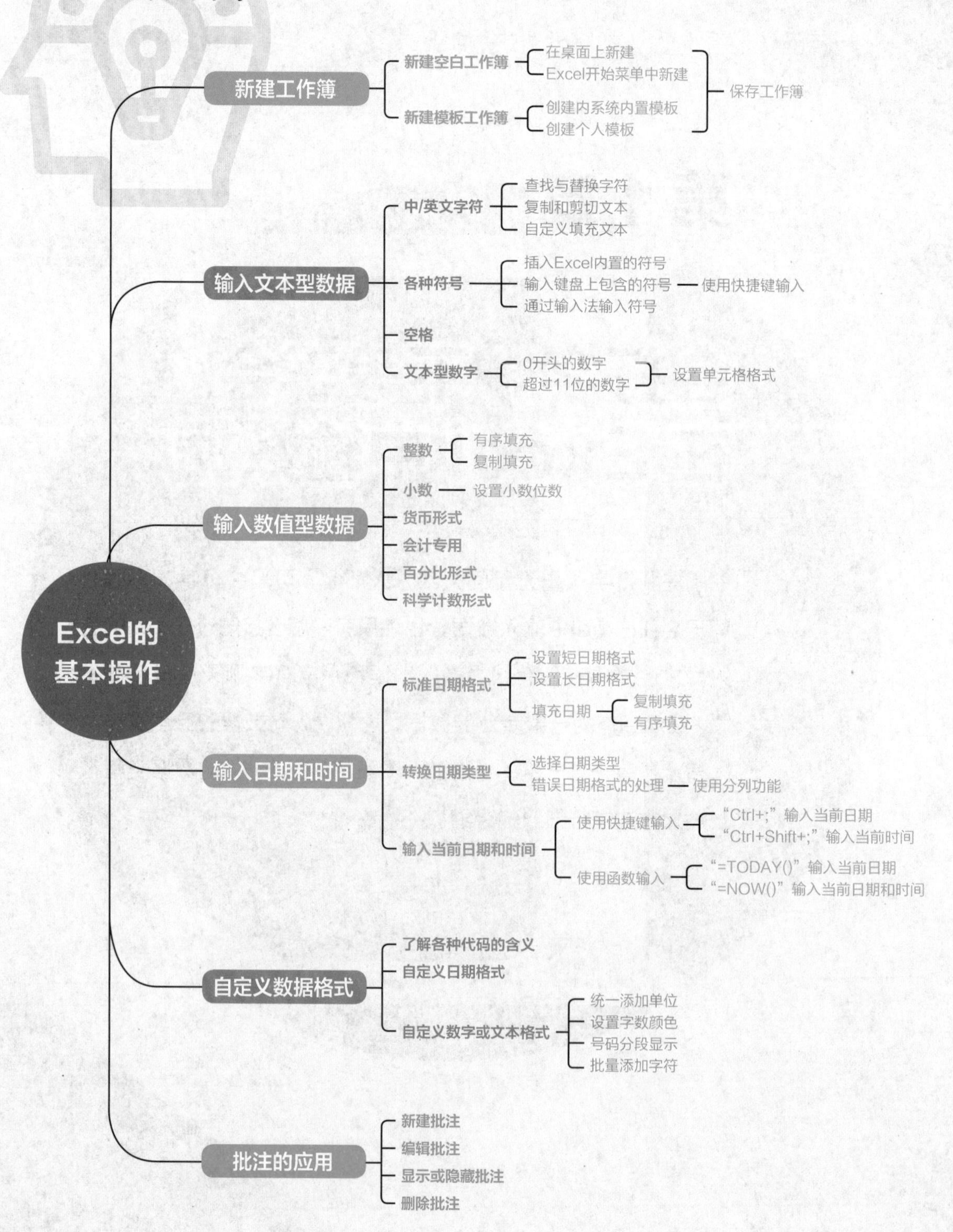

Excel的基本操作
新建工作簿
新建空白工作簿
在桌面上新建
Excel开始菜单中新建
新建模板工作簿
创建内系统内置模板
创建个人模板
保存工作簿
输入文本型数据
中/英文字符
查找与替换字符
复制和剪切文本
自定义填充文本
各种符号
插入Excel内置的符号
输入键盘上包含的符号
使用快捷键输入
通过输入法输入符号
空格
文本型数字
0开头的数字
超过11位的数字
设置单元格格式
输入数值型数据
整数
有序填充
复制填充
小数
设置小数位数
货币形式
会计专用
百分比形式
科学计数形式
输入日期和时间
标准日期格式
设置短日期格式
设置长日期格式
填充日期
复制填充
有序填充
转换日期类型
选择日期类型
错误日期格式的处理
使用分列功能
输入当前日期和时间
使用快捷键输入
"Ctrl+;" 输入当前日期
"Ctrl+Shift+;" 输入当前时间
使用函数输入
"=TODAY()" 输入当前日期
"=NOW()" 输入当前日期和时间
自定义数据格式
了解各种代码的含义
自定义日期格式
自定义数字或文本格式
统一添加单位
设置字数颜色
号码分段显示
批量添加字符
批注的应用
新建批注
编辑批注
显示或隐藏批注
删除批注

知识速记

1.1 数据的输入

Excel中的常用数据类型包括文本、数字、货币、会计专用、日期、时间、百分比、分数、科学记数和自定义的数据等。

1.1.1 输入文本型数据

中文或英文字符、空格、标点符号、特殊符号等，这些在Excel中都属于文本型数据，不管单元格中是什么内容，只要包含至少一个文本型字符，那么整个单元格中的数据就会被视为文本型数据。在文本单元格中输入的数字也将被作为文本处理，而且单元格左上角通常会出现一个绿色的小三角，如图1-1所示。

办公费	☺	1小组	Excel	A班1组	5
差旅费	""	2小组	Office	A班2组	005
福利费	/	3小组	Computer	B班1组	1234567899999

图1-1

1.1.2 输入数值型数据

数值型数据的表现方式十分丰富，除了数字以外日期、时间、百分数、会计专用、分数、科学计数等形式的数据都是数值型数据，如图1-2所示。

整数	520	带小数点	520.00	负数	-520	百分比	50%
货币形式	¥520,156.00	会计专用	¥　520,156.00	科学计数	5.20E+05		

图1-2

1.1.3 输入日期型数据

日期其实也是一种数值，在Excel中输入日期时应注意使用系统能够识别的日期格式，Excel的标准日期格式分为长日期和短日期两种类型，长日期以“2019年5月1日”的形式显示，短日期以“2019/5/1”的形式显示，如图1-3所示。输入短日期的时候连接符也可以使用“-”符号，例如，输入“2019-5-1”，按下回车键后会自动以“2019/5/1”的形式显示。

当省略年份，只以标准的日期格式输入月和日时，Excel会自动将所输入的日期识别为系统显示的当前年份，如图1-4所示。

长日期	2019年5月1日
短日期	2019/5/1

图1-3

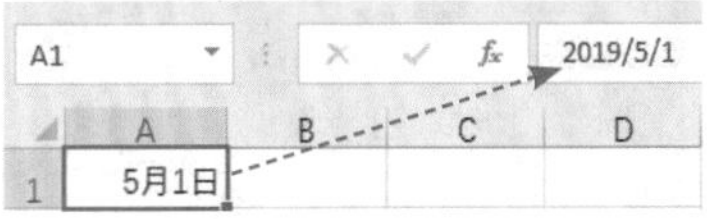

A1	2019/5/1		
A	B	C	D
5月1日			

图1-4

● **新手误区：** 在很多人习惯用“2019.5.1”这样的形式来表示日期，但是这种日期格式并不能被Excel认可，只能作为文本型数据来处理。所以为了避免错误的日期格式影响数据转换或计算和分析，应该杜绝使用错误的日期格式。

■1.1.4　输入特殊字符

常用的符号可直接通过键盘输入，如“+”“-”“*”“/”“$”“%”等，如图1-5所示。键盘上找不到的符号可以通过“符号”对话框输入。在“插入”选项卡中单击“符号”按钮即可打开“符号”对话框，如图1-6所示。

图1-5

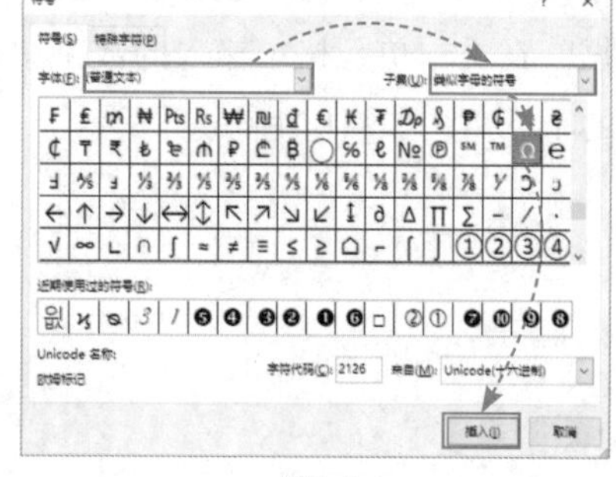

图1-6

■1.1.5　自定义数字格式

自定义数字格式，顾名思义即指自己定义数字的格式，灵活地使用自定义格式能够获得更多除了常用数字格式以外的格式。

自定义数字格式在“设置单元格格式”对话框中设置。选择“自定义”分类，可以看到很多系统内置的数字格式，选中某个内置格式，单击“确定”按钮即可将所选区域设置为新的数字格式。不过，更多时候用户需要自行定义新的数字格式以获得满意的数据显示效果，如图1-7所示。

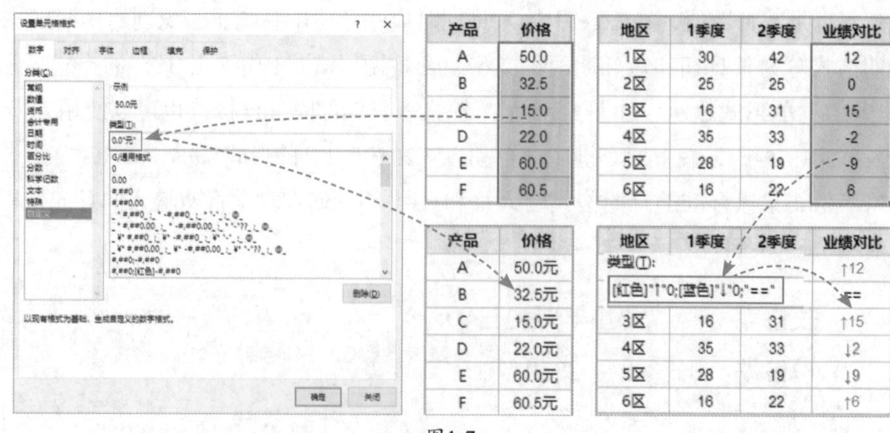

图1-7

了解自定义格式的代码含义对成功设置代码有着重大的意义，如图1-8所示。在这些代码中使用较多的是有“#”“0”“？”和“*”，见表1-1。

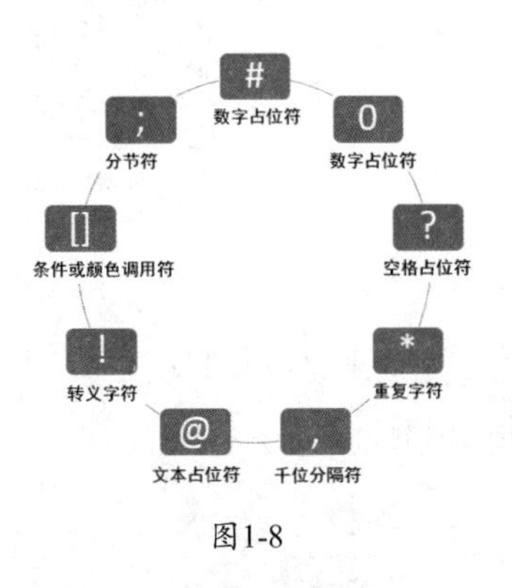

图1-8

表1-1

代码	名称	作用
#	数字占位符	只显示有意义的 0 而不显示无意义的 0
0	数字占位符	当数字大于 0 的个数时显示实际数字，否则将显示无意义的 0
?	空格占位符	在小数点两边为无意义的 0 添加空格
*	重复字符	使 * 之后的字符填充整个列宽
,	千位分隔符	在数字指定位置添加千位分隔符
@	文本占位符	引用原始文本，使用多个 @ 可重复引用原始文本

知识拓展

新建工作表默认单元格格式为“常规”，在常规格式下，系统会根据单元格中的内容，自动判断数据类型。例如，在单元格中输入“2019/5/1”，Excel会自动识别其为日期。用户可以设置单元格格式实现数据类型的转换，转换数据类型有两种方法。

方法一：在“数字格式”列表中转换。打开“数字格式”下拉列表后选择需要的数据类型即可完成转换，如图1-9所示。

方法二：在“设置单元格格式”对话框中转换。按组合键Ctrl+1可以打开该对话框。在“数字”选项卡中不仅能够转换数据类型，还可以对数据的格式进行设置，如设置数值的小数位数、选择负数的显示方式、设置日期或时间类型等，如图1-9所示。

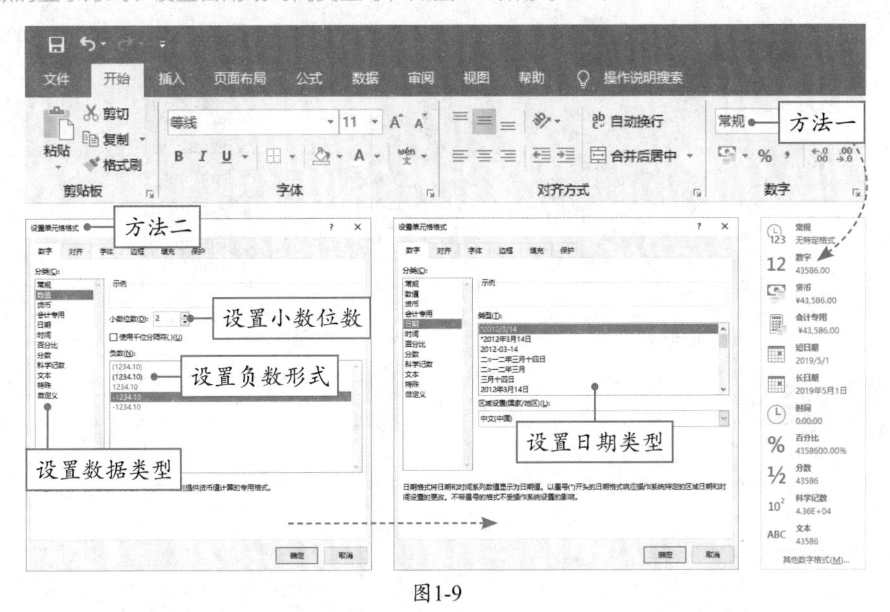

图1-9

1.2 数据的填充

手动输入数据通常效率很低，为了提高输入速度需要采取一些特殊方法，使用“填充”功能快速输入有序或重复的内容就是方法之一。

扫码观看视频

1.2.1 填充重复数据

填充重复数据相当于在指定方向上复制数据。使用填充柄或“填充”下拉列表中的选项可以快速完成复制填充操作。

拖动填充柄填充：文本和数字可通过直接拖动单元格右下角的填充柄来完成复制填充，如图1-10和图1-11所示。而输入日期时则需要在拖动填充柄的同时按住Ctrl键，如图1-12所示。

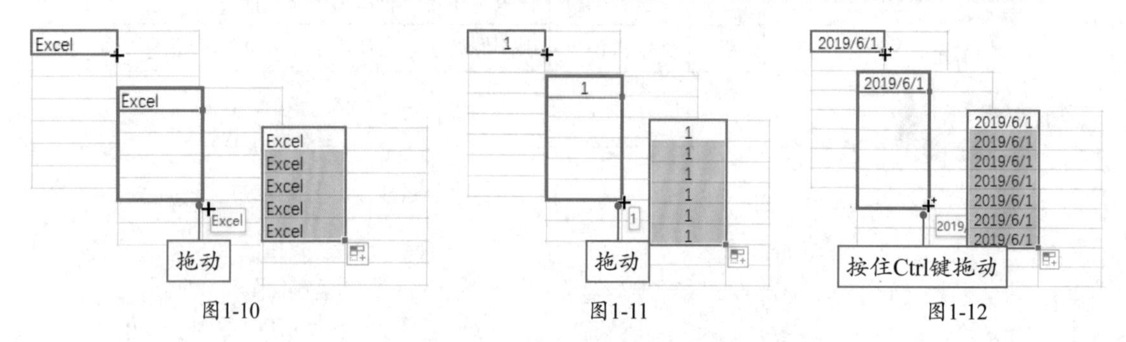

图1-10　图1-11　图1-12

使用“填充”命令填充：“填充”命令位于“开始”选项卡中的“编辑”选项组内。单击“填充”下拉按钮，在下拉列表中包含“向下”“向右”“向上”和“向左”选项，如图1-13所示。选择其中任一选项即可将内容在所选方向上进行复制填充。图1-14为数据向下填充的效果。

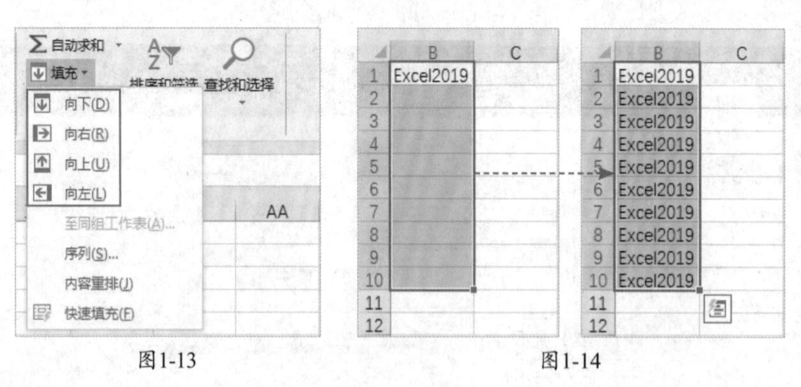

图1-13　图1-14

知识拓展

若要在不相邻的多个单元格区域内填充相同内容可使用快捷键来操作。操作方法为：选中所有需要填充内容的单元格，直接输入内容，按Ctrl+Enter键即可将所输入的内容填充到所有选中的单元格内。

1.2.2　填充有序数据

有序填充也称为序列填充，一般用于序号和日期的快速输入，如图1-15和图1-16所示。有序填充同样使用填充柄和“填充”命令操作。填充柄适合在数据不多的情况下使用，当要填充的数据较多，而且对序列生成有明确的数量、间隔要求时，使用“填充”命令下的“序列”对话框进行操作则更为方便快捷。

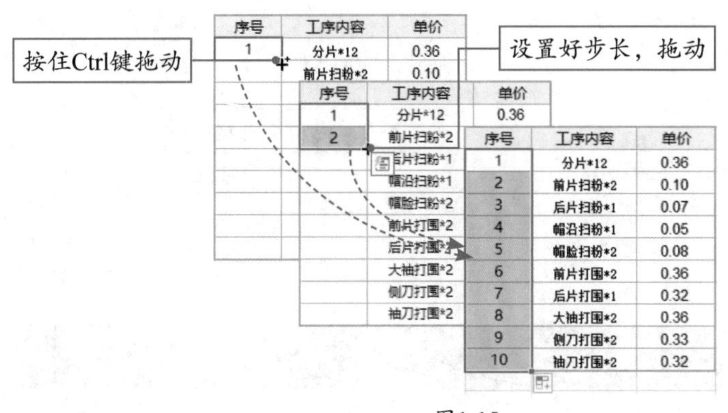

图1-15

图1-16

● **新手误区：** 当数字被输入在文本格式的单元格中时，直接拖动填充柄，数字不会被复制填充而是会进行序列填充。文本型数据中夹杂数字时，这些数字也会随着填充柄的移动进行有序填充。

在“填充”下拉列表中选择“序列”选项，即可打开“序列”对话框，通过该对话框可以设置数字或日期序列的生成条件。例如，指定序列的填充方向，设置数据以等差序列填充或是以等比序列填充，设置日期以年、月、日或工作日为单位进行填充，设置步长值及终止值等，如图1-17所示。

图1-17

知识拓展

什么是步长值？说得通俗点，步长值相当于每一步的距离，即连续序列号的差或比。Excel中比较常用的序列类型为等差序列，这也是Excel的默认选项。当使用等差序列时，步长值等于后一个数减去前一个数所得差；而使用等比序列时，步长值等于后一个数除以前一个数所得商。

1.2.3　自定义填充

对于没有特定规律却要经常使用的数据，设置自定义填充序列进行填充能够大大缩短数据输入时间，如图1-18所示。

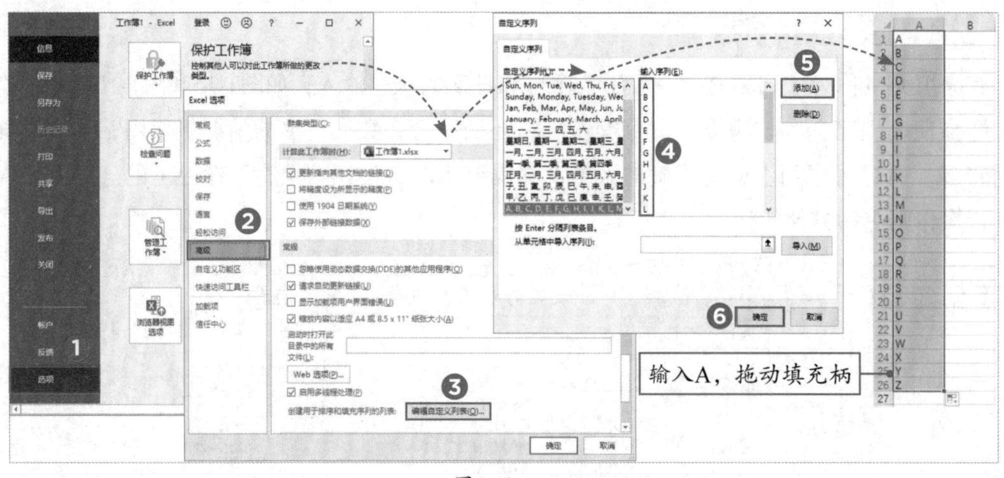

图1-18

1.3 查找与替换数据

“查找和替换”是数据整理过程中十分重要且使用率很高的一项功能。使用查找和替换功能之前需要先确定查找的范围，若要在指定区域中进行查找则提前选中该区域，若要在整个工作表或工作簿中查找，只需要选中任意一个单元格。

Excel中的查找和替换操作主要在“查找和替换”对话框中进行。该对话框中包含“查找”和“替换”两个选项卡。

1.3.1 常规查找替换

有两种方式可以打开“查找和替换”对话框：第一种方法是使用功能区命令按钮，第二种方法是使用快捷键，如图1-19所示。

“查找”和“替换”选项卡可以通过单击鼠标实现相互切换。输入需要查找及替换的内容后，用户可以根据需要批量查找、替换，或者逐个查找、替换。

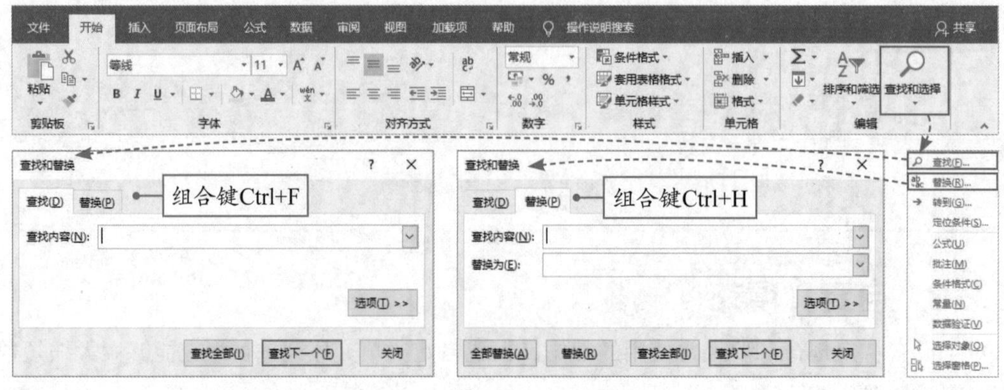

图1-19

1.3.2　高级查找替换

高级查找替换能够帮助用户解决更深层次的查找及替换问题。例如，使用通配符模糊查找替换，根据格式查找替换、将查找替换的范围设置成整个工作簿、精确匹配查找的内容、查找英文字符时区分大小写等。而执行高级查找替换操作通常需要将“查找和替换”对话框中的所有选项显示出来，如图1-20所示。

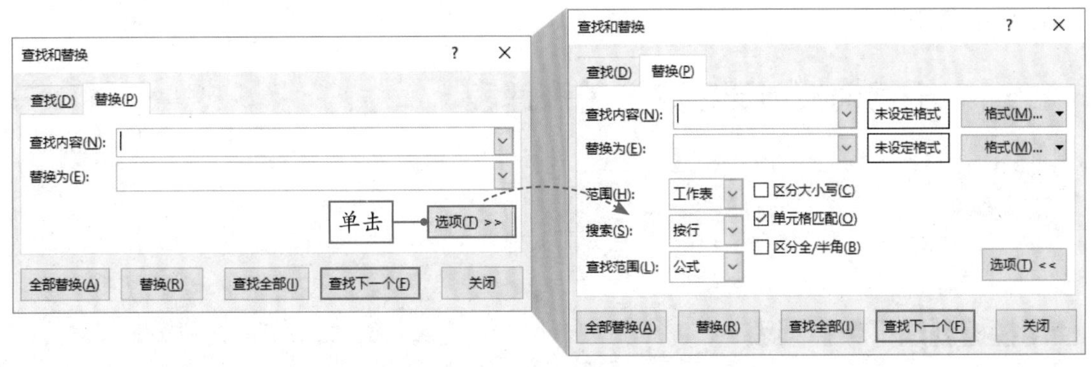

图1-20

1.4　输入批注内容

当需要为单元格中的内容添加备注信息时可使用“批注”功能。

1.4.1　插入批注

新建批注和编辑批注的命令按钮都放置在“审阅”选项卡中的“批注”选项组内，如图1-21所示。单击“新建批注”按钮可以为所选单元格添加批注框。另外，用户也可以通过右击在快捷菜单中选择“插入批注”选项，如图1-22所示。

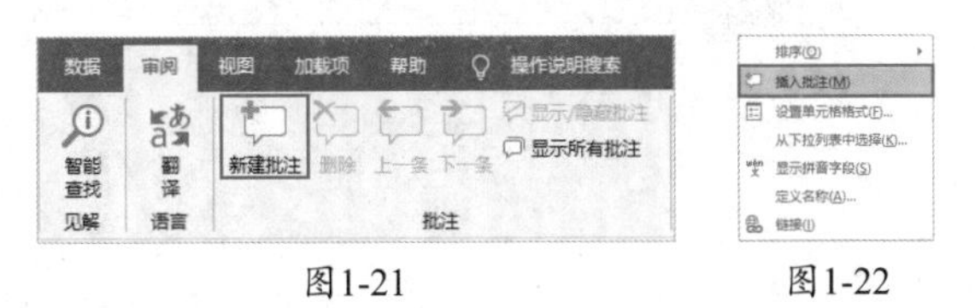

图1-21

图1-22

1.4.2　编辑批注

新建批注后可以直接在批注框中输入内容。默认情况下，当光标离开批注所在单元格后批注会自动隐藏。这时候用户需要使用“批注”选项组中的命令按钮（图1-23），或者在右键的快捷菜单中使用选项命令（图1-24）对批注执行显示、编辑、删除等操作。

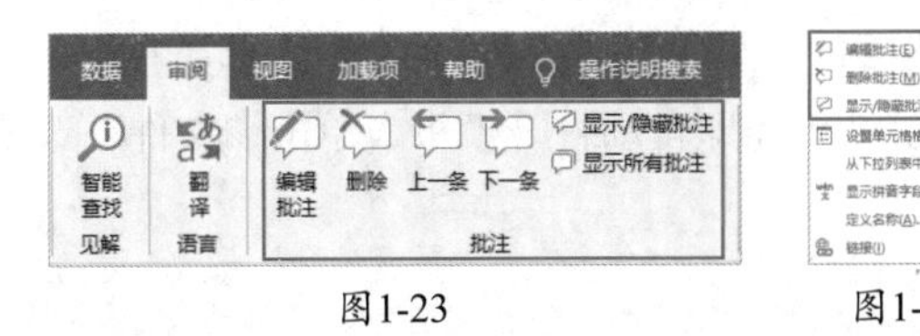

图1-23

图1-24

Ⓔ综合实战

1.5 制作客户订单管理表

制作规范的客户订单管理表的目的是实现对客户、产品、订单信息的管理，表格中会涉及订单日期、下单客户信息、商品信息、订单金额等。以下综合实战部分内容将详细介绍如何制作客户订单管理表。

■1.5.1　根据模板创建客户订单管理表

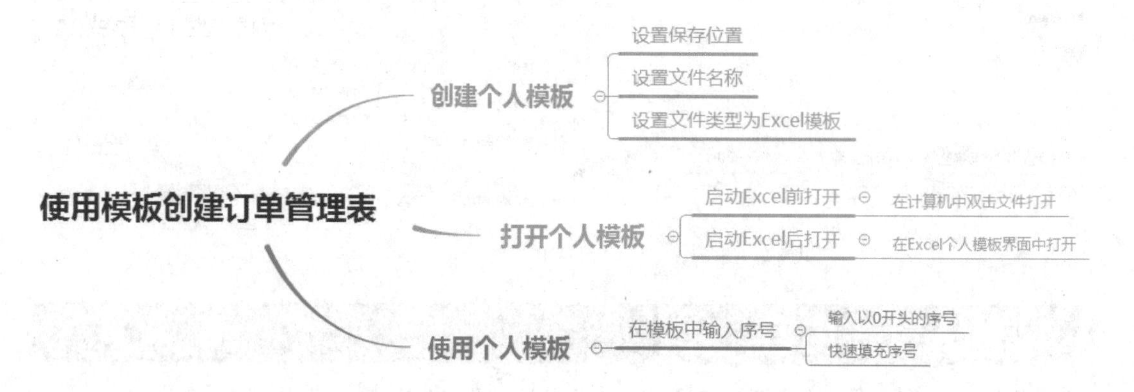

用户可以在空白的工作簿中创建客户订单管理表，也可以使用模板来创建，本例将使用模板来创建客户订单管理表。

Step 01 **启动Excel 2019。**在计算机桌面上找到Excel图标并双击，如图1-25所示。

图1-25

知识拓展

如果没有在桌面上创建Excel快捷图标，可以手动添加。一般软件安装成功后在计算机的“开始”菜单中都能找到该软件的图标，选中图标，按住鼠标左键将其拖动到桌面上即可。

Step 02 **打开个人模板。**启动Excel后切换到“新建”界面，选择“特别推荐”右侧的“个人”选项，单击提前保存在计算机中的“订单管理模板”，如图1-26所示。

Step 03 **打开“文件”菜单。**系统随即自动打开模板，单击“文件”选项，如图1-27所示。

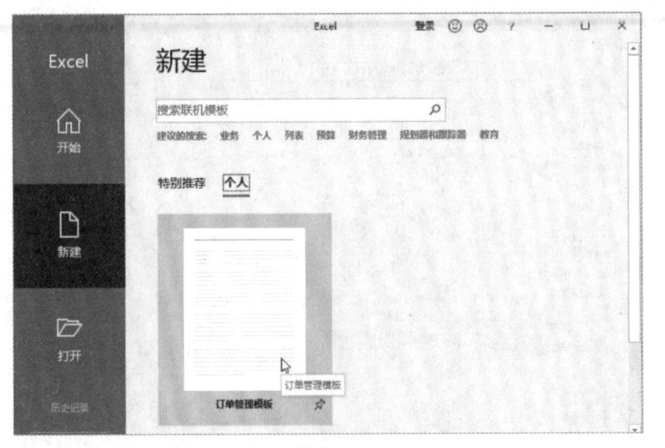

图1-26

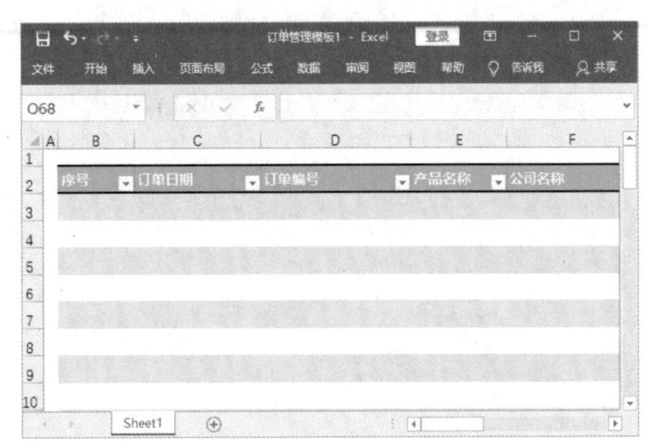

图1-27

Step 04 打开“另存为”对话框。切换到“另存为”界面，双击“这台电脑”选项，如图1-28所示。

Step 05 另存为工作簿。选择文件保存位置，修改文件名为“客户订单管理表”，保持文件的保存类型为默认的“Excel 工作簿”，单击“保存”按钮，如图1-29所示。

图1-28

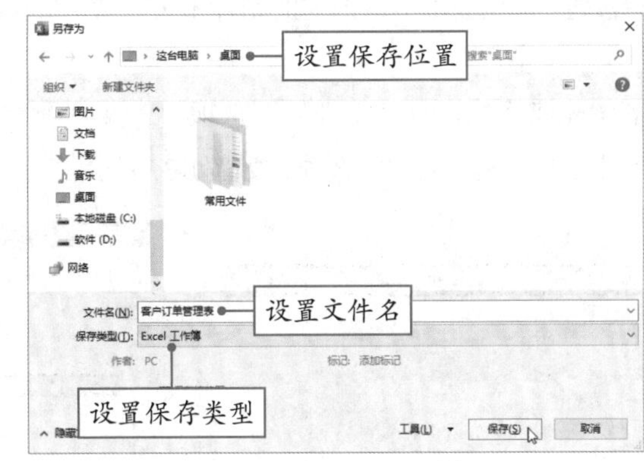

图1-29

知识拓展

要想保证高版本的Excel能在早期版本中打开，在保存文件的时候需要将保存类型设置为“Excel 97-2003 工作簿”，如图1-30所示。

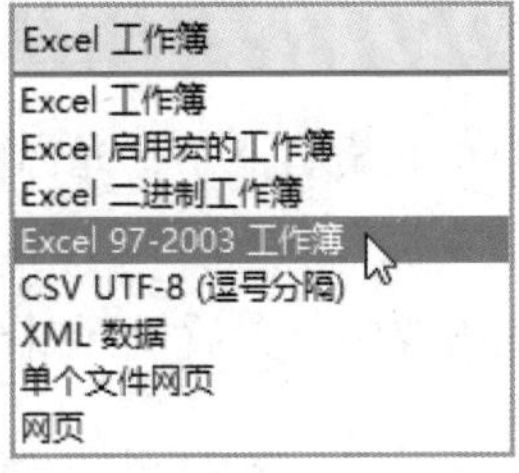

图1-30

● **新手误区：**在保存模板时，文件的保存路径必须是Office的模板目录（正常情况下选择保存类型为“Excel模板”后，会自动默认这个路径）。若为Excel模板指定其他路径，如将模板保存到桌面，那么模板将无法在“新建”界面的个人模板页中显示，如图1-31所示。

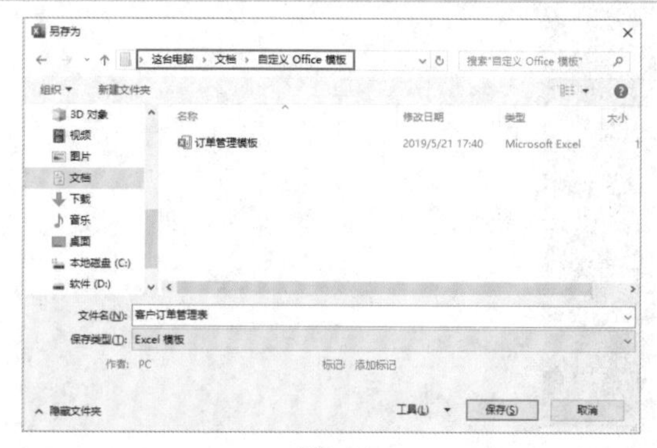

图1-31

■1.5.2 快速填充序号

序号在各种表格中都很常见，序号的类型也有很多种，下面将介绍如何输入以0开头的序号，并自动填充序号。

Step 01 选择B列。将光标移动到B列的列标上方，光标变成向下的箭头时单击鼠标，如图1-32所示。

Step 02 设置单元格格式。打开“开始”选项卡，在“数字”选项组中单击“数字格式”下拉按钮，在下拉列表中选择“文本”选项，如图1-33所示。

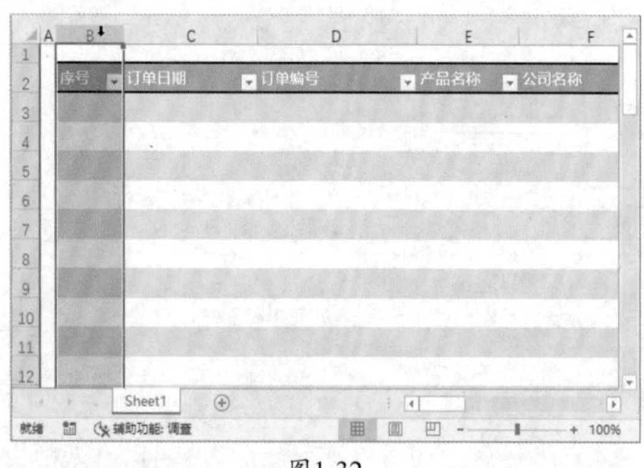

图1-32

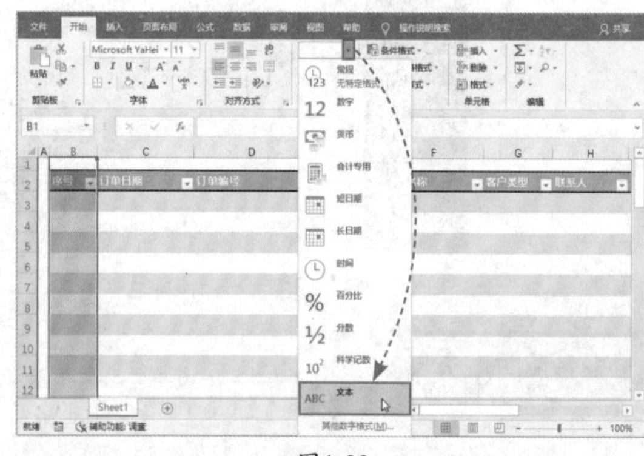

图1-33

Step 03 输入以0开头的数字。在单元格B3中输入“01”按下Enter键，数字前面的0即被成功录入，如图1-34所示。

Step 04 填充序号。将光标移动到B3单元格右下角，光标变成十字形状时按住鼠标左键，向下拖动鼠标，如图1-35所示。

Step 05 显示序列填充结果。拖动到需要的位置后松开鼠标，此时被选中的单元格内即被自动填充了序号，如图1-36所示。

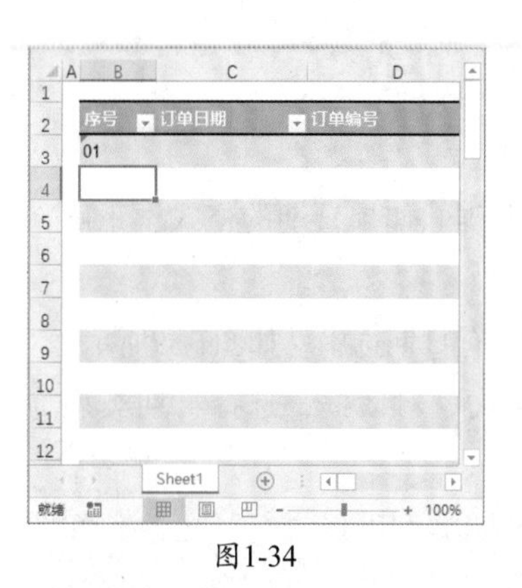

图1-34

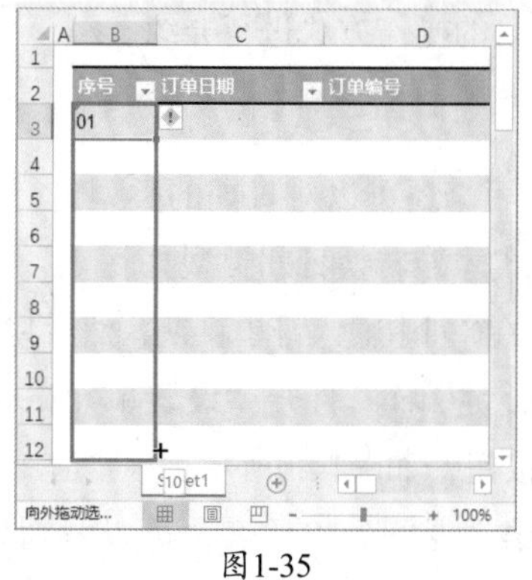

图1-35

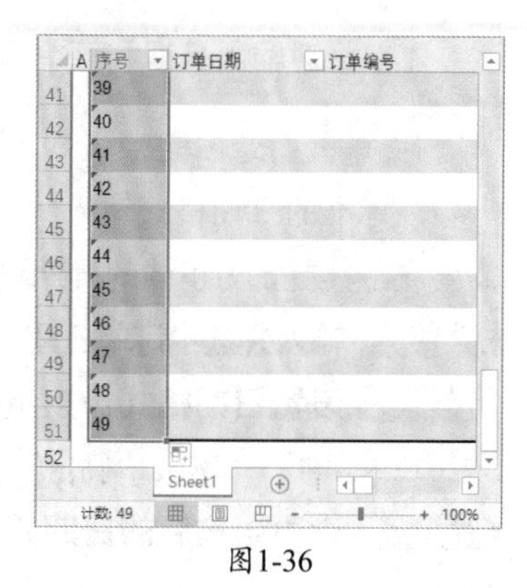

图1-36

知识拓展

由于本例使用的模板是使用智能表格制作的，所以在执行填充操作时，只有单元格中的数据被填充了，单元格样式并不会一起被填充。如果是在普通表格中执行上述操作，那么单元格样式会一起被填充，从而导致表格样式被破坏，如图1-37所示。要想避免这种情况，可以在拖动填充后单击单元格区域右下角的“自动填充”按钮，在下拉列表中选择“不带格式填充”选项，如图1-38所示。

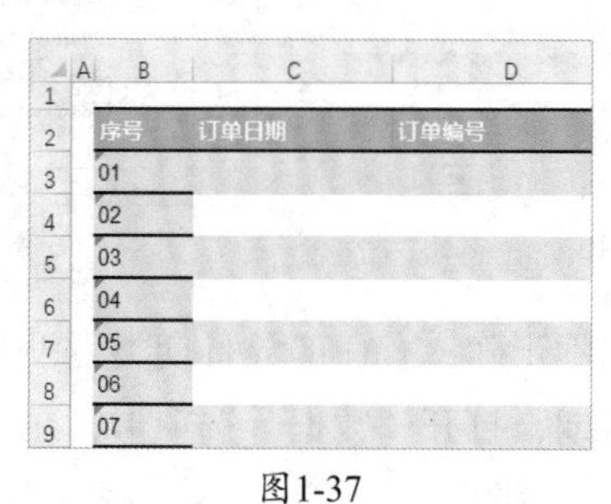

图1-37

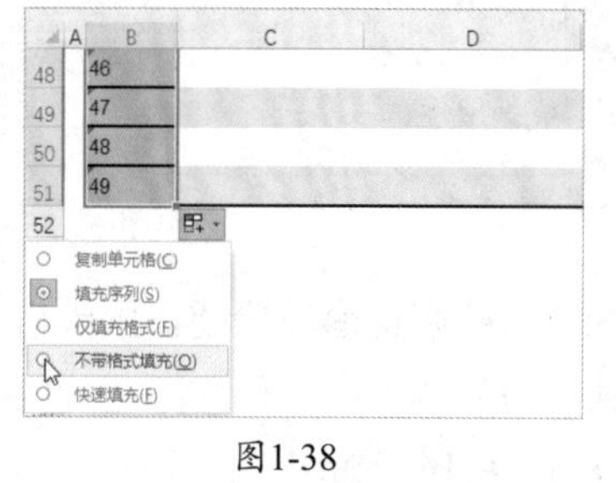

图1-38

■1.5.3　处理日期和订单编号

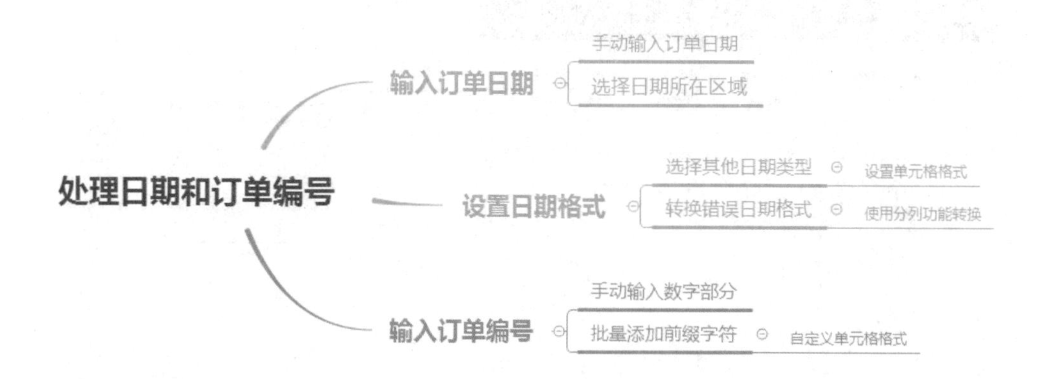

本节将对输入日期和订单编号的操作方法进行介绍。

1. 输入订单日期

以标准的日期格式输入日期后，还可以对日期的类型进行更改。如果日期的格式不正确，需要先将其更正为正确的日期格式才能转换日期类型。

Step 01 **输入并选中订单日期。** 在C列中输入订单日期，然后将所有日期选中，如图1-39所示。

Step 02 **设置日期格式。** 按组合键Ctrl+1打开“设置单元格格式”对话框，选择日期类型为“2012-03-04”，单击“确定”按钮，如图1-40所示。

Step 03 **查看更改后的日期效果。** 返回到工作表，可以看到日期类型已经进行了更改，如图1-41所示。

图1-39

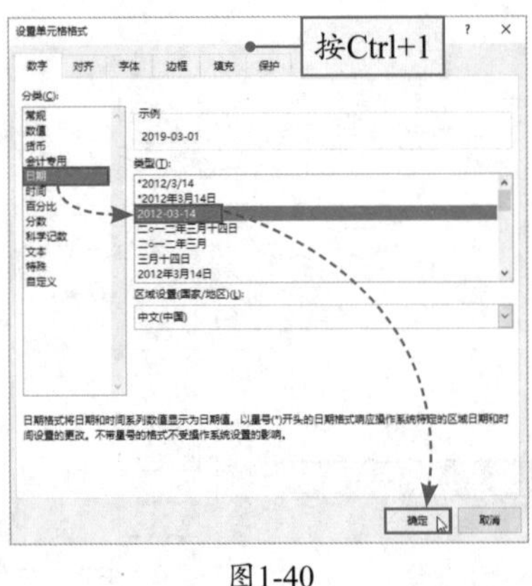

图1-40

图1-41

Step 04 **“分列”功能修正错误日期。** 由于格式不正确，有一部分日期类型没有被更改。更正这些日期的格式，需要选中所有格式不正确的日期，打开“数据”选项卡，在“数据工具”选项组中单击“分列”按钮，如图1-42所示。

Step 05 **进入“文本分列向导”。** 打开“文本分列向导”对话框，第1步对话框中不作任何设置，直接单击“下一步”按钮，如图1-43所示。

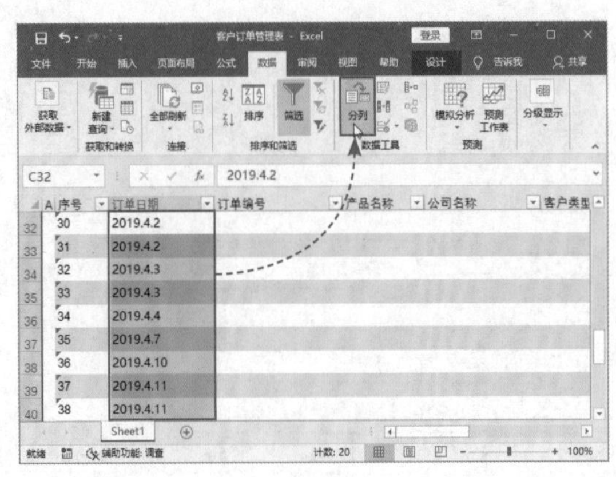

图1-42

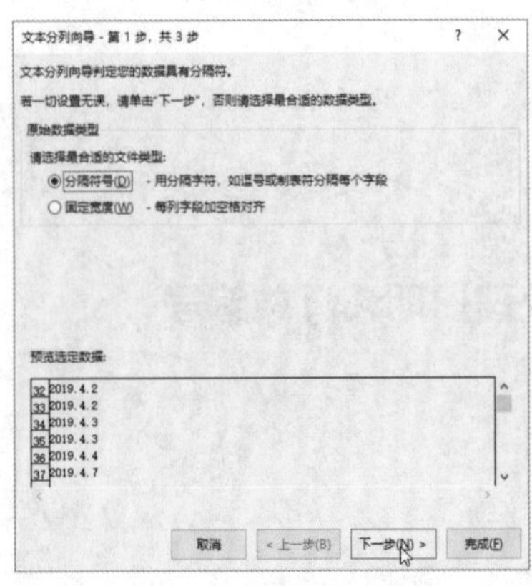

图1-43

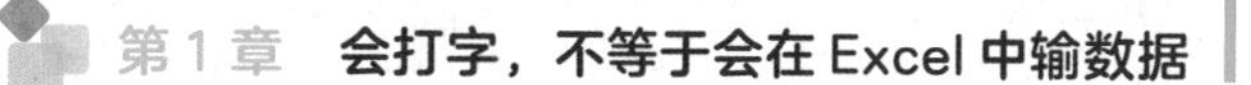

Step 06 选择列数据格式。在第2步的对话框中仍然不作任何设置，再次单击“下一步”按钮进入第3步的对话框，选中“日期”单选按钮，单击“完成”按钮，如图1-44所示。

Step 07 查看日期修正效果。所有错误的日期格式随即被更正为能够被Excel认可的日期格式，并且自动应用之前设置过的日期类型，如图1-45所示。

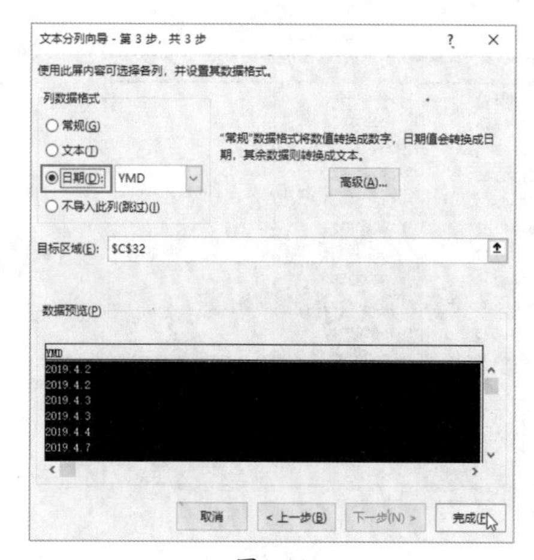

图1-44

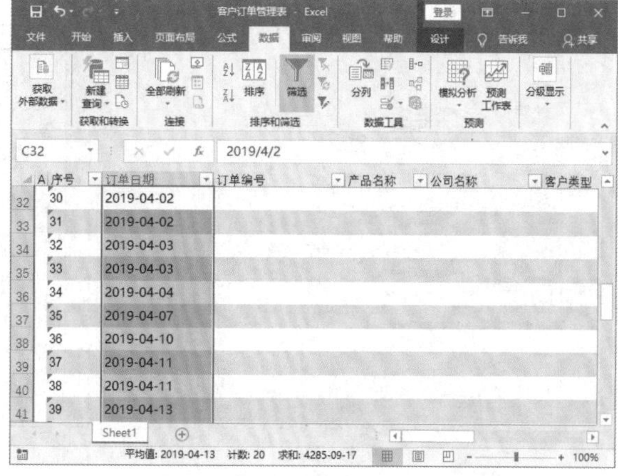

图1-45

2．订单编号之前批量添加前缀字符

当订单编号的固定位置存在相同的字符时，为了提高输入速度可以先将数字输好再批量添加相同的字符。

Step 01 输入并选中订单编号。在D列中输入订单编号，然后将所有订单编号选中，如图1-46所示。

Step 02 选择通用格式。按组合键Ctrl+1打开“设置单元格格式”对话框，在“数字”选项卡中选择自定义类型为“G/通用格式”，如图1-47所示。

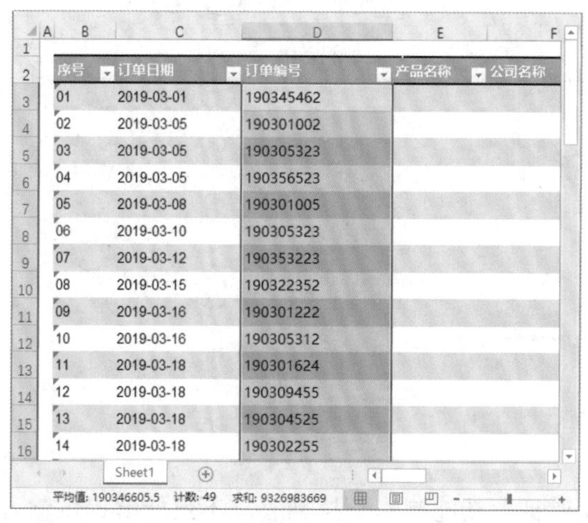

图1-46

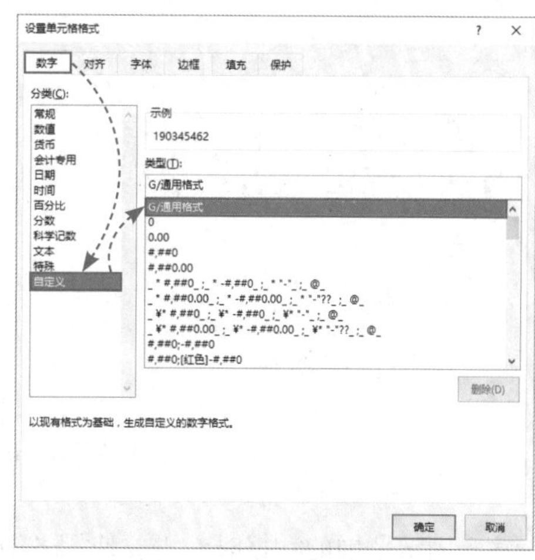

图1-47

Step 03 **修改自定义代码。**修改“自定义”类型为“"JH-"G/通用格式”，设置完成后单击“确定”按钮关闭对话框，如图1-48所示。

Step 04 **查看最终效果。**返回工作表，此时，所有订单编号之前统一添加了前缀字符“JH-”，如图1-49所示。

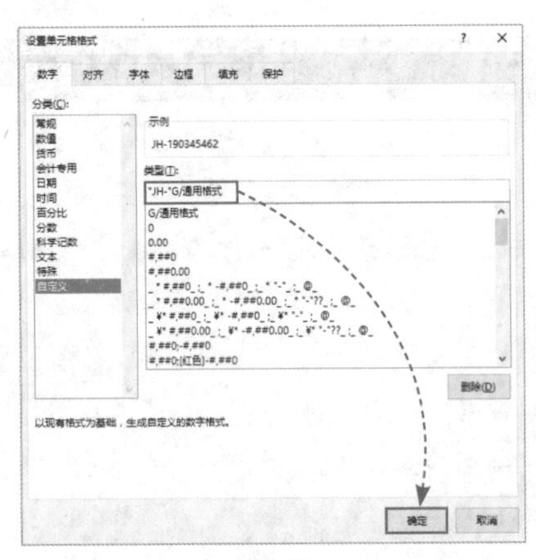

图1-48

序号	订单日期	订单编号	产品名称	公司名称
01	2019-03-01	JH-190345462		
02	2019-03-05	JH-190301002		
03	2019-03-05	JH-190305323		
04	2019-03-05	JH-190356523		
05	2019-03-08	JH-190301005		
06	2019-03-10	JH-190305323		
07	2019-03-12	JH-190353223		
08	2019-03-15	JH-190322352		
09	2019-03-16	JH-190301222		
10	2019-03-16	JH-190305312		
11	2019-03-18	JH-190301624		
12	2019-03-18	JH-190309455		
13	2019-03-18	JH-190304525		
14	2019-03-18	JH-190302255		

Sheet1　平均值: JH-190346605.5　计数: 49　求和: JH-9326983669

图1-49

● **新手误区：**若要为文本内容批量添加前缀，再使用“"JH-"G/通用格式”这样的代码则会无效，为文本内容统一添加前缀时（仍以添加“JH-”为例）应将代码写作“"JH-"@”。代码中的引号应在英文状态下输入。

同理，当前缀变成后缀时只需适当修改代码，将需要添加的内容移动到代码后方显示即可。例如，为数字批量添加温度单位，自定义代码可以写作“G/通用格式"℃"”，如图1-50所示。

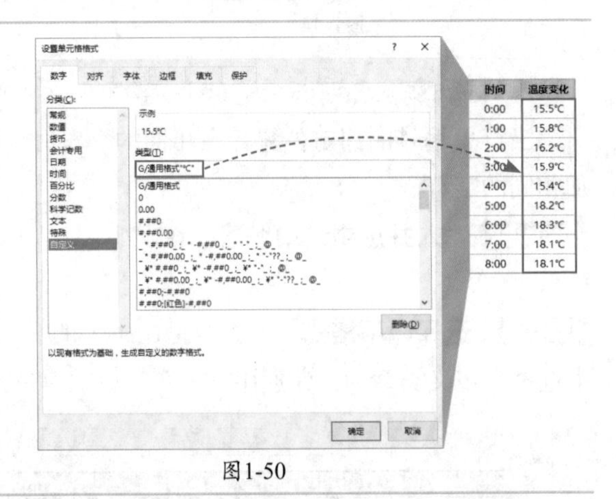

图1-50

■1.5.4　通过下拉列表输入产品名称

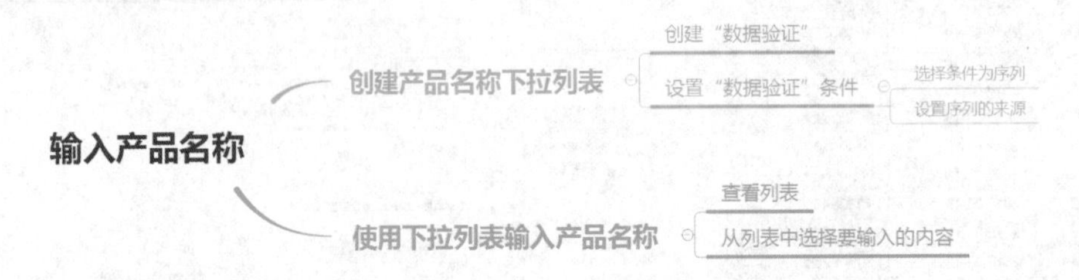

输入固定范围的数据时，需要使用“数据验证”功能制作下拉列表，不仅能够提供输入速度也可以有效避免输入错误信息。

Step 01 打开“数据验证”对话框。选中需要输入产品名称的单元格区域，打开“数据”选项卡，在“数据工具”选项组中单击“数据验证”按钮，如图1-51所示。

Step 02 设置验证条件。在“数据验证”对话框中设置验证条件为“序列”，在“来源”文本框中引用工作表中的数据。设置完成后，单击“确定”按钮关闭对话框，如图1-52所示。

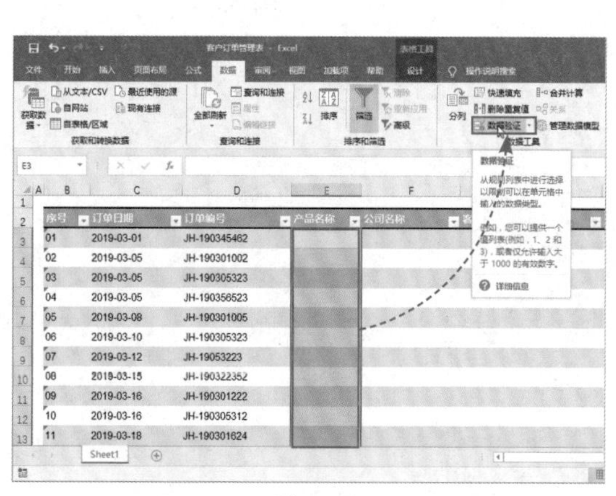

图1-51

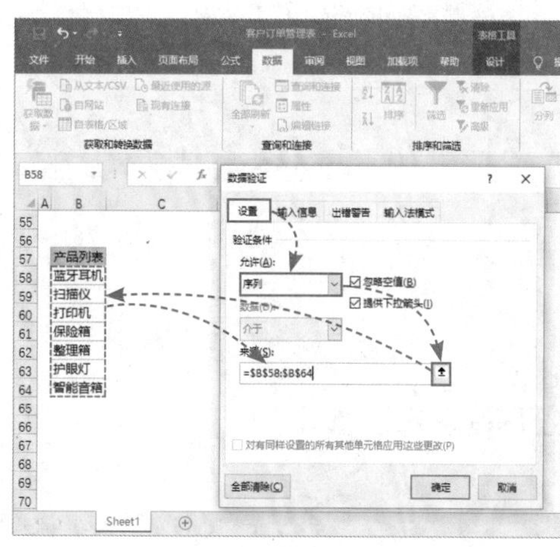

图1-52

知识拓展

在设置数据验证条件时，也可以手动输入序列的来源。在Step 02的对话框中，“来源”文本框中可以直接输入“蓝牙耳机,扫描仪,打印机,保险箱,整理箱,护眼灯,智能音箱”，文本之间的逗号必须是在英文状态下输入才有效。

Step 03 查看下拉列表。选中“产品名称”区域中的任意一个单元格，单元格右侧都会出现一个下拉按钮，单击下拉按钮可以看到所有产品的名称，如图1-53所示。

Step 04 使用下拉列表输入内容。从下拉列表中选择需要的内容可以快速完成产品名称的输入，如图1-54所示。

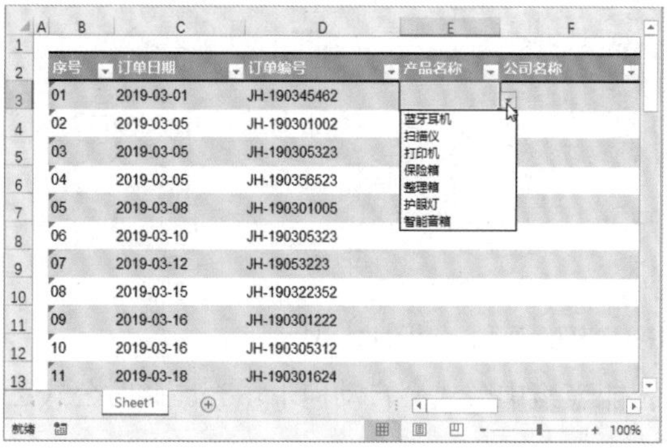

图1-53

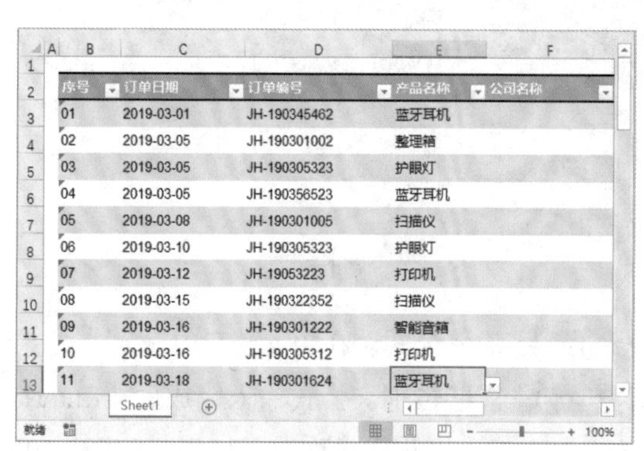

图1-54

新手误区：数据验证设置完成后，如果在单元格中输入下拉列表中不包含的内容，确认输入时系统将会弹出提示对话框，提示所输入的内容与单元格定义的数据验证限制不匹配，如图1-55所示。用户可以单击“取消”按钮取消输入，或者单击“重试”按钮，再次尝试输入正确的内容。

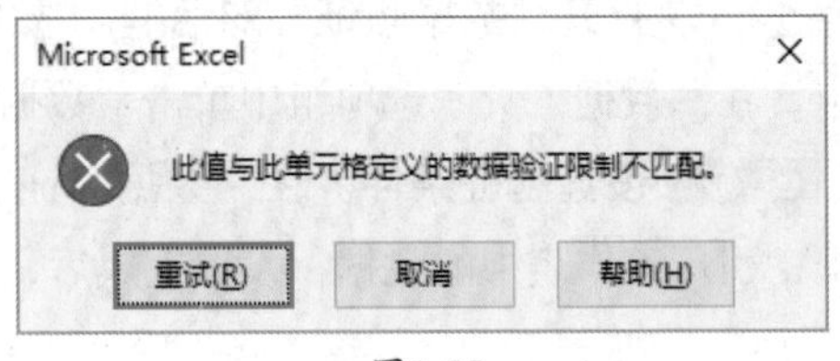

图1-55

1.5.5 整理联系人信息

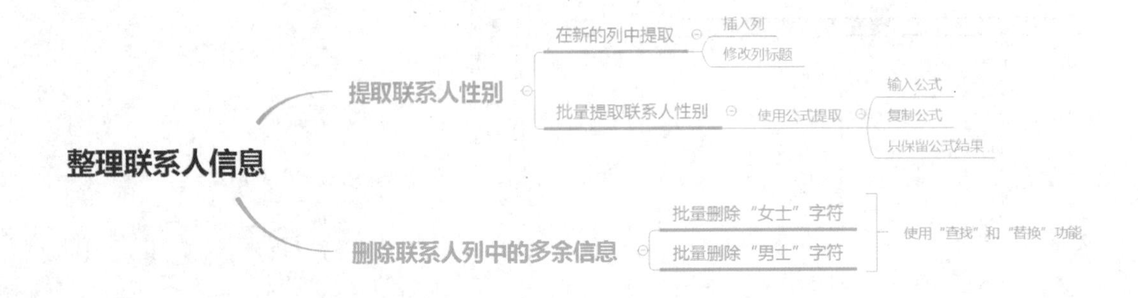

本例中的联系人姓名和性别保存在同一列中，这样并不符合制表规范，现在需要将这两类信息分列显示。

Step 01 插入新列。选中I列并右击所选的列，在右键的快捷菜单中选择“插入”选项，如图1-56所示。

Step 02 修改标题。在智能表格中插入新列后标题默认显示“列1”，修改列标题为“性别”，如图1-57所示。

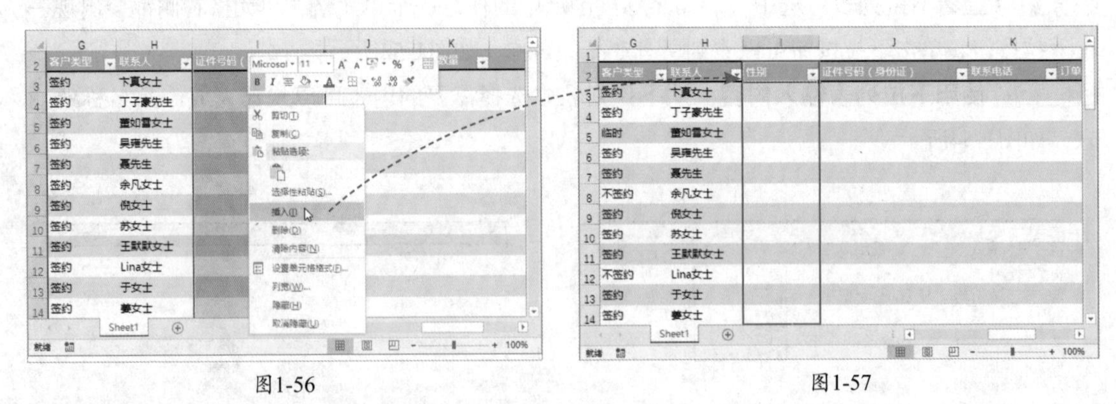

图1-56　　图1-57

Step 03 输入公式。在单元格I3中输入公式“=RIGHT(H3,2)”，如图1-58所示。

Step 04 提取性别。公式输入完成后按Enter键，智能表格中公式会自动向下填充。此时公式已经从“联系人”列中提取出了性别，如图1-59所示。

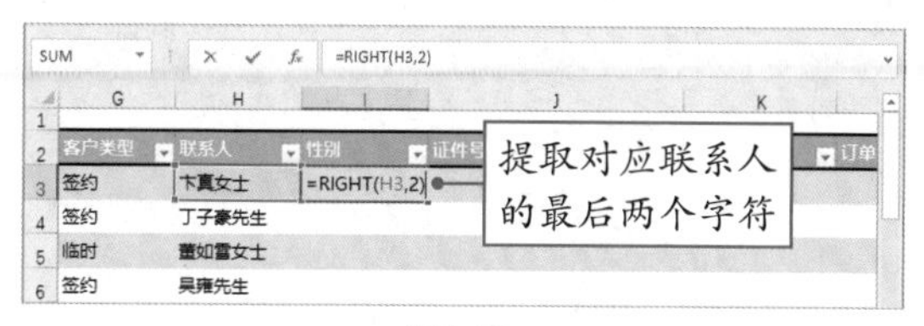

图1-58

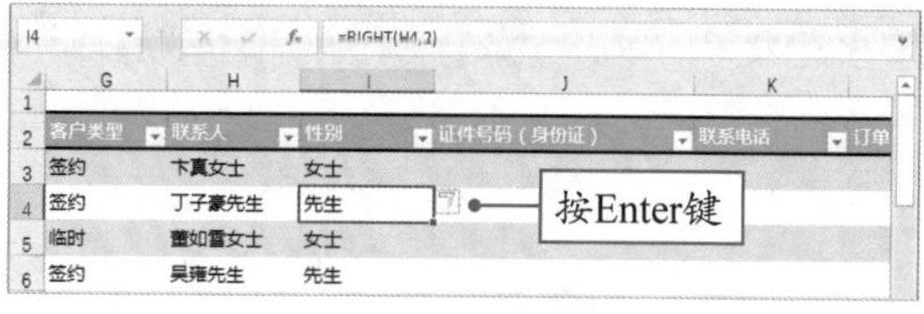

图1-59

Step 05 复制公式。选中公式提取出的所有性别，打开“开始”选项卡，在“剪贴板”选项组中单击“复制”按钮，如图1-60所示。

Step 06 去除公式只保留提取结果。在“剪贴板”选项组中单击“粘贴”下拉按钮，在下拉列表中选择“值”选项，如图1-61所示。

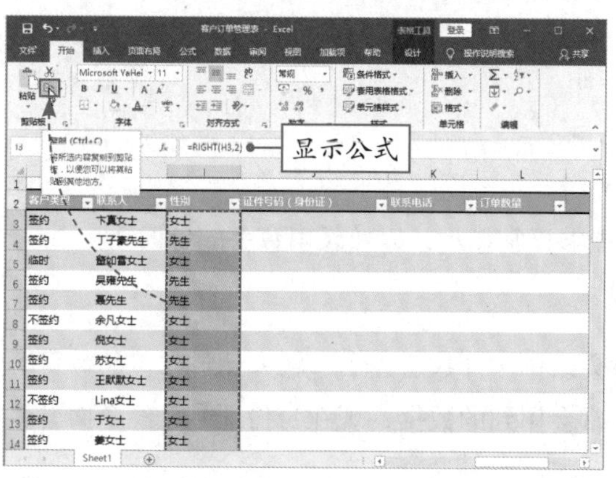

图1-60

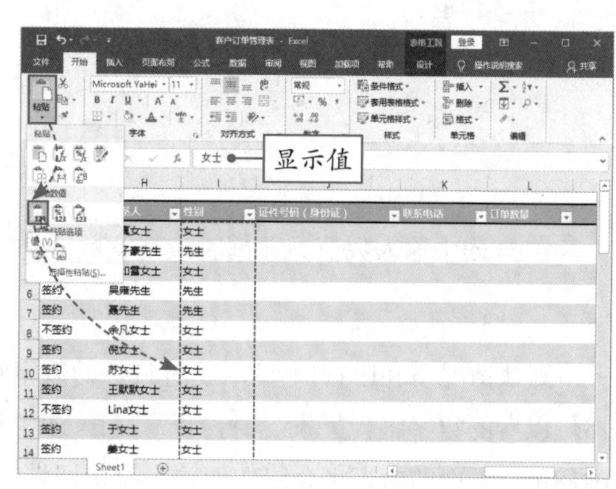

图1-61

Step 07 批量删除“女士”字符。选中“联系人”的单元格区域，按组合键Ctrl+H打开“查找和替换”对话框，在“查找内容”文本框中输入“女士”，“替换为”文本框中保持空白。单击“全部替换”按钮，选区中的“女士”字符全部被删除，同时系统弹出提示对话框，提示替换的数量。单击“确定”按钮关闭提示对话框，如图1-62所示。

Step 08 批量删除“先生”字符。参照Step 07批量删除选区内的“先生”字符，最后单击“关闭”按钮关闭“查找和替换”对话框，如图1-63所示。

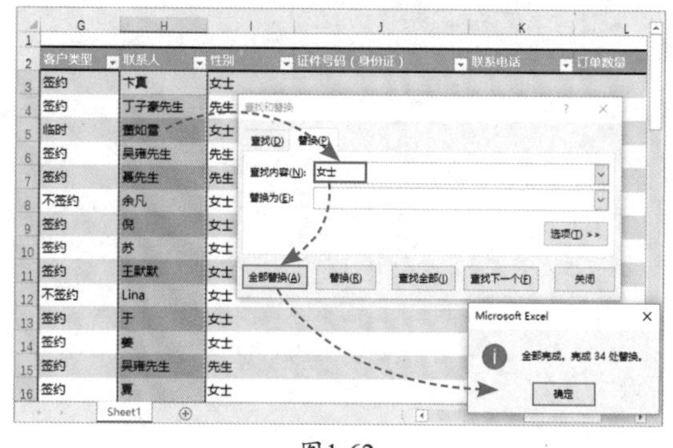

图1-62

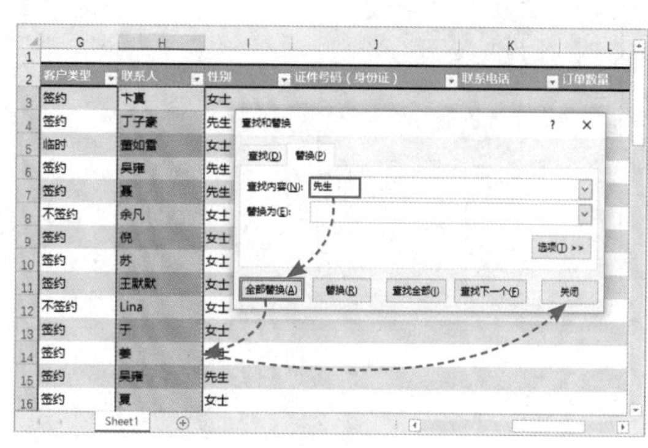

图1-63

■1.5.6 输入身份证号和手机号码

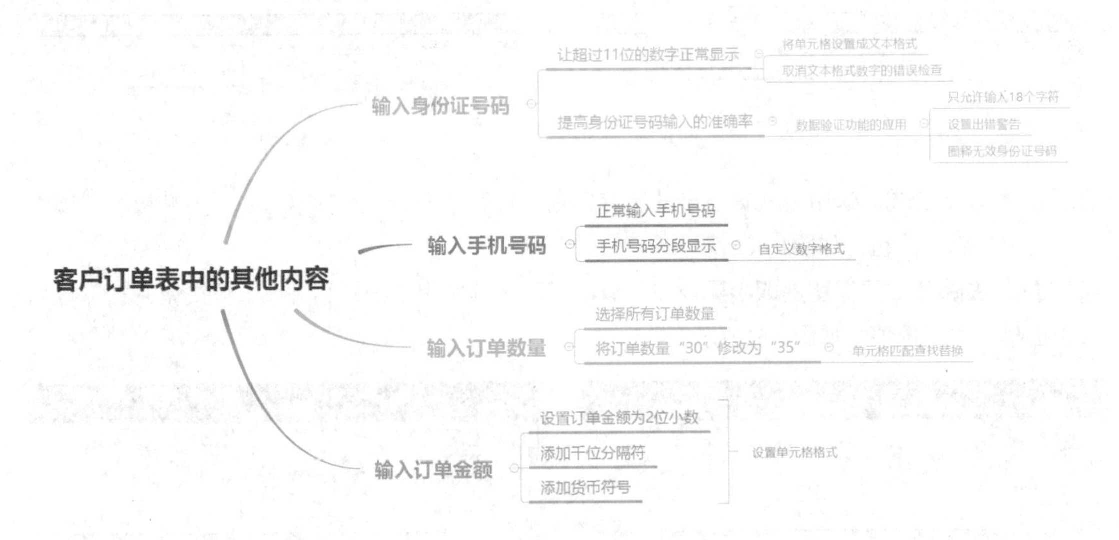

在Excel中输入数值型数据时应注意数字是否能够正常显示，以及长串数字的易读性。

1. 输入证件号码

默认情况下在Excel中输入超过11位的数字时会以科学计数法显示，输入超过15位的数字时15位以后的数字将会丢失。身份证号是Excel中经常会用到的数据，现在身份证号已经全面升级到18位，下面的内容将介绍如何输入身份证号。

Step 01 **选择单元格区域。**选中需要输入身份证号的单元格区域，如图1-64所示。

Step 02 **设置“文本”格式。**按组合键Ctrl+1打开“设置单元格格式”对话框，在“数字”选项卡中选择“文本”选项，如图1-65所示，单击“确定”按钮关闭对话框。

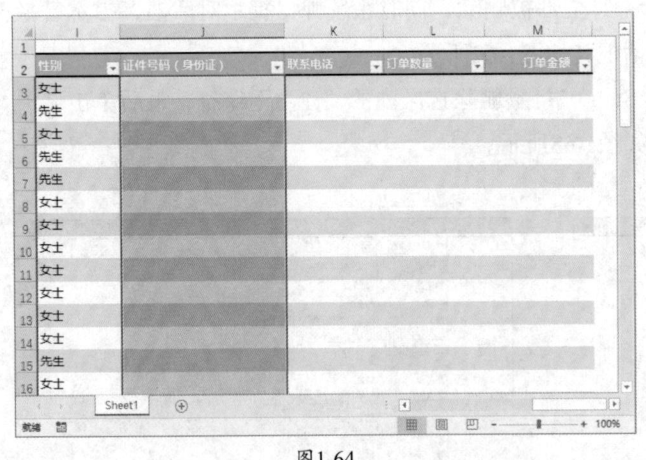

图1-64

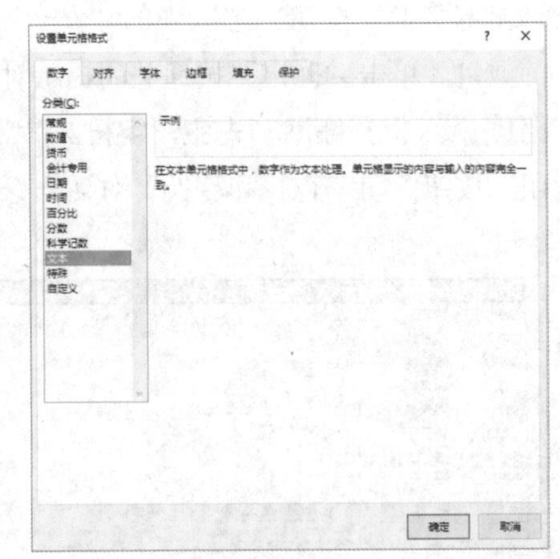

图1-65

Step 03 输入身份证号。此时在所选单元格区域输入的身份证号可以完整显示，如图1-66所示。

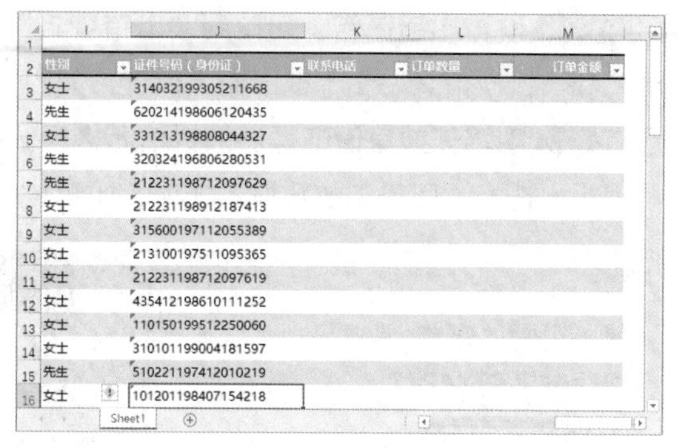

图1-66

知识拓展

在文本类型的单元格中输入数字后，单元格右上角会出现绿色的小三角，在“Excel 选项”对话框中可以将其隐藏，如图1-67所示。在“文件”菜单中单击“选项”选项即可打开“Excel 选项”对话框。

图1-67

Step 04 打开“数据验证”对话框。在“证件号码（身份证）”列中选中J3:J51单元格区域，打开“数据”选项卡，在“数据工具”选项组中单击“数据验证”按钮，如图1-68所示。

Step 05 设置验证条件。在“设置”选项卡中设置验证条件为允许文本长度等于18，如图1-69所示。设置完成后单击“确定”按钮。

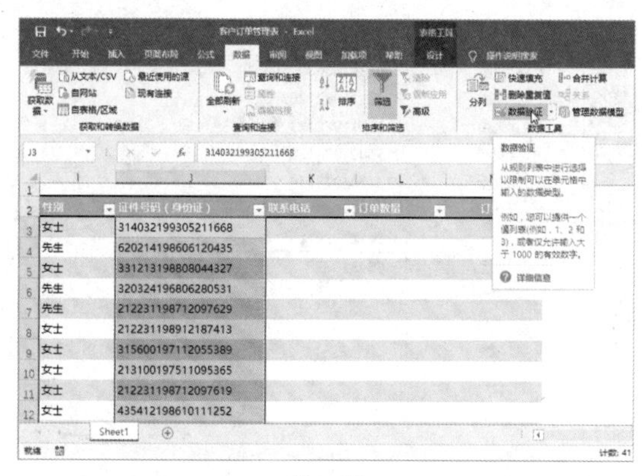

图1-68

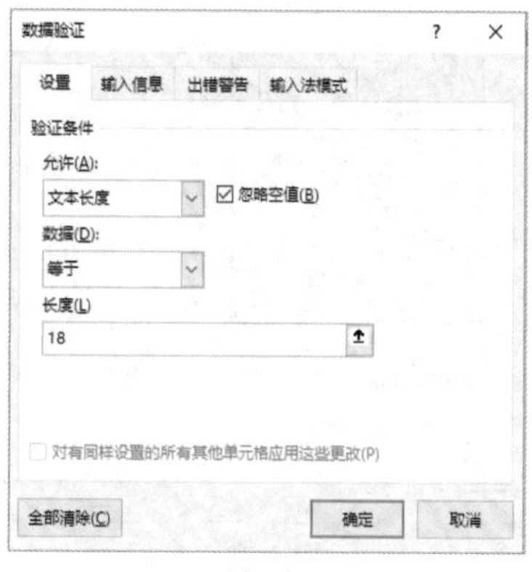

图1-69

Step 06 **设置出错警告。**切换到“出错警告”选项卡，设置对话样式为“停止”，分别在“标题”和“错误信息”文本框中输入内容，如图1-70所示。

Step 07 **圈释无效身份证号。**保持单元格区域的选中状态，单击“数据验证”下拉按钮，在下拉列表中选择“圈释无效数据”选项，如图1-71所示。

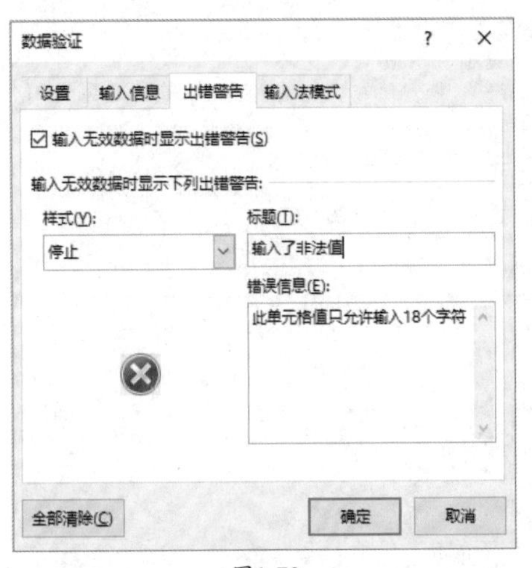

图1-70

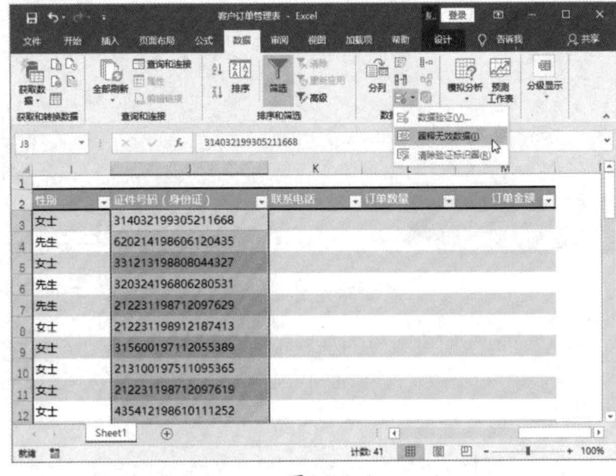

图1-71

知识拓展

“标题”文本框中输入的文本将作为出错警告对话框的标题使用，“错误信息”文本框中输入的内容将作为对话框中的提示内容出现。

Step 08 **查看圈释效果。**选区中不符合数据验证规则的数据（即非18位的数字）全部被圈释了出来，如图1-72所示。在“数据验证”下拉列表中选择“清除验证标识圈”选项即可清除圈释。

Step 09 **禁止输入错误位数的身份证号。**继续在“证件号码”列中输入身份证号，当输入的身份证号不是18位时会弹出错误警告对话框，如图1-73所示。

图1-72

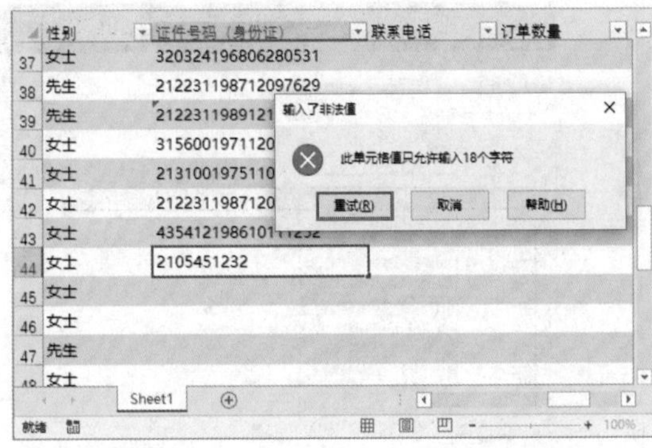

图1-73

2. 电话号码分段显示

电话号码分段显示可以提高数据的可读性，下面介绍电话号码分段显示的方法。

Step 01 输入并选中手机号码。在K列中输入手机号码，随后将号码全部选中，如图1-74所示。

Step 02 设置分段代码。按组合键Ctrl+1打开“设置单元格格式”对话框，在“数字”选项卡中选择“自定义”选项，在“类型”文本框中输入代码“000 0000 0000”，如图1-75所示。随后单击“确定”按钮关闭对话框。

性别	证件号码（身份证）	联系电话	订单数量
女士	314032199305211668	15856468985	
先生	620214198606120435	15425622032	
女士	331213198808044327	15589898898	
先生	320324196806280531	15645749892	
先生	212231198712097629	15556556200	
女士	212231198912187413	15421235620	
女士	315600197112055389	15056568742	
女士	213100197511095365	15065547333	
女士	212231198712097619	15415644233	
女士	435412198610111252	15245641266	
女士	110150199512250060	15421235620	
女士	310101199004181597	15056568742	

平均值: 15403025691　计数: 49　求和: 7.54748E+11

图1-74

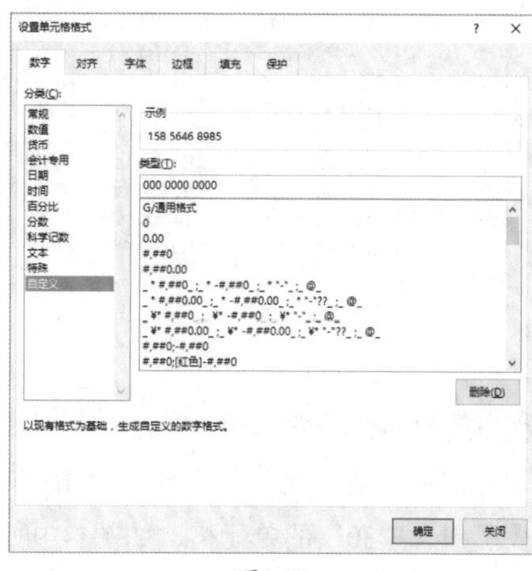

图1-75

Step 03 查看号码分段显示效果。返回到工作表，此时选中的手机号码已经根据所设置的代码自动分段显示了，如图1-76所示。

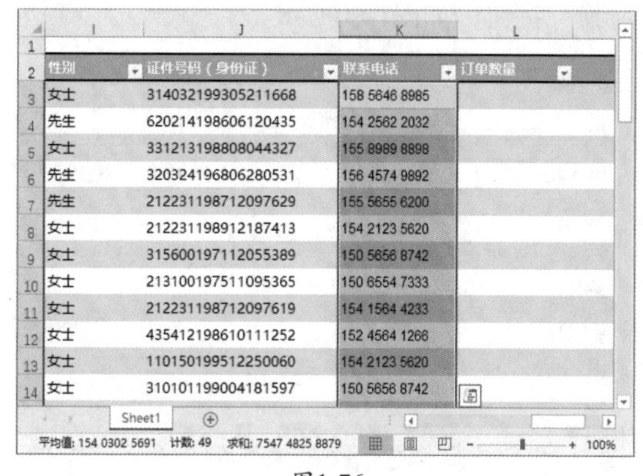

性别	证件号码（身份证）	联系电话	订单数量
女士	314032199305211668	158 5646 8985	
先生	620214198606120435	154 2562 2032	
女士	331213198808044327	155 8989 8898	
先生	320324196806280531	156 4574 9892	
先生	212231198712097629	155 5655 6200	
女士	212231198912187413	154 2123 5620	
女士	315600197112055389	150 5656 8742	
女士	213100197511095365	150 6554 7333	
女士	212231198712097619	154 1564 4233	
女士	435412198610111252	152 4564 1266	
女士	110150199512250060	154 2123 5620	
女士	310101199004181597	150 5656 8742	

平均值: 154 0302 5691　计数: 49　求和: 7547 4825 8879

图1-76

■1.5.7　批量修改订单数量

使用“查找和替换”功能可以批量替换或删除指定内容，但在对数字执行查找或替换的时候却没有那么简单。例如，需要将订单数量为30的数据统一修改成35，若直接使用“查找和替换”，会发现所有包含30的数据都会被替换。要想解决这个问题，就需要开启单元格匹配。

Step 01 输入并选中订单数量。在“订单数量”列中输入订单数量并将其全部选中，如图1-77所示。

Step 02 基本查找。按组合键Ctrl+F打开“查找和替换”对话框，在“查找内容”文本框中输入“30”，单击“查找全部”按钮，对话框底部随即展示查找结果，如30、300、4130、301等，只要是含有“30”的单元格都被查找了出来，如图1-78所示。

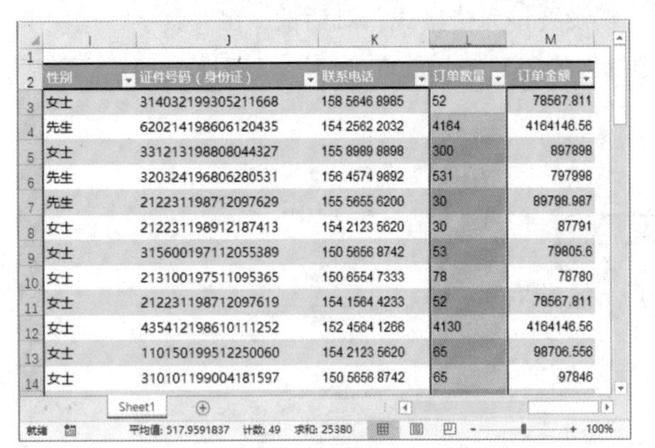

性别	证件号码（身份证）	联系电话	订单数量	订单金额
女士	314032199305211668	158 5646 8985	52	78567.811
先生	620214198606120435	154 2562 2032	4164	4164146.56
女士	331213198808044327	155 8989 8898	300	897898
先生	320324196806280531	156 4574 9892	531	797998
先生	212231198712097629	155 5655 6200	30	89798.987
女士	212231198912187413	154 2123 5620	30	87791
女士	315600197112055389	150 5656 8742	53	79805.6
女士	213100197511095365	150 6554 7333	78	78780
女士	212231198712097619	154 1564 4233	52	78567.811
女士	435412198610111252	152 4564 1266	4130	4164146.56
女士	110150199512250060	154 2123 5620	65	98706.556
女士	310101199004181597	150 5656 8742	65	97846

图1-77

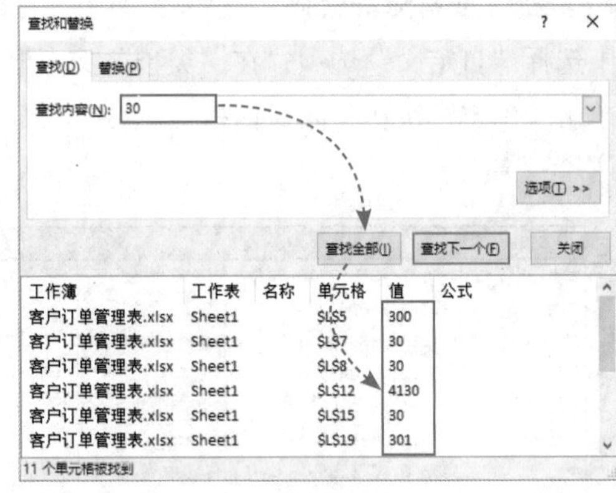

图1-78

Step 03 精确查找。单击“选项”按钮将“查找和替换”对话框中的隐藏选项全部显示出来。勾选“单元格匹配”复选框，单击“查找全部”按钮，在对话框底部可以发现，此次只精确查找了包含“30”的单元格，如图1-79所示。

Step 04 替换数据。切换到“替换”选项卡，在“替换为”文本框中输入“35”，单击“全部替换”按钮，如图1-80所示。

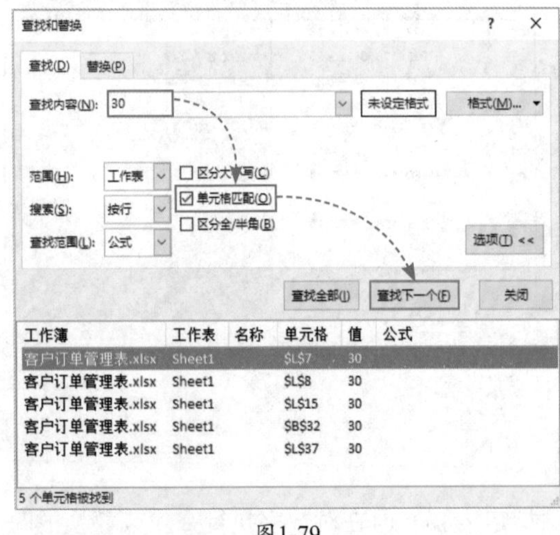

图1-79

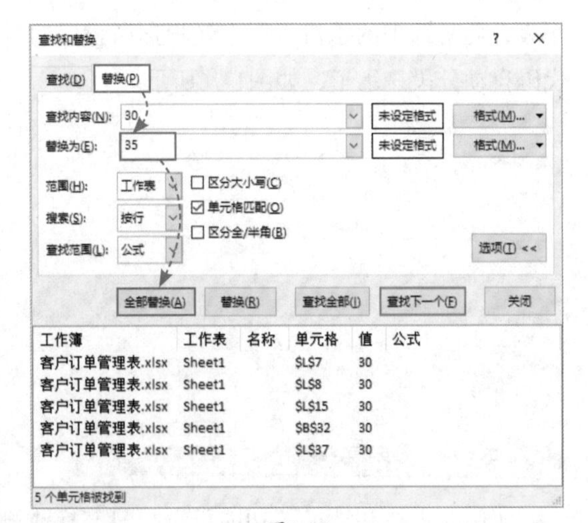

图1-80

Step 05 关闭对话框。对话框中随即显示出替换结果，并弹出系统对话框，提示完成替换的数量，如图1-81所示，关闭对话框。

Step 06 查看替换结果。返回工作表，“订单数量”列中所有“30”的值全部被替换成了“35”，如图1-82所示。

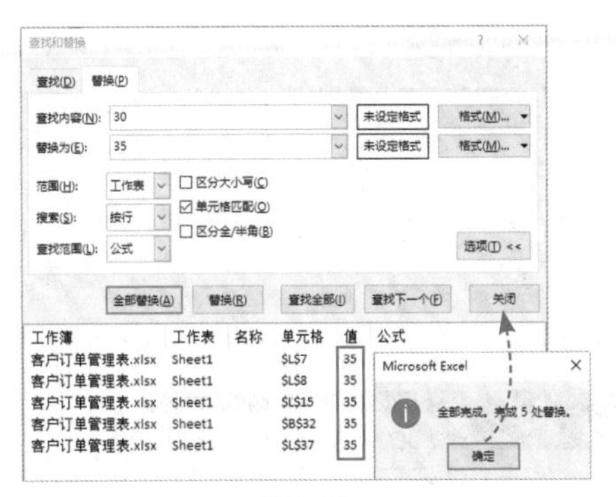

图1-81

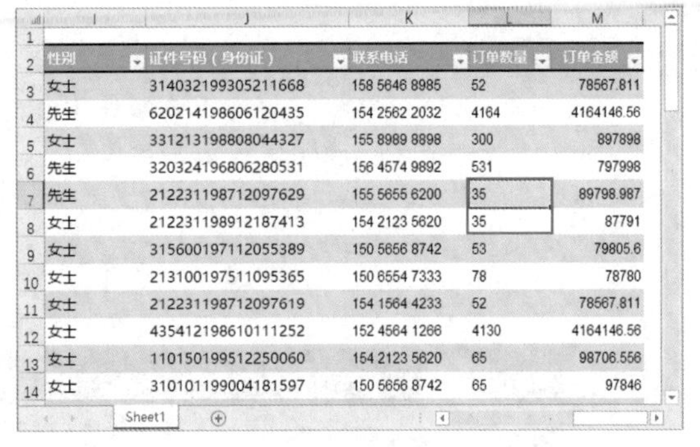

	性别	证件号码（身份证）	联系电话	订单数量	订单金额
3	女士	314032199305211668	158 5646 8985	52	78567.811
4	先生	620214198606120435	154 2562 2032	4164	4164146.56
5	女士	331213198808044327	155 8989 8898	300	897898
6	先生	320324196806280531	156 4574 9892	531	797998
7	先生	212231198712097629	155 5655 6200	35	89798.987
8	女士	212231198912187413	154 2123 5620	35	87791
9	女士	315600197112055389	150 5656 8742	53	79805.6
10	女士	213100197511095365	150 6554 7333	78	78780
11	女士	212231198712097619	154 1564 4233	52	78567.811
12	女士	435412198610111252	152 4564 1266	4130	4164146.56
13	女士	110150199512250060	154 2123 5620	65	98706.556
14	女士	310101199004181597	150 5656 8742	65	97846

图1-82

■1.5.8　以货币形式显示订单金额

表示金额的数值以货币形式显示会显得更加规范，也更利于数据读取。为数值设置货币格式后，数值会自动添加货币符号及千位分隔符。

Step 01 选择单元格区域。选中所有包含金额的单元格，如图1-83所示。

Step 02 数值货币格式。按组合键Ctrl+1打开“设置单元格格式”对话框，在“数字”选项卡中选择“货币”分类，设置小数位数为“2”，如图1-84所示，单击“确定”按钮关闭对话框。

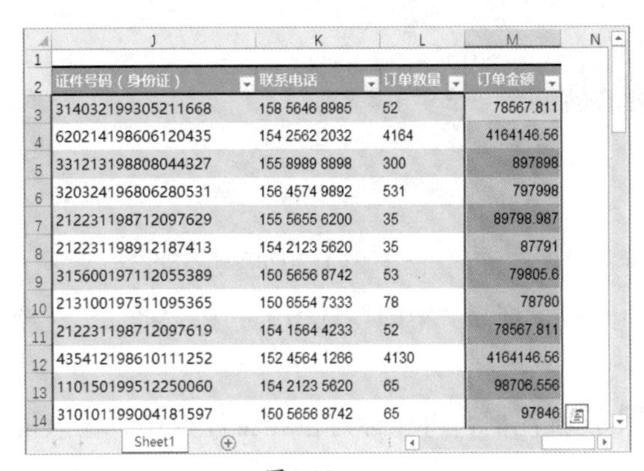

	证件号码（身份证）	联系电话	订单数量	订单金额
3	314032199305211668	158 5646 8985	52	78567.811
4	620214198606120435	154 2562 2032	4164	4164146.56
5	331213198808044327	155 8989 8898	300	897898
6	320324196806280531	156 4574 9892	531	797998
7	212231198712097629	155 5655 6200	35	89798.987
8	212231198912187413	154 2123 5620	35	87791
9	315600197112055389	150 5656 8742	53	79805.6
10	213100197511095365	150 6554 7333	78	78780
11	212231198712097619	154 1564 4233	52	78567.811
12	435412198610111252	152 4564 1266	4130	4164146.56
13	110150199512250060	154 2123 5620	65	98706.556
14	310101199004181597	150 5656 8742	65	97846

图1-83

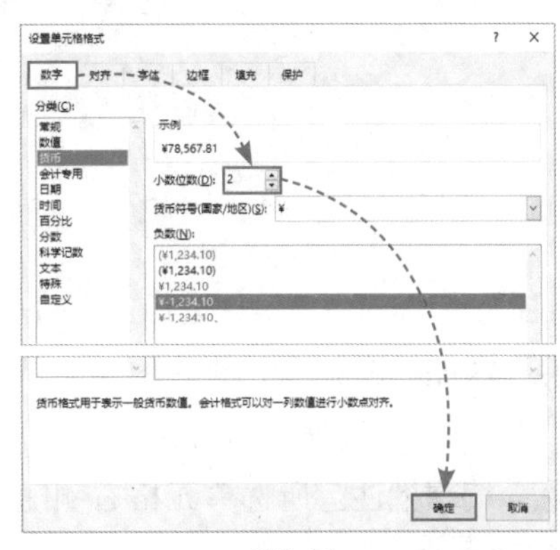

图1-84

Step 03 查看货币格式效果。返回工作表，此时选区内的数字全部被设置成了货币格式，如图1-85所示。

	证件号码（身份证）	联系电话	订单数量	订单金额
3	314032199305211668	158 5646 8985	52	¥78,567.81
4	620214198606120435	154 2562 2032	4164	¥4,164,146.56
5	331213198808044327	155 8989 8898	300	¥897,898.00
6	320324196806280531	156 4574 9892	531	¥797,998.00
7	212231198712097629	155 5655 6200	35	¥89,798.99
8	212231198912187413	154 2123 5620	35	¥87,791.00
9	315600197112055389	150 5656 8742	53	¥79,805.60
10	213100197511095365	150 6554 7333	78	¥78,780.00
11	212231198712097619	154 1564 4233	52	¥78,567.81
12	435412198610111252	152 4564 1266	4130	¥4,164,146.56
13	110150199512250060	154 2123 5620	65	¥98,706.56
14	310101199004181597	150 5656 8742	65	¥97,846.00

图1-85

知识拓展

用户也可以手动为数字添加货币符号及千位分隔符，打开“开始”选项卡，在“数字”选项组中单击“会计数字格式”下拉按钮，在下拉列表中可以选择不同的货币符号类型，在“数字”选项卡中单击“千位分隔样式”按钮可以为所选单元格中的数据添加千位分隔符。另外，单击“增加小数位数”或“减少小数位数”按钮，能够快速添加或减少所选数据的小数位数，如图1-86所示。

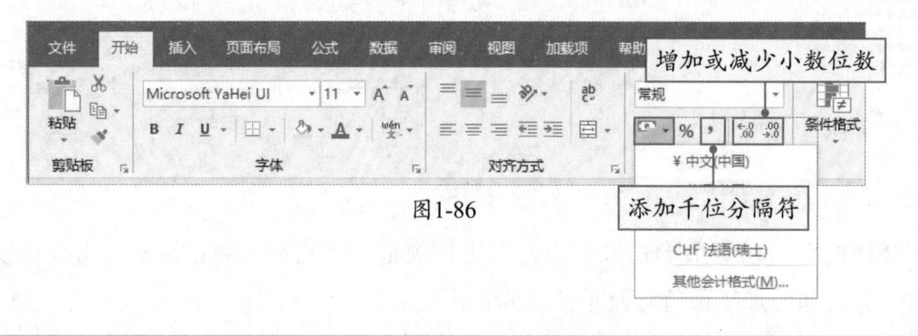

图1-86

1.5.9 使用批注添加备注信息

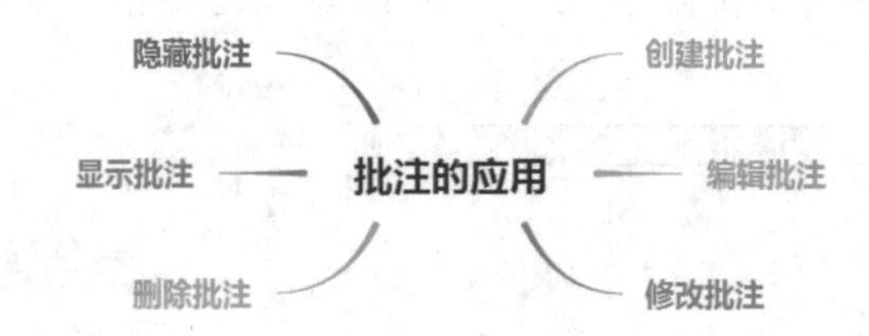

批注是在Excel中对信息进行备注的一种方式，下面将介绍如何添加及编辑批注。

Step 01 **添加批注。**选中需要添加批注的单元格，打开“审阅”选项卡，在“批注”选项组中单击“新建批注”按钮，如图1-87所示。

Step 02 **编辑批注。**所选单元格右侧随即出现批注框，将光标定位在批注框中，输入批注内容，如图1-88所示。

图1-87

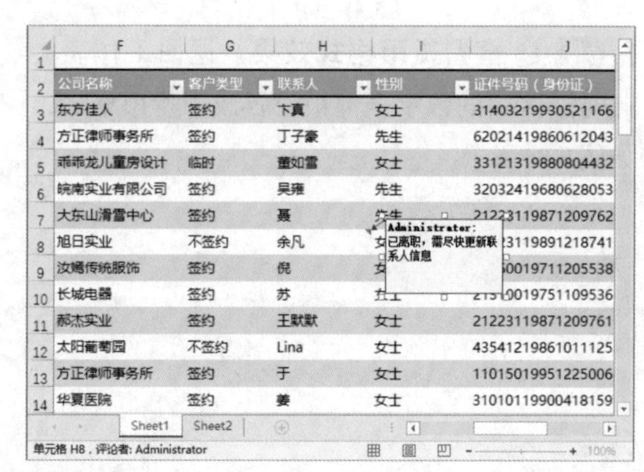

图1-88

Step 03 显示或隐藏所有批注。在“批注”选项组中单击“显示所有批注”按钮可以将工作表中的所有批注显示出来，如图1-89所示，再次单击该按钮会将所有批注隐藏。

Step 04 删除批注。选中批注所在的单元格，在“批注”选项组中单击“删除”按钮，如图1-90所示，该单元格中的批注即可被删除。

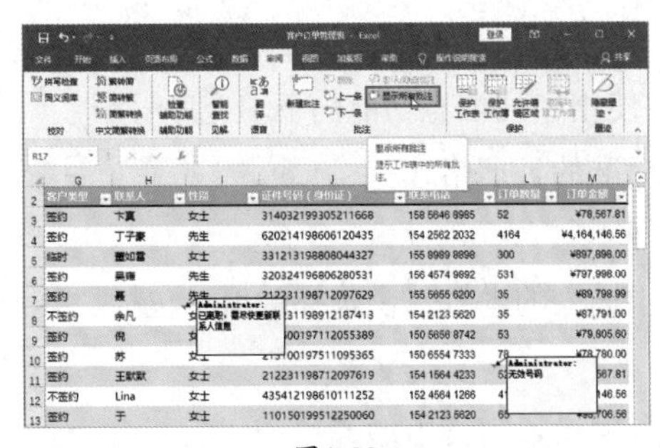

图1-89

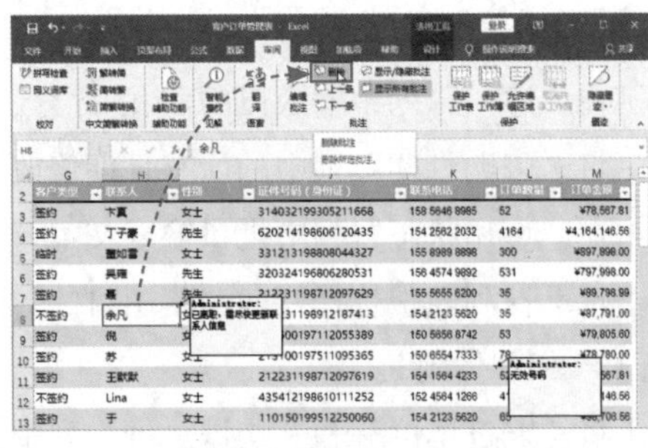

图1-90

Step 05 打开“文件”菜单。批注中显示的英文“Administrator”是Office默认的用户名，用户可以根据需要修改用户名。首先，在功能区中单击“文件”按钮，如图1-91所示。

Step 06 打开“Excel选项”对话框。在“文件”菜单左下角单击“选项”选项，如图1-92所示。

图1-91

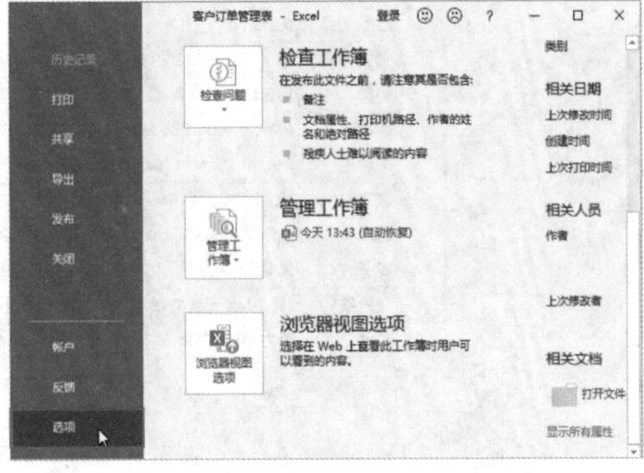

图1-92

Step 07 修改用户名。在“Excel 选项”对话框中的“常规”界面修改“用户名”文本框中的内容，如图1-93所示。

Step 08 查看修改结果。返回工作表，再次新建批注，此时，用户名已经得到了修改，如图1-94所示。

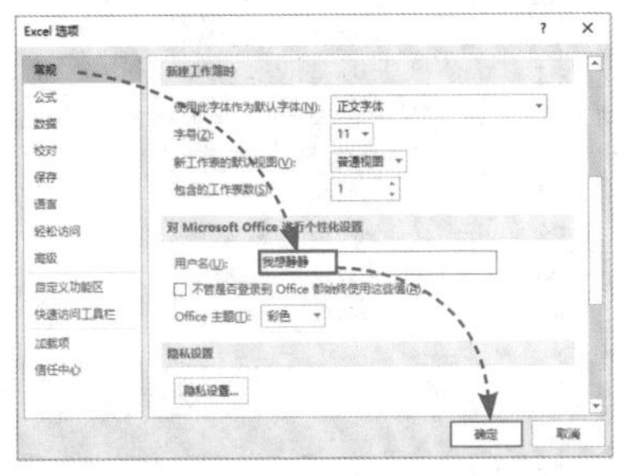

图1-93

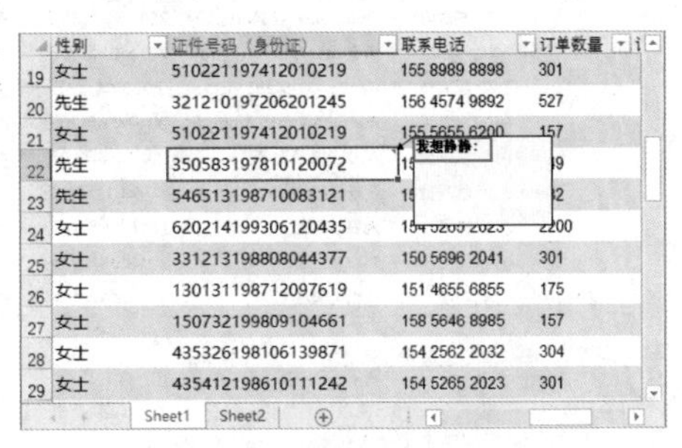

图1-94

Ⓔ课后作业

学习完上述知识后，练习制作一个固定资产表。打开本书提供的实例文件“固定资产盘存表”，按照以下操作提示进行练习。在操作过程中如有疑问，可以加入学习交流群（QQ群号：737179838）进行提问。

（1）在“序号”列中输入以0开头的序号，并使用序列填充功能向下填充序号。

（2）将“采购日期”列中的所有日期修改成标准的日期格式。

（3）在“使用状态”列中批量输入文本“良好”。

（4）从下拉列表中选择要向“使用目的”列中输入的内容，供选择的项目包括“办公”“运输”“施工”和“休闲”。

（5）将“购进单价”和“购进总价”列中的数据设置为货币形式。

序号	名称	型号	采购日期	使用状态	使用目的	库存量	购进单价	购进总价
	固定电话	TCL HCD868(202)TSD	2015.3.13			3	150	450
	手机	HUAWE P20	2015.4.16			2	3500	7000
	办公桌	800mm*1200mm	2016.5.28			2	450	900
	办公桌	600mm*1400mm	2017.12.6			2	500	1000
	汽车	大众Multivan T5	2015.3.17			1	600000	600000
	沙发	皮质	2014.8.22			1	12580	12580
	台式电脑	Dell 3668-R23N9B	2015.9.19			5	5800	29000
	打印机	惠普LaserJet Pro1108	2015.1.18			1	4200	4200
	照相机	Canon IXUS 285 HS	2018.4.3			1	5500	5500
	文件柜	90cm*40cm*170cm	2017.8.20			5	2220	11100
	饮水机	AUX YR-21L-A	2015.7.12			1	860	860
	咖啡机	优瑞 723 AX8C	2016.11.24			1	1260	1260
	椅子	靠背 升降式	2016.1.10			10	180	1800
	路由器	TP-LINK 无线450M	2018.5.26			5	199	995
	空调	格力 U雅 变频	2017.6.14			3	4600	13800

原始效果

序号	名称	型号	采购日期	使用状态	使用目的	库存量	购进单价	购进总价
001	固定电话	TCL HCD868(202)TSD	2015年3月13日	良好	办公	3	¥150.00	¥450.00
002	手机	HUAWE P20	2015年4月16日	良好		2	¥3,500.00	¥7,000.00
003	办公桌	800mm*1200mm	2016年5月28日	良好		2	¥450.00	¥900.00
004	办公桌	600mm*1400mm	2017年12月6日	良好	办公	2	¥500.00	¥1,000.00
005	汽车	大众Multivan T5	2015年3月17日	良好	运输	1	¥600,000.00	¥600,000.00
006	沙发	皮质	2014年8月22日	良好	办公	1	¥12,580.00	¥12,580.00
007	台式电脑	Dell 3668-R23N9B	2015年9月19日	良好	办公	5	¥5,800.00	¥29,000.00
008	打印机	惠普LaserJet Pro1108	2015年1月18日	良好	办公	1	¥4,200.00	¥4,200.00
009	照相机	Canon IXUS 285 HS	2018年4月3日	良好	施工	1	¥5,500.00	¥5,500.00
010	文件柜	90cm*40cm*170cm	2017年8月20日	良好	办公	5	¥2,220.00	¥11,100.00
011	饮水机	AUX YR-21L-A	2015年7月12日	良好	办公	1	¥860.00	¥860.00
012	咖啡机	优瑞 723 AX8C	2016年11月24日	良好	休闲	1	¥1,260.00	¥1,260.00
013	椅子	靠背 升降式	2016年1月10日	良好	办公	10	¥180.00	¥1,800.00
014	路由器	TP-LINK 无线450M	2018年5月26日	良好	办公	5	¥199.00	¥995.00
015	空调	格力 U雅 变频	2017年6月14日	良好	办公	3	¥4,600.00	¥13,800.00

最终效果

Excel

第 2 章

有序整理，让你的报表更利于分析

数据分析是Excel十分出众的应用领域。Excel利用特定的方式和思路对数据进行科学的分析，合理地对表格中的数据进行组织和归类。本章将向读者介绍如何在数据表中使用排序、筛选、条件格式、分类汇总和合并计算等功能。

Ⓔ思维导图

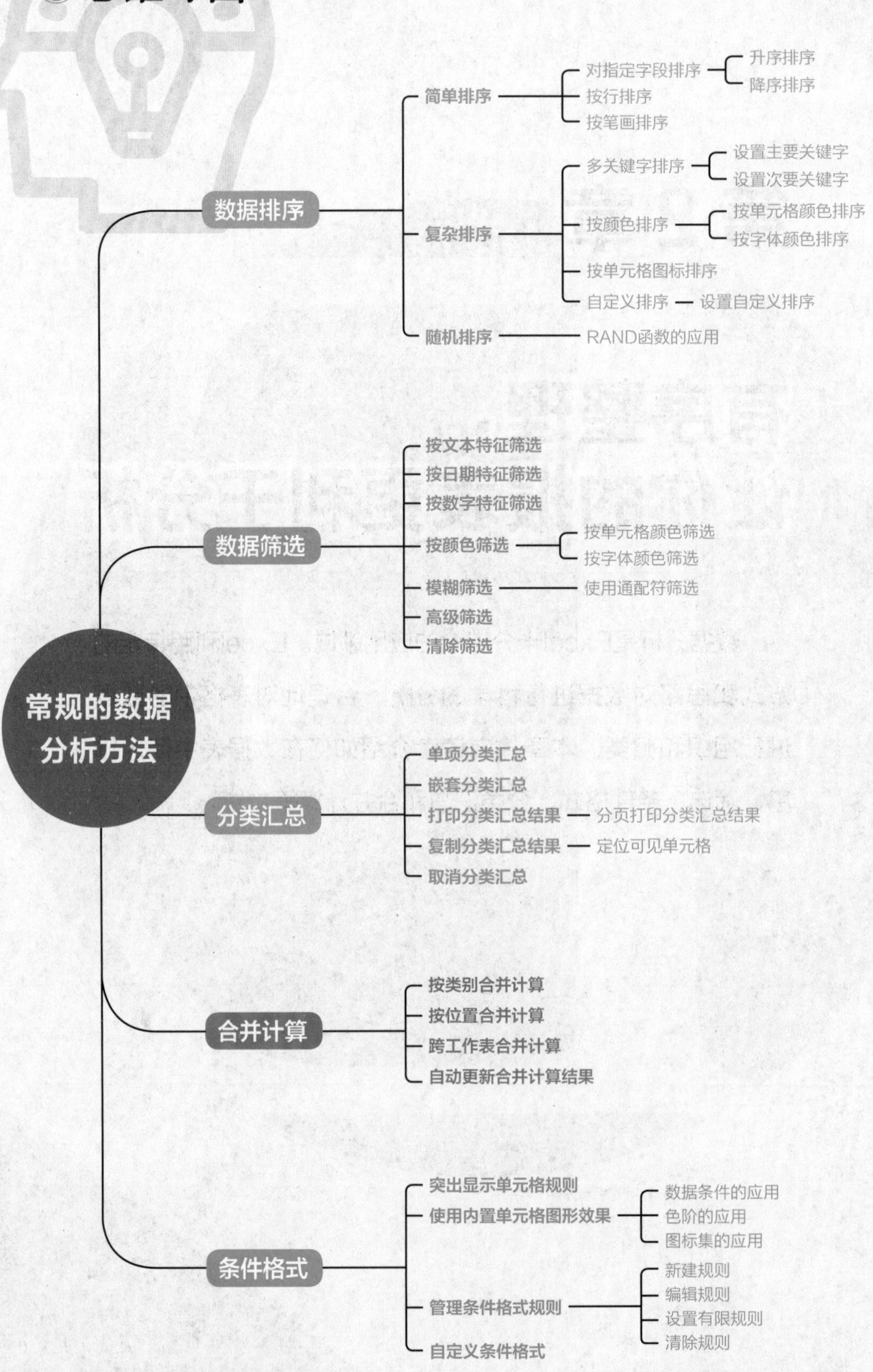
常规的数据分析方法
数据排序
简单排序
对指定字段排序
升序排序
降序排序
按行排序
按笔画排序
复杂排序
多关键字排序
设置主要关键字
设置次要关键字
按颜色排序
按单元格颜色排序
按字体颜色排序
按单元格图标排序
自定义排序
设置自定义排序
随机排序
RAND函数的应用
数据筛选
按文本特征筛选
按日期特征筛选
按数字特征筛选
按颜色筛选
按单元格颜色筛选
按字体颜色筛选
模糊筛选
使用通配符筛选
高级筛选
清除筛选
分类汇总
单项分类汇总
嵌套分类汇总
打印分类汇总结果
分页打印分类汇总结果
复制分类汇总结果
定位可见单元格
取消分类汇总
合并计算
按类别合并计算
按位置合并计算
跨工作表合并计算
自动更新合并计算结果
条件格式
突出显示单元格规则
使用内置单元格图形效果
数据条件的应用
色阶的应用
图标集的应用
管理条件格式规则
新建规则
编辑规则
设置有限规则
清除规则
自定义条件格式

Ⓔ知识速记

2.1 数据的排序

排序是按照指定的顺序将数据进行排列组织，将相同类型的数据汇集到一起，对整理数据起到了至关重要的作用。Excel中并非只有数字才能排序，文本、日期、图标，甚至单元格格式等都能排序。

扫码观看视频

2.1.1 快速排序

快速排序包括升序和降序两种方式，升序表示从最低到最高的排列顺序，降序表示从最高到最低的排列顺序。“数据”选项卡中的“排序和筛选”选项组中包含“升序”和“降序”按钮，分别单击这两个按钮即可对字段进行相应的排序操作，如图2-1所示。

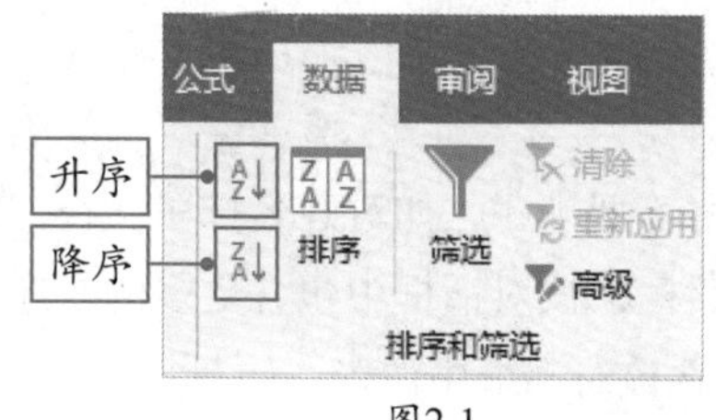

图2-1

2.1.2 复杂排序

复杂排序一般需要通过“排序”对话框来完成。在该对话框中设置主要关键字和次要关键字能够同时对多个字段进行排序。默认情况下，“排序”对话框中只包含一个主要关键字，单击“添加条件”或“复制条件”按钮可以在对话框中添加次要关键字，如图2-2所示。

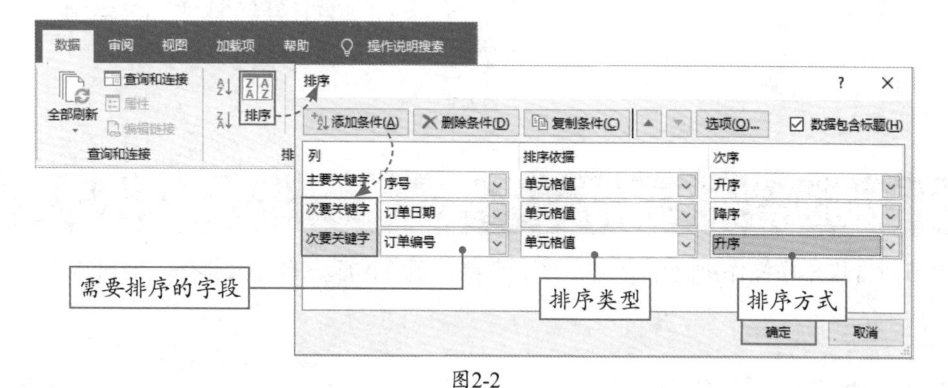

图2-2

● **新手误区：** 有些用户在排序时可能会发现，表头（即表格标题）参与了排序，这对排序结果造成了很大的影响。出现这种情况，用户应该及时检查是否有勾选“排序”对话框中的“数据包含标题”复选框，勾选该复选框即可解决表头参与排序的情况。

■2.1.3 文本排序

Excel中的文本按照字母顺序排序，英文字母及中文拼音的顺序关系就是26个字母在字母表中的排列顺序，当有多个字符时，先从第一个字符开始比较形成排序，第一个字符相同时比较第二个字符，依此类推，文本型数据排序效果如图2-3所示。

全部按升序排序

英文	中文	文本与数字混合	逻辑文本
an	艾米丽	产品1	星期二
apple	安迪	产品101	星期六
Excel	福瑞迪	产品11	星期三
like	甘道夫	产品110	星期四
LOVE	科米	产品2	星期五
Office	露西	产品20	星期一

图2-3

● **新手误区：**当数字和日期是文本型格式时将无法按照整体大小比较，而是根据文本排序的方式逐字比较数字的大小，从而无法实现正常排序，如图2-4所示。

文本型数字	文本型日期
1	2018/11/22
109	2018/6/20
12	2018/6/6
203	2019/10/1
40	2019/3/15
5	2019/3/22

图2-4

对汉字排序时可能需要根据笔划排序，如对姓名排序。在“排序”对话框中单击“选项”按钮可以打开“排序选项”对话框，该对话框中包含更多的排序方式，其中就包含按“笔划排序”。另外，修改排序方向也是在该对话框中设置，如图2-5所示。

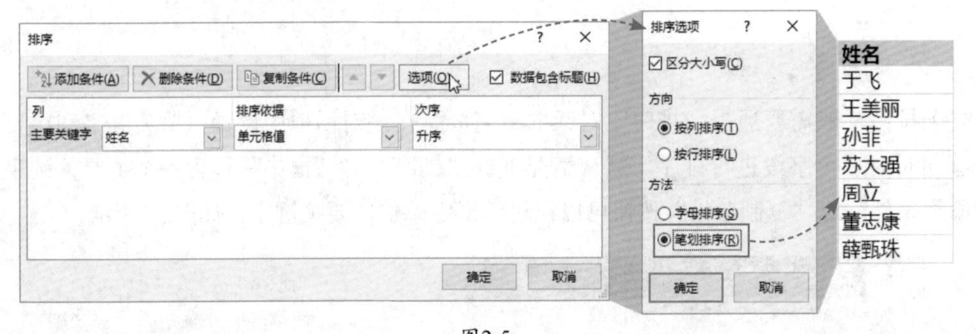

图2-5

2.2 数据的特殊排序

2.1节对常规排序操作进行了介绍，接下来将对颜色排序、自定义排序、随机排序等特殊应用进行逐一介绍。

■2.2.1 按颜色排序

扫码观看视频

Excel除了可以对单元格中的值排序，也可以根据颜色排序，在“排序”对话框中修改排序依据为“单元格颜色”或“字体颜色”并设置好颜色的次序（在最底端显示的颜色可以不设置），即可按照设定的颜色次序排序，如图2-6所示。

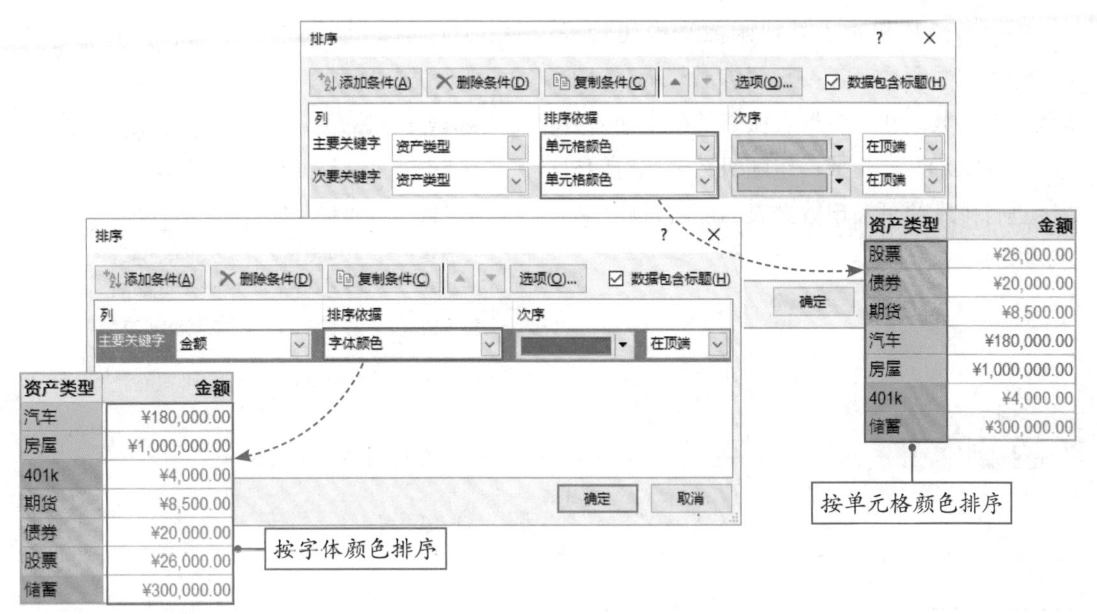

图2-6

2.2.2 自定义排序

扫码观看视频

Excel允许用户自己创建序列，即自定义序列，除了用户自己创建的序列，Excel本身包含了一些内置的序列，如“一月、二月、三月……”“甲、乙、丙、丁……”等，如图2-7所示。

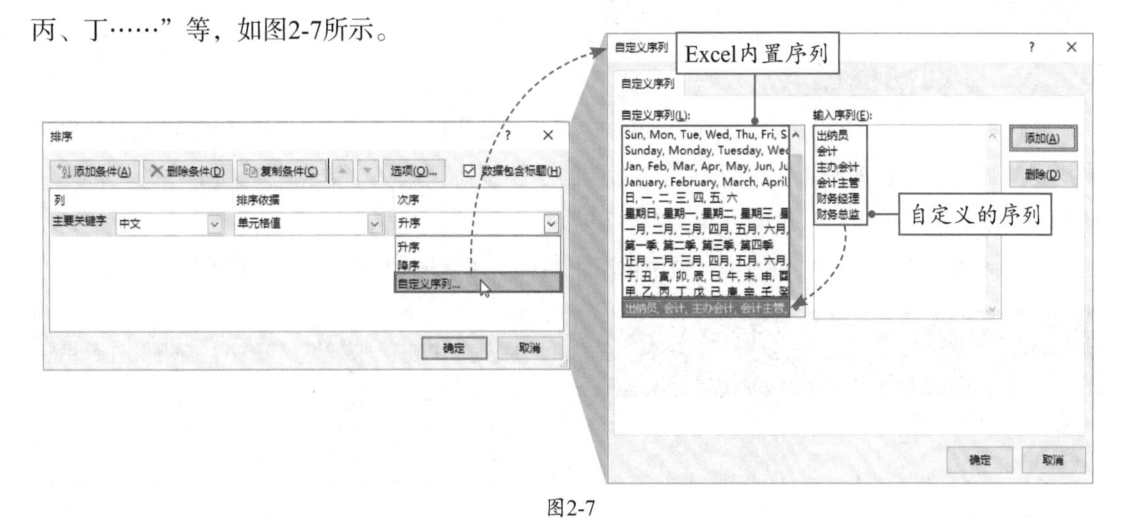

图2-7

2.2.3 随机排序

排序往往是为了让数据按照某种规律显示，然而随机排序却恰恰是为了彻底打乱数据的规律，随机在某种程度上代表着公平，常用在抽奖、排班、分组等场合。随机排序需要借助RAND函数来实现。

RAND函数相对于其他函数来说比较特殊，绝大多数函数都需要设置参数，而RAND函数没有参数。在与数据表相邻的列中输入公式“=RAND()”，生成一组随机数字。对随机数字进行排序便可实现数据表的随机排序，如图2-8所示。

C2 =RAND()

	A	B	C	D
1	费用科目	总计	辅助排序列	
2	通讯费	¥6,300.00	0.544984446	
3	招待费	¥28,000.00	0.189652899	
4	交通费	¥1,400.00	0.324526421	
5	办公费	¥7,500.00	0.727355954	
6	宣传费	¥5,500.00	0.406643277	
7				

图2-8

知识拓展

RAND函数生成的随机数字的范围大于0且小于1。随机数字生成后可按F9键刷新，每刷新一次便会重新进行一次计算。

2.3 数据的筛选

将数据表中不关心的数据过滤掉，只根据指定条件挑选出一部分数据，以便进一步分析和处理，这就是筛选的本质。

2.3.1 自动筛选

筛选和排序的关系十分紧密，在Excel中它们总是如影随形，有“排序”功能的地方几乎都能找到“筛选”功能的身影。启动和退出筛选的功能按钮存放在“数据”选项卡中的“排序和筛选”选项组中“排序”按钮的右侧，如图2-9所示。

启动筛选后，数据表标题的每一个字段右下角都会出现一个下拉按钮，如图2-10所示。

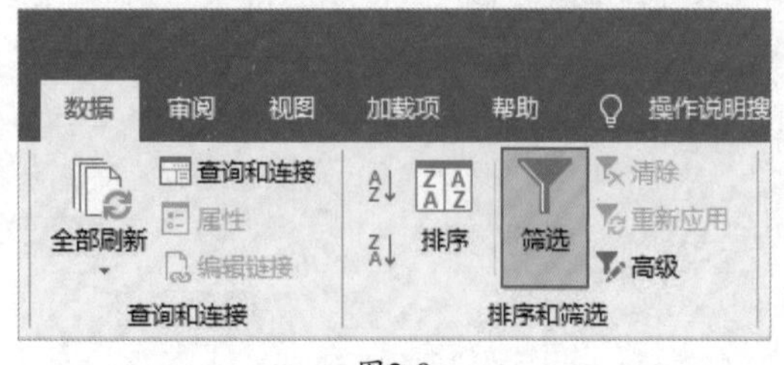

图2-9

	A	B	C	D	E	F
1	员工姓名	性别	出生年月	年龄	职称	岗位级别
2	赵敏	女	1990年3月	29	职员	4级
3	张无忌	男	1990年7月	28	职员	4级
4	郭靖	男	1987年8月	31	工程师	6级
5	乔峰	男	1996年5月	23	会计	5级
6	杨过	男	1979年3月	40	职员	5级
7	任盈盈	女	1978年2月	41	职员	5级

图2-10

下拉按钮的出现表示当前的数据表已经开启了筛选模式。单击任意一个字段的下拉按钮都会打开一个筛选列表。筛选列表中提供的筛选条件基本能够满足正常的筛选任务，文本型数据、日期型数据和数值型数据的筛选列表所包含的筛选条件是不同的，如图2-11所示。

筛选列表下方超过二分之一的位置展示了筛选的字段中所包含的所有项目，用户可以直接勾选需要筛选的项目，当项目数量太多时，借助“搜索”框搜索需要筛选的内容有利于快速完成筛选任务。

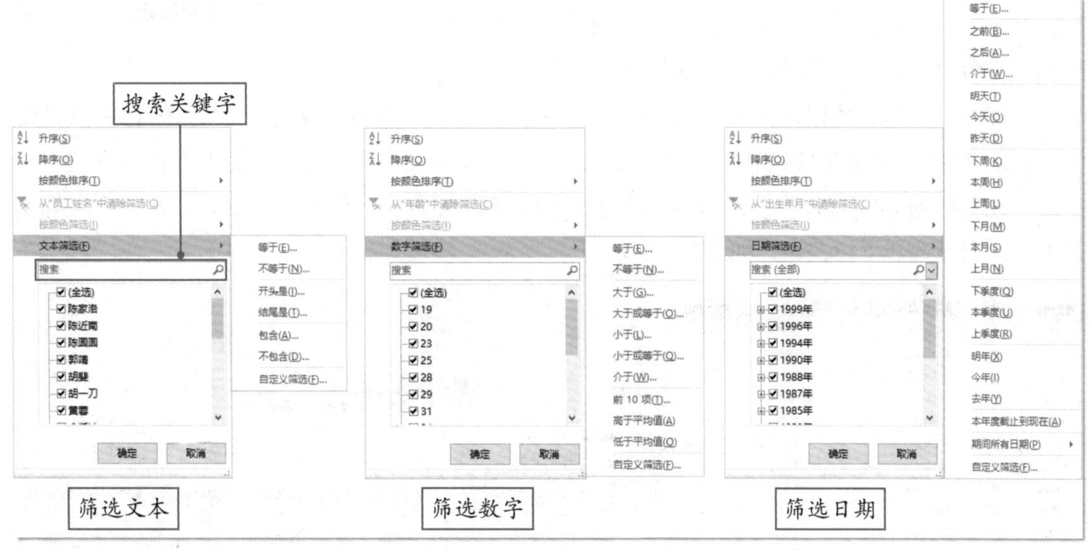

图2-11

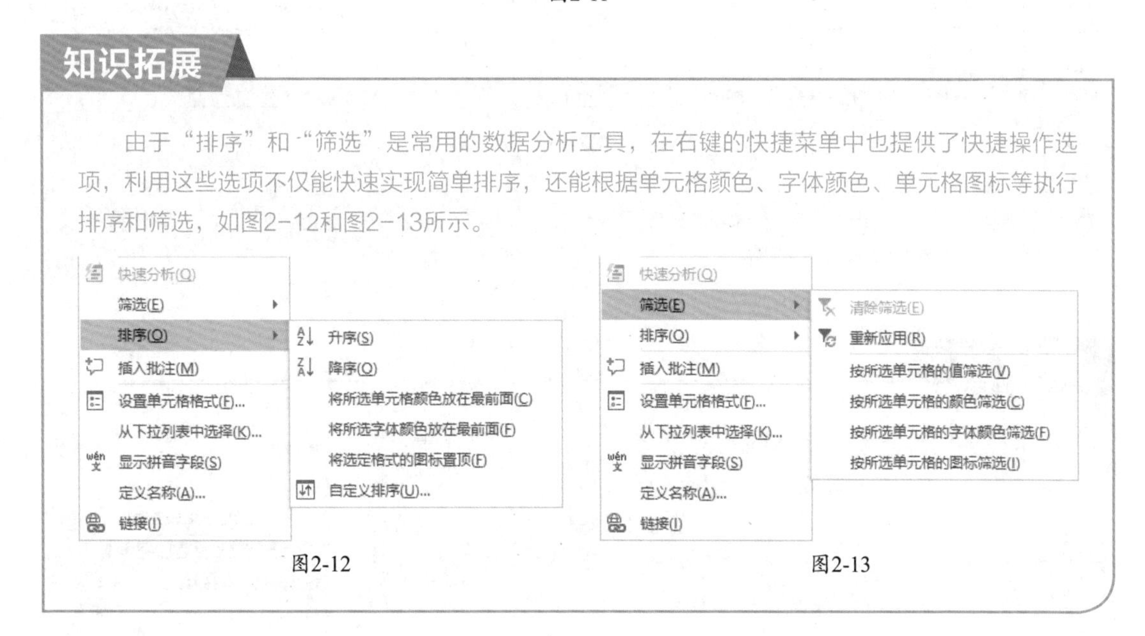

知识拓展

由于“排序”和“筛选”是常用的数据分析工具，在右键的快捷菜单中也提供了快捷操作选项，利用这些选项不仅能快速实现简单排序，还能根据单元格颜色、字体颜色、单元格图标等执行排序和筛选，如图2-12和图2-13所示。

图2-12

图2-13

2.3.2　高级筛选

扫码观看视频

高级筛选相当于自动筛选的加强版，它提供了更开放、更自由的筛选方式，能够设置更复杂的筛选条件，一旦熟悉了高级筛选的使用规律，就会发现高级筛选其实比常规筛选更好用。高级筛选的操作按钮位于“数据”选项卡的

“排序和筛选”选项组中，如图2-14所示。

图2-14

高级筛选必须在工作表区域内指定筛选条件，条件区域至少包含两行，第一行是标题，标题必须和数据表中的标题相匹配，之后的行数据则用来设置筛选条件，用户只需在想要筛选的标题下设置条件，不需要筛选的标题下方可以保持空白。例如，对图2-15中的源数据表执行筛选，设定的筛选条件1为男性年龄大于35岁，条件2为女性的岗位级别是5级。创建条件区域并设置好筛选条件后，单击“高级”按钮，打开“高级筛选”对话框，设置好列表区域和条件区域即可筛选出符合条件的数据。值得注意的是，执行高级筛选并不会出现筛选器下拉按钮，如图2-15所示。

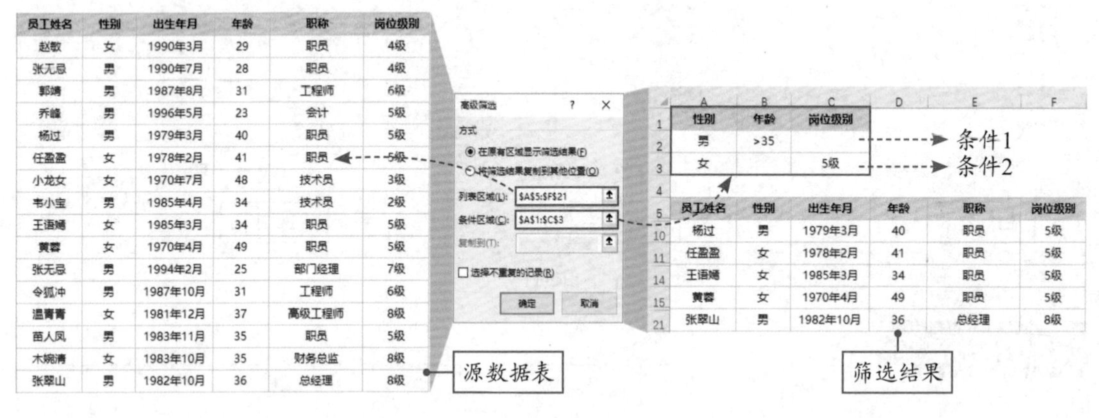

员工姓名	性别	出生年月	年龄	职称	岗位级别
赵敏	女	1990年3月	29	职员	4级
张无忌	男	1990年7月	28	职员	4级
郭靖	男	1987年8月	31	工程师	6级
乔峰	男	1996年5月	23	会计	5级
杨过	男	1979年3月	40	职员	5级
任盈盈	女	1978年2月	41	职员	5级
小龙女	女	1970年7月	48	技术员	3级
韦小宝	男	1985年4月	34	技术员	2级
王语嫣	女	1985年3月	34	职员	5级
黄蓉	女	1970年4月	49	职员	5级
张无忌	男	1994年2月	25	部门经理	7级
令狐冲	男	1987年10月	31	工程师	6级
温青青	女	1981年12月	37	高级工程师	8级
苗人凤	男	1983年11月	35	职员	5级
木婉清	女	1983年10月	35	财务总监	8级
张翠山	男	1982年10月	36	总经理	8级

性别	年龄	岗位级别
男	>35	
女		5级

员工姓名	性别	出生年月	年龄	职称	岗位级别
杨过	男	1979年3月	40	职员	5级
任盈盈	女	1978年2月	41	职员	5级
王语嫣	女	1985年3月	34	职员	5级
黄蓉	女	1970年4月	49	职员	5级
张翠山	男	1982年10月	36	总经理	8级

图2-15

新手误区：条件区域最好设置在数据表的下方或上方，因为在执行筛选的过程中数据表中的数据会被折叠起来，若条件区域在数据表的一侧，在执行筛选后条件会被隐藏。

知识拓展

执行高级筛选时，在“高级筛选”对话框中勾选“选择不重复的记录”复选框可以排除重复项只显示唯一记录。另外，若不想在原数据表中显示筛选结果而是要将筛选结果复制到其他位置，可以选择“将筛选结果复制到其他位置”单选按钮，然后设置好用于存放筛选结果的起始单元格即可，如图2-16所示。

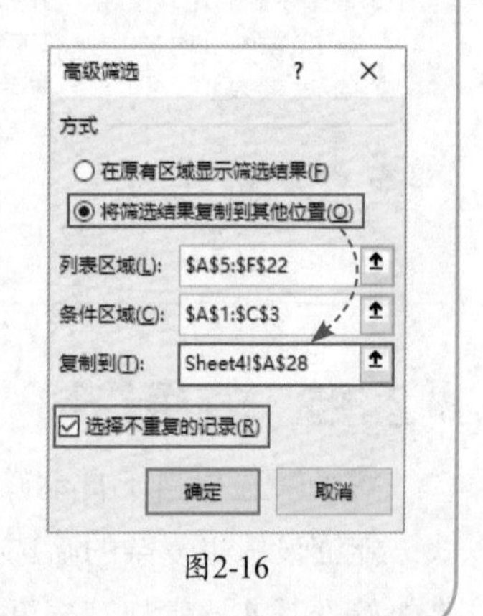

图2-16

■2.3.3　通配符在高级筛选中的应用

进行高级筛选时，通配符主要用于文本内容的筛选。“？”和“*”是最常见的通配符，“？”表示一个字符，“*”表示任意个数的字符，表2-1为Excel高级筛选中的常用通配符组合。

表2-1

通配符	筛选效果
="=小龙女"	"小龙女"的记录
张	以"张"开头的所有记录
龙	文本中包含字符"龙"的所有记录
<>A*	包含不以字符A开头的所有记录
<>*M	包含不以字符M结尾的所有记录
<>*Q*	除了文本中包含Q的所有记录
A*M	以A开头并包含M的所有记录
="A*M"	包含以A开头并以M结尾的所有记录
A?M	第一个字符是A第三个字符是M的所有记录
="A?M"	长度为三个字符，以A开头以M结尾的所有记录
="=????"	包含四个字符的记录
<>????	不包含四个字符的记录
~?	以问号开头的文本记录
~?	包含问号的记录
~*	以*号结尾的记录
=	所有空单元格
<>	所有非空单元格

2.4　条件格式的应用

Excel包含多种色彩和图形条件格式，用户可以指定某种条件，在条件被满足的时候以预设的单元格格式或图形显示。对单元格的设置包括边框、底纹、字体颜色等，条件格式的图形效果包括数据条、色阶、图标集等。

扫码观看视频

■2.4.1　突出显示单元格规则

“条件格式”按钮保存在“开始”选项卡的“样式”选项组中。突出显示单元格规则有7种，分别为“大于”“小于”“介于”“等于”“文本包含”“发生日期”和“重复值”，如图2-17所示。

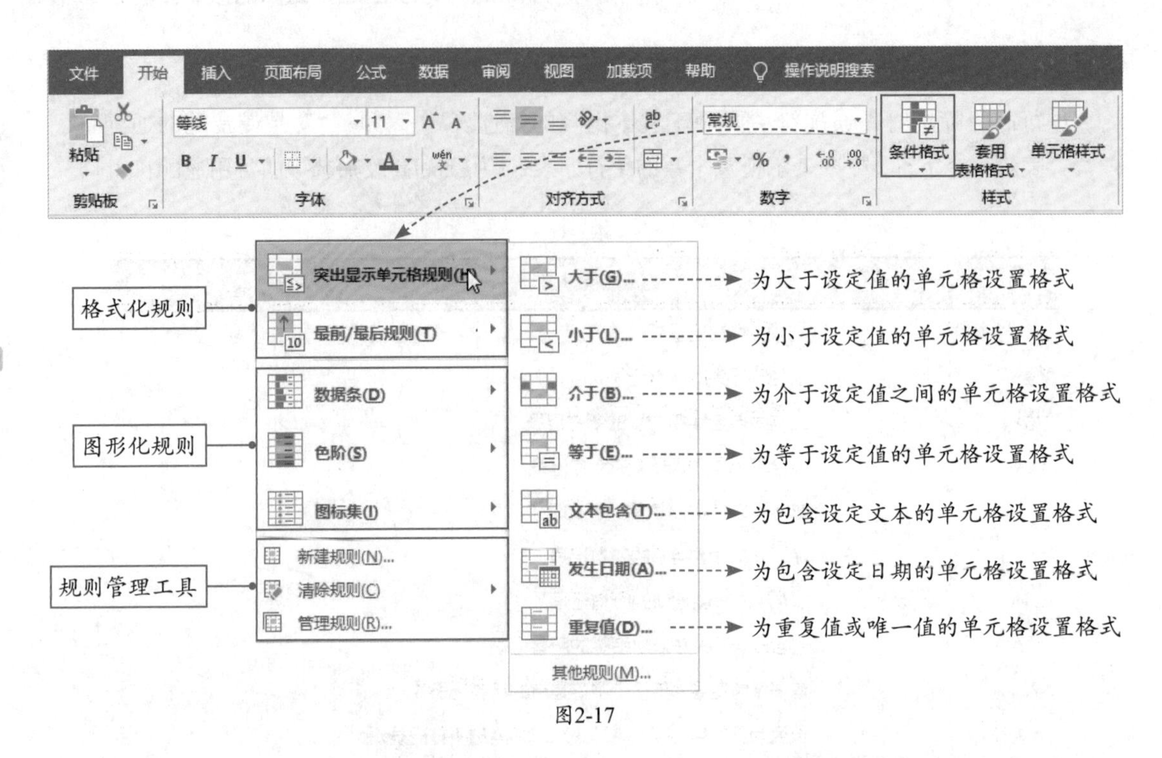

图2-17

选择任意一种规则，打开相应的对话框，在对话框中可以设置具体的条件和单元格格式，如图2-18所示。

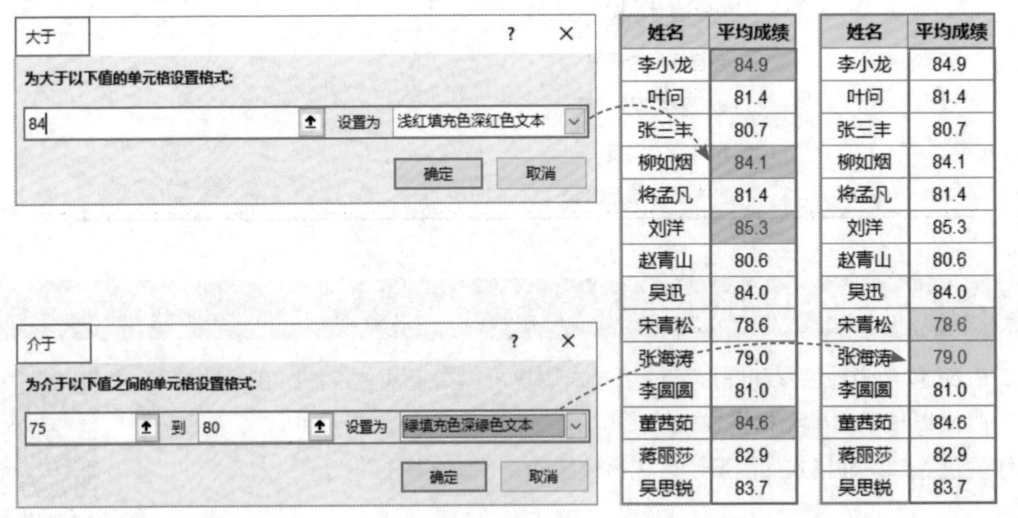

姓名	平均成绩
李小龙	84.9
叶问	81.4
张三丰	80.7
柳如烟	84.1
将孟凡	81.4
刘洋	85.3
赵青山	80.6
吴迅	84.0
宋青松	78.6
张海涛	79.0
李圆圆	81.0
董茜茹	84.6
蒋丽莎	82.9
吴思锐	83.7

姓名	平均成绩
李小龙	84.9
叶问	81.4
张三丰	80.7
柳如烟	84.1
将孟凡	81.4
刘洋	85.3
赵青山	80.6
吴迅	84.0
宋青松	78.6
张海涛	79.0
李圆圆	81.0
董茜茹	84.6
蒋丽莎	82.9
吴思锐	83.7

图2-18

■2.4.2　项目选区规则

Excel内置了6种项目选取规则，分别为“前10项”“前10%”“最后10项”“最后10%”“高于平均值”“低于平均值”，如图2-19所示。

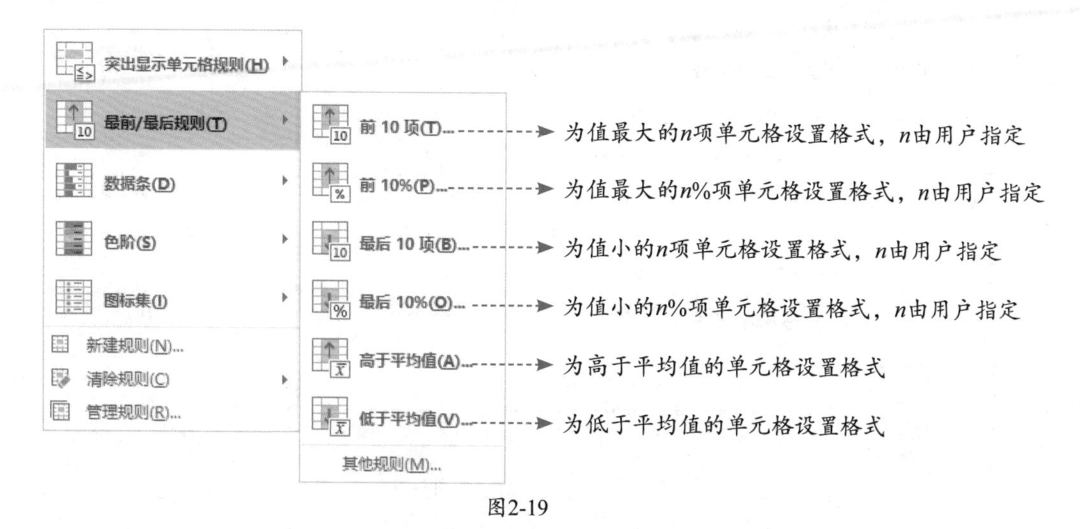

图2-19

项目选取规则的设置方法和突出显示单元格规则的设置方法类似，在“最前/最后规则”选项的下级列表中选择某个选项，在弹出的对话框中设置具体的条件和单元格格式即可，如图2-20所示。

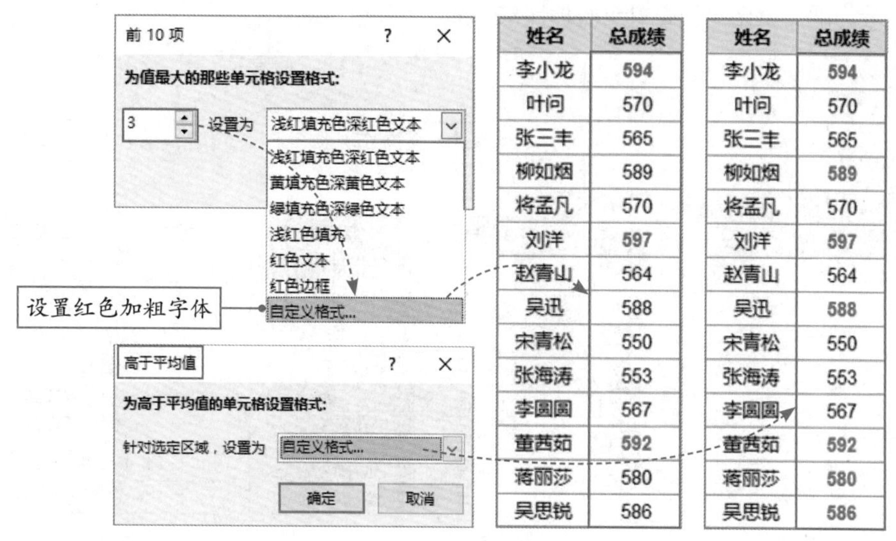

姓名	总成绩
李小龙	594
叶问	570
张三丰	565
柳如烟	589
将孟凡	570
刘洋	597
赵青山	564
吴迅	588
宋青松	550
张海涛	553
李圆圆	567
董茜茹	592
蒋丽莎	580
吴思锐	586

姓名	总成绩
李小龙	594
叶问	570
张三丰	565
柳如烟	589
将孟凡	570
刘洋	597
赵青山	564
吴迅	588
宋青松	550
张海涛	553
李圆圆	567
董茜茹	592
蒋丽莎	580
吴思锐	586

图2-20

知识拓展

同一个单元格区域可以同时应用多种条件格式，但多种条件格式重叠时反而不利于数据的分析和展示，如图2-21所示，所以应该尽量避免同一个单元格区域中出现多种条件格式的情况。当相同的单元格区域中已经应用了多种条件格式时，可以在“条件格式规则管理器”对话框中删除指定的规则，如图2-22所示。

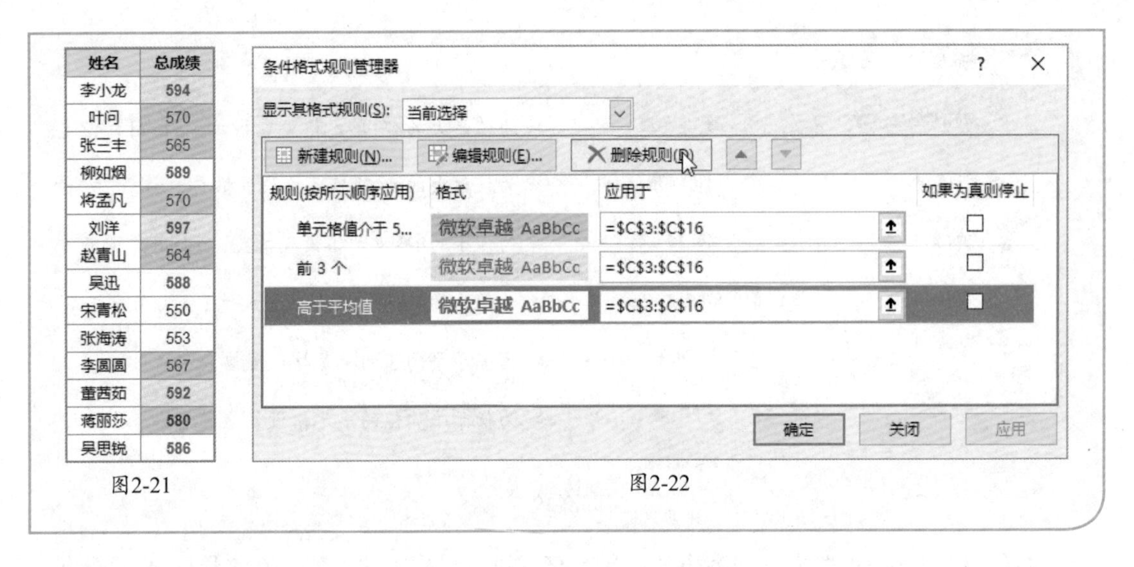

图2-21　　图2-22

2.4.3　数据条

带颜色的数据条可以表示单元格中数值的大小，值越大，数据条越长。Excel内置了6种颜色的数据条，分为渐变填充和实心填充两种样式，如图2-23所示。

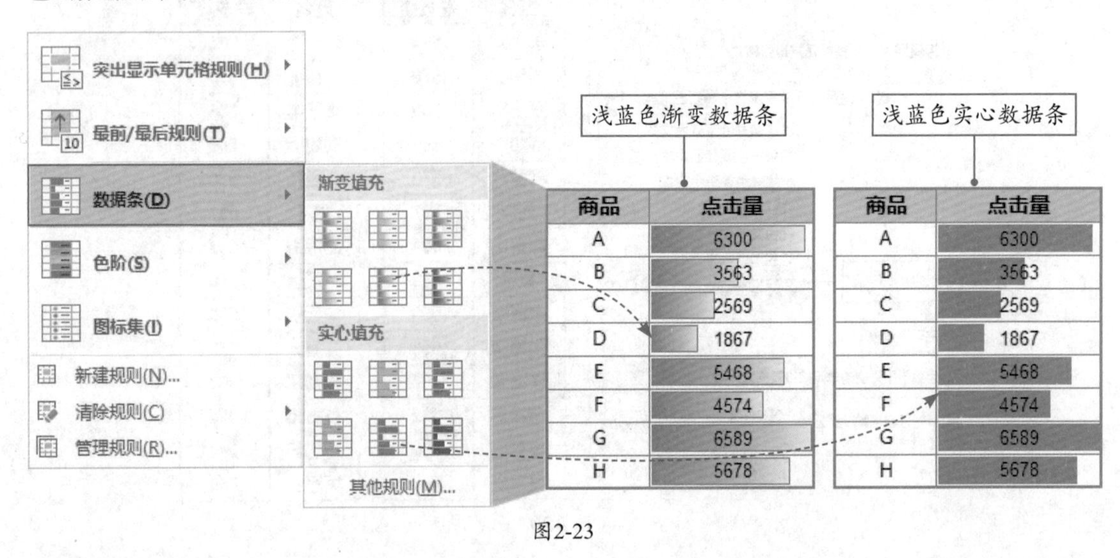

图2-23

2.4.4　色阶

色阶用颜色的冷暖色调、深浅不同来表达数值的高低，在数据可视化领域也被称作热力图。在Excel中，只需要一个单击动作便能为所选区域应用色阶，如图2-24所示。

突出显示单元格规则(H)
最前/最后规则(T)
数据条(D)
色阶(S)
图标集(I)
新建规则(N)...
清除规则(C)
管理规则(R)...
其他规则(M)...

编号	姓名	培训课程						
		电脑操作	财务知识	质量管理	企业概况	规章制度	法律知识	商务礼仪
1	李小龙	87	83	90	84	80	82	88
2	叶问	75	84	79	89	78	85	80
3	张三丰	83	78	76	83	81	85	79
4	柳如烟	90	92	80	84	80	74	89
5	将孟凡	85	76	83	80	89	79	78
6	刘洋	88	88	87	83	79	82	90
7	赵青山	69	87	89	77	71	80	91
8	吴迅	86	85	92	83	80	76	86
9	宋青松	69	75	76	83	85	80	82
10	张海涛	81	79	72	89	84	68	80
11	李圆圆	72	90	80	80	77	84	84
12	董茜茹	82	84	85	90	89	83	79
13	蒋丽莎	90	69	87	88	78	90	78
14	吴思锐	80	92	86	80	86	81	81
15	刘群	65	81	80	87	83	85	85

图2-24

2.4.5 图标集

图标集以图形表示单元格中的值，内置的图标样式包括方向、形状、标记、等级4种类型，每种类型又包含不同形状和颜色的图标。直接单击某种图标，便可以为所选区域应用该图标，如图2-25所示。

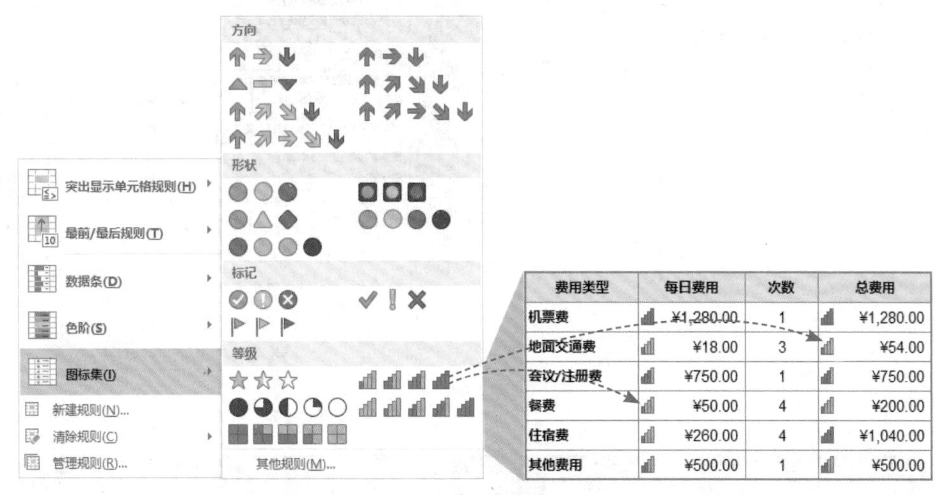

费用类型	每日费用	次数	总费用
机票费	¥1,280.00	1	¥1,280.00
地面交通费	¥18.00	3	¥54.00
会议/注册费	¥750.00	1	¥750.00
餐费	¥50.00	4	¥200.00
住宿费	¥260.00	4	¥1,040.00
其他费用	¥500.00	1	¥500.00

图2-25

2.4.6 管理格式规则

“新建规则”和“编辑规则”都属于条件格式管理规则的范围。当用户完全想制定一套属于自己的条件格式规则时可以新建规则。若只是想适当改变当前的条件格式规则让其更合理，可以对该规则进行编辑。这两者的操作方法其实很相似，其原理也是相通的，它们都可以通过“条件格式管理器”进入对应的设置对话框。

在“条件格式”下拉列表中选择“管理规则”选项，可以打开“条件格式管理器”对话框，如图2-26所示为编辑格式规则的过程。

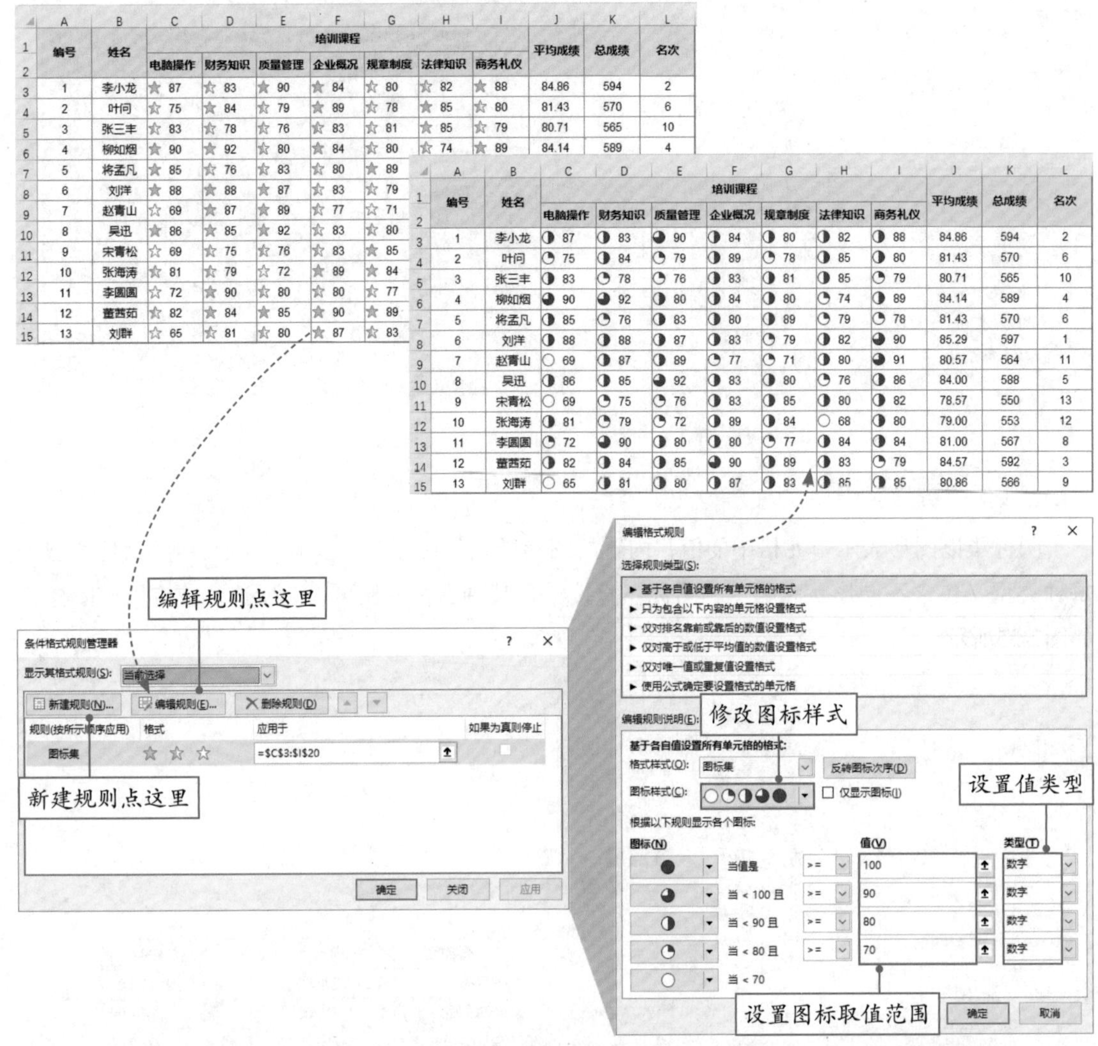

图2-26

2.5 表格数据的分类汇总

分类汇总是非常重要的数据分析工具，它可以按类别对数据进行分类和汇总。

扫码观看视频

2.5.1 分类汇总要素

分类汇总的要素包括“分类字段”“汇总方式”“汇总项”，只有设置好这三项内容才能实现分类汇总。所有分类汇总的设置都是在“分类汇总”对话框中进行的。“分类汇总”按钮位于“数据”选项卡的“分级显示”选项组中，单击该按钮可以打开“分类汇总”对话框，如图2-27所示。

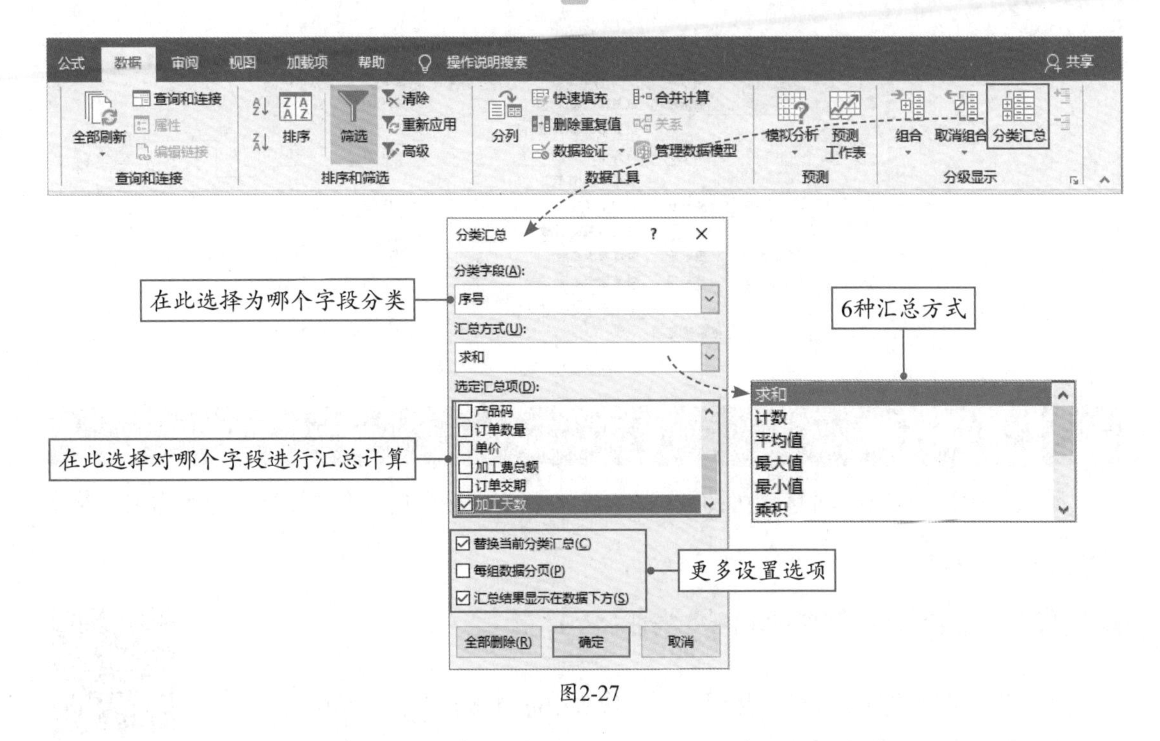

图2-27

■2.5.2　单项分类汇总

单项分类汇总即对一个分类字段进行一项指定方式的汇总。只对“商品名称”字段进行分类，对“销售金额”字段进行求和汇总，这种汇总方式即是单项分类汇总，如图2-28所示。

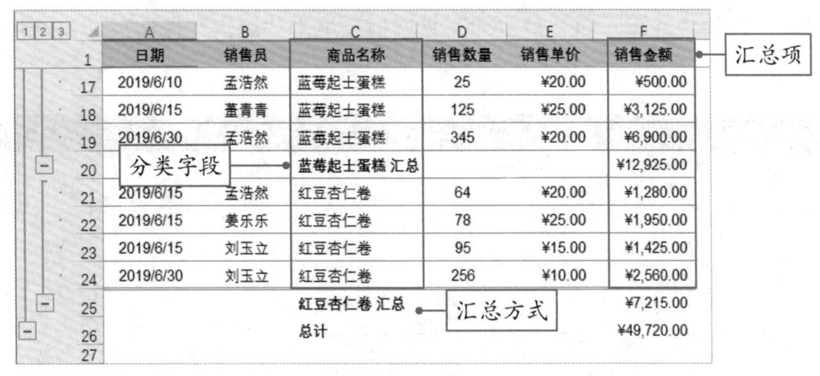

	A	B	C	D	E	F
1	日期	销售员	商品名称	销售数量	销售单价	销售金额
17	2019/6/10	孟浩然	蓝莓起士蛋糕	25	¥20.00	¥500.00
18	2019/6/15	董青青	蓝莓起士蛋糕	125	¥25.00	¥3,125.00
19	2019/6/30	孟浩然	蓝莓起士蛋糕	345	¥20.00	¥6,900.00
20			蓝莓起士蛋糕 汇总			¥12,925.00
21	2019/6/15	孟浩然	红豆杏仁卷	64	¥20.00	¥1,280.00
22	2019/6/15	姜乐乐	红豆杏仁卷	78	¥25.00	¥1,950.00
23	2019/6/15	刘玉立	红豆杏仁卷	95	¥15.00	¥1,425.00
24	2019/6/30	刘玉立	红豆杏仁卷	256	¥10.00	¥2,560.00
25			红豆杏仁卷 汇总			¥7,215.00
26			总计			¥49,720.00
27						

图2-28

■2.5.3　嵌套分类汇总

嵌套分类汇总是指使用多个条件进行多层分类汇总，以达到根据不同的条件对数据进行汇总的目的，如图2-29所示。在进行嵌套分类汇总之前，需要根据汇总的字段按一定的顺序进行排序。

	A	B	C	D	E	F
1	日期	销售员	商品名称	销售数量	销售单价	销售金额
11	2019/6/15	姜乐乐	红豆杏仁卷	78	¥25.00	¥1,950.00
12			红豆杏仁卷 计数	1	1	
13	2019/6/30	姜乐乐	提拉米苏	58	¥15.00	¥870.00
14			提拉米苏 计数	1	1	
15	2019/6/25	姜乐乐	五壳核果糕	187	¥45.00	¥8,415.00
16			五壳核果糕 计数	1	1	
17	2019/6/1	姜乐乐	香草摩卡慕斯	42	¥55.00	¥2,310.00
18	2019/6/10	姜乐乐	香草摩卡慕斯	35	¥15.00	¥525.00
19			香草摩卡慕斯 计数	2	2	
20		姜乐乐 汇总				¥14,070.00

图2-29

2.6 合并计算

在Excel中汇总多个单独区域中的数据，然后在指定区域中进行合并计算的过程称为“合并计算”。

■2.6.1 对同一工作表中的数据合并计算

扫码观看视频

用于合并计算的数据表可以是同一个工作表中的数据，也可以是同一工作簿内不同工作表中的数据，甚至还可以是不同工作簿中的数据。

下面先来看一下如何对同一工作表中的多张表格进行合并计算，选中需要存放合并计算结果的起始单元格，打开“数据”选项卡，在“数据工具”选项组中单击“合并计算”按钮，打开“合并计算”对话框，随后将“一仓”和“二仓”的表格区域添加到“所有引用位置”，勾选“首行”和“最左列”复选框，单击“确定”按钮后即可产生合并计算结果，如图2-30所示。

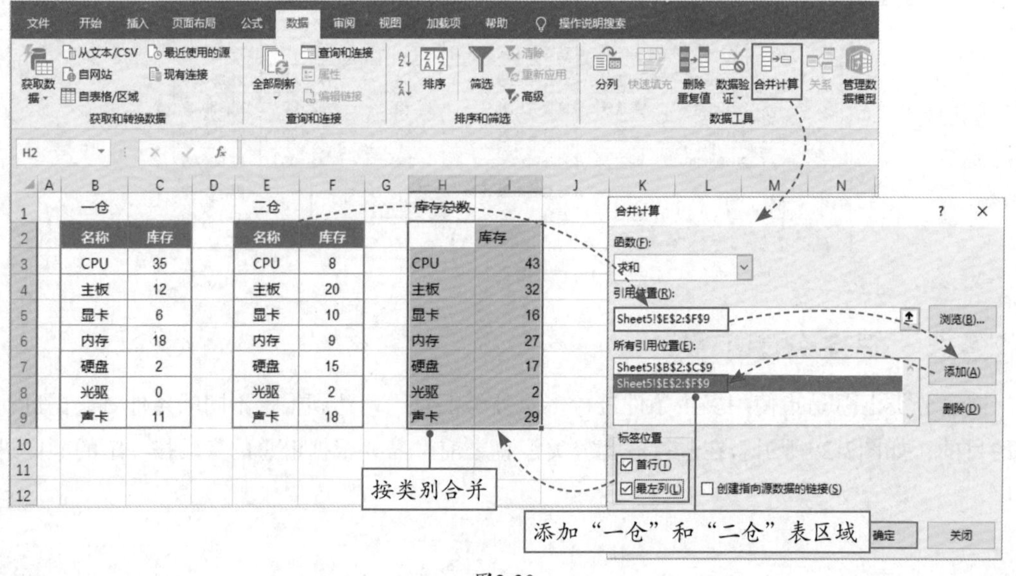

图2-30

知识拓展

要想在合并计算结果中显示标题信息，要求数据源本身必须包含行标题或列标题，并且需要在“合并计算”对话框中勾选“首行”或“最左列”复选框。当同时勾选“首行”和“最左列”复选框时，合并结果表会缺失第一列的列标题。当数据源表中的标题顺序不同时，合并后的标题顺序按照后添加的数据表标题顺序显示。

合并计算有两种方式，一种是按类别合并计算，另一种是按位置合并计算。图2-27展示的即是按类别合并计算，若要按位置合并计算，在“合并计算”对话框中需要取消勾选“首行”和“首列”复选框，如图2-31所示。

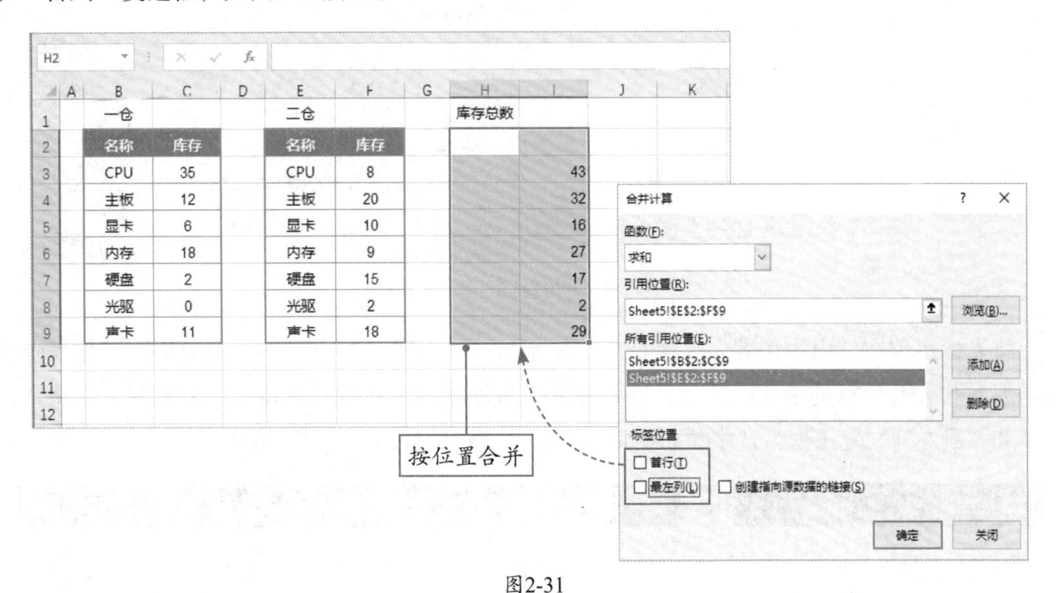

图2-31

■2.6.2　对不同工作表中的数据合并计算

当多张工作表中的数据表类别存在差异时，也可以利用“合并计算”功能将引用区域中的全部类别汇总到同一张表中显示。例如，图2-32为某化妆品公司的三家分店在“五一”期间部分商品的销售记录，现在需要将这三张工作表中的商品销售记录合并在同一张表格中显示。

1分店：

日期	香水	口红	粉底液	眼影盘
2019/5/1	45	15	46	15
2019/5/2	43	38	49	22
2019/5/3	45	38	87	14
2019/5/4	40	42	48	23
2019/5/5	83	96	48	22
2019/5/6	12	20	92	8
2019/5/7	43	61	24	6

2分店：

日期	睫毛膏	口红	粉底液
2019/5/1	11	83	20
2019/5/2	22	2	63
2019/5/3	43	25	42
2019/5/4	50	7	14
2019/5/5	62	76	14
2019/5/6	73	53	33
2019/5/7	55	32	50

3分店：

日期	香水	口红	眉笔	粉底液
2019/5/1	52	8	35	81
2019/5/2	92	43	78	56
2019/5/3	50	55	96	47
2019/5/4	48	81	56	12
2019/5/5	1	67	54	42
2019/5/6	99	75	23	90
2019/5/7	40	85	31	65

工作表标签：1分店　2分店　3分店　汇总

图2-32

对多个工作表中的数据执行合并计算时，需要提前定位好存放合并计算结果的单元格区域（或存放合并计算结果的起始单元格），然后打开“合并计算”对话框，如图2-33所示。

图2-33

将光标定位在“引用位置”文本框中，依次从“1分店”“2分店”和“3分店”工作表中选取需要参与合并计算的单元格区域，并将这些区域添加到“所有引用位置”列表框，保持“首行”和“最左列”复选框为选中状态，最后单击“确定”按钮，如图2-34所示。

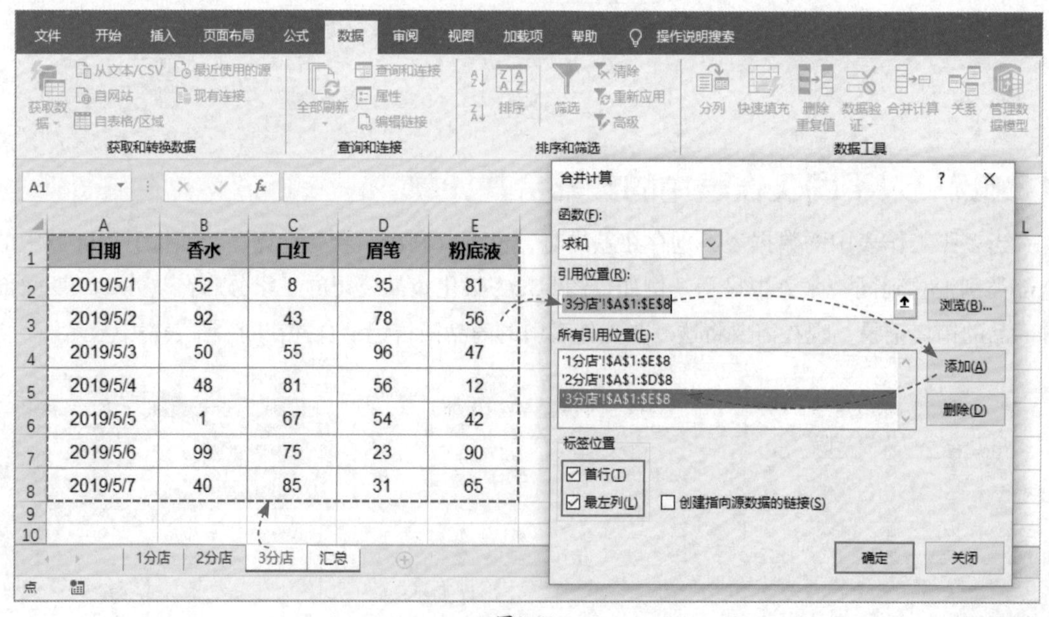

图2-34

知识拓展

提取出合并计算结果后会发现，最左列的日期以不正常的状态显示，这是由于当前的单元格格式为常规格式，用户只需要将这些单元格的格式修改为日期格式便能够让日期正常显示。最后，补齐最左列的标题，可以对合并汇总表进行适当的美化，如图2-35所示。

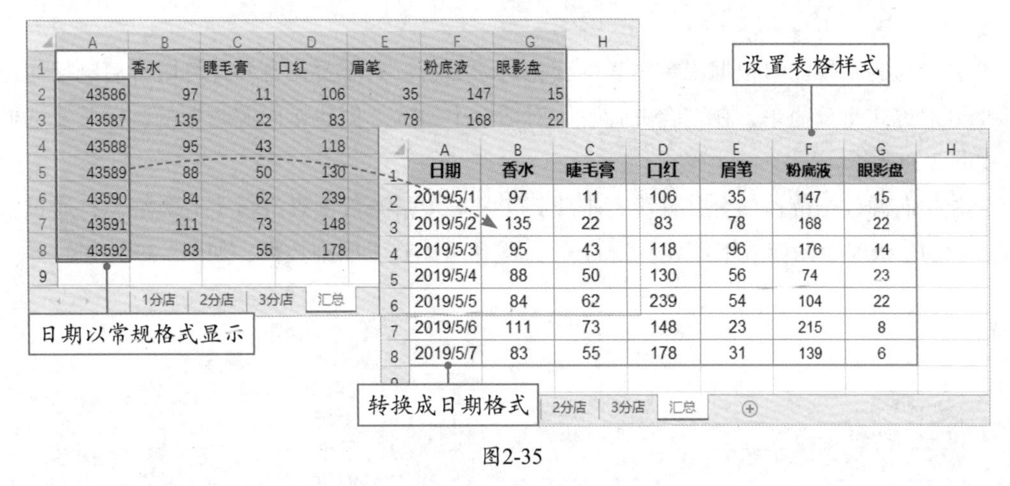

图2-35

2.6.3 合并计算中源区域引用的编辑

合并计算时怎样添加引用区域才最快捷，而且能有效降低操作失误率呢？

其实并不用手动输入引用位置，只要将光标定位到“引用位置”文本框中，直接在工作表中拖动鼠标选取单元格区域，所拖选的单元格区域名称便会实时出现在“引用位置”文本框中，如图2-36所示。

单击“添加”按钮，所引用的单元格区域即会出现在“所有引用位置”列表框中，这样单元格区域就算是添加成功了，如图2-37所示。

若引用的区域有误，或者不再需要某个区域，可以在“所有引用位置”列表框中将该区域选中，单击“删除”按钮将其删除。

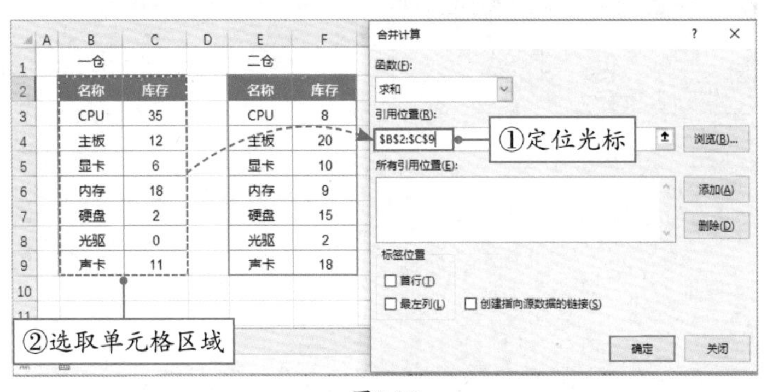

图2-36

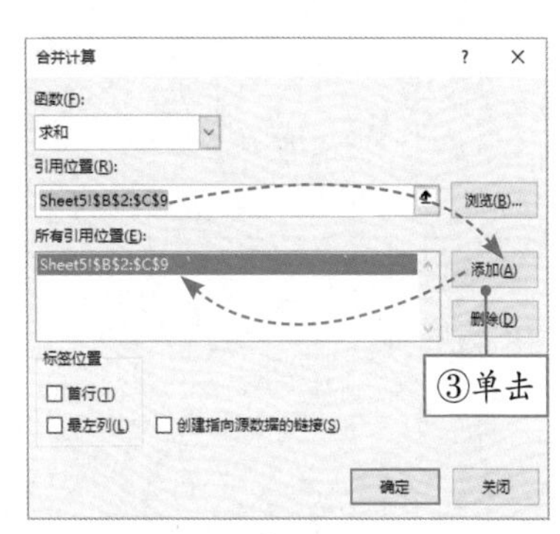

图2-37

知识拓展

引用多个工作表中的单元格区域时，需要先单击工作表名称，再选取该工作表中的数据表区域。

■2.6.4 自动更新合并计算的数据

合并计算的结果能够根据源数据表的变化自动更新，只需要在合并计算时开启链接通道。链接的开启方式十分简单，在“合并计算”对话框中勾选“创建指向源数据的链接”复选框即可，如图2-38所示。

创建指向源数据链接的合并计算，本质其实是对多张源数据表进行了分类汇总，通过工作表左上角的分级显示图标或工作表左侧的“+”按钮可以查看明细数据，如图2-39所示。

图2-38

	A	B	C	D
1			库存	
4	CPU		43	
7	主板		32	
10	显卡		16	
13	内存		27	
16	硬盘		17	
19	光驱		2	
22	声卡		29	
23				
24				
25				
26				

图2-39

● **新手误区：** 创建指向源数据的链接时，合并汇总表不能和源数据表处于同一个工作表内，否则无法建立合并计算表，并且系统会弹出警告对话框，如图2-40所示。

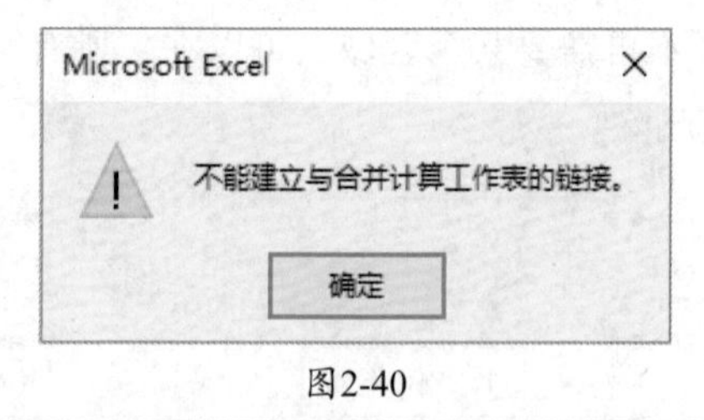

图2-40

Ⓔ综合实战

2.7 分析外加工订单明细表

外加工订单表中包含外单位、日期、加工天数、订单信息等，用户可以根据实际需要使用排序、筛选、合并计算等功能对外加工订单明细表进行分析。

■2.7.1　在外加工订单明细表中执行排序

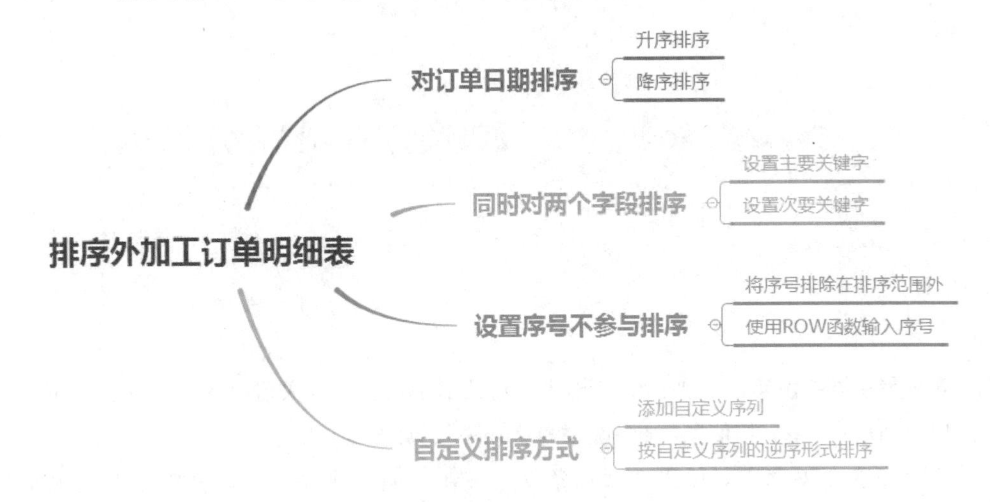

下面对外加工明细表中的数据进行排序。

1. 按照订单时间先后排序

若要根据订单的先后时间顺序分析报表中的数据，可以对“订单日期”进行简单的升序排序。

Step 01 执行“升序”命令。选中“订单日期”列中的任意一个包含数据的单元格，打开“数据”选项卡，在“排序和筛选”选项组中单击“升序”按钮，如图2-41所示。

Step 02 查看排序效果。订单日期随即按照从先到后的顺序进行了排序，如图2-42所示。

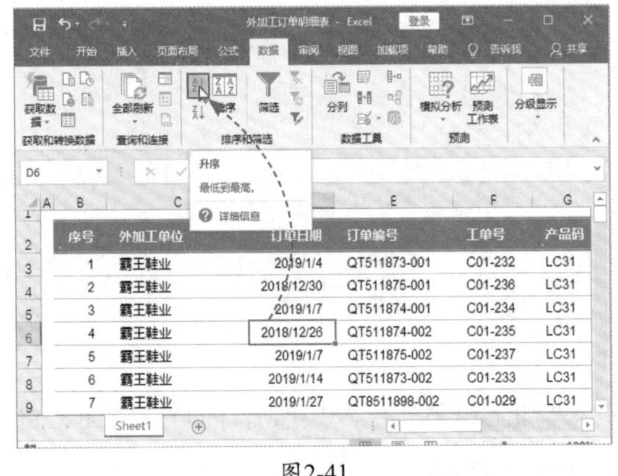

序号	外加工单位	订单日期	订单编号	工单号	产品码
1	霸王鞋业	2019/1/4	QT511873-001	C01-232	LC31
2	霸王鞋业	2018/12/30	QT511875-001	C01-236	LC31
3	霸王鞋业	2019/1/7	QT511874-001	C01-234	LC31
4	霸王鞋业	2018/12/26	QT511874-002	C01-235	LC31
5	霸王鞋业	2019/1/7	QT511875-002	C01-237	LC31
6	霸王鞋业	2019/1/14	QT511873-002	C01-233	LC31
7	霸王鞋业	2019/1/27	QT8511898-002	C01-029	LC31

图2-41

序号	外加工单位	订单日期	订单编号	工单号	产品码
4	霸王鞋业	2018/12/26	QT511874-002	C01-235	LC31
21	戴珊妮女鞋加工厂	2018/12/26	QT511572-004	Z11-085	YY85
2	霸王鞋业	2018/12/30	QT511875-001	C01-236	LC31
1	霸王鞋业	2019/1/4	QT511873-001	C01-232	LC31
96	自由自在户外用品公司	2019/1/6	QT511586-005	Z12-027	YY85
3	霸王鞋业	2019/1/7	QT511874-001	C01-234	LC31
5	霸王鞋业	2019/1/7	QT511875-002	C01-237	LC31
89	郑州裕发贸易公司	2019/1/7	QT511674-001	C01-176	LC32
27	东广皮革厂	2019/1/9	QT8511980-026	M003-077	LC123
6	霸王鞋业	2019/1/14	QT511873-002	C01-233	LC31
39	汇鑫居鞋业	2019/1/15	QT511497-013	C12-229	LC62
38	汇鑫居鞋业	2019/1/20	QT511497-085	C12-226	LC62
16	步步高老年鞋工厂	2019/1/21	QT511776-011	D01-049	LC9853
35	汇鑫居鞋业	2019/1/21	QT511497-009	C12-225	LC62

图2-42

2. 多个关键字同时排序

Excel除了可以对单列数据，也可以使用“排序”对话框同时对多列数据进行排序。下面将介绍如何在“外加工单位”升序排序的前提下降序排序“加工费总额”。

Step 01 打开“排序”对话框。选中数据表中的任意一个单元格，打开“数据”选项卡，在“排序和筛选”选项组中单击“排序”按钮，如图2-43所示。

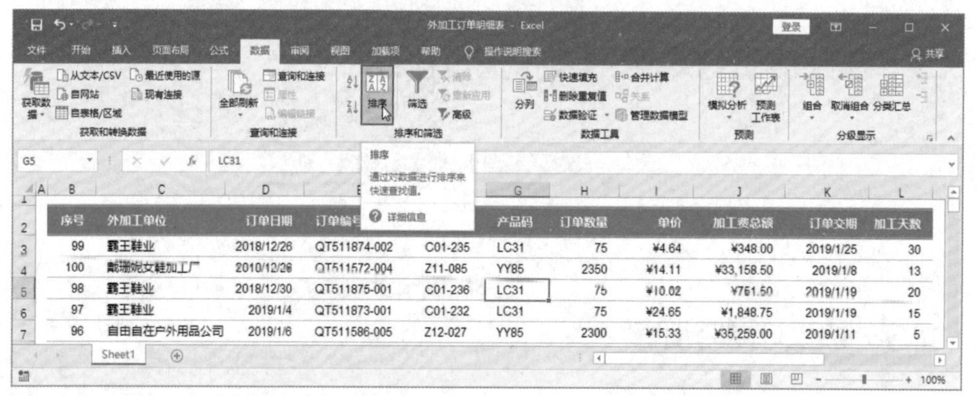

图2-43

Step 02 设置主要关键字。在弹出的“排序”对话框中设置主要关键字为“外加工单位”，排序依据使用默认的“单元格值”，排序次序为“升序”，如图2-44所示。

Step 03 添加次要关键字。单击“添加条件”按钮，向“排序”对话框中添加“次要关键字”，随后设置次要关键字为“加工费总额”，按“降序”排序。其他选项保存默认，如图2-45所示。最后，单击“确定”按钮关闭对话框。

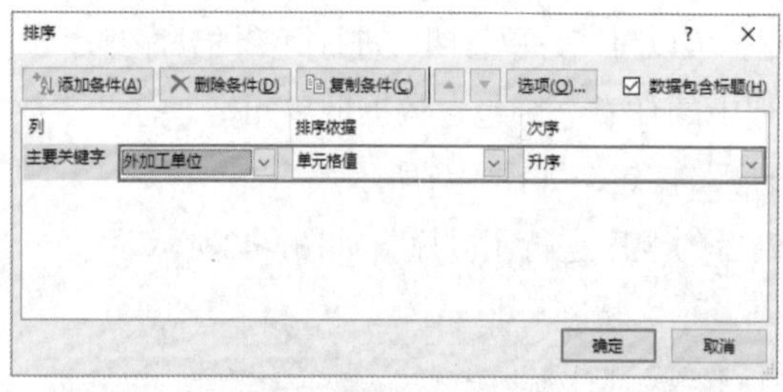

图2-44

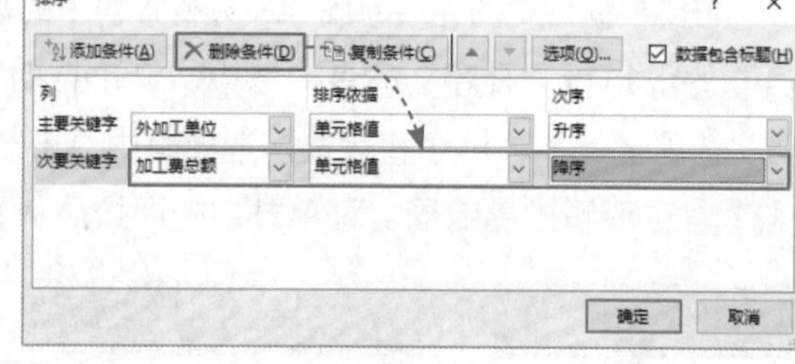

图2-45

知识拓展

“排序”对话框中最多可以设置63个次要关键字，只是在一般情况下不会设置如此多的次要关键字。

Step 04 查看排序结果。返回工作表，可以看到“外加工单位”已经按照升序排序，“加工费总额”在相同的外加工单位基础上进行降序排序，如图2-46所示。

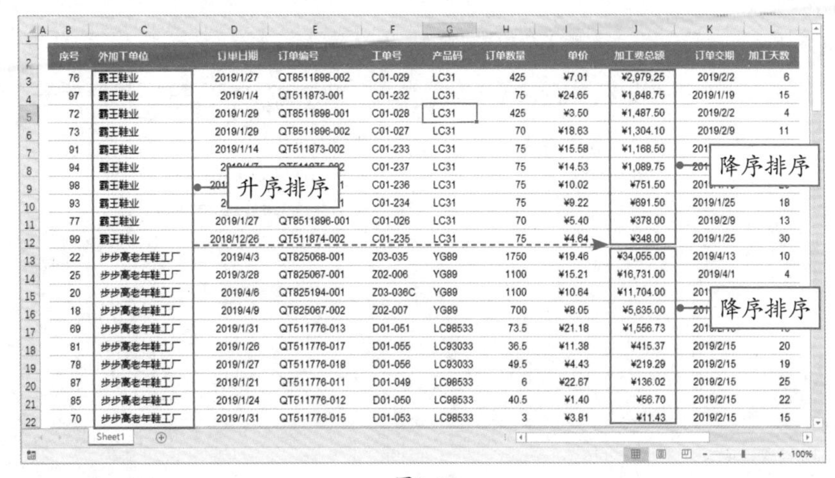

图2-46

3．序号不参与排序

在Excel中根据某个关键字排序时数据表中的其他关键字会随着被排序的关键字一起改变顺序，这就造成了包含序号的数据表在排序后序号被打乱的情况，其实要想序号不参与排序非常简单，用户只需在排序时将序号排除在排序范围之外即可。

Step 01 启动“排序”对话框。选中序号列之外的其他需要参与排序的单元格区域，在“数据”选项卡的“排序和筛选”选项组中单击“排序”按钮，如图2-47所示。

Step 02 设置排序关键字。在“排序”对话框中设置主要关键字为“订单日期”，以“降序”排序，如图2-48所示，设置完成后单击“确定”按钮。

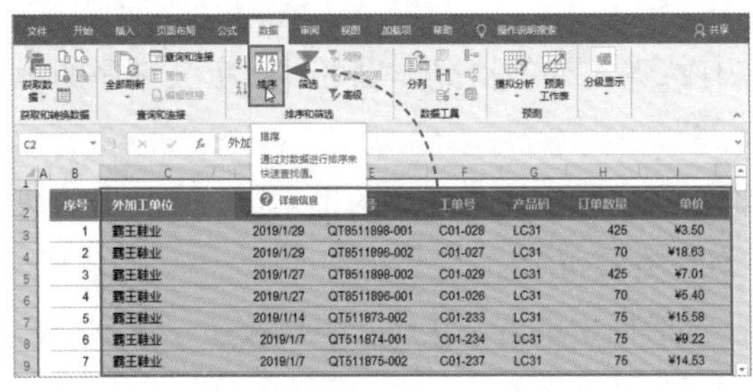

图2-47

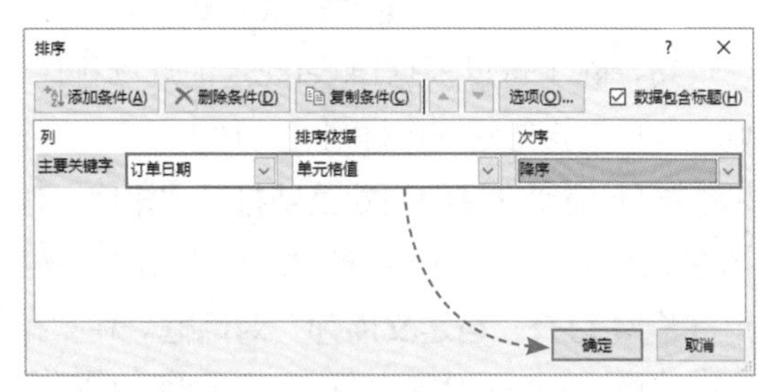

图2-48

Step 03 查看排序结果。此时，报表中所选区域内的数据已经根据所设置的主要关键字进行了排序，而选区外的序号并没有参与排序，如图2-49所示。

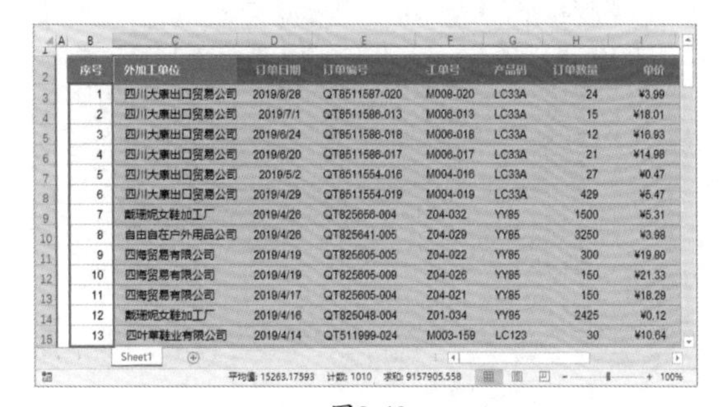

图2-49

● **新手误区：** 对局部区域进行排序时，有时会弹出“排序提醒”对话框，如图2-50所示。用户需要仔细查看提示，选择自己需要的排序类型，以防误操作。

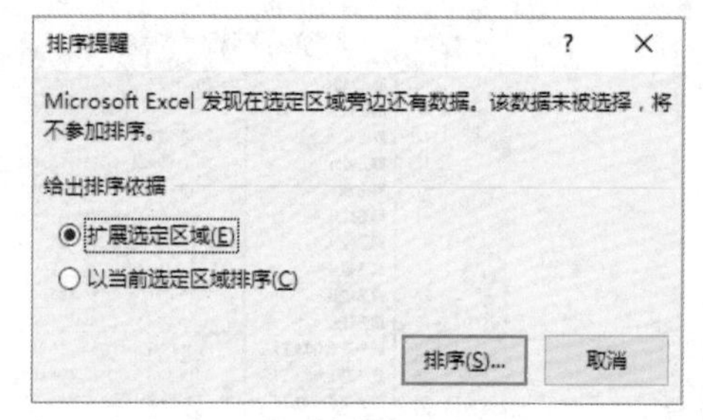

图2-50

知识拓展

使用ROW函数输入的序号可以不受排序、插入行、删除行等操作的影响，始终保持最初的顺序。就本例而言，输入序号的公式可以写作“=ROW()-2”，公式输入完成后拖动填充柄向下填充即可得到连续的序号，如图2-51所示。

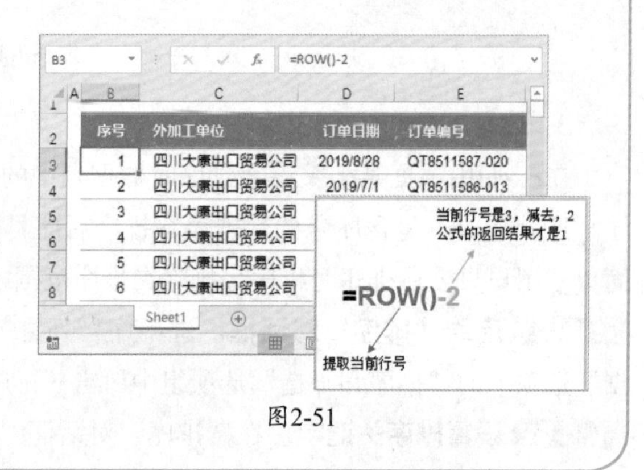

图2-51

4. 按指定的顺序排列外加工单位

用户除了可以根据Excel既定的规则排序，在有特殊需要的情况下也可以自定义排序的规则，如根据指定的顺序排列“外加工单位”。

Step 01 使用右键的快捷菜单打开“排序”对话框。右击数据表中任意的单元格，在弹出的快捷菜单中选择“排序”中的“自定义排序”选项，如图2-52所示。

Step 02 打开“自定义序列”对话框。在“排序”对话框中单击“次序”下拉按钮，在下拉列表中选择“自定义序列”选项，如图2-53所示。

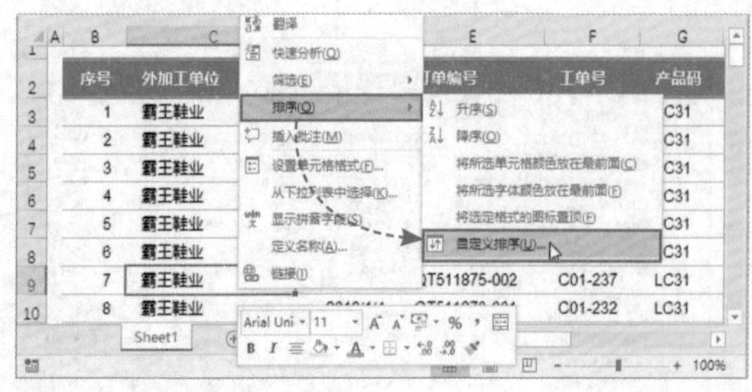

图2-52

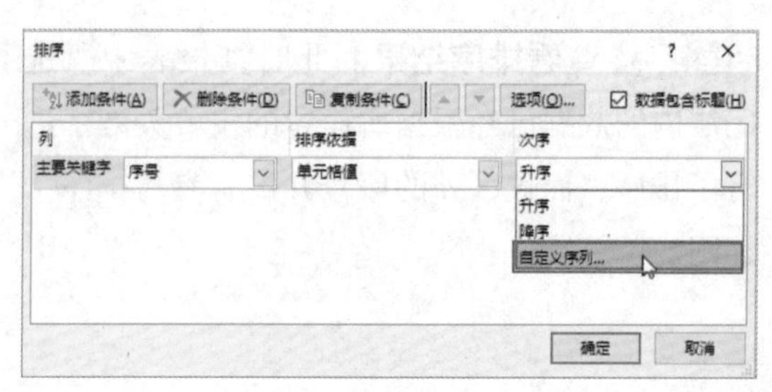

图2-53

Step 03 添加自定义序列。在“输入序列”文本框中输入自定义的序列，单击“添加”按钮将所输入的序列添加到右侧的“自定义序列”列表框中，最后单击“确定”按钮关闭对话框，如图2-54所示。

Step 04 选择需要排序的列。返回到“排序”对话框，设置需要排序的列为“外加工单位”，单击“确定”按钮关闭对话框，如图2-55所示。

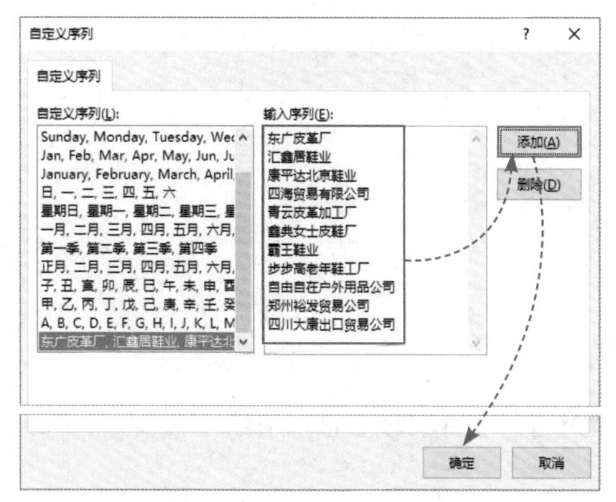

图2-54

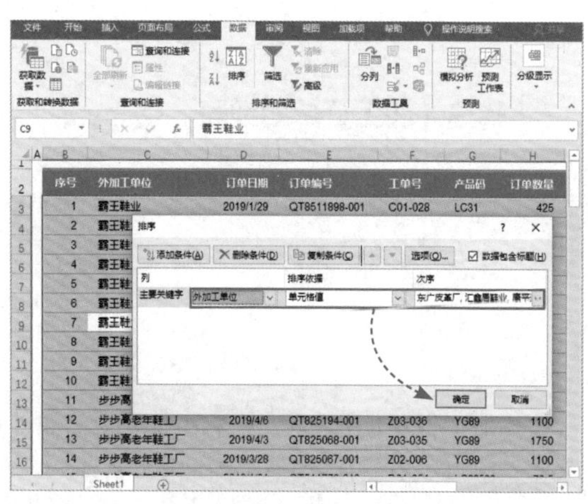

图2-55

Step 05 查看自定义排序效果。返回到工作表中，“外加工单位”列中的数据已经根据自定义序列进行了排序，如图2-56所示。

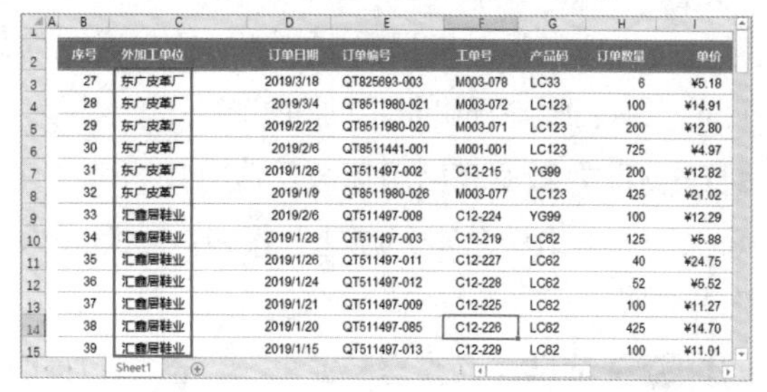

图2-56

知识拓展

自定义序列也可以反向排序。添加好自定义序列后，在“排序”对话框中单击“次序”下拉按钮，下拉列表中同时包含了自定义序列的正序和逆序，选择逆序的自定义序列，即可按照该序列对字段进行排序，如图2-57所示。

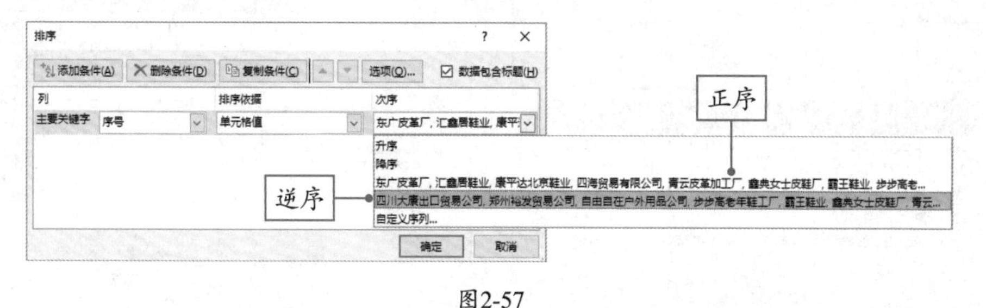

图2-57

■2.7.2 在外加工订单明细表中执行筛选

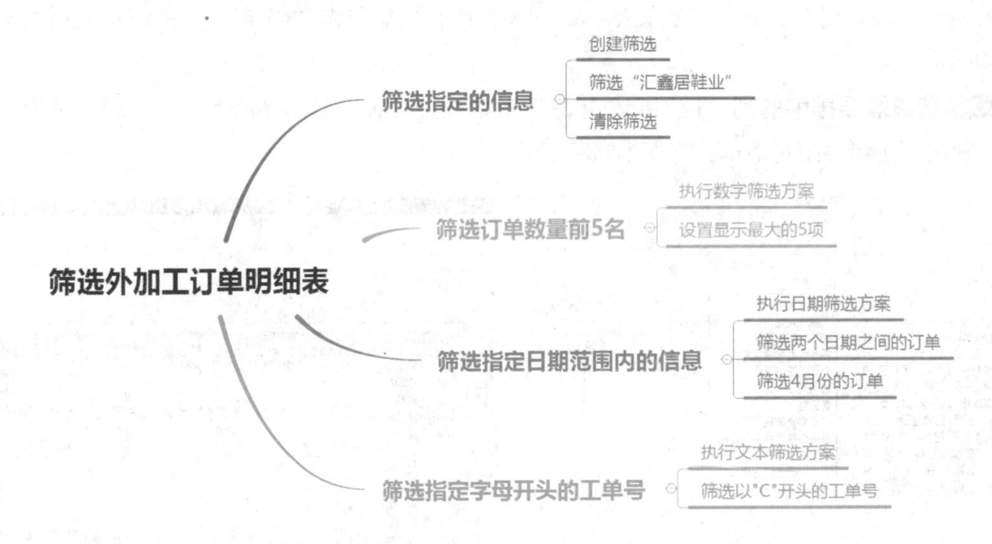

外加工订单明细表中包含很多字段，如外加工单位、订单日期、订单编号、工单号、产品码等，用户可以对任意指定字段进行筛选。

1．筛选指定加工单位的订单信息

在管理数据时根据指定条件筛选出匹配的数据是十分常见的操作，下面介绍如何在外加工订单明细表中筛选出指定的加工单位。

Step 01 **为数据表启用筛选。**选中数据表中任意的单元格，打开“数据”选项卡，在“排序和筛选”选项组中单击“筛选”按钮。数据表中每个标题字段的右侧均出现了一个下拉按钮，如图2-58所示。

Step 02 **筛选“汇鑫居鞋业”。**单击“外加工单位”字段右侧的下拉按钮，展开的下拉菜单中包含有关“排序”和“筛选”的详细选项，在下拉菜单的下方取消勾选“全选”复选框，只勾选“汇鑫居鞋业”复选框，单击“确定”按钮，如图2-59所示。

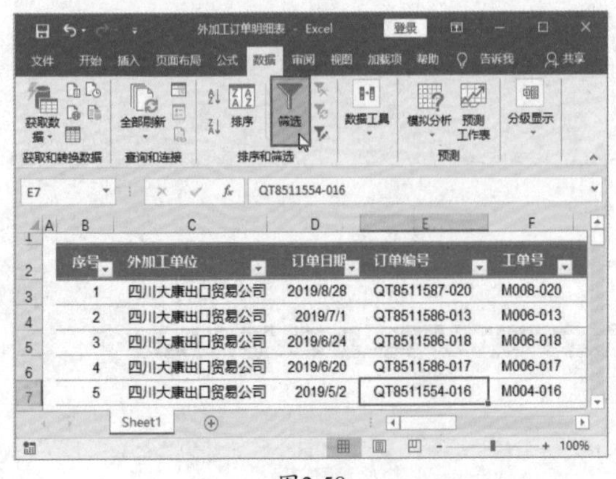

图2-58

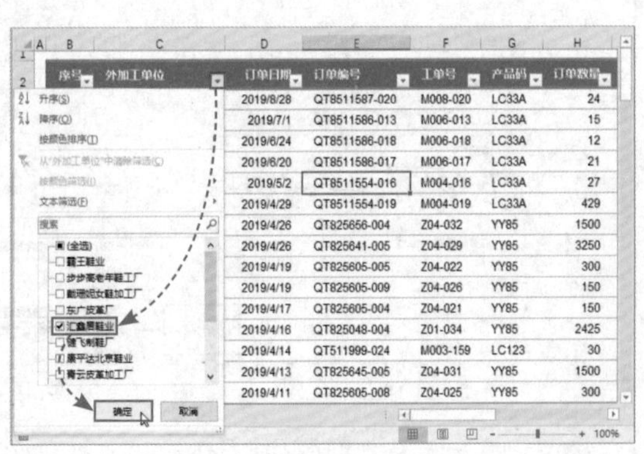

图2-59

知识拓展

若在下拉列表中勾选多个选项可以同时筛选多个选项。当字段中的项目众多不容易快速找到要筛选的项目时，可以在"搜索"框中输入想要筛选的内容或关键字，以便快速锁定想要筛选的项目。

Step 03 显示筛选结果。数据表中随即筛选出所有"汇鑫居鞋业"的订单信息，如图2-60所示。

Step 04 清除筛选。再次单击"外加工单位"字段右侧的下拉按钮，在下拉菜单中选择"从'外加工单位'中清除筛选"选项，如图2-61所示，即可清除本次筛选。

图2-60

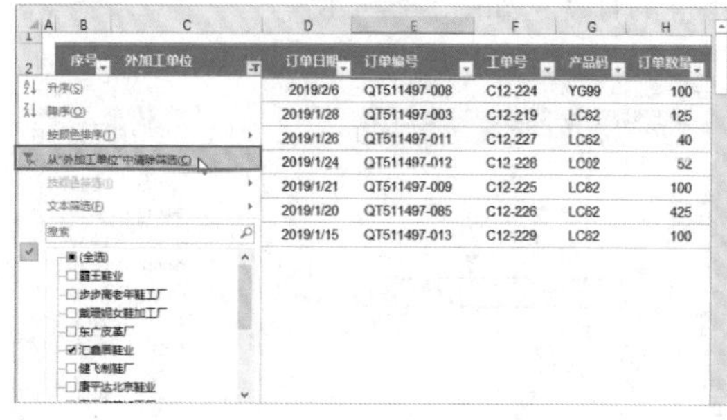

图2-61

2. 筛选订单数量前 5 名的信息

数值型的数据字段下拉菜单中有一个"数字筛选"选项，该选项的子菜单中包含许多筛选条件，通过选择某个条件打开对应的对话框后设置逻辑条件和具体的条件值，便能够实现相应的自定义筛选。

Step 01 选择数字筛选条件。选择单击"订单数量"字段下拉按钮，在下拉菜单中选择"数字筛选"中的"前10项"选项，如图2-62所示。

Step 02 筛选订单数量前5名。打开"自动筛选前10个"对话框，在微调框中设置数值为"5"保持其他选项为默认状态，单击"确定"按钮关闭对话框，数据表随即筛选出订单数量前5名的信息，如图2-63所示。

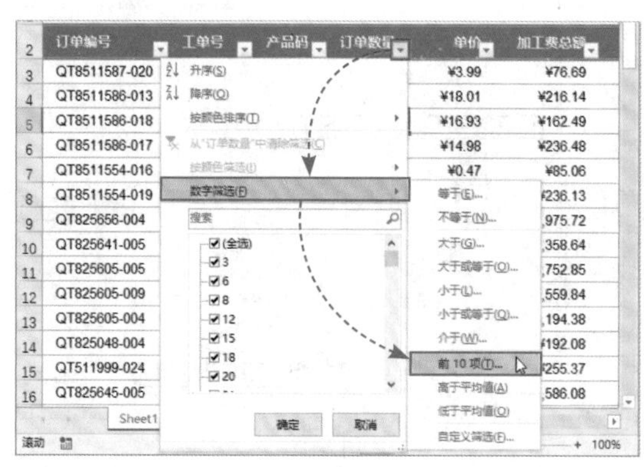

图2-62

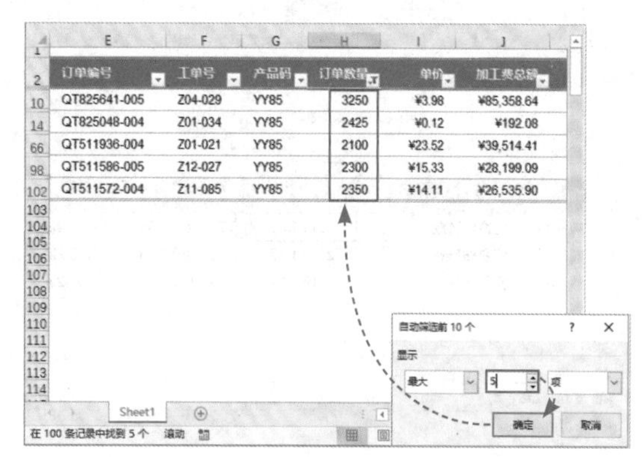

图2-63

3．筛选指定时间段的日期

日期型数据下拉菜单中包含“日期筛选”选项，该选项的子菜单中则是一些日期筛选条件，由于日期的特性，这些筛选条件具有一定的特点。

Step 01 **选择日期筛选条件。**单击“订单日期”字段下拉按钮，在下拉列表中选择“日期筛选”中的“自定义筛选”选项，如图2-64所示。

Step 02 **筛选指定范围内的日期。**打开“自定义自动筛选方式”对话框，分别设置“在以下日期之后或与之相同”的时间为“2019/1/10”，“在以下日期之前或与之相同”的时间为“2019/1/20”，单击“确定”按钮关闭对话框。数据表中随即根据所设置的条件自动筛选出符合条件的日期，如图2-65所示。

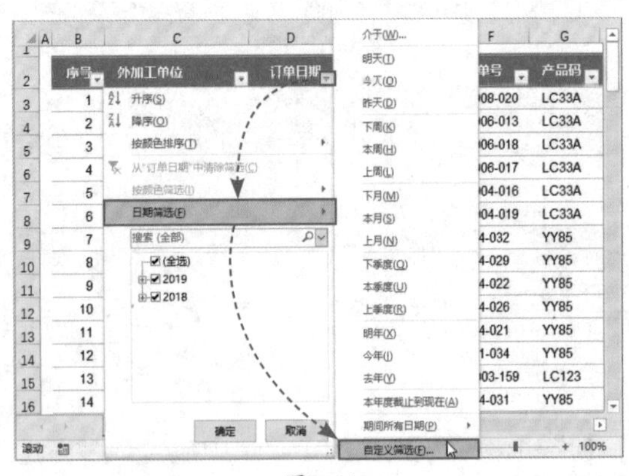

图2-64

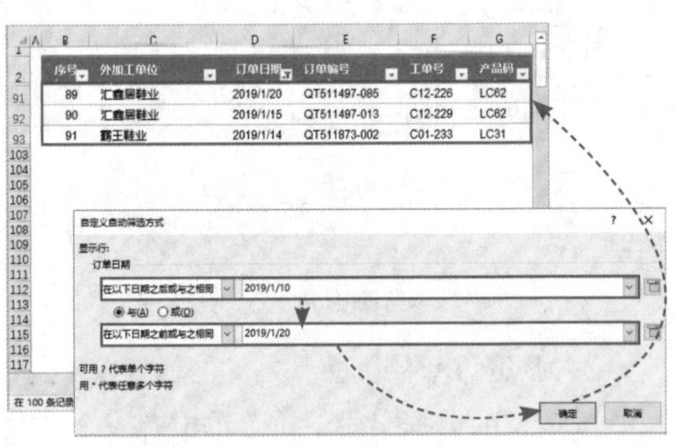

图2-65

Step 03 **清除筛选。**打开“数据”选项卡，在“排序和筛选”选项组中单击“清除”按钮，清除之前的筛选，如图2-66所示。

Step 04 **筛选四月份订单。**单击“订单日期”字段下拉按钮，选择“日期筛选”中的“期间所有日期”选项，在其中选择“四月”，如图2-67所示。

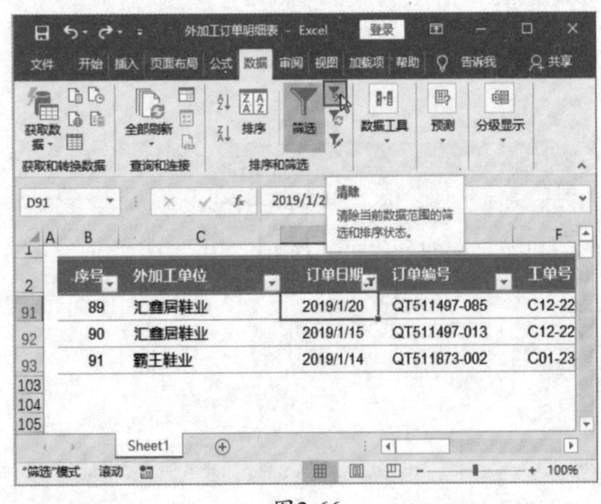

图2-66

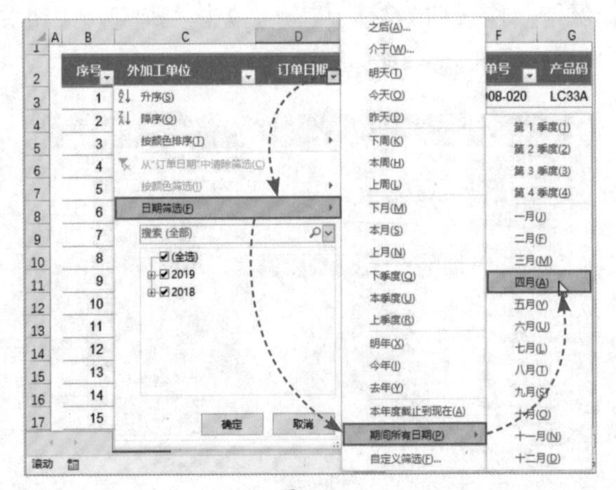

图2-67

Step 05 查看筛选结果。数据表随即筛选出所有四月的订单，如图2-68所示。此筛选并不受年份限制，若数据表中包含其他年份四月份的信息也会一起筛选出来。

行	序号	外加工单位	订单日期	订单编号	工单号	产品码	订单数量	单价	加工费总额	订单交期	加工天数
13	22	步步高老年鞋工厂	2019/4/3	QT825068-001	Z03-035	YG89	1750	¥19.46	¥34,055.00	2019/4/13	10
15	20	步步高老年鞋工厂	2019/4/6	QT825194-001	Z03-036C	YG89	1100	¥10.64	¥11,704.00	2019/4/11	5
16	18	步步高老年鞋工厂	2019/4/9	QT825067-002	Z02-007	YG89	700	¥8.05	¥5,635.00	2019/4/13	4
25	7	戴珊妮女鞋加工厂	2019/4/26	QT825656-004	Z04-032	YY85	1500	¥5.31	¥7,965.00	2019/4/29	3
28	12	戴珊妮女鞋加工厂	2019/4/16	QT825048-004	Z01-034	YY85	2425	¥0.12	¥291.00	2019/4/20	4
63	6	四川大康出口贸易公司	2019/4/29	QT8511554-019	M004-019	LC33A	429	¥5.47	¥2,346.63	2019/5/13	14
72	15	四海贸易有限公司	2019/4/11	QT825605-008	Z04-025	YY85	300	¥21.09	¥6,327.00	2019/4/22	11
73	9	四海贸易有限公司	2019/4/19	QT825605-005	Z04-022	YY85	300	¥19.80	¥5,940.00	2019/4/22	3
74	10	四海贸易有限公司	2019/4/19	QT825605-009	Z04-026	YY85	150	¥21.33	¥3,199.50	2019/4/22	3
75	21	四海贸易有限公司	2019/4/5	QT825605-007	Z04-024C	YY85	150	¥20.84	¥3,126.00	2019/4/22	17
76	11	四海贸易有限公司	2019/4/17	QT825605-004	Z04-021	YY85	150	¥18.29	¥2,743.50	2019/4/22	5
78	23	四叶草鞋业有限公司	2019/4/2	QT511999-023	M003-158	LC123	150	¥13.86	¥2,079.00	2019/4/16	14
82	19	四叶草鞋业有限公司	2019/4/7	QT511999-020	M003-155	LC33	18	¥23.68	¥426.24	2019/4/16	9
83	13	四叶草鞋业有限公司	2019/4/14	QT511999-024	M003-159	LC123	30	¥10.64	¥319.20	2019/4/16	2
85	17	鑫典女士皮鞋厂	2019/4/11	QT825755-001	B01-034	LC31	495	¥3.64	¥1,801.80	2019/4/13	2
90	16	鑫典女士皮鞋厂	2019/4/11	QT511128-001	B01-032	LC31	33	¥16.37	¥540.21	2019/4/13	2
100	14	自由自在户外用品公司	2019/4/13	QT825645-005	Z04-031	YY85	1500	¥19.66	¥29,490.00	2019/4/29	16
102	8	自由自在户外用品公司	2019/4/26	QT825641-005	Z04-029	YY85	3250	¥3.98	¥12,935.00	2019/4/29	3

Sheet1

在 100 条记录中找到 18 个

图2-68

4．筛选所有 C 开头的工单号

文本型字段下拉菜单中则会显示“文本筛选”选项，该选项子菜单中的任何选项都能打开“自定义自动筛选方式”对话框。下面将在“自定义自动筛选方式”对话框中设置条件，筛选数据表中所有以C开头的工单号信息。

Step 01 选择筛选条件。单击“工单号”字段右下角的下拉按钮，在下拉列表中选择“文本筛选”中的“开头是”选项，如图2-69所示。

Step 02 设置具体的筛选条件。打开“自定义自动筛选方式”对话框，在上方的文本框中输入“C”，保持其他设置为默认状态，单击“确定”按钮，如图2-70所示。

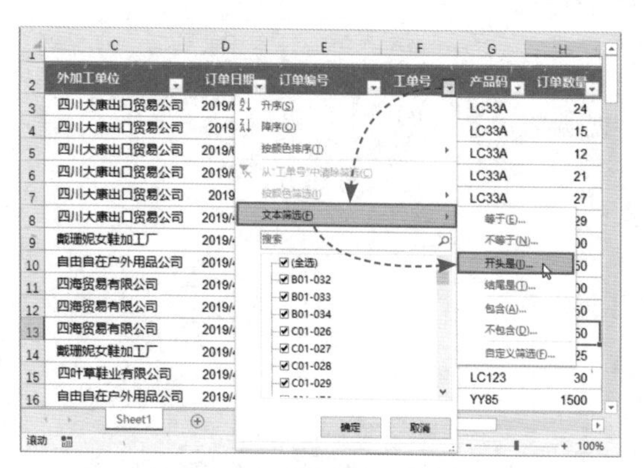

图2-69

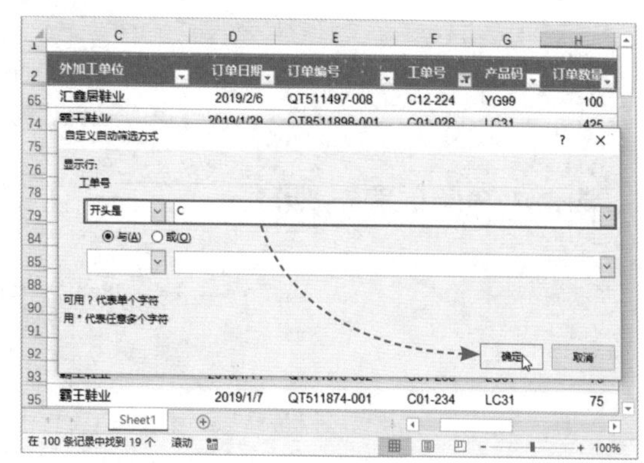

图2-70

Step 03 **查看筛选结果。**工单号字段已经筛选出了所有以字母“C”开头的数据，如图2-71所示。

	C	D	E	F
2	外加工单位	订单日期	订单编号	工单号
65	汇鑫居鞋业	2019/2/6	QT511497-008	C12-224
74	霸王鞋业	2019/1/29	QT8511898-001	C01-028
75	霸王鞋业	2019/1/29	QT8511896-002	C01-027
76	汇鑫居鞋业	2019/1/28	QT511497-003	C12-219
78	霸王鞋业	2019/1/27	QT8511898-002	C01-029
79	霸王鞋业	2019/1/27	QT8511896-001	C01-026
84	东广皮革厂	2019/1/26	QT511497-002	C12-215
85	汇鑫居鞋业	2019/1/26	QT511497-011	C12-227
88	汇鑫居鞋业	2019/1/24	QT511497-012	C12-228
90	汇鑫居鞋业	2019/1/21	QT511497-009	C12-225
91	汇鑫居鞋业	2019/1/20	QT511497-085	C12-226
92	汇鑫居鞋业	2019/1/15	QT511497-013	C12-229
93	霸王鞋业	2019/1/14	QT511873-002	C01-233
95	霸王鞋业	2019/1/7	QT511874-001	C01-234

Sheet1

在 100 条记录中找到 19 个　滚动　100%

图2-71

新手误区：有些用户可能想到了利用筛选菜单中的搜索框完成筛选工作，在搜索框中输入关键字筛选确实是捷径，但是使用正确的关键字才能精确筛选出符合条件的数据。拿本例来说，若直接在搜索框中输入“C”，那么筛选出的将会是当前字段中所有包含C的项目，如图2-72所示。只有将关键字修改成“C*”才能准确筛选出以C开头的项目，如图2-73所示。“*”在这里是通配符，表示任意个数的字符。

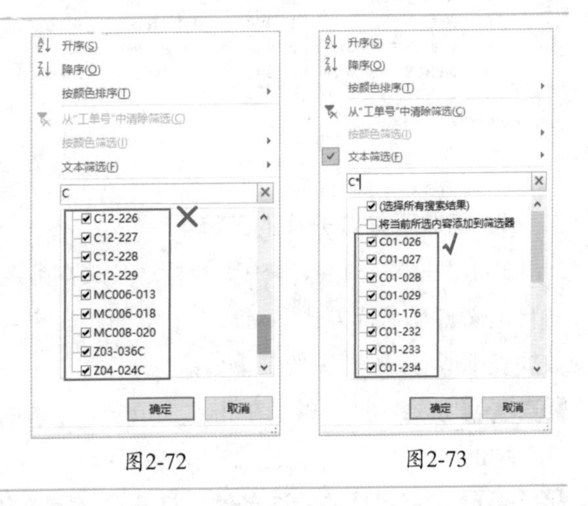

图2-72　　图2-73

■2.7.3　使用色彩和图形突出重要数据

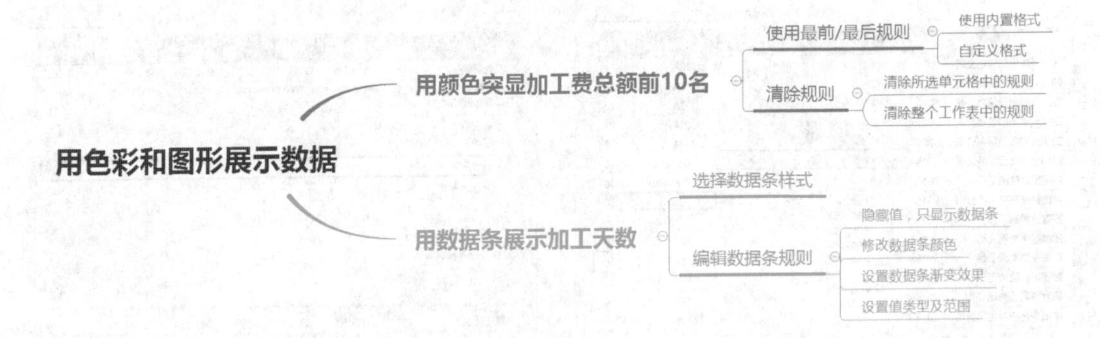

使用色彩或图形突出显示符合条件的数据通常会有很好的效果。例如，改变字体颜色或单元格填充色、以数据条的形式显示值的大小等。

1. 突出显示加工费总额前 10 项的单元格

突出显示加工费总额前10项的数据可以通过设置“最前/最后规则”完成。下面介绍具体操作步骤。

Step 01 选择条件格式规则。选中J3:J102单元格区域，打开“开始”选项卡，在“样式”选项组中单击“条件格式”下拉按钮，在下拉列表中选择“最前/最后规则”中的“前10项”选项，如图2-74所示。

Step 02 选择“自定义”单元格格式。打开“前10项”对话框，保持微调框中的数值为默认值10，单击“设置为”下拉按钮，在下拉列表中选择“自定义格式”选项，如图2-75所示。

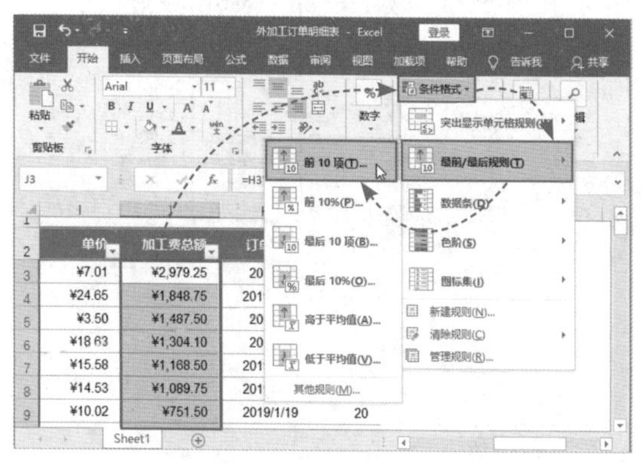

图2-74

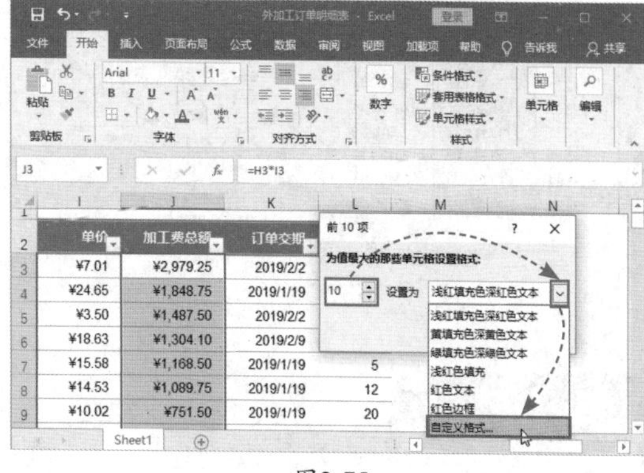

图2-75

Step 03 自定义字体格式。打开“设置单元格格式”对话框，切换到“字体”选项卡，设置字形为“加粗倾斜”显示，颜色选择“深红”，如图2-76所示。

Step 04 自定义填充效果。切换到“填充”选项卡，设置背景色为如图2-77所示的蓝色，设置完成后单击“确定”按钮关闭对话框。

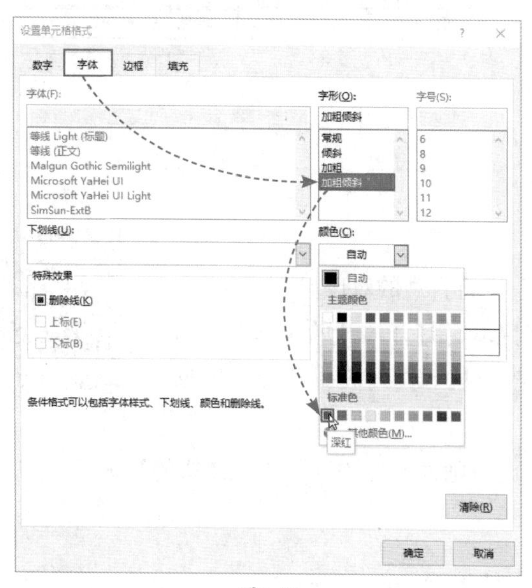

图2-76

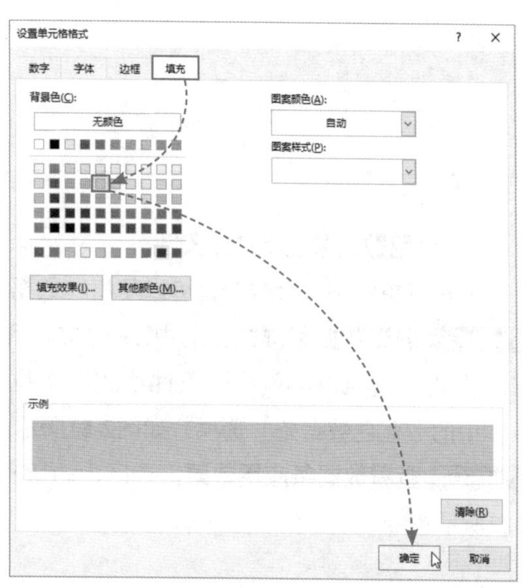

图2-77

Step 05 关闭对话框。返回到“前10项”对话框，此时工作表中可以预览到符合条件的单元格应用自定义的单元格格式的效果，随后单击“确定”按钮，如图2-78所示。

Step 06 查看突出显示前10项的效果。加工费总额前10项的单元格被突出显示了出来，滚动鼠标滚轮可以快速查看这些数据，如图2-79所示。

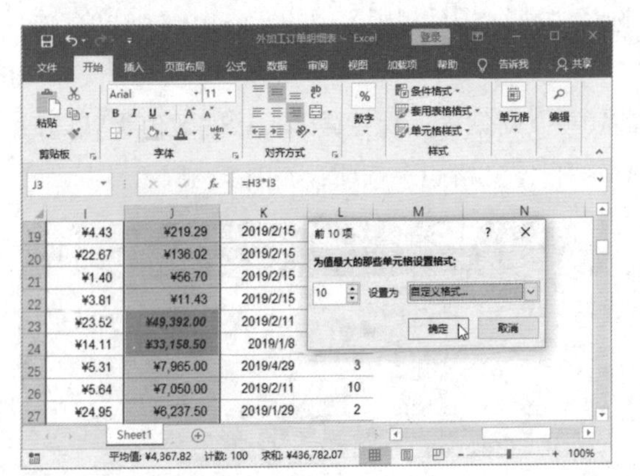

图2-78

	F	G	H	I	J	K	L
12	C01-235	LC31	75	¥4.64	¥348.00	2019/1/25	30
13	Z03-035	YG89	1750	¥19.46	¥34,055.00	2019/4/13	10
14	Z02-006	YG89	1100	¥15.21	¥16,731.00	2019/4/1	4
15	Z03-036C	YG89	1100	¥10.64	¥11,704.00	2019/4/11	5
16	Z02-007	YG89	700	¥8.05	¥5,635.00	2019/4/13	4
17	D01-051	LC98533	73.5	¥21.18	¥1,556.73	2019/2/15	15
18	D01-055	LC93033	36.5	¥11.38	¥415.37	2019/2/15	20
19	D01-056	LC93033	49.5	¥4.43	¥219.29	2019/2/15	19
20	D01-049	LC98533	6	¥22.67	¥136.02	2019/2/15	25
21	D01-050	LC98533	40.5	¥1.40	¥56.70	2019/2/15	22
22	D01-053	LC98533	3	¥3.81	¥11.43	2019/2/15	15
23	Z01-021	YY85	2100	¥23.52	¥49,392.00	2019/2/11	6
24	Z11-085	YY85	2350	¥14.11	¥33,158.50	2019/1/8	13
25	Z04-032	YY85	1500	¥5.31	¥7,965.00	2019/4/29	3
26	Z01-020	YY85	1250	¥5.64	¥7,050.00	2019/2/11	10

图2-79

知识拓展

若要清除条件格式，则单击“条件格式”下拉按钮，在下拉列表中选择“清除规则”选项，在其下级列表中选择“清除所选单元格的规则”选项或“清除整个工作表的规则”选项，如图2-80所示。

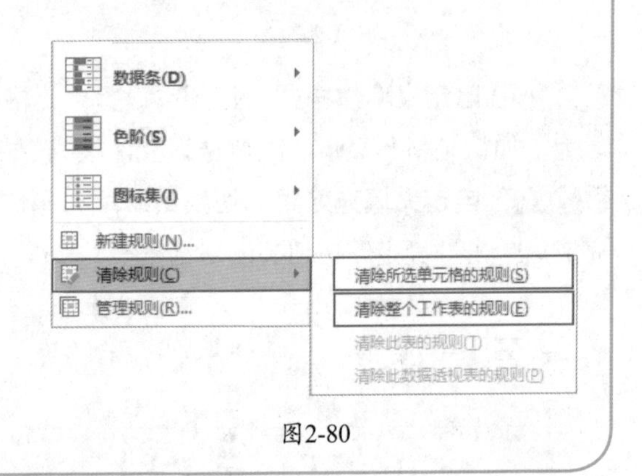

图2-80

2. 使用数据条显示加工天数

扫码观看视频

分析订单的加工天数时，可以使用“数据条”进行直观的对比。

Step 01 选择数据条样式。选中L3:L102单元格区域，打开“开始”选项卡，在“样式”选项组中单击“条件格式”下拉按钮，从下拉列表中选择“数据条”中的“蓝色数据条”选项，如图2-81所示。

Step 02 查看数据条应用效果。选区内的所有单元格随即已经添加了所选样式的数据条，如图2-82所示。

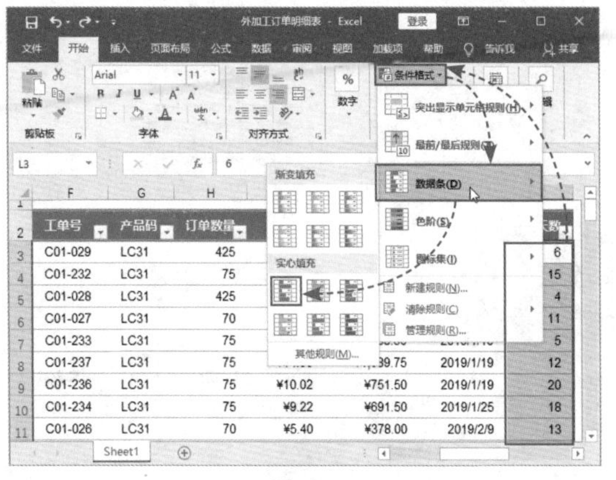

图2-81

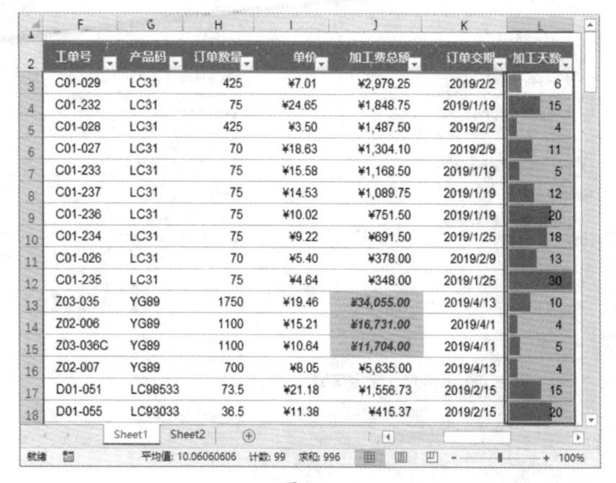

图2-82

Step 03 打开“条件格式规则管理器”。保持L3:L102单元格区域为选中状态，再次单击“条件格式”下拉按钮，选择“管理规则”选项，如图2-83所示。

Step 04 打开“编辑规则”对话框。在“条件格式规则管理器”对话框中单击“编辑规则”按钮，如图2-84所示。

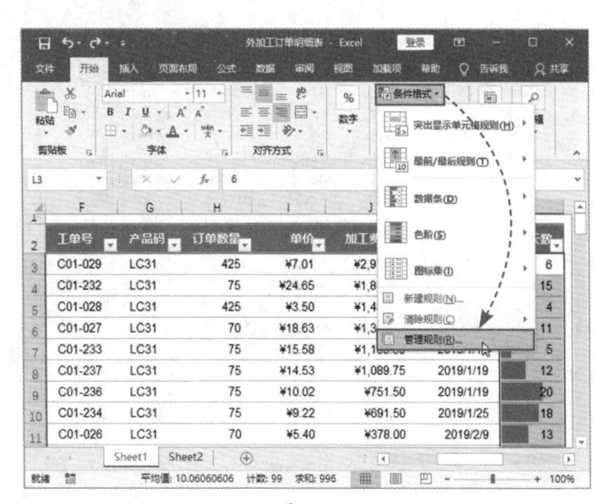

图2-83

图2-84

Step 05 隐藏数值只显示数据条。在弹出的对话框中勾选“仅显示数据条”复选框，如图2-85所示。

Step 06 修改数据条颜色。单击“颜色”下拉按钮，选择“其他颜色”选项，打开“颜色”对话框，切换到“自定义”选项卡。在“颜色”面板中单击，选取合适的颜色，选择好后单击“确定”按钮，如图2-86所示。

Step 07 将数据条设置为渐变效果。单击“填充”下拉按钮，设置填充效果为“渐变填充”，单击“确定”按钮，如图2-87所示。

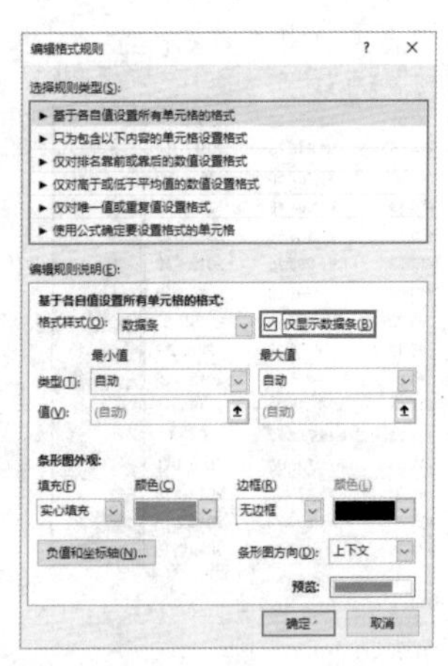

图2-85

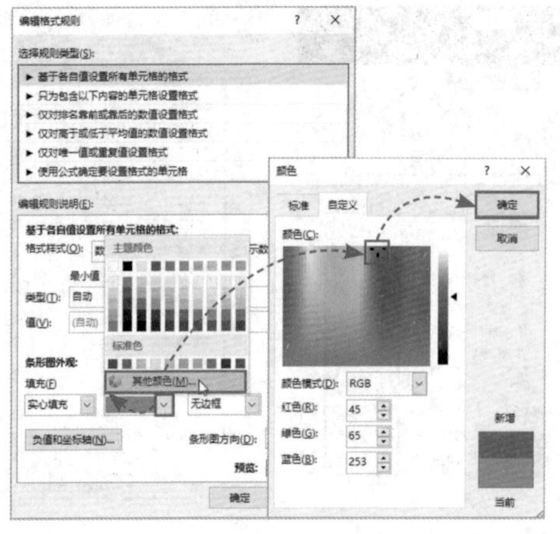

图2-86

图2-87

Step 08 关闭“条件格式规则管理器”。 返回“条件格式规则管理器”对话框，单击“确定”按钮关闭对话框，如图2-88所示。

Step 09 查看条件格式修改效果。 选区中的数字已经被隐藏，值和数据条外观也得到了修改，如图2-89所示。

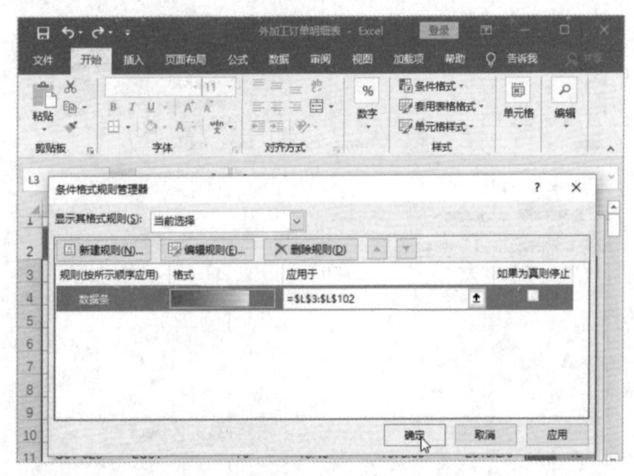

图2-88

	F	G	H	I	J	K	L
2	工单号	产品码	订单数量	单价	加工费总额	订单交期	加工天数
3	C01-029	LC31	425	¥7.01	¥2,979.25	2019/2/2	
4	C01-232	LC31	75	¥24.65	¥1,848.75	2019/1/19	
5	C01-028	LC31	425	¥3.50	¥1,487.50	2019/2/2	
6	C01-027	LC31	70	¥18.63	¥1,304.10	2019/2/9	
7	C01-233	LC31	75	¥15.58	¥1,168.50	2019/1/19	
8	C01-237	LC31	75	¥14.53	¥1,089.75	2019/1/19	
9	C01-236	LC31	75	¥10.02	¥751.50	2019/1/19	
10	C01-234	LC31	75	¥9.22	¥691.50	2019/1/25	
11	C01-026	LC31	70	¥5.40	¥378.00	2019/2/9	
12	C01-235	LC31	75	¥4.64	¥348.00	2019/1/25	
13	Z03-035	YG89	1750	¥19.46	¥34,055.00	2019/4/13	
14	Z02-006	YG89	1100	¥15.21	¥16,731.00	2019/4/1	
15	Z03-036C	YG89	1100	¥10.64	¥11,704.00	2019/4/11	
16	Z02-007	YG89	700	¥8.05	¥5,635.00	2019/4/13	
17	D01-051	LC98533	73.5	¥21.18	¥1,556.73	2019/2/15	
18	D01-055	LC93033	36.5	¥11.38	¥415.37	2019/2/15	

图2-89

知识拓展

用数据条表示数据的原则是当遇到最大值时数据条会充满整个单元格，如图2-90所示，当值是百分比且最大值小于100%时，要让数据条看起来和单元格中的百分比数值相匹配，可以在条件格式规则中设置最小值和最大值来控制数据条的显示，如图2-91所示，最终结果如图2-92所示。

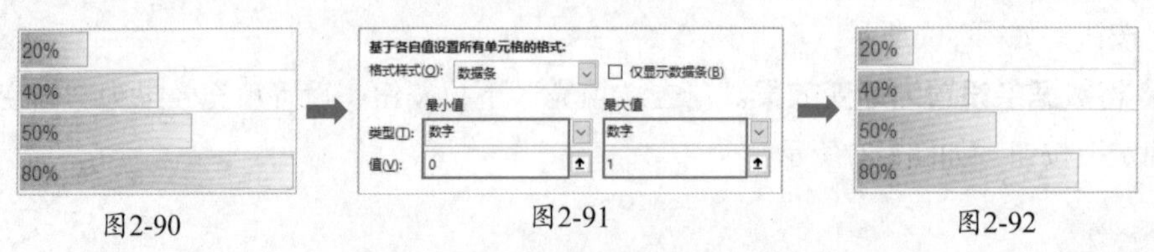

图2-90　图2-91　图2-92

■2.7.4　分类汇总的实际应用

“分类汇总”是数据分析的重要工具，下面将在外加工单位明细表中介绍如何进行简单分类汇总及复杂分类汇总。

1．汇总外加工单位的加工费用总额

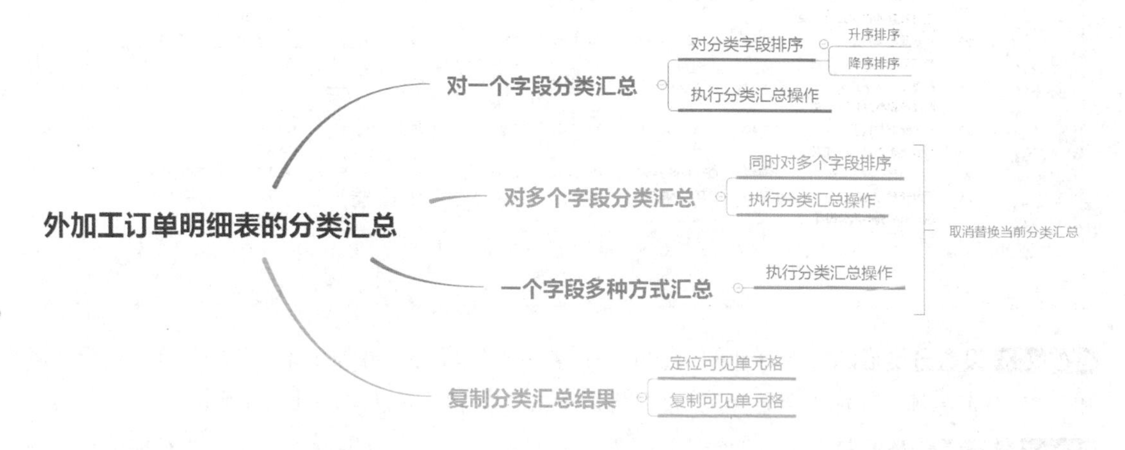

简单的分类汇总便能够快速地以某一个字段为分类项，对指定的数值字段进行各种计算，如求和、平均值、乘积、计数、最大值、最小值等。下面将在外加工订单明细表中计算各个外加工单位的加工费总额。

Step 01 **对外加工单位进行排序。**选中加工单位字段中的任意单元格，打开“数据”选项卡，在“排序和筛选”选项组中单击“升序”按钮，如图2-93所示。

Step 02 **打开“分类汇总”对话框。**在“分级显示”选项组中单击“分类汇总”按钮，如图2-94所示。

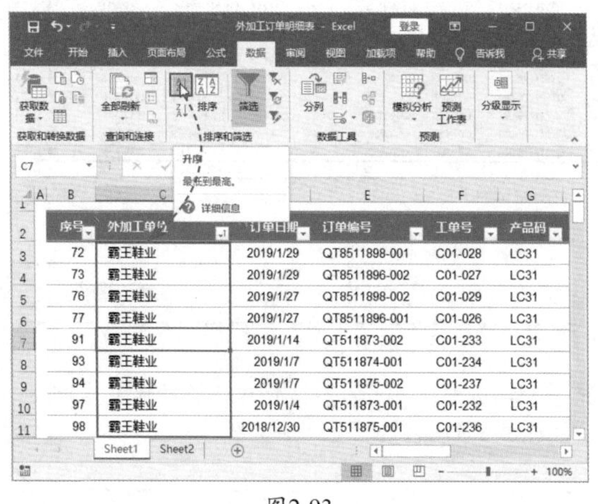

图2-93

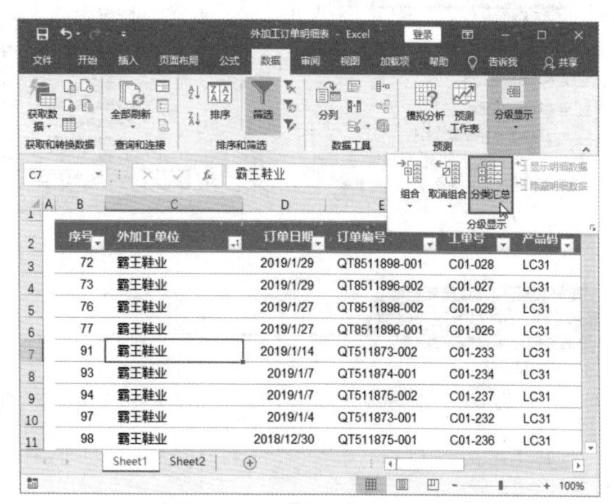

图2-94

● 新手误区： 分类汇总之前必须要对需要分类的字段进行排序，排序的目的是将同类的项目集中在一起显示，否则可能会出现分类汇总结果混乱的场面，如图2-95所示。

	B	C	D	E	F	G	H	I	J	K	L
28		**鑫典女士皮鞋厂 汇总**							¥2,342.01		
29	18	步步高老年鞋工厂	2019/4/9	QT825067-002	Z02-007	YG89	700	¥8.05	¥5,635.00	2019/4/13	4
30		**步步高老年鞋工厂 汇总**							¥5,635.00		
31	19	四叶草鞋业有限公司	2019/4/7	QT511999-020	M003-155	LC33	18	¥23.68	¥426.24	2019/4/16	9
32		**四叶草鞋业有限公司 汇总**							¥426.24		
33	20	步步高老年鞋工厂	2019/4/6	QT825194-001	Z03-036C	YG89	1100	¥10.64	¥11,704.00	2019/4/11	5
34		**步步高老年鞋工厂 汇总**									
35	21	四海贸易有限公司	2019/4/5	QT825605-007	Z04-024C	YY85	150				
36		**四海贸易有限公司 汇总**							¥3,126.00		
37	22	步步高老年鞋工厂	2019/4/3	QT825068-001	Z03-035	YG89	1750	¥19.46	¥34,055.00	2019/4/13	10
38		**步步高老年鞋工厂 汇总**							¥34,055.00		
39	23	四叶草鞋业有限公司	2019/4/2	QT511999-023	M003-158	LC123	150	¥13.86	¥2,079.00	2019/4/16	14
40	24	四叶草鞋业有限公司	2019/3/31	QT511999-027	M003-162	LC12	36	¥14.34	¥516.24	2019/4/1	1
41		**四叶草鞋业有限公司 汇总**							¥2,595.24		

未经排序直接进行分类汇总的效果

Sheet1 Sheet2

图2-95

Step 03 设置分类汇总。 在打开的对话框中设置分类字段为“外加工单位”，汇总方式为“求和”，勾选汇总项为“加工费总额”，设置好后单击“确定”按钮，如图2-96所示。

Step 04 查看分类汇总结果。 工作表中的数据已经对外加工单位进行了分类，并对加工费总额进行了求和计算，如图2-97所示。

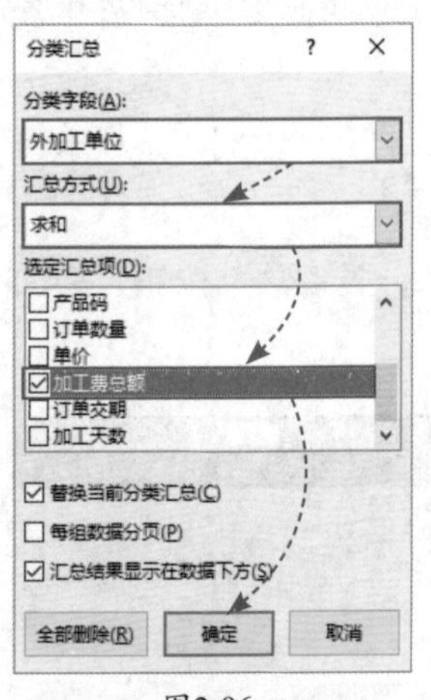

图2-96

	序号	外加工单位	订单日期	订单编号	工单号	产品码	订单数量	单价	加工费总额	订单交期	加工天数
3	72	霸王鞋业	2019/1/29	QT8511898-001	C01-028	LC31	425	¥3.50	¥1,487.50	2019/2/2	4
4	73	霸王鞋业	2019/1/29	QT8511896-002	C01-027	LC31	70	¥18.63	¥1,304.10	2019/2/9	11
5	76	霸王鞋业	2019/1/27	QT8511898-002	C01-029	LC31	425	¥7.01	¥2,979.25	2019/2/2	6
6	77	霸王鞋业	2019/1/27	QT8511896-001	C01-026	LC31	70	¥5.40	¥378.00	2019/2/9	13
7	91	霸王鞋业	2019/1/14	QT511873-002	C01-233	LC31	75	¥15.58	¥1,168.50	2019/1/19	5
8	93	霸王鞋业	2019/1/7	QT511874-001	C01-234	LC31	75	¥9.22	¥691.50	2019/1/25	18
9	94	霸王鞋业	2019/1/7	QT511875-002	C01-237	LC31	75	¥14.53	¥1,089.75	2019/1/19	12
10	97	霸王鞋业	2019/1/4	QT511873-001	C01-232	LC31	75	¥24.65	¥1,848.75	2019/1/19	15
11	98	霸王鞋业	2018/12/30	QT511875-001	C01-236	LC31	75	¥10.02	¥751.50	2019/1/19	20
12	99	霸王鞋业	2018/12/26	QT511874-002	C01-235	LC31	75	¥4.64	¥348.00	2019/1/25	30
13		**霸王鞋业 汇总**							¥12,046.85		
14	18	步步高老年鞋工厂	2019/4/9	QT825067-002	Z02-007	YG89	700	¥8.05	¥5,635.00	2019/4/13	4
15	20	步步高老年鞋工厂	2019/4/6	QT825194-001	Z03-036C	YG89	1100	¥10.64	¥11,704.00	2019/4/11	5
16	22	步步高老年鞋工厂	2019/4/3	QT825068-001	Z03-035	YG89	1750	¥19.46	¥34,055.00	2019/4/13	10
17	25	步步高老年鞋工厂	2019/3/28	QT825067-001	Z02-006	YG89	1100	¥15.21	¥16,731.00	2019/4/1	4
18	69	步步高老年鞋工厂	2019/1/31	QT511776-013	D01-051	LC98533	73.5	¥21.18	¥1,556.73	2019/2/15	15
19	70	步步高老年鞋工厂	2019/1/31	QT511776-015	D01-053	LC98533	3	¥3.81	¥11.43	2019/2/15	15
20	78	步步高老年鞋工厂	2019/1/27	QT511776-018	D01-056	LC93033	49.5	¥4.43	¥219.29	2019/2/15	19
21	81	步步高老年鞋工厂	2019/1/26	QT511776-017	D01-055	LC93033	36.5	¥11.38	¥415.37	2019/2/15	20
22	85	步步高老年鞋工厂	2019/1/24	QT511776-012	D01-050	LC98533	40.5	¥1.40	¥56.70	2019/2/15	22
23	87	步步高老年鞋工厂	2019/1/21	QT511776-011	D01-049	LC98533	6	¥22.67	¥136.02	2019/2/15	25
24		**步步高老年鞋工厂 汇总**							¥70,520.54		

Sheet1 Sheet2

图2-97

知识拓展

若在“分类汇总”对话框中选择其他的汇总方式，并勾选多个汇总项，则报表中的数据会根据指定的汇总方式对勾选的多个汇总项进行相应的计算，如图2-98所示。

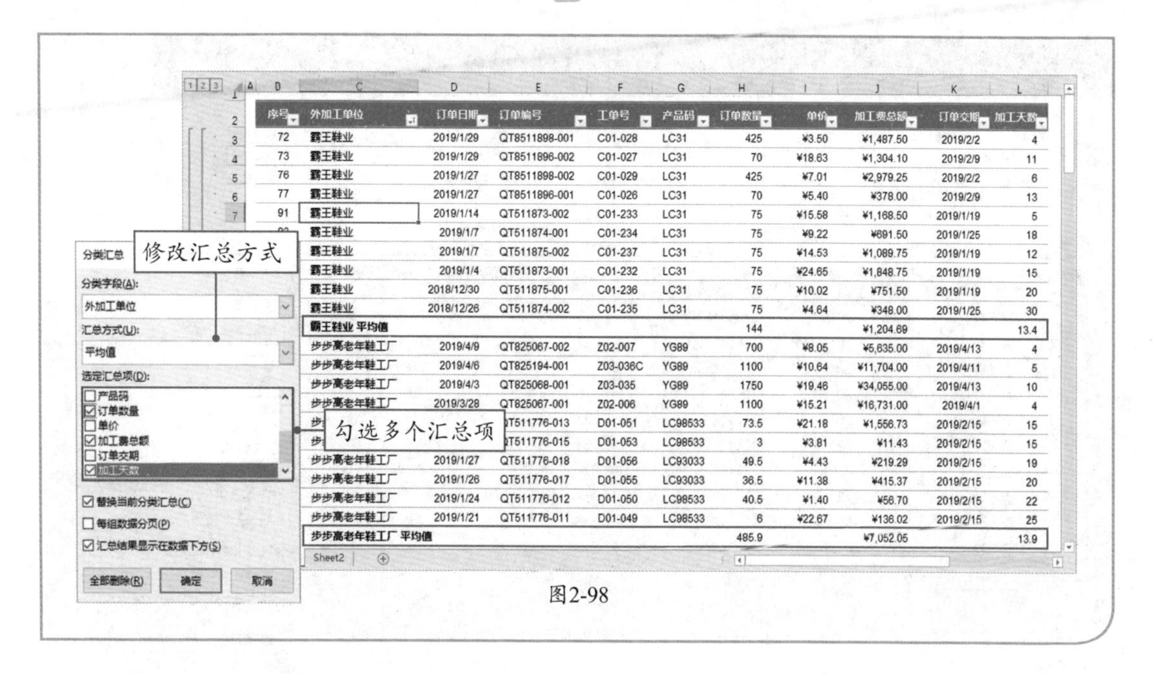

图2-98

2. 嵌套分类汇总的应用

嵌套分类汇总即多重分类汇总，表示同时对多个分类字段进行分类汇总，或者同时显示指定字段和汇总项的多种汇总方式。下面分别对这两种嵌套分类汇总的应用进行介绍。

Step 01 打开“排序”对话框。选中数据表中任意的单元格，打开“数据”选项卡，在“排序和筛选”选项组中单击“排序”按钮，如图2-99所示。

Step 02 排序分类汇总字段。在“排序”对话框中设置主要关键字为“外加工单位”，按“升序”排序，添加次要关键字为“产品码”，按“升序”排序，最后单击“确定”按钮关闭对话框，如图2-100所示。

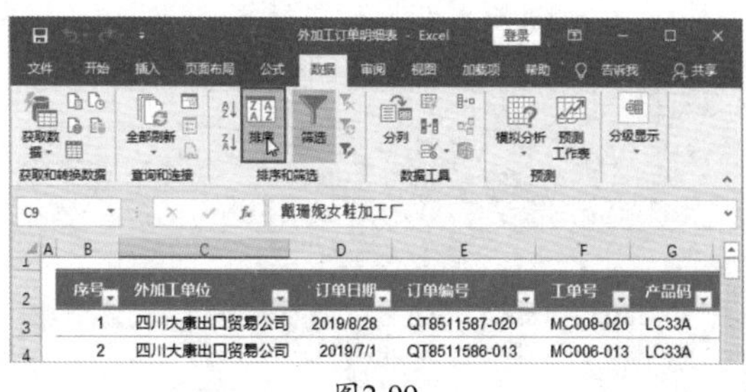

图2-99

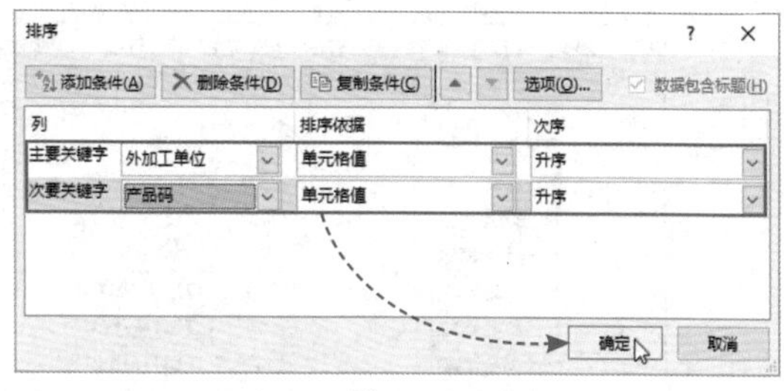

图2-100

Step 03 设置第一重分类汇总。在“分级显示”选项组中单击“分类汇总”按钮，打开“分类汇总”对话框，设置分类字段为“外加工单位”，汇总方式为“求和”，汇总项勾选“加工费总额”，设置完成后单击“确定”按钮关闭对话框，如图2-101所示。

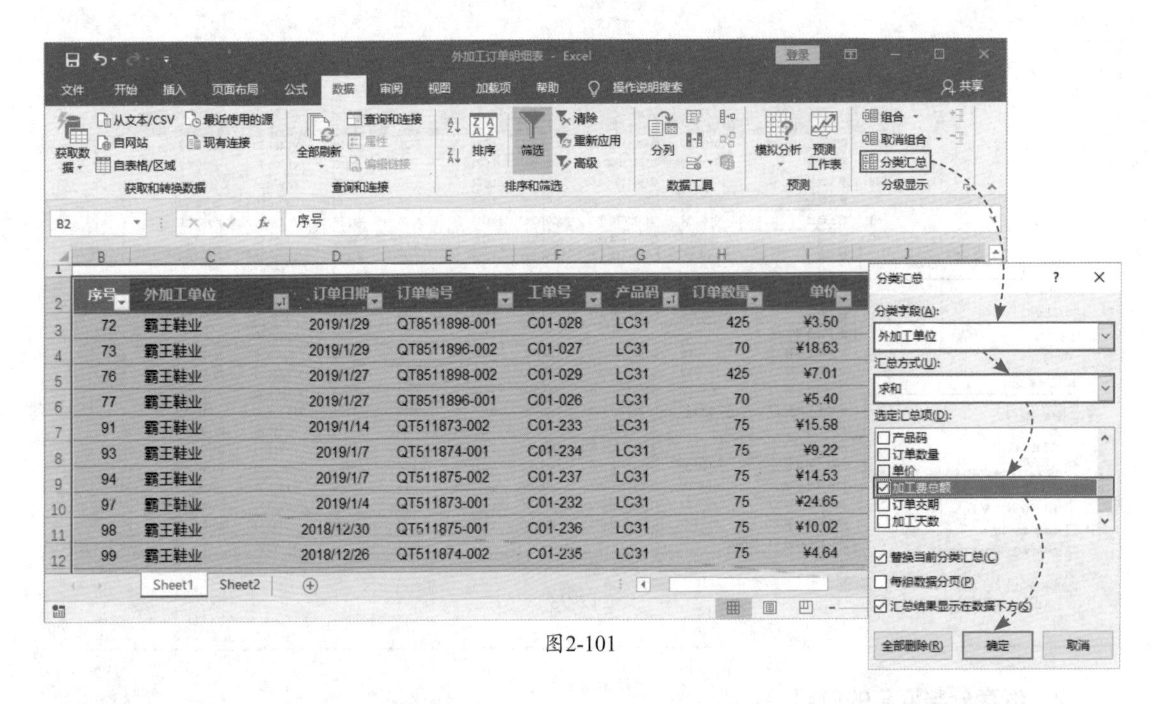

图2-101

Step 04 设置第二重分类汇总。再次单击“分类汇总”按钮，打开“分类汇总”对话框，设置分类字段为“产品码”，汇总方式为“求和”，汇总项勾选“加工费总额”，然后是最重要的一步——取消勾选“替换当前分类汇总”复选框，最后单击“确定”按钮，如图2-102所示。

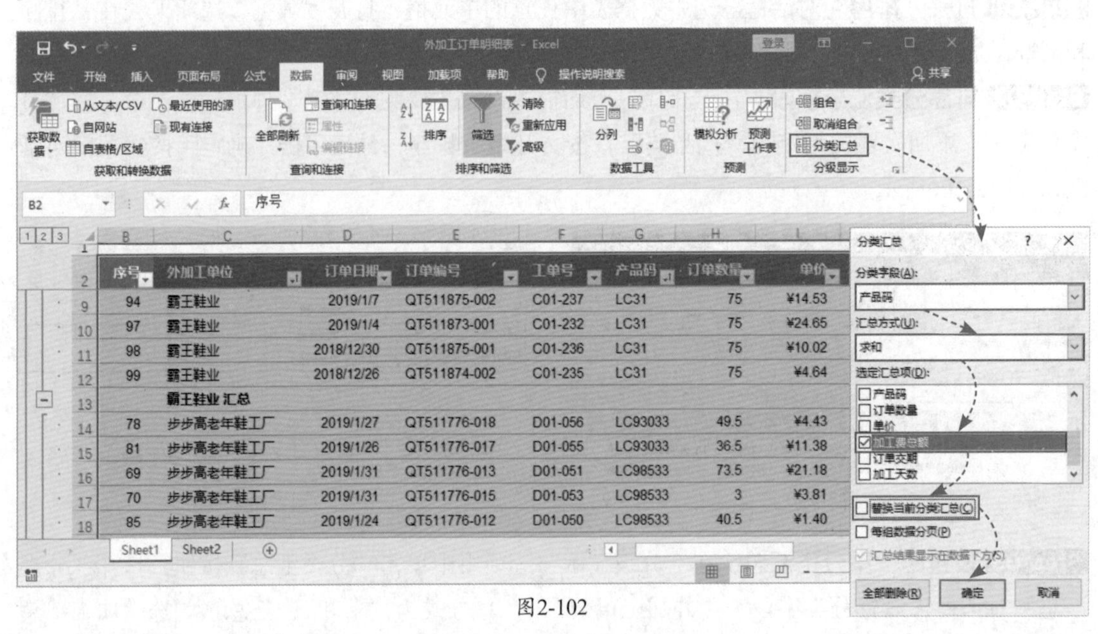

图2-102

Step 05 查看多字段同时分类汇总的效果。工作表中的数据对“外加工单位”和“产品码”两个字段同时进行了分类汇总，如图2-103所示。

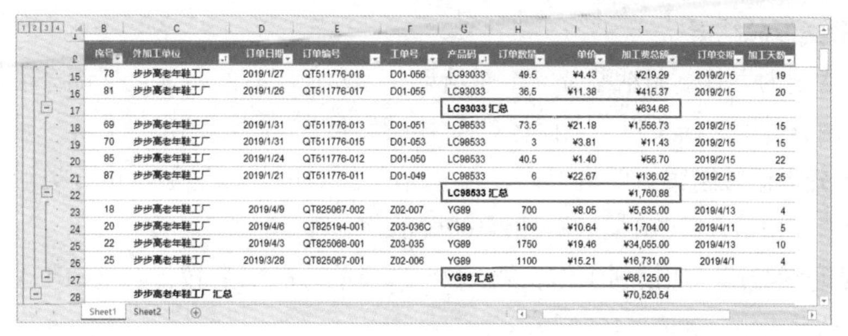

	序号	外加工单位	订单日期	订单编号	工单号	产品码	订单数量	单价	加工费总额	订单交期	加工天数
15	78	步步高老年鞋工厂	2019/1/27	QT511776-018	D01-056	LC93033	49.5	¥4.43	¥219.29	2019/2/15	19
16	81	步步高老年鞋工厂	2019/1/26	QT511776-017	D01-055	LC93033	36.5	¥11.38	¥415.37	2019/2/15	20
17						LC93033 汇总			¥634.66		
18	69	步步高老年鞋工厂	2019/1/31	QT511776-013	D01-051	LC98533	73.5	¥21.18	¥1,556.73	2019/2/15	15
19	70	步步高老年鞋工厂	2019/1/31	QT511776-015	D01-053	LC98533	3	¥3.81	¥11.43	2019/2/15	15
20	85	步步高老年鞋工厂	2019/1/24	QT511776-012	D01-050	LC98533	40.5	¥1.40	¥56.70	2019/2/15	22
21	87	步步高老年鞋工厂	2019/1/21	QT511776-011	D01-049	LC98533	6	¥22.67	¥136.02	2019/2/15	25
22						LC98533 汇总			¥1,760.88		
23	18	步步高老年鞋工厂	2019/4/9	QT825067-002	Z02-007	YG89	700	¥8.05	¥5,635.00	2019/4/13	4
24	20	步步高老年鞋工厂	2019/4/6	QT825194-001	Z03-036C	YG89	1100	¥10.64	¥11,704.00	2019/4/11	5
25	22	步步高老年鞋工厂	2019/4/3	QT825068-001	Z03-035	YG89	1750	¥19.46	¥34,055.00	2019/4/13	10
26	25	步步高老年鞋工厂	2019/3/28	QT825067-001	Z02-006	YG89	1100	¥15.21	¥16,731.00	2019/4/1	4
27						YG89 汇总			¥68,125.00		
28		步步高老年鞋工厂 汇总							¥70,520.54		

图2-103

知识拓展

执行分类汇总后，工作表左上角会出现1、2、3……样式的小图标，这些图标即为分级显示图标，一般对单个字段执行单个项目的汇总时，只有1、2、3三个图标，随着嵌套分类汇总的层数的增加，分级显示图标的个数就越多。分级显示图标用来控制分类汇总的分级显示。单击不同的数字图标，可以查看不同级别的分类汇总结果。用户也可以通过工作表右侧的“+”或“-”按钮手动控制明细数据的展开或折叠。

Step 06 同一字段按多种方式汇总。对一个字段进行多种计算方式的汇总，可以分多次打开“分类汇总”对话框，依次设置不同的汇总方式。要注意的是，从第二次打开“分类汇总”对话框开始，必须取消勾选“替换当前分类汇总”复选框，如图2-104所示。

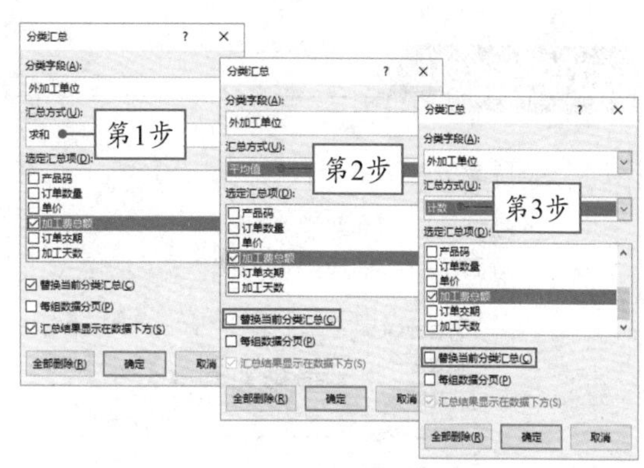

图2-104

Step 07 查看同一字段按多种方式汇总的效果。工作表中的数据按外加工单位字段分类，并进行计数、平均值和求和的汇总，如图2-105所示。

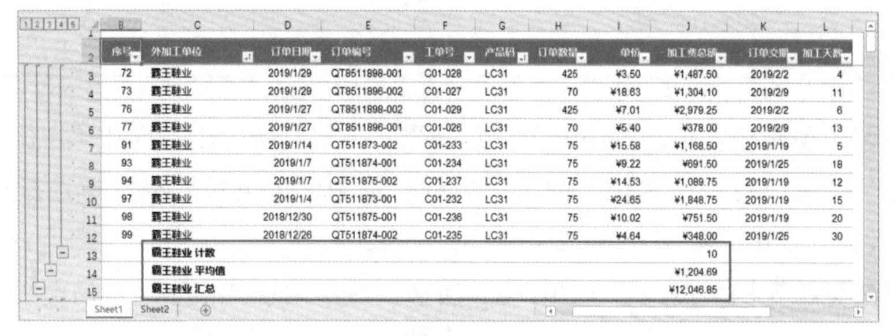

	序号	外加工单位	订单日期	订单编号	工单号	产品码	订单数量	单价	加工费总额	订单交期	加工天数
3	72	霸王鞋业	2019/1/29	QT8511898-001	C01-028	LC31	425	¥3.50	¥1,487.50	2019/2/2	4
4	73	霸王鞋业	2019/1/29	QT8511896-002	C01-027	LC31	70	¥18.63	¥1,304.10	2019/2/9	11
5	76	霸王鞋业	2019/1/27	QT8511898-002	C01-029	LC31	425	¥7.01	¥2,979.25	2019/2/2	6
6	77	霸王鞋业	2019/1/27	QT8511896-001	C01-026	LC31	70	¥5.40	¥378.00	2019/2/9	13
7	91	霸王鞋业	2019/1/14	QT511873-002	C01-233	LC31	75	¥15.58	¥1,168.50	2019/1/19	5
8	93	霸王鞋业	2019/1/7	QT511874-001	C01-234	LC31	75	¥9.22	¥691.50	2019/1/25	18
9	94	霸王鞋业	2019/1/7	QT511875-002	C01-237	LC31	75	¥14.53	¥1,089.75	2019/1/19	12
10	97	霸王鞋业	2019/1/4	QT511873-001	C01-232	LC31	75	¥24.65	¥1,848.75	2019/1/19	15
11	98	霸王鞋业	2018/12/30	QT511875-001	C01-236	LC31	75	¥10.02	¥751.50	2019/1/19	20
12	99	霸王鞋业	2018/12/26	QT511874-002	C01-235	LC31	75	¥4.64	¥348.00	2019/1/25	30
13		霸王鞋业 计数							10		
14		霸王鞋业 平均值							¥1,204.69		
15		霸王鞋业 汇总							¥12,046.85		

图2-105

3．复制分类汇总结果

若直接用常规的方式复制粘贴分类汇总结果，会发现所有的明细数据都会被粘贴出来，那么应该如何复制分类汇总结果呢？下面将对操作步骤进行详细的介绍。

Step 01 复制分类汇总结果。单击工作表左上角的层级序号“2”显示出分类汇总结果，选中需要复制的数据，按组合键Ctrl+C，如图2-106所示。

Step 02 粘贴明细数据。切换到工作表Sheet2，选择单元格A1后按组合键Ctrl+V，此时所有明细数据都会被粘贴出来，如图2-107所示。

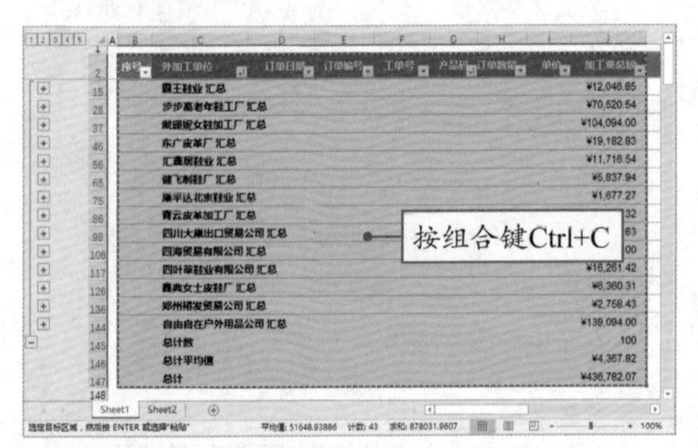

图2-106

图2-107

知识拓展

清除单元格中的内容有很多的学问，除了可以清除单元格中的数据，还可以清除单元格的格式、清除批注、清除超链接等。在“开始”选项卡的“编辑”选项组中单击“清除”按钮，通过不同的选项即可执行相应的清除操作，如图2-108所示。

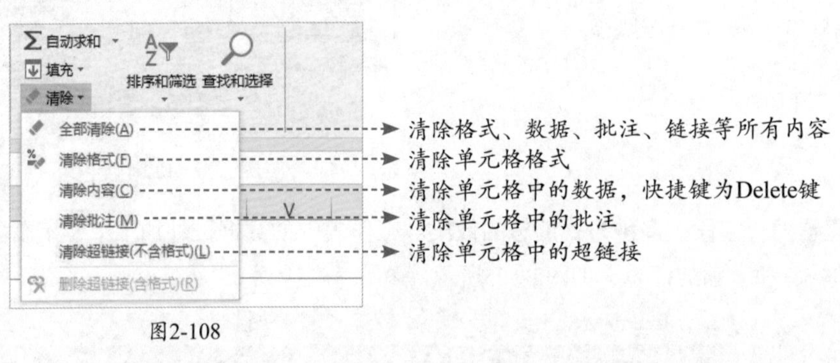

图2-108

Step 03 定位可见单元格。重新选中分类汇总结果，按组合键Ctrl+G打开“定位”对话框，单击“定位条件”按钮，打开“定位条件”对话框，选中“可见单元格”单选按钮，最后单击“确定”按钮关闭对话框，如图2-109所示。

Step 04 复制可见单元格。按组合键Ctrl+C，所选区域中出现了很多绿色的虚线，这说明此时只有可见单元格被复制了，如图2-110所示。

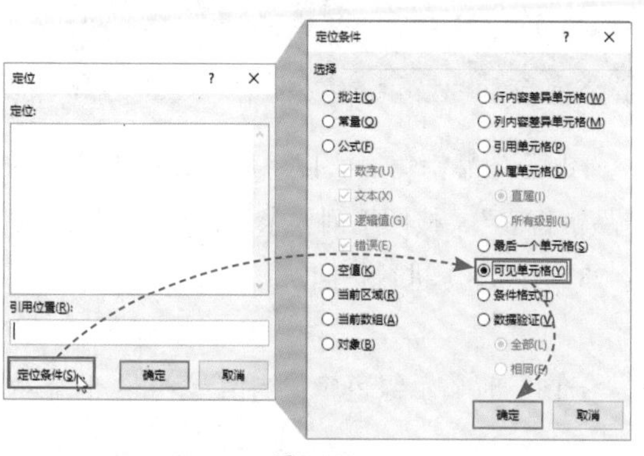

图2-109

图2-110

Step 05 粘贴分类汇总结果。切换到工作表Sheet2，选中单元格A1，按组合键Ctrl+V，此次粘贴的只有分类汇总结果，如图2-111所示。

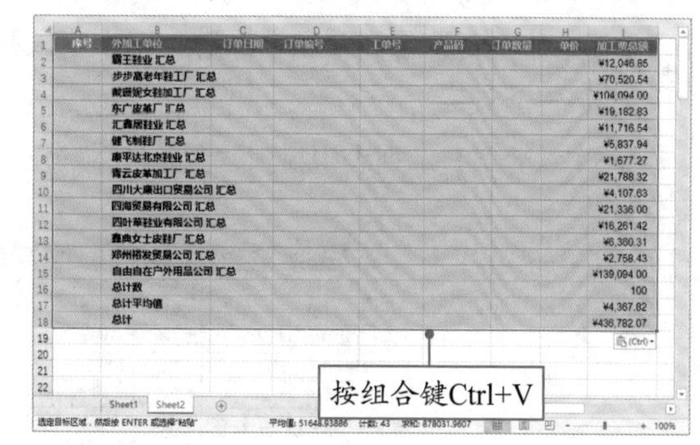

图2-111

知识拓展

数据分析结束后若要恢复数据表原始状态可清除分类汇总，单击“分类汇总”按钮，在“分类汇总”对话框中单击“全部删除”按钮即可清除，如图2-112所示。

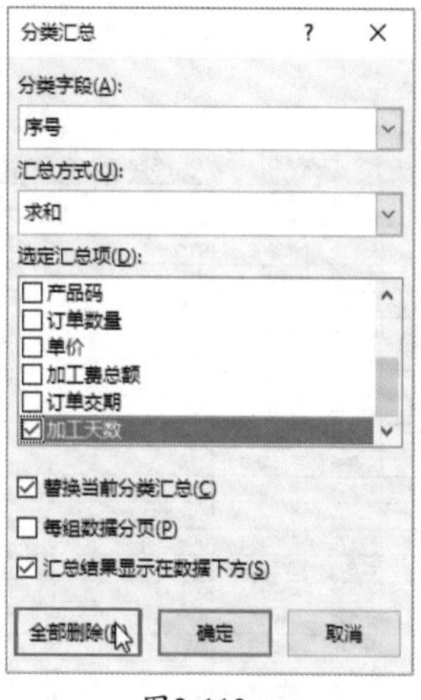

图2-112

Ⓔ课后作业

通过学习前面的知识内容，接下来尝试分析一份电子产品销售表，以从原始数据中获取更有价值的信息。打开本书提供的实例文件“电子产品销售表”，按照下列要求进行操作。在练习过程中如有疑问，可以加入学习交流群（QQ群号：737179838）进行提问。

（1）为销售数量添加“三色旗”图标集。

（2）编辑“三色旗”图标集规则。设置当值“>=15”时显示绿色旗；当值“>=5”时显示黄色旗；当值“<5”时显示红色旗。

（3）为“商品名称”和“品牌”字段同时设置“升序”排序。

（4）对“商品名称”和“品牌”两个字段执行嵌套分类汇总，汇总方式为“求和”，汇总项为“销售金额”。

（5）从分级显示列表中找到“商品名称”分类汇总数据，将这些数据复制到其他的工作表中。

	A	B	C	D	E	F	G	H
1	日期	分店	销售员	商品名称	品牌	销售数量	销售单价	销售金额
2	2019-05-01	新区店	刘寒梅	智能手表	Apple Watch	4	¥588.00	¥2,352.00
3	2019-05-01	新区店	刘寒梅	VR眼镜	HTC	9	¥3,198.00	¥28,782.00
4	2019-05-02	新区店	陆志明	VR眼镜	HTC	9	¥3,198.00	¥28,782.00
5	2019-05-02	新区店	陆志明	平板电脑	ipad	3	¥3,800.00	¥11,400.00
6	2019-05-03	新区店	刘寒梅	智能手表	HUAWEI	3	¥3,580.00	¥10,740.00
7	2019-05-03	新区店	刘寒梅	VR眼镜	HTC	9	¥3,198.00	¥28,782.00
8	2019-05-04	新区店	陆志明	智能手机	HUAWEI	7	¥2,100.00	¥14,700.00
9	2019-05-04	新区店	陆志明	智能手表	HUAWEI	5	¥598.00	¥2,990.00
10	2019-05-05	新区店	刘寒梅	运动手环	HUAWEI	5	¥1,580.00	¥7,900.00
11	2019-05-05	新区店	刘寒梅	平板电脑	BBK	9	¥2,100.00	¥18,900.00
12	2019-05-05	新区店	刘寒梅	智能手机	HUAWEI	7	¥2,100.00	¥14,700.00
13	2019-05-06	新区店	陆志明	平板电脑	ipad	6	¥3,580.00	¥21,480.00
14	2019-05-06	新区店	陆志明	运动手环	HUAWEI	16	¥2,200.00	¥35,200.00
15	2019-05-06	新区店	陆志明	平板电脑	BBK	22	¥2,500.00	¥55,000.00
16	2019-05-07	新区店	陆志明	智能手机	HUAWEI	4	¥2,589.00	¥10,356.00

电子产品销售表

原始效果

	A	B	C	D	E	F	G	H
1	日期	分店	销售员	商品名称	品牌	销售数量	销售单价	销售金额
2	2019-05-01	新区店	刘寒梅	VR眼镜	HTC	9	¥3,198.00	¥28,782.00
3	2019-05-01	市区1店	金逸多	VR眼镜	HTC	4	¥2,208.00	¥8,832.00
4	2019-05-02	新区店	陆志明	VR眼镜	HTC	9	¥3,198.00	¥28,782.00
5	2019-05-03	新区店	刘寒梅	VR眼镜	HTC	9	¥3,198.00	¥28,782.00
6	2019-05-03	开发区店	赵英俊	VR眼镜	HTC	4	¥2,208.00	¥8,832.00
7	2019-05-03	开发区店	赵英俊	VR眼镜	HTC	4	¥2,208.00	¥8,832.00
8					**HTC 汇总**			¥112,842.00
9				**VR眼镜 汇总**				¥112,842.00
10	2019-05-02	开发区店	赵英俊	平板电脑	BBK	22	¥2,500.00	¥55,000.00
11	2019-05-04	开发区店	赵英俊	平板电脑	BBK	9	¥2,100.00	¥18,900.00
12	2019-05-05	新区店	刘寒梅	平板电脑	BBK	9	¥2,100.00	¥18,900.00
13	2019-05-06	新区店	陆志明	平板电脑	BBK	22	¥2,500.00	¥55,000.00
14					**BBK 汇总**			¥147,800.00
15	2019-05-01	市区1店	孔春娇	平板电脑	ipad	6	¥3,580.00	¥21,480.00
16	2019-05-02	新区店	陆志明	平板电脑	ipad	3	¥3,800.00	¥11,400.00
17	2019-05-04	市区1店	金逸多	平板电脑	ipad	6	¥3,580.00	¥21,480.00
18	2019-05-05	开发区店	赵英俊	平板电脑	ipad	3	¥3,800.00	¥11,400.00
19	2019-05-06	新区店	陆志明	平板电脑	ipad	6	¥3,580.00	¥21,480.00
20	2019-05-06	开发区店	郑培元	平板电脑	ipad	11	¥2,880.00	¥31,680.00
21	2019-05-07	新区店	陆志明	平板电脑	ipad	11	¥2,880.00	¥31,680.00
22	2019-05-07	开发区店	郑培元	平板电脑	ipad	3	¥3,800.00	¥11,400.00
23	2019-05-07	开发区店	郑培元	平板电脑	ipad	11	¥2,880.00	¥31,680.00
24					**ipad 汇总**			¥193,680.00
25				**平板电脑 汇总**				¥341,480.00

1 2 3 4

电子产品销售表

最终效果

Excel

第 3 章

数据表美化不容忽视

不知道大家有没有过被嫌弃表格太丑、需要美化的经历？被老板、被客户认可也许只是因为一些小细节，一份“精心包装”的数据表往往比一份“原生态的”数据表更能带给人专业、舒适的感觉。就像一款手机，内核再强悍，如果外观设计得丑陋，也难免会引起强烈吐槽。所以数据表的美化，绝对不容忽视。

思维导图

数据表设计原则

- 数据表的基本操作
  - 工作表的基本操作
    - 插入和删除工作表
    - 移动和复制工作表
    - 隐藏工作表
    - 重命名工作表
  - 行列的基本操作
    - 插入行与列
    - 删除行与列
    - 调整行高与列宽
    - 移动和复制行与列
    - 隐藏行与列
  - 单元格的基本操作
    - 移动和复制单元格
    - 合并单元格
    - 拆分单元格
- 设置字体格式
  - 设置字体和字号
    - 设置默认字体、字号
    - 快速增大或减小字号
  - 设置字体颜色
  - 设置其他字体效果
    - 加粗字体
    - 倾斜字体
    - 加下划线
    - 设置上标和下标
- 设置对齐方式
  - 设置水平对齐方式
    - 左对齐
    - 居中对齐
    - 右对齐
    - 设置缩进量
  - 设置垂直对齐方式
    - 靠上对齐
    - 居中对齐
    - 靠下对齐
  - 设置文字方向
  - 设置自动换行
- 设置单元格样式
  - 设置边框样式
    - 设置线条样式
    - 设置线条颜色
    - 制作斜线表头
    - 绘制边框
  - 设置填充效果
    - 纯色填充
    - 渐变填充
    - 图案填充
- 样式的应用
  - 使用单元格样式
    - 使用内置单元格样式
    - 新建单元格样式
    - 修改单元格样式
    - 合并样式
  - 使用表格格式
    - 套用内置表格格式
    - 自定义表格格式
    - 转换成普通数据表

Ⓔ知识速记

3.1 单元格的基本操作

Excel工作表由大量的单元格组成，而单元格的组合又形成了行和列，对单元格及行、列的操作属于数据表的基本操作。

3.1.1　插入行与列

工作表上方的“A、B、C、D……”被称为行号，左侧的“1、2、3、4……”被称为列标，由行号和列标延伸出去的线条组成的小方块就是单元格。单元格在垂直方向上的组合形成了“列”，在水平方向上的组合形成了“行”，如图3-1所示。

图3-1

知识拓展

Excel 2019每个工作表中包含1048576行和16384列，总计一百多亿个单元格。这个数量听起来很惊人，但是事实确实如此。而且工作表中的单元格数量是固定不变的，并不会因为插入或删除行、列和单元格而增多或减少。

插入行、列经常使用的方法有以下四种：①右键快捷菜单插入法；②快捷键插入法；③对话框插入法；④选项卡命令按钮插入法。前两种方法需要先选中整行或整列再执行之后的操作，而后两种方法只要选中某个单元格。另外，后两种方法同样适用于单元格的插入，如图3-2所示。

扫码观看视频

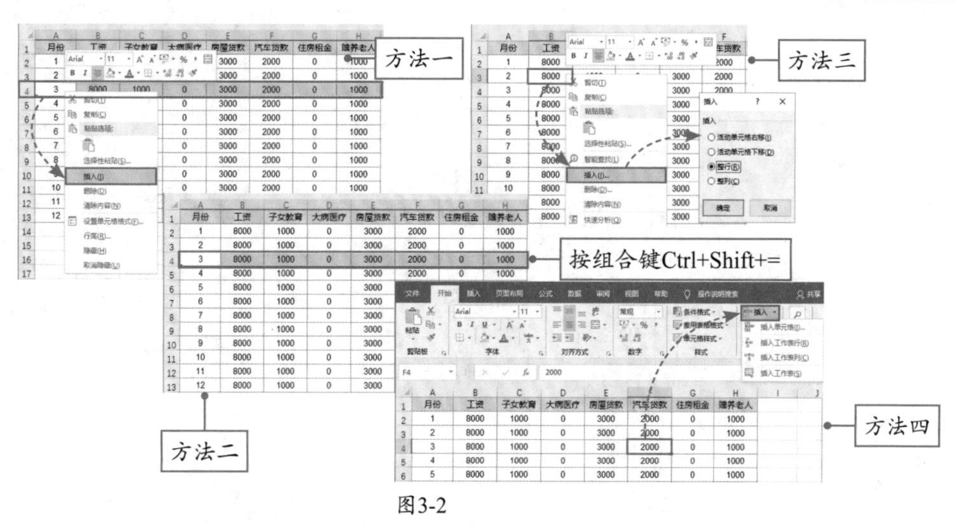

图3-2

知识拓展

右键的快捷菜单能够实现对行、列大多数的基本操作，如插入行与列、删除行与列、隐藏行与列、调整行高和列宽等，如图3-3所示。

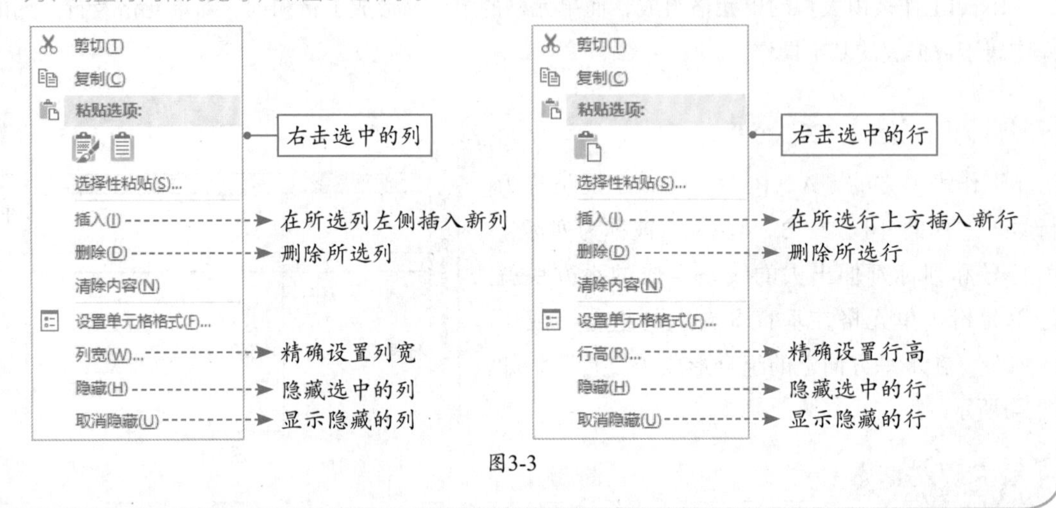

图3-3

■3.1.2 更改行高列宽

扫码观看视频

更改行高与列宽既可以一行或一列地操作，也可以批量操作。而操作方法又分为两种类型，即快速操作和精确操作。快速操作可以用鼠标拖拽实现，如图3-4所示。精确操作通常在对话框中完成，如图3-5所示。

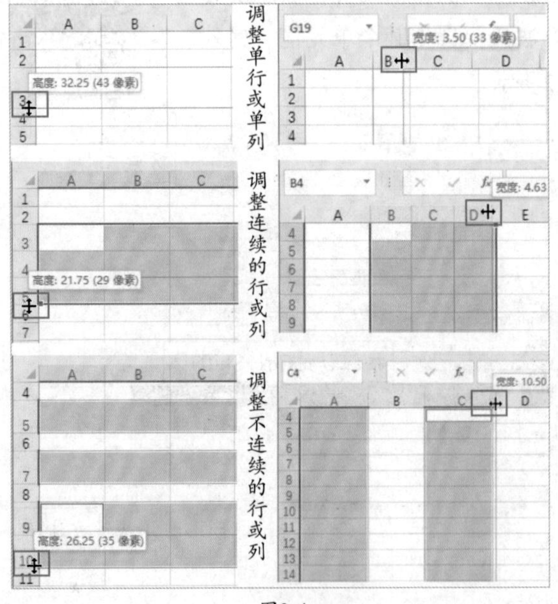

图3-4

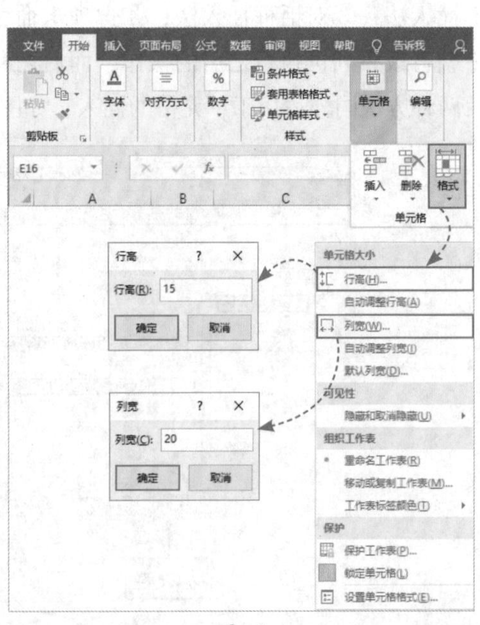

图3-5

■3.1.3 删除多余的行和列

删除行和列是制表过程中十分常见的操作。通常将要删除的行或列选中（可以是一行或一列，也可以是多行或多列），然后使用右键的快捷菜单或快捷键删除，如图3-6所示。

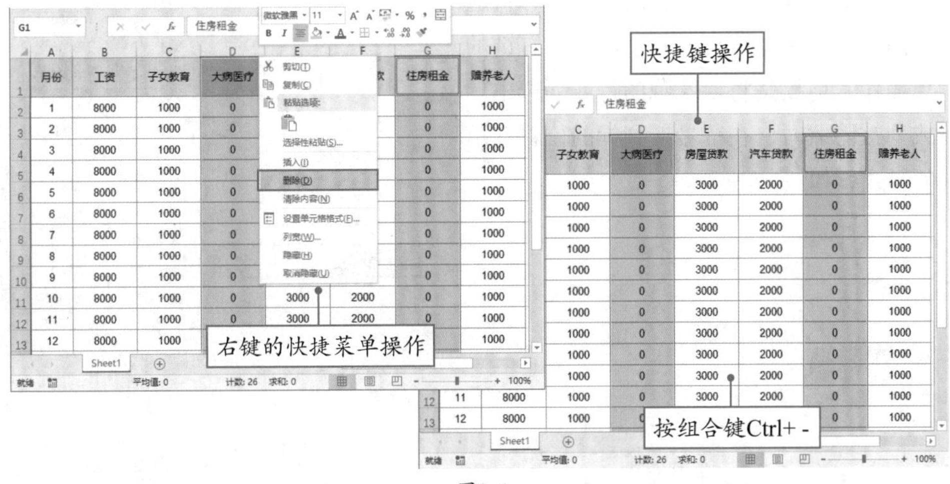

图3-6

知识拓展

同时选中多个不相邻的行或列需要配合Ctrl键来操作，选中某个行或列后，按住Ctrl键不放，再依次选择其他行或列即可将这些行或列全部选中。

■3.1.4 合并单元格

合并单元格可以将多个单元格合并成一个较大的单元格，以展示更多内容，或者将相同的数据放在一个大的单元格中显示。合并单元格的命令按钮保存在“开始”选项卡的“对齐方式”选项组中，名称为“合并后居中”，合并单元格又包含三种不同的合并形式，分别是“合并后居中”“跨越合并”“合并单元格”。这三种合并形成的合并效果如图3-7所示。

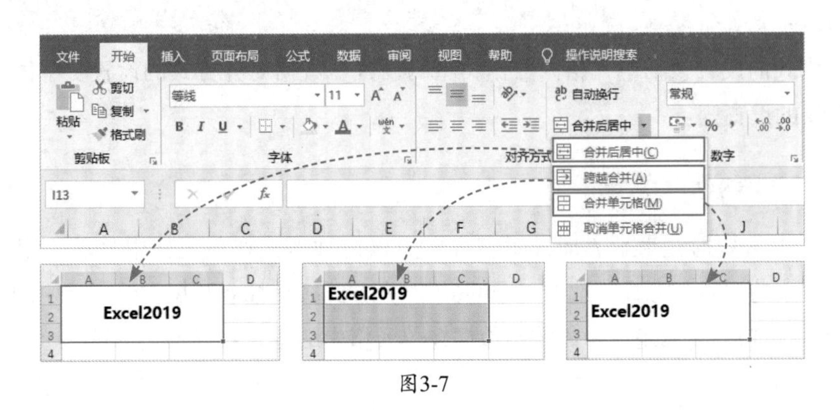

图3-7

■3.1.5 隐藏行与列

暂时不需要显示的行或列可以将其隐藏，隐藏与删除有很大的不同，被隐藏的行或列中的内容依然是存在的，并不会对数据的计算和分析造成影响。前面介绍过隐藏行或列可以通过右键的快捷菜单操作，前提是将要隐藏的行或列选中。当有行或列被隐藏时，在行号或列标的位置会出现双线的样式，如图3-8所示。

剪切(T)
复制(C)
粘贴选项:
选择性粘贴(S)...
插入(I)
删除(D)
清除内容(N)
设置单元格格式(F)...
列宽(W)...
隐藏(H)
取消隐藏(U)

C列被隐藏

	A	B	D
1	月份	工资	大病医疗
2	1		
3	2	8000	0
4	3	8000	0
5	4	8000	0
6	5	8000	0
7	6	8000	0
8	7	8000	0
9	8	8000	0
10	9	8000	0
11	10	8000	0
12	11	8000	0
13	12	8000	0

图3-8

知识拓展

若要取消行或列的隐藏，需要先选中包含隐藏的行或列的区域，然后在右键的快捷菜单中选择“取消隐藏”选项，如图3-9所示。

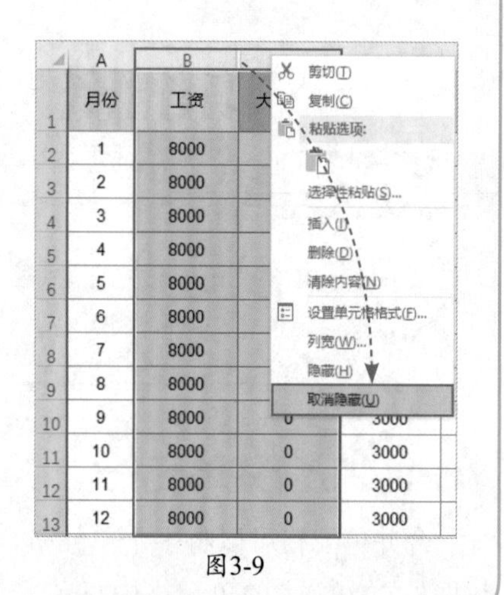

图3-9

3.2 设置单元格格式

单元格格式的设置包括单元格内数据类型的设置、数据对齐方式的设置、字体格式的设置和边框与底纹的设置等。

■3.2.1 设置对齐方式

对齐方式表示数据在水平方向及垂直方向上以何种形式在单元格中显示。用户可以通过“开始”选项卡的“对齐方式”选项组中的6个对齐方式按钮控制数据在单元格中的对齐方式。这6个对齐方式按钮分为两组，一组控制数据在单元格中的垂直对齐方式，另一组控制水平对齐

方式，如图3-10所示。任意组合的水平和垂直对齐方式可以产生9种不同的对齐效果，如图3-11所示。

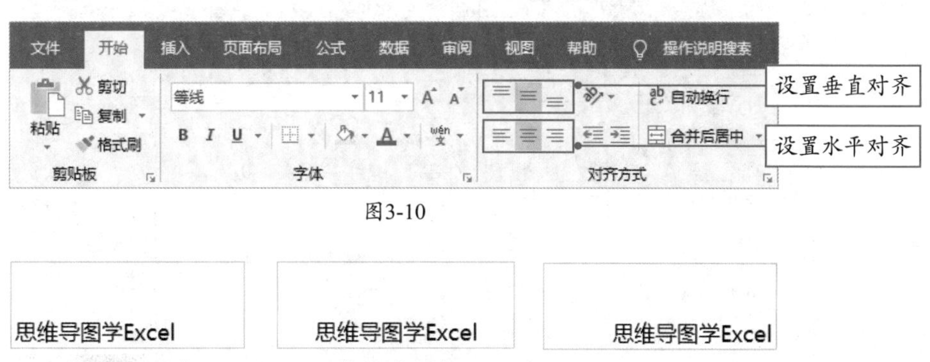

图3-10

图3-11

知识拓展

“设置单元格格式”对话框中还包含更多的数据对齐方式，包括两端对齐、靠左缩进、靠右缩进、跨列居中、分散对齐等，如图3-12所示（“设置单元格格式”对话框可以按组合键Ctrl+1打开）。

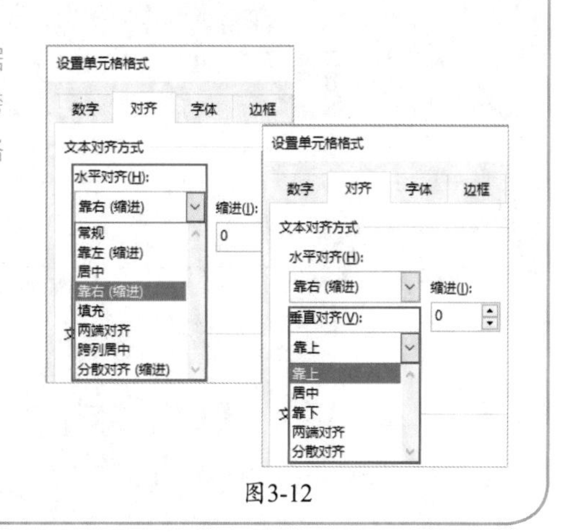

图3-12

■3.2.2 设置字体字号

字体字号的设置属于表格设计的基本操作，设置方法也十分简单，设置字体字号的两种常用途径为选项卡命令设置和对话框设置，如图3-13所示。

扫码观看视频

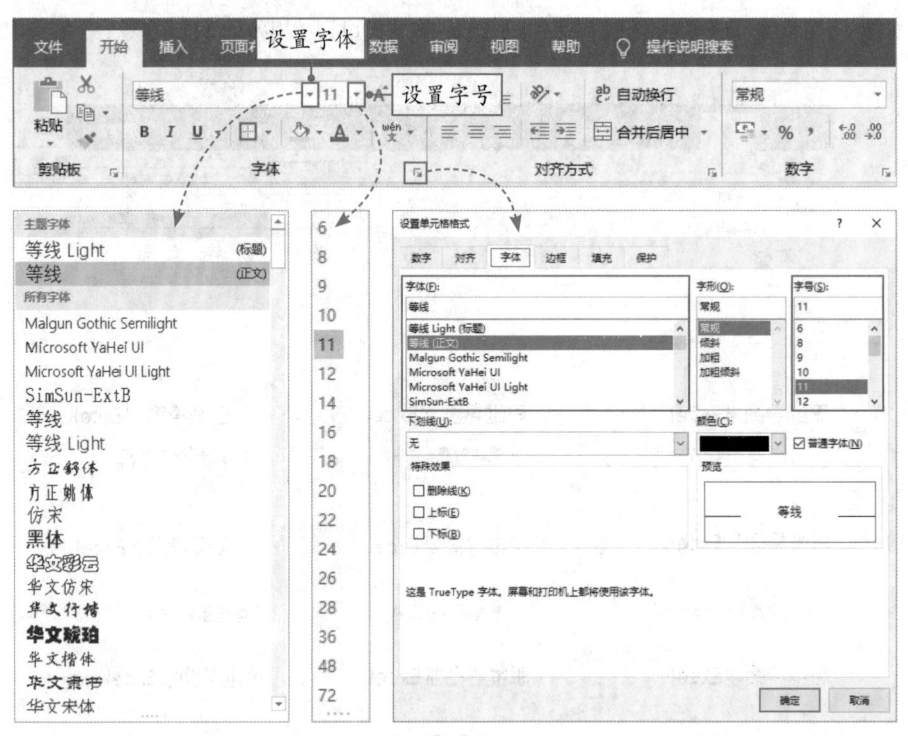

图3-13

● **新手误区：**无论是在“开始”选项卡的“字体”选项组中还是在“设置单元格格式”对话框中，提供的最大字号都是72，很多人误以为72号字就是Excel中能设置的最大字号，其实不然，当需要设置更大字号时，可以手动在“字号”框中输入字号，按下Enter键后即可应用该字号，如图3-14所示。

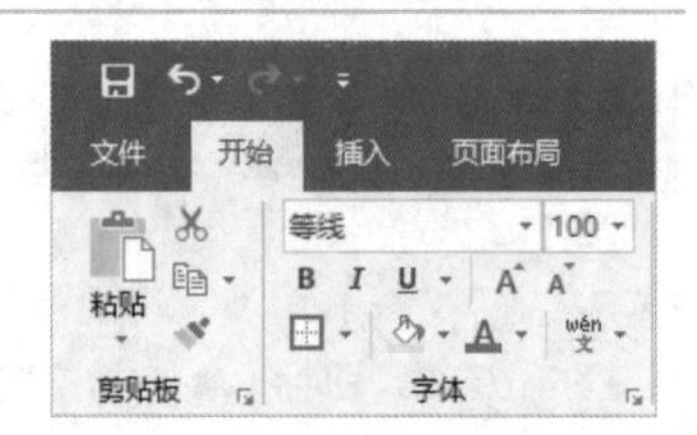

图3-14

知识拓展

有些公司会要求使用某种特定的字体和字号，为了避免每次创建数据表时都要设置字体、字号的麻烦，可以在“Excel选项”对话框中将常用的字体、字号设置成系统默认的字体和字号，如图3-15所示。

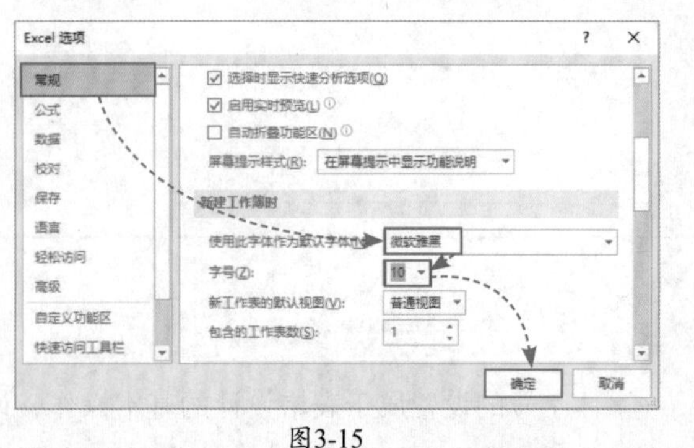

图3-15

■3.2.3　设置自动换行

单元格中的内容无法完全显示时，常用的处理方法是增加列宽，但是也有一些特殊的表格会限制列宽，不允许轻易调整列宽，这时可以采取换行的方式让单元格中的内容完整显示，如图3-16所示。

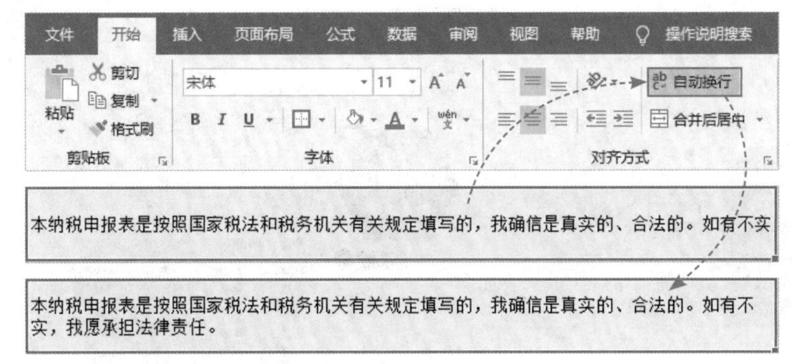

图3-16

■3.2.4　设置边框和底纹

扫码观看视频

Excel中最常见的边框和底纹效果可能就是黑色细实线边框及某种纯色底纹填充。其实Excel数据表可以设置非常多的边框及底纹填充效果。

设置边框和底纹同样有多种途径，比较快捷的操作方法是在“开始”选项卡的“字体”选项组中设置，如图3-17所示。另外，通过“设置单元格格式”对话框也能够设置出更复杂、更美观的边框及填充效果，如图3-18所示（“设置单元格格式”对话框中设置边框样式可以参考综合实战部分，本书第84页）。

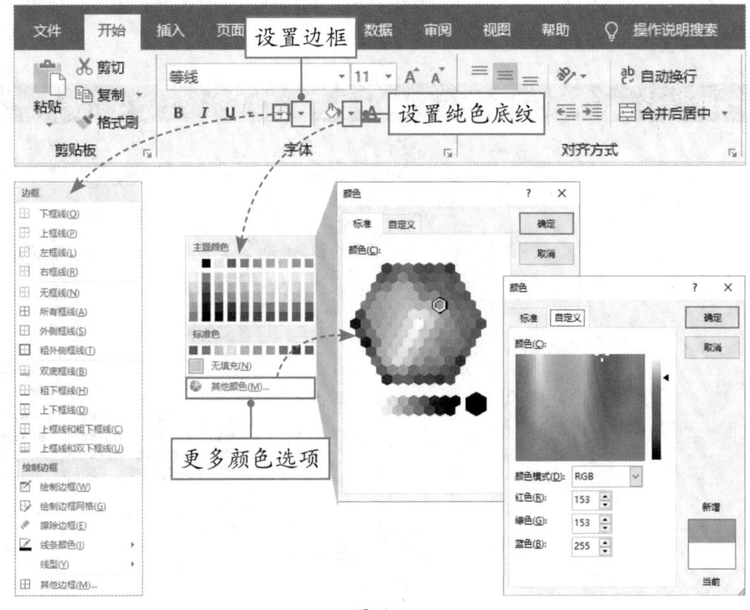

图3-17

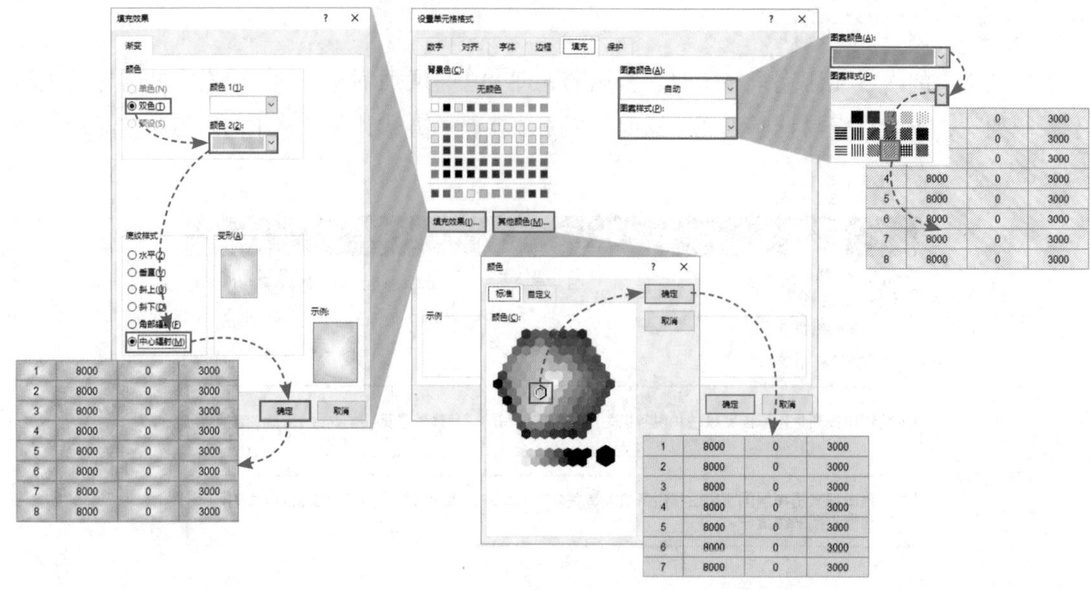

图3-18

3.3 使用单元格样式

“单元格样式”库中包含了很多内置的单元格样式，这些样式已经设置好了边框、字体及填充效果，套用内置样式能够快速让工作表中的重要数据更加醒目。

3.3.1 快速设置单元格样式

所有内置好的样式都保存在“开始”选项卡的“样式”选项组中，一个简单的单击操作便能够轻松为单元格设置出满意的样式，如图3-19所示。

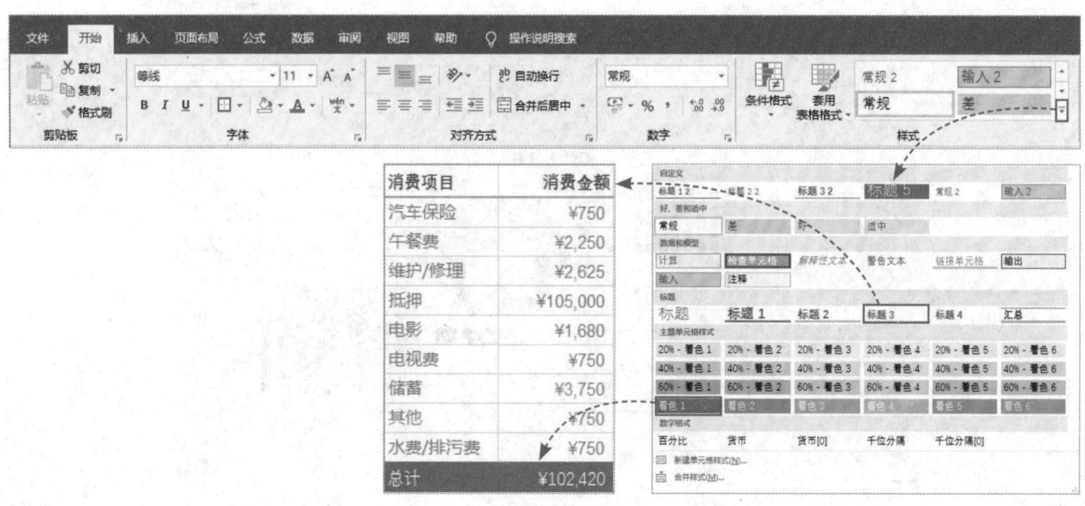

图3-19

3.3.2 修改单元格样式

用户也可以修改内置的单元格样式，让其更符合自己的使用需求，在“单元格样式”库中右击需要修改的样式，然后根据如图3-20所示的操作对样式进行修改。

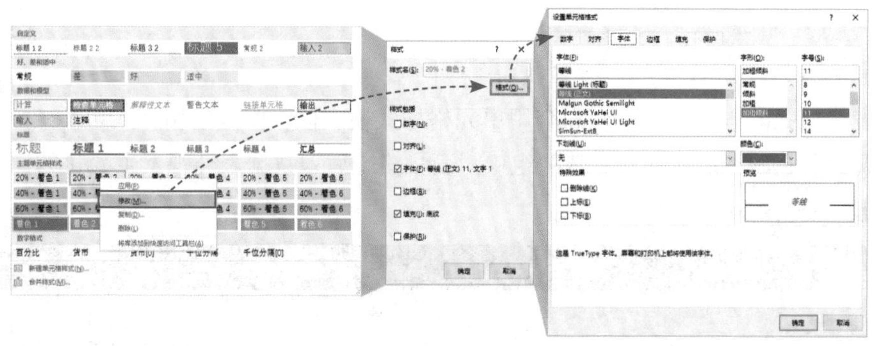

图3-20

3.3.3 自定义单元格样式

若要建立一个全新的单元格样式以供长期使用，可以自定义单元格样式。自定义单元格样式和修改单元格样式的方法十分相似，只是启动的方式稍有不同，具体操作如图3-21所示。

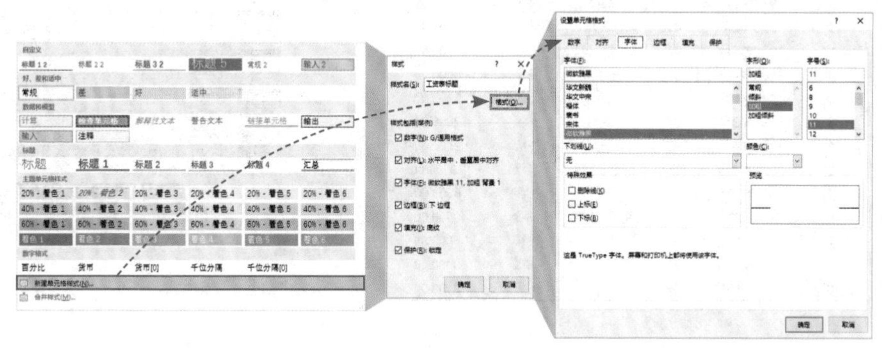

图3-21

知识拓展

新建的单元格样式会出现在单元格样式库中的“自定义”组内，单击自定义的单元格样式即可应用它，如图3-22所示。

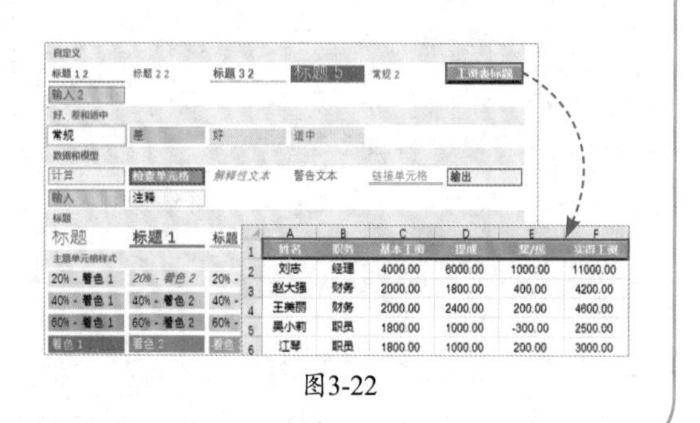

图3-22

3.4 套用表格格式

扫码观看视频

套用表格样式的目的不仅是快速美化表格，其更大的作用是让普通的数据表转换为智能表格。

3.4.1 套用格式

套用表格格式的方法很简单，和套用单元格样式很相似，内置表格样式也保存在“开始”选项卡的“样式”选项组中，套用格式后，数据表外观发生变化的同时也自动建立了筛选，如图3-23所示。

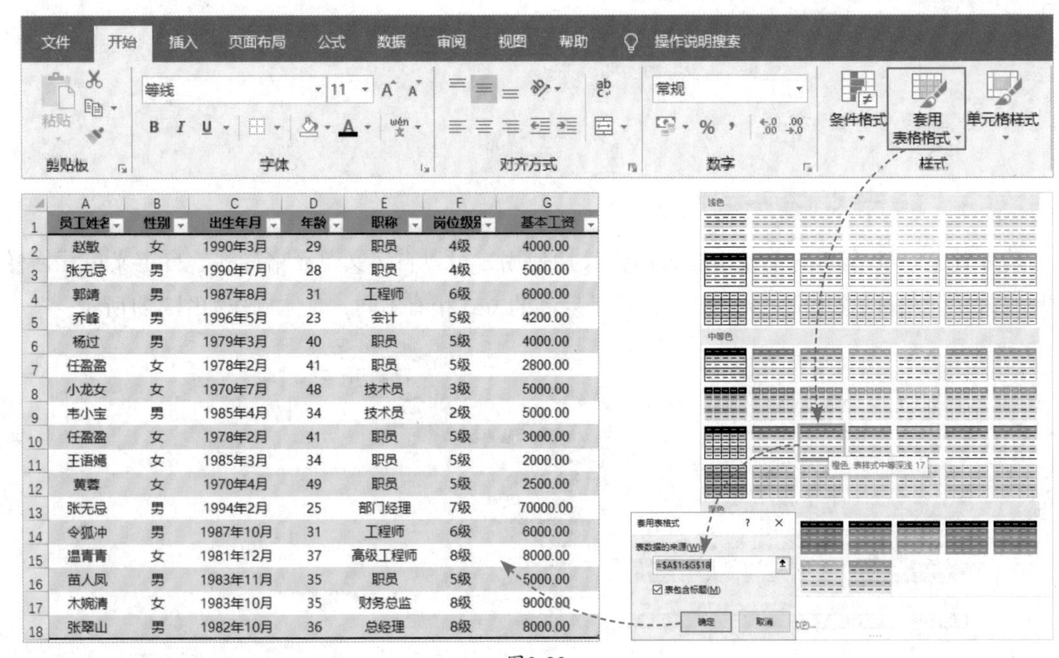

员工姓名	性别	出生年月	年龄	职称	岗位级别	基本工资
赵敏	女	1990年3月	29	职员	4级	4000.00
张无忌	男	1990年7月	28	职员	4级	5000.00
郭靖	男	1987年8月	31	工程师	6级	6000.00
乔峰	男	1996年5月	23	会计	5级	4200.00
杨过	男	1979年3月	40	职员	5级	4000.00
任盈盈	女	1978年2月	41	职员	5级	2800.00
小龙女	女	1970年7月	48	技术员	3级	5000.00
韦小宝	男	1985年4月	34	技术员	2级	5000.00
任盈盈	女	1978年2月	41	职员	5级	3000.00
王语嫣	女	1985年3月	34	职员	5级	2000.00
黄蓉	女	1970年4月	49	职员	5级	2500.00
张无忌	男	1994年2月	25	部门经理	7级	70000.00
令狐冲	男	1987年10月	31	工程师	6级	6000.00
温青青	女	1981年12月	37	高级工程师	8级	8000.00
苗人凤	男	1983年11月	35	职员	5级	5000.00
木婉清	女	1983年10月	35	财务总监	8级	9000.00
张翠山	男	1982年10月	36	总经理	8级	8000.00

图3-23

知识拓展

如果在“套用表格格式”对话框中取消勾选“表包含标题”复选框，那么系统会默认当前的数据表是没有标题的，从而为数据表添加默认的“列1”“列2”等样式的标题，如图3-24所示。

列1	列2	列3	列4	列5	列6	列7
员工姓名	性别	出生年月	年龄	职称	岗位级别	基本工资
赵敏	女	1990年3月	29	职员	4级	4000.00
张无忌	男	1990年7月	28	职员	4级	5000.00
郭靖	男	1987年8月	31	工程师	6级	6000.00
乔峰	男	1996年5月	23	会计	5级	4200.00
杨过	男	1979年3月	40	职员	5级	4000.00
任盈盈	女	1978年2月	41	职员	5级	2800.00

图3-24

3.4.2 自定义样式

若用户需要长期使用某种特定格式的智能表格样式，也可以自己动手创建，如图3-25所示。

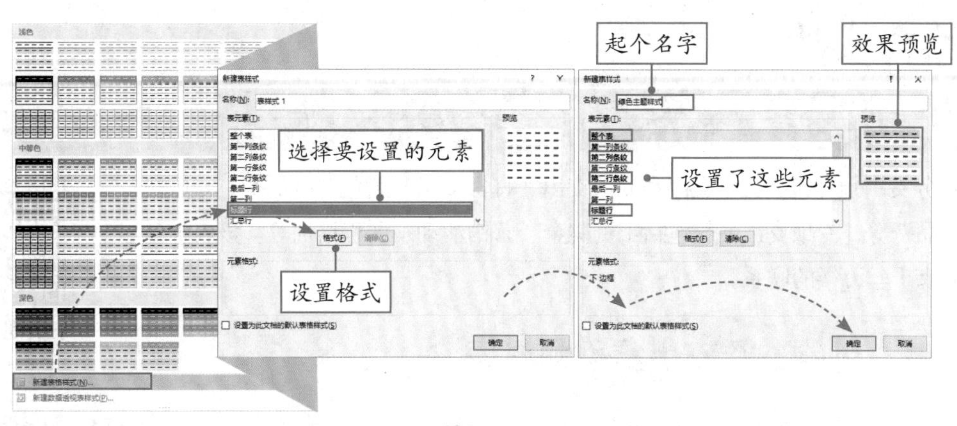

图3-25

知识拓展

自定义的表格样式保存在“表格格式”列表中，单击便可应用。右击表格样式选项，在右键菜单中还可以对所选样式进行更多的设置，如图3-26所示。

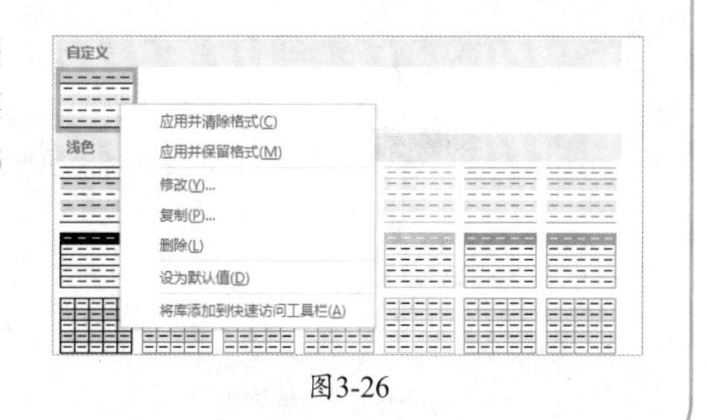

图3-26

■3.4.3　撤销套用的样式

若要清除表格样式，让表格恢复到原始数据表状态，可以使用“转换为区域”命令。建立智能表格后，功能区中会出现一个“表格工具-设计”选项卡，“转换为区域”命令按钮就保存在该选项卡中，如图3-27所示。转换成普通表格后，之前套用的基本表格样式会被保留下来，如图3-28所示。

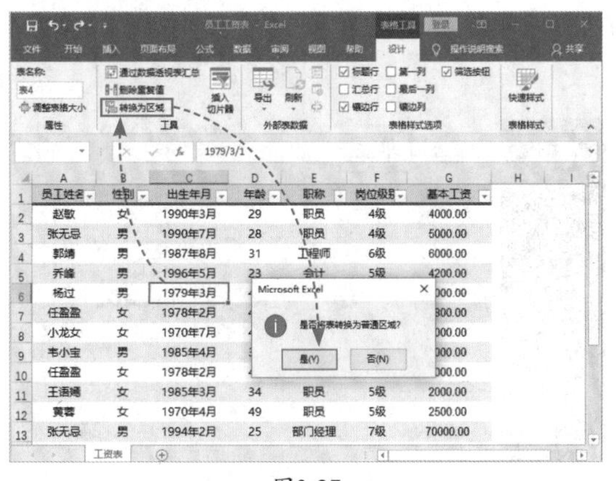

图3-27

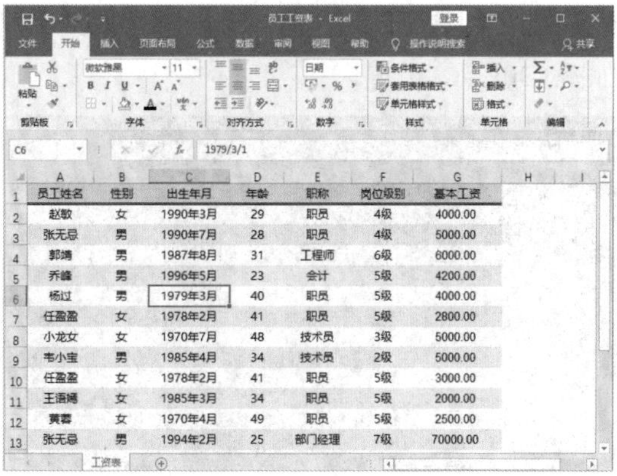

图3-28

Ⓔ综合实战

3.5 制作业务支出费用预算表

业务支出预算包括日常支出和专项支出。日常支出一般包含电话费、差旅费、办公用品费等，专项支出一般包括工资奖金、营销活动、课程培训等。该表中各字段之间有千丝万缕的联系。

扫码观看视频

■3.5.1 创建业务支出费用预算表

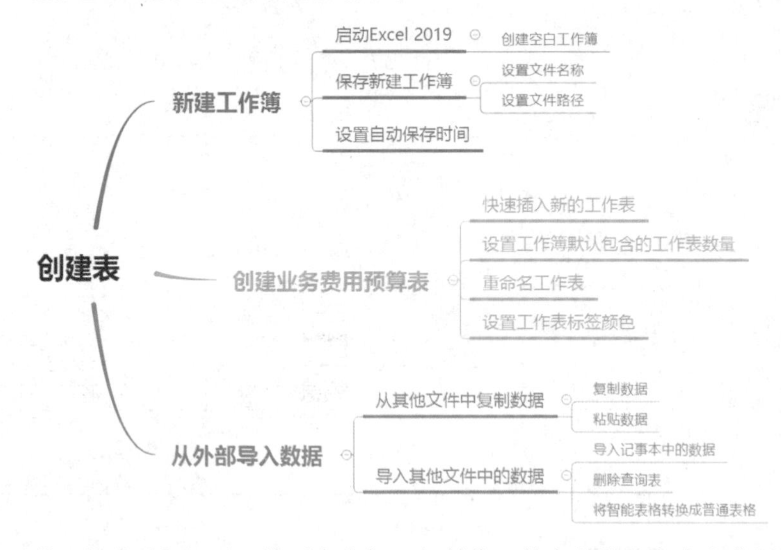

在学习了前面的基础知识后，接下来我们一起制作一份完整的业务支出费用预算表。

1．新建工作簿

创建工作簿的方法有很多种，用户可以通过右键的快捷菜单直接在桌面上创建，也可以先启动Excel再新建空白工作簿。

Step 01 启动Excel。 在桌面上双击Excel 2019图标，启动Excel 2019，如图3-29所示。

Step 02 创建空白工作簿。 Excel被启动并自动打开“开始”界面，单击“空白工作簿”按钮，如图3-30所示。

图3-29

图3-30

Step 03 保存新建的工作簿。系统随机新建一份空白工作簿，并自动命名“工作簿1”，单击“文件”选项，如图3-31所示。

Step 04 打开“另存为”对话框。选择打开“文件”菜单，切换到“另存为”界面，双击“这台电脑”选项，如图3-32所示。

图3-31

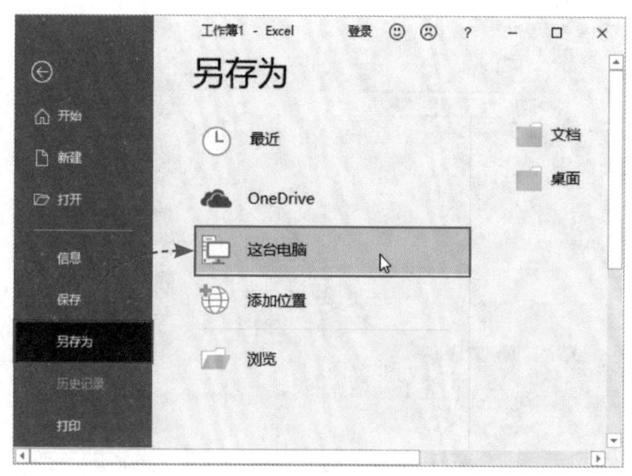

图3-32

知识拓展

在计算机屏幕上右击，在弹出的菜单中选择“新建”中的“Microsoft Excel 工作表”选项，也可以在桌面上新建一个空白工作簿，如图3-33所示。

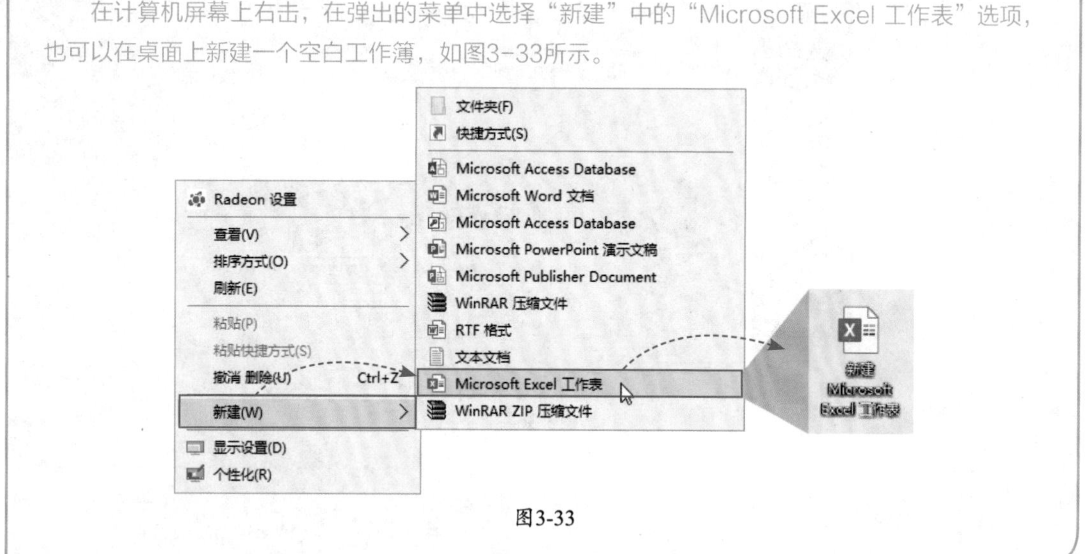

图3-33

Step 05 设置文件路径和文件名。在“另存为”对话框中选择好文件的保存位置，在“文件名”文本框中输入“业务支出费用预算表”，单击“保存”按钮，如图3-34所示。

Step 06 查看工作簿名称。此时在标题栏中可以看到工作簿的名称已经得到了修改，之后再执行保存操作只要单击工作簿右上角的“保存”按钮即可，如图3-35所示。

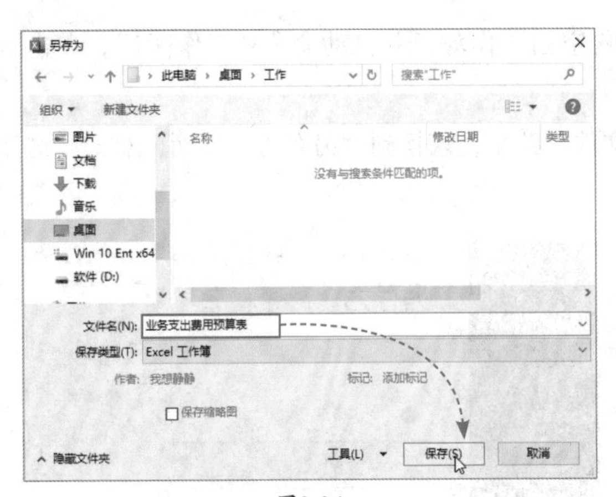

图3-34

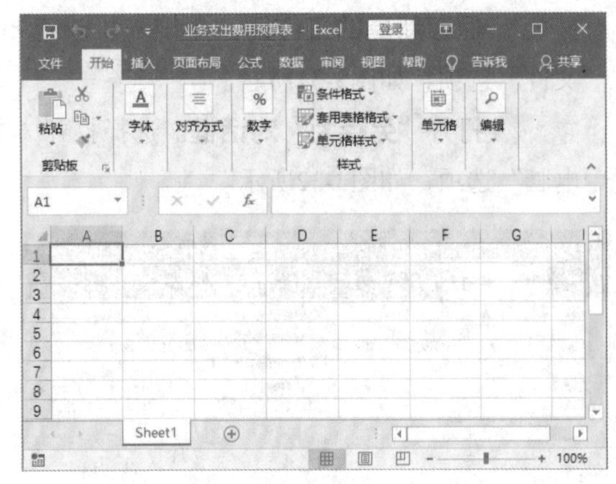

图3-35

知识拓展

在工作的过程中有可能会出现断电、死机等意外情况，为了避免意外情况造成已编辑的内容丢失，可以设置工作簿自动保存，这样即使在强制退出之前长时间没有手动保存工作簿，也可以在重新启动Excel后找回系统自动保存的内容。

在“Excel 选项”对话框中设置自动保存时间，如图3-36所示。

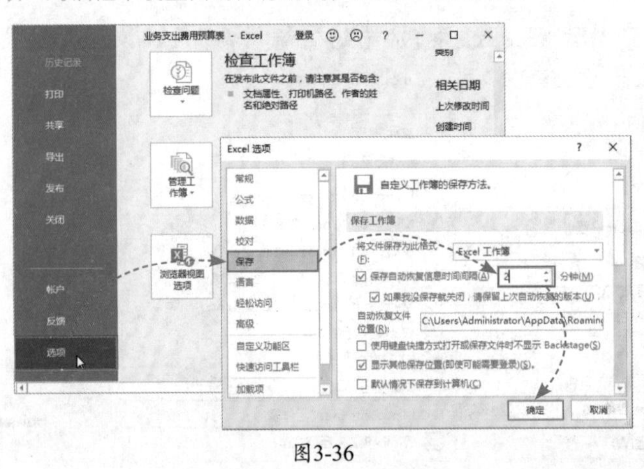

图3-36

2. 新建工作表

每一个工作簿中都可以拥有不同数量的工作表，最多能建立255个工作表。Excel 2013之前的版本默认创建的工作簿包含三张工作表，从Excel 2013开始变为只默认包含一张工作表，这张工作表的名称为Sheet1，用户可以根据需要向工作簿中添加工作表。

Step 01 **新建工作表。**将光标移动到工作表标签右侧，单击“新工作表”按钮，如图3-37所示。

Step 02 **查看新建的工作表。**工作簿中随即新建了一个空白工作表，这个工作表标签默认为Sheet2，如图3-38所示。继续单击“新工作表”按钮，可以继续添加新的工作表。

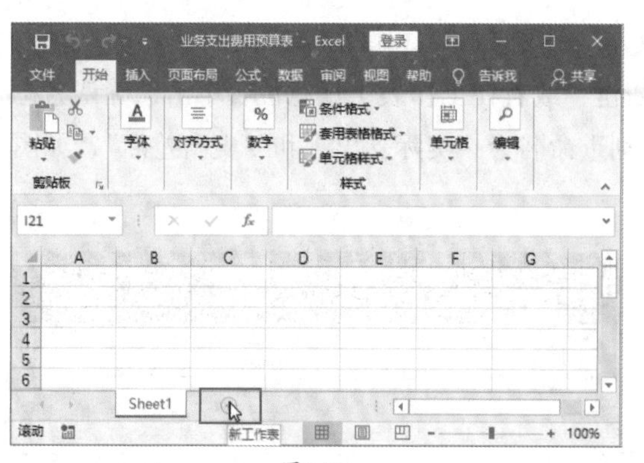
图3-37

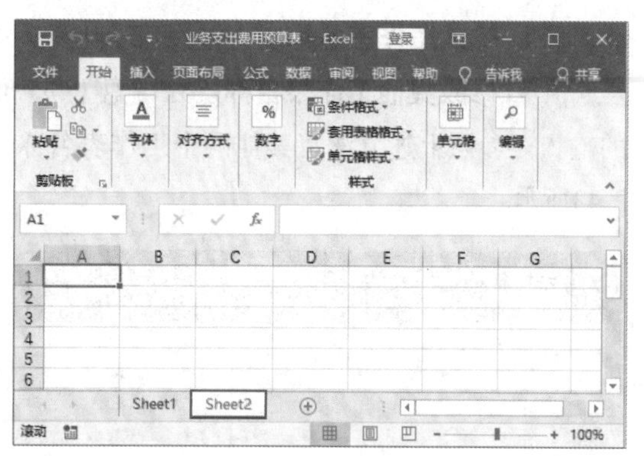
图3-38

知识拓展

默认的工作表数量其实是可以设置的，这项功能就隐藏在“Excel 选项”对话框中，如图3-39所示。设置完成后，当下次再新建工作簿时就会发现默认的工作表数量发生了变化，如图3-40所示。

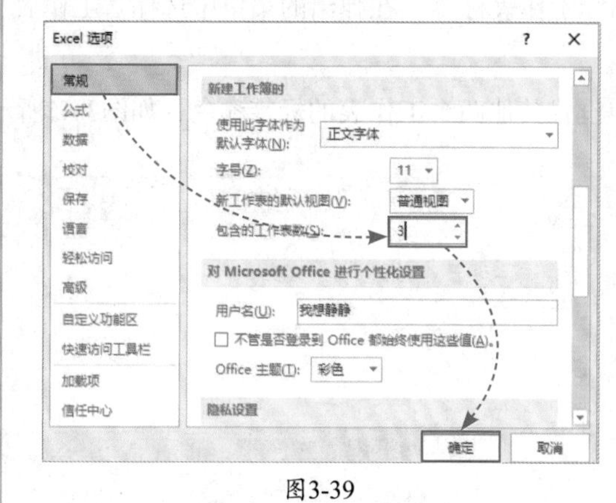
图3-39

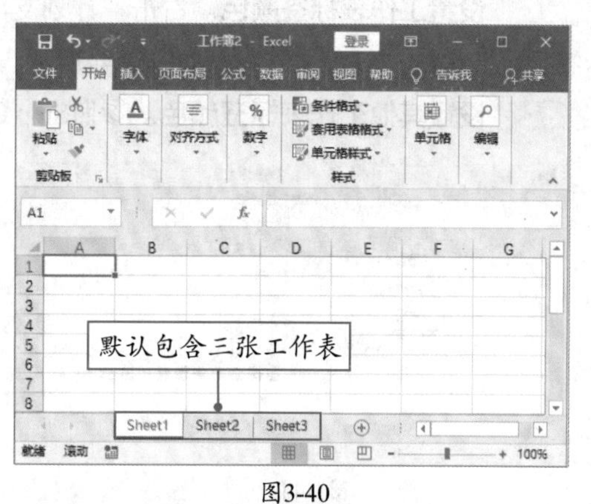

图3-40

3. 设置工作表标签

为了让工作表中的内容更有辨识度，用户可以重命名工作表、为标签设置颜色等。

Step 01 **重命名工作表。**在工作表标签上方双击，标签名称变为选中状态，如图3-41所示。

图3-41

Step 02 输入工作表名称。直接在键盘上输入文本“计划支出”，如图3-42所示。

Step 03 修改其他工作表名称。在键盘上按Enter键，或者在工作表中任意位置单击，确认名称的输入。参照上述方法将其他两个工作表名称分别重命名为“实际支出”和“支出差额”，如图3-43所示。

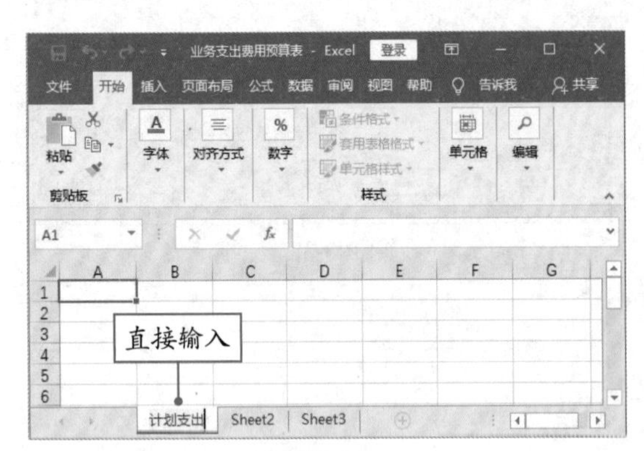

图3-42

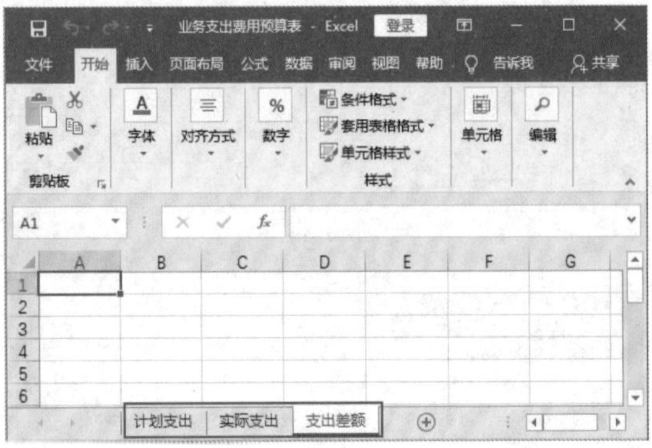

图3-43

Step 04 设置工作表标签颜色。右击“计划支出”工作表标签，在弹出的菜单中选择“工作表标签颜色”中的“红色”选项，如图3-44所示。

Step 05 设置其他工作表标签颜色。参照Step 04设置其他两个工作表的标签颜色，如图3-45所示。

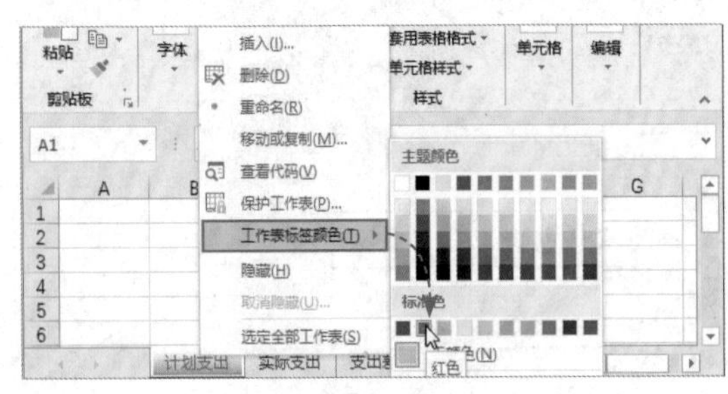

图3-44

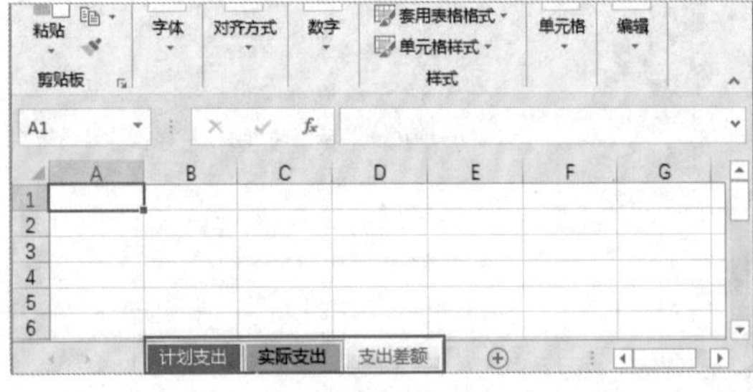

图3-45

知识拓展

工作表标签右键的快捷菜单中还包含很多实用的选项，如“插入”“删除”“移动或复制”“隐藏”“取消隐藏”等，如图3-46所示。这些选项大多能从字面意思上理解其用意，用户可以自行尝试每种选项的操作效果。

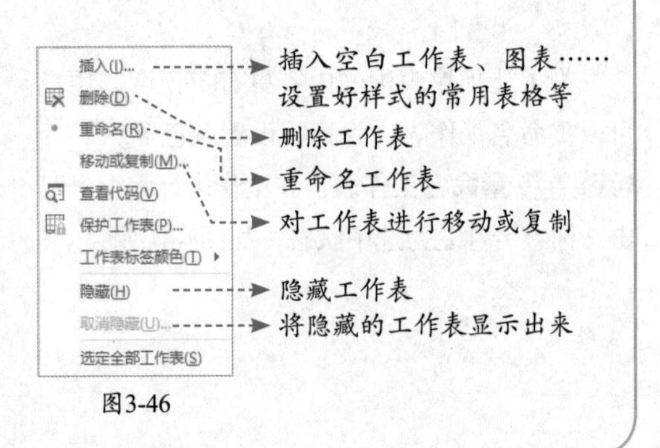

图3-46

4．导入其他文件中的数据

保存在其他类型文件中的数据也可以导入Excel中进行重新整理和分析。例如，将记事本文档中的内容导入Excel，下面将介绍具体的操作步骤。

Step 01 **打开“导入数据”对话框。**打开“计划支出”工作表，选择单元格A1，切换到“数据”选项卡，在“获取和转换数据”选项组中单击“从文本/CSW”按钮，如图3-47所示。

Step 02 **选择需要导入的文件。**打开“导入数据”对话框，选择需要导入数据的文本文件，单击“导入”按钮，如图3-48所示。

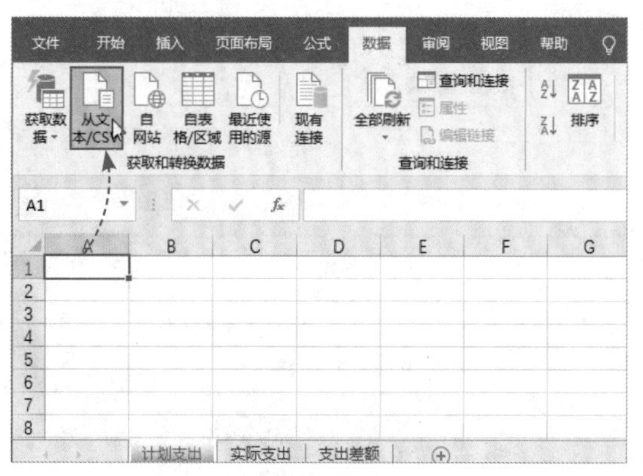

图3-47　　　　图3-48

Step 03 **导入数据。**在弹出的对话框中单击“加载”下拉按钮，选择“加载到”选项，打开“导入数据”对话框，选中“现有工作表”单选按钮，其他选项保持不变，单击“确定”按钮，如图3-49所示。

Column1	Column2	Column3	Column4	Column5	Column6	Column7	Column8	Column9	Column10
支出项目	1月	2月	3月	4月	5月	6月	7月	8月	9月
工资	43000	43000	43000	44250	44250	44250	44250	46700	46700
奖金	11900	11900	11900	12300	12300	12300	12300	12000	12000
办公室租赁	5400	5400	5400	5400	5400	5400	5400	5400	5400
燃气	500	700	700	550	550	550	550	550	700
电费	650	650	650	650	650	650	650	650	650
水费	520	520	520	520	520	520	520	520	520
电话	625	625	625	625	625	625	625	625	625
Internet 访问	590	590	590	590	590	590	590	590	590

图3-49

Step 04 **查看数据导入效果。**记事本文档中的数据随即被导入Excel工作表中，导入的数据自动生成智能表格，如图3-50所示。

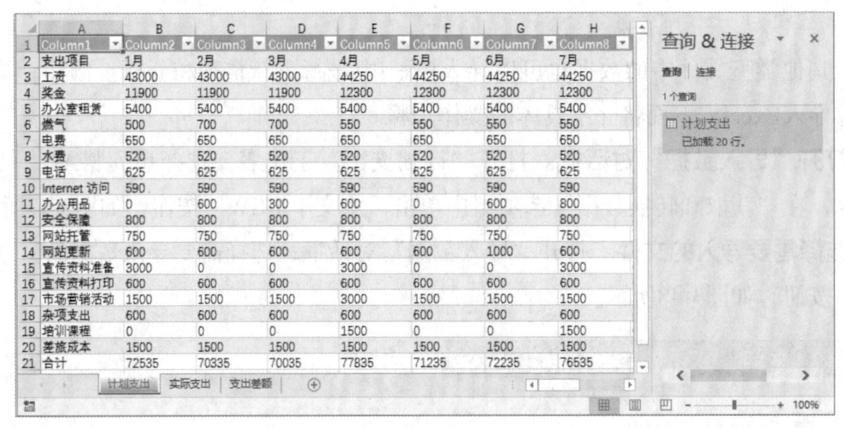

Column1	Column2	Column3	Column4	Column5	Column6	Column7	Column8
支出项目	1月	2月	3月	4月	5月	6月	7月
工资	43000	43000	43000	44250	44250	44250	44250
奖金	11900	11900	11900	12300	12300	12300	12300
办公室租赁	5400	5400	5400	5400	5400	5400	5400
燃气	500	700	700	550	550	550	550
电费	650	650	650	650	650	650	650
水费	520	520	520	520	520	520	520
电话	625	625	625	625	625	625	625
Internet 访问	590	590	590	590	590	590	590
办公用品	0	600	300	600	0	600	800
安全保障	800	800	800	800	800	800	800
网站托管	750	750	750	750	750	750	750
网站更新	600	600	600	600	600	1000	600
宣传资料准备	3000	0	0	3000	0	0	3000
宣传资料打印	600	600	600	600	600	600	600
市场营销活动	1500	1500	1500	3000	1500	1500	1500
杂项支出	600	600	600	600	600	600	600
培训课程	0	0	0	1500	0	0	1500
差旅成本	1500	1500	1500	1500	1500	1500	1500
合计	72535	70335	70035	77835	71235	72235	76535

图3-50

知识拓展

使用上述方法从外部导入到Excel的数据，和数据源之间存在链接关系。当数据导入成功后，工作簿中会自动打开“查询&连接”窗格，功能区中也会新增“查询工具”选项卡，使用查询加载可以整理和合并来自多个源的数据。由于这部分功能和本章内容关系不大，所以此处不作展开介绍，用户可以在“查询&连接”窗格中右击查询选项，选择“删除”选项删除查询表，如图3-51所示。

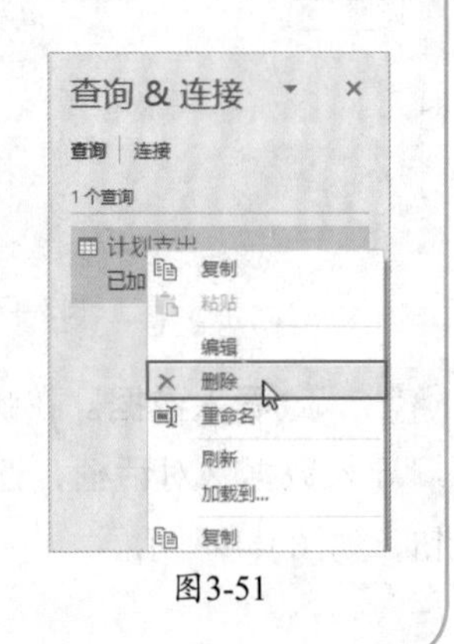

图3-51

Step 05 **转换成普通数据。**选中智能表格中的任意一个单元格，在“表格工具-设计”选项卡中设置表格样式为“无”，单击“转换为区域”按钮，弹出系统对话框，单击“是”按钮，如图3-52所示。随后参照之前的步骤向Excel中导入“实际支出”数据。

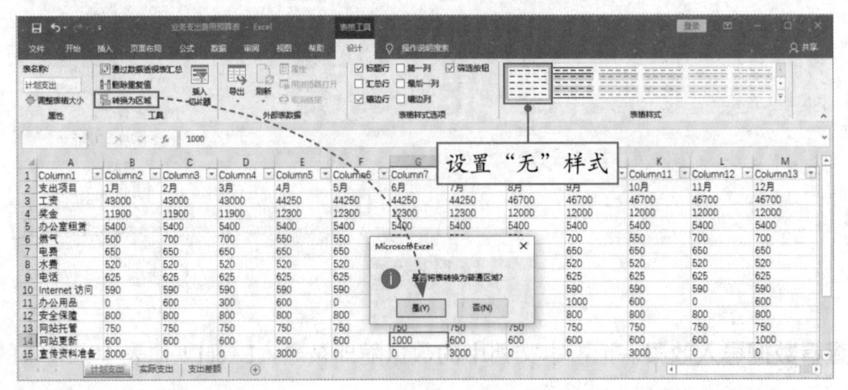

图3-52

3.5.2 报表结构的设计

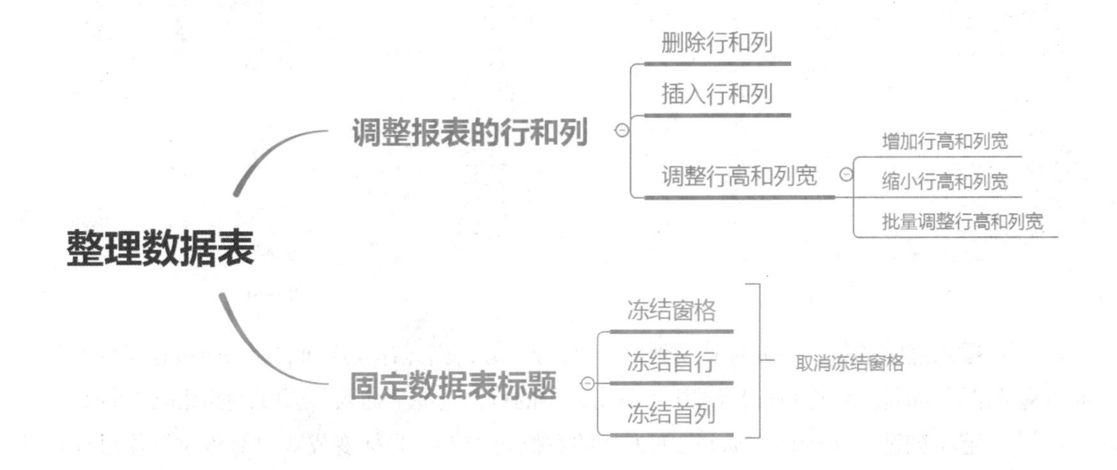

要想让数据表看起来美观，合理地调整表格结构十分关键。表格结构的调整包括行、列、单元格的调整和窗口的调整。

1．行和列的基本操作

下面先对表格的行、列进行简单的操作，如删除多余的行或列、适当地调整行高和列宽等。

Step 01 **选择行。**将光标移动到第1行的行号上方，光标变成右向箭头时单击，如图3-53所示。

Step 02 **删除行。**右击选中的行，在弹出的菜单中选择“删除”选项，如图3-54所示。

图3-53

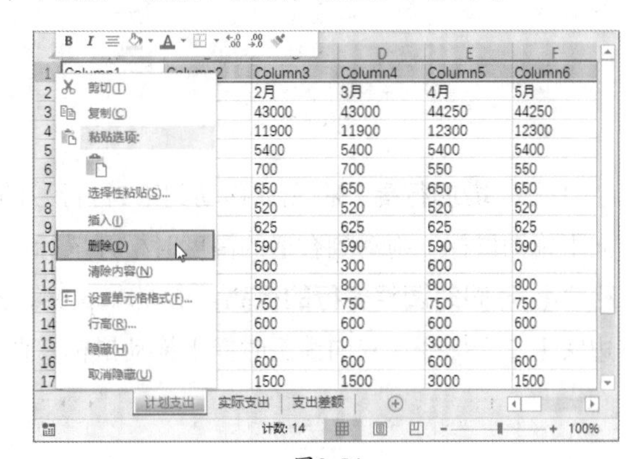

图3-54

Step 03 **选择列。**将光标移动到A列的列标上方，光标变成向下箭头时单击，如图3-55所示。

Step 04 **插入列。**右击选中的列，在弹出的菜单中选择“插入”选项，如图3-56所示。

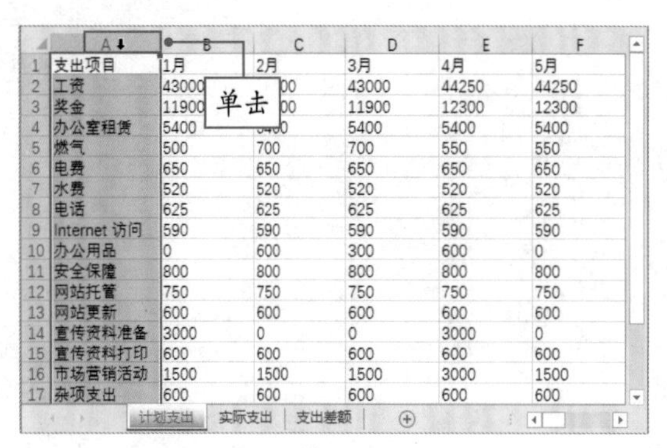

图3-55

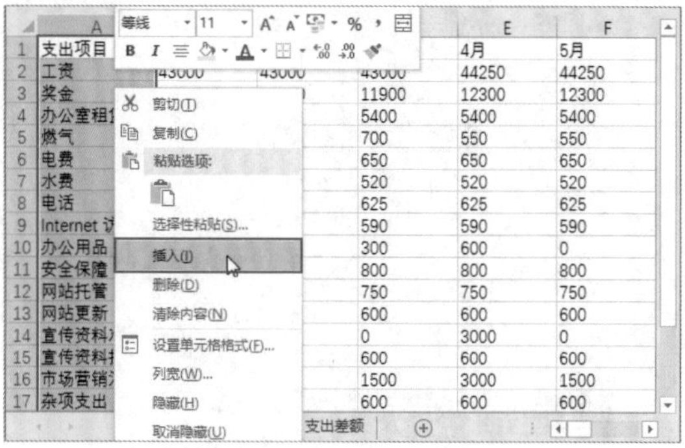

图3-56

Step 05 插入连续的行。将光标移动到第1行行号上方，当光标变成向右箭头时按住鼠标左键，向下拖动鼠标同时将第1行和第2行选中，右击选中的行，选择“插入”选项，如图3-57所示。

Step 06 缩小列宽。将光标移动到A列列标的右侧边线上，光标变成双向箭头时按住鼠标左键向右拖动鼠标，拖动到合适的宽度时松开鼠标，如图3-58所示。

图3-57

图3-58

Step 07 增加行高。将光标移动到第1行行号的下边线上，光标变成双向箭头时按住鼠标左键向下拖动鼠标，拖动到合适的高度时松开鼠标，如图3-59所示。

Step 08 同时调整多行的行高。参照Step 06，选中第3～22行，将光标移动到第22行行号的下边线上，光标变成双向箭头时向下拖动鼠标，调整到适当高度时松开鼠标，如图3-60所示。

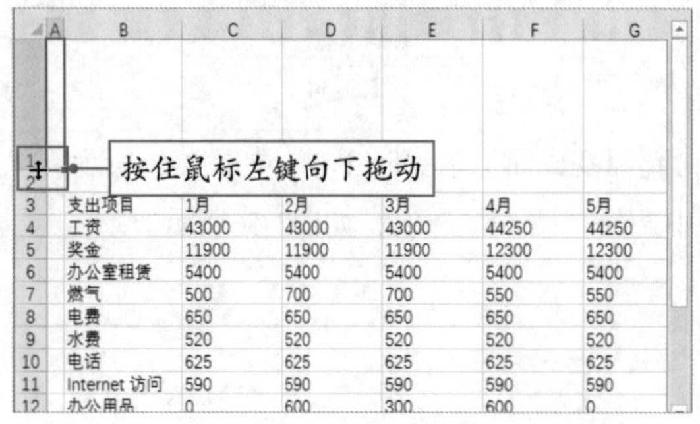

图3-59

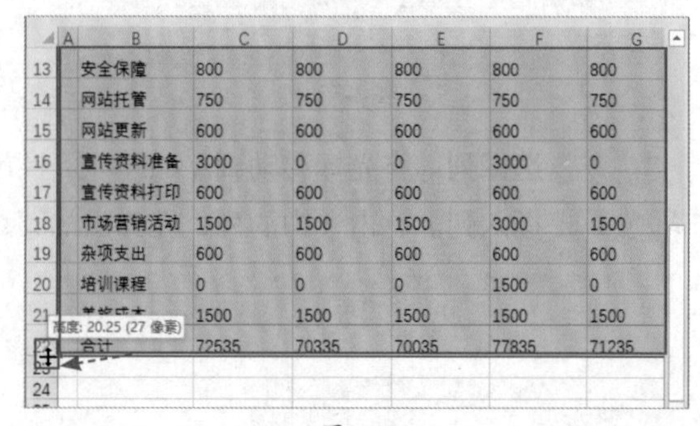

图3-60

● **新手误区：** 使用鼠标拖动批量调整行高或列宽时应注意，一次拖拽的距离不宜过大，可以分多次操作，一次拖动很小的距离，通过观察慢慢调整到理想的高度或宽度。

2．固定数据表标题

如果数据表中的内容很多，查看下方数据时行标题将无法显示，使用“冻结窗格”功能可以将标题固定住，无论查看什么区域的数据，标题始终都能显示。

Step 01 **冻结窗格。** 选中单元格A4，打开“视图”选项卡，在“窗口”选项组中单击“冻结窗格”下拉按钮，在下拉列表中选择“冻结窗格”选项，如图3-61所示。

Step 02 **查看效果。** 被冻结的区域上方出现了一条灰色的直线。查看数据表下方的数据时，数据表的行标题始终保持固定，如图3-62所示。

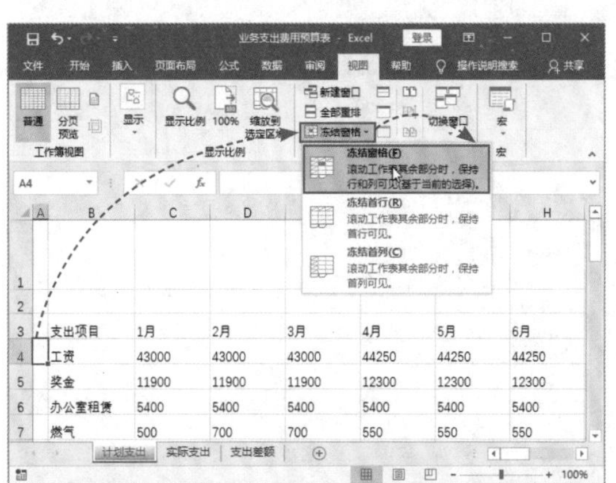

图3-61

图3-62

● **新手误区：** 执行“冻结窗格”命令之前，所定位的单元格直接影响着被冻结的区域（所定位的单元格上方及左侧的区域会被冻结），用户需要根据表格的实际结构选择要定位的单元格。

知识拓展

“冻结窗格”下拉列表中还包含“冻结首行”和“冻结首列”两个选项，这两个选项对应的结果分别是将工作表的第1行或第1列冻结。执行这两项操作前无需选中某个特定的单元格，但这两个选项不能同时应用。

■3.5.3　美化业务支出费用预算表

数据表美化的关键步骤包括字体格式的设置、对齐方式的设置、边框和底纹的设置等。

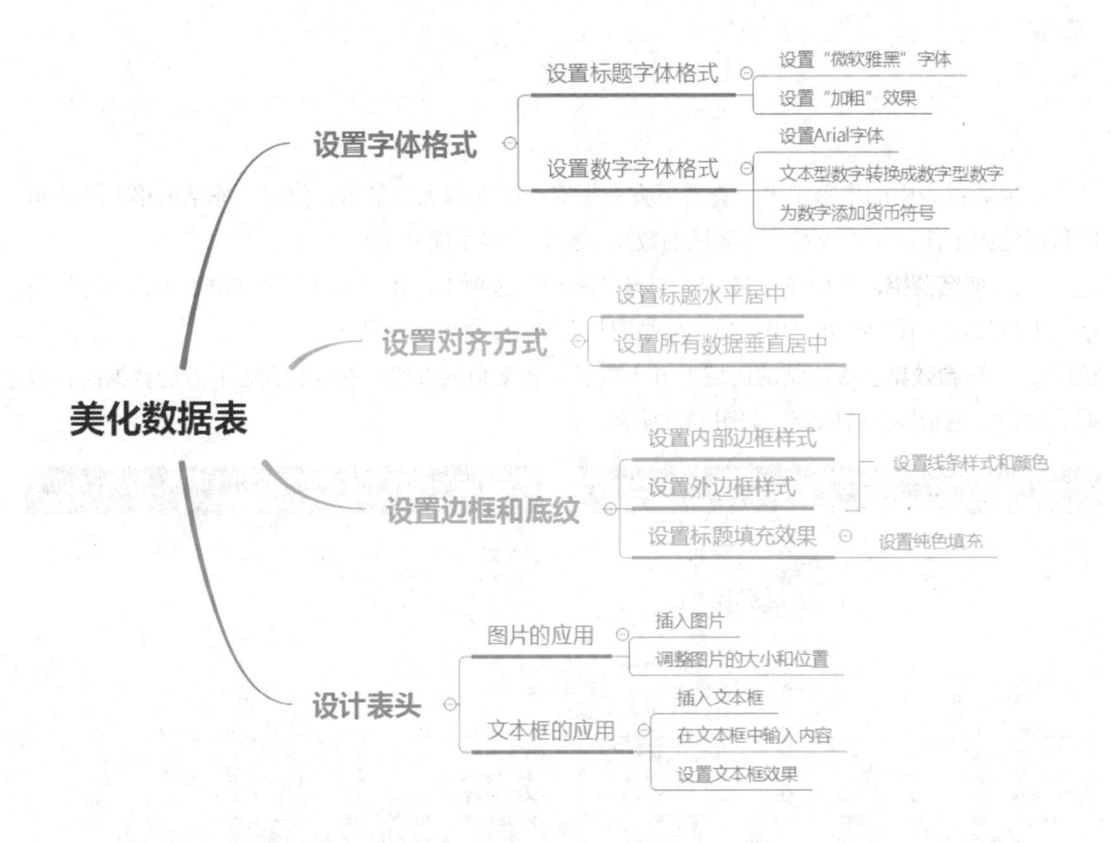

1. 设置字体格式

Excel 2019默认的字体格式为等线、11号，字体颜色为黑色，用户可以根据需要修改字体格式。

Step 01 **同时选中行和列标题。**先选中B3:B22单元格区域，按住Ctrl键再选择C3:O3单元格区域，如图3-63所示。

Step 02 **设置标题字体。**打开"开始"选项卡，在"字体"选项组中单击"字体"下拉按钮，在下拉列表中选择"微软雅黑"选项，如图3-64所示。

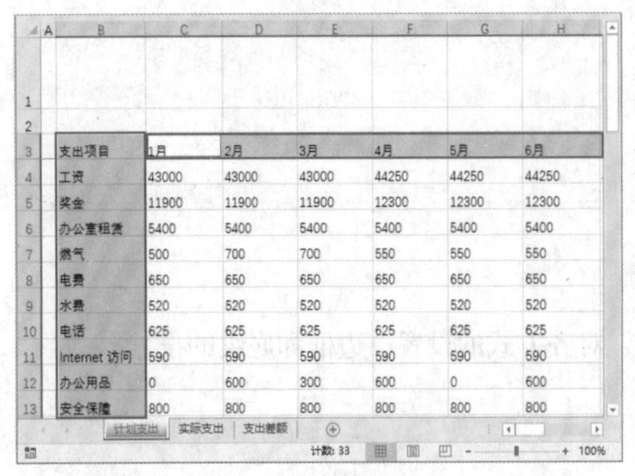

图3-63

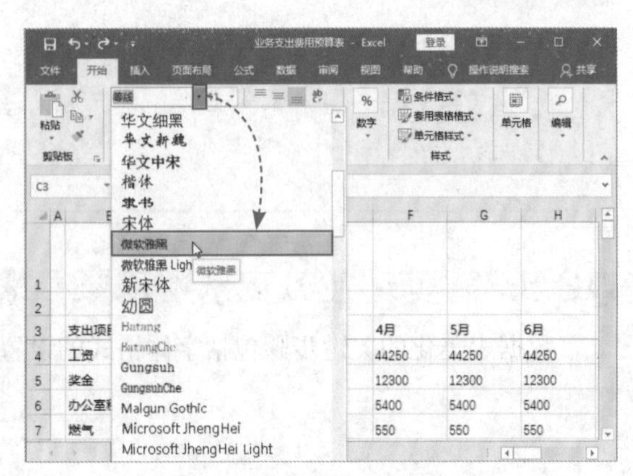

图3-64

Step 03 **加粗标题。**保持行和列标题为选中状态，在“字体”选项组中单击“加粗”按钮，如图3-65所示。

Step 04 **设置数字的字体。**选中C4:O22单元格区域，在“开始”选项卡的“字体”选项组中设置字体为Arial，如图3-66所示。

图3-65

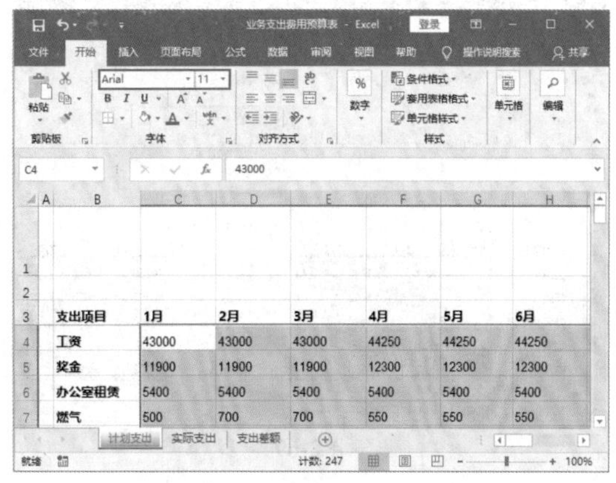

图3-66

知识拓展

由于工作表的数据是从记事本文档中导入的，所以导入的数字为文本型数字，我们无法为文本型数字转换数字类型，所以需要先将文本型数字转换为数字型数字。

首先，在“文件”菜单中单击“选项”选项，打开“Excel 选项”对话框，在“公式”界面勾选“允许后台错误检查”和“文本格式的数字或者前面有撇号的数字”复选框（如果这些复选框本身是勾选状态，可以忽略此次操作），如图3-67所示。

返回工作表，此时文本型数字的单元格的左上角已经出现了绿色的小三角，选中所有文本型数字所在单元格，单击选区左上角的“错误警告”按钮，从下拉列表中选择“转换为数字”选项，如图3-68所示，即可将文本型数字转换成真正的数字。

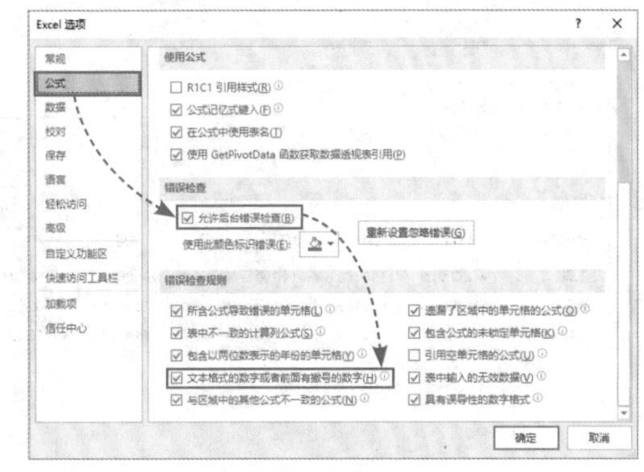

图3-67

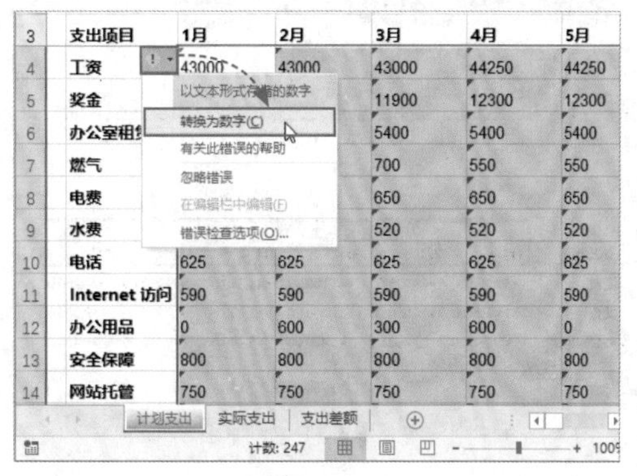

图3-68

Step 05 **设置数字格式。**保持C4:O22单元格区域为选中状态，在“开始”选项卡的“数字”选项组中单击“数字格式”下拉按钮，从中选择“货币”选项，如图3-69所示。

Step 06 **查看设置效果。**选区中的数字随即以货币的形式显示，如图3-70所示。

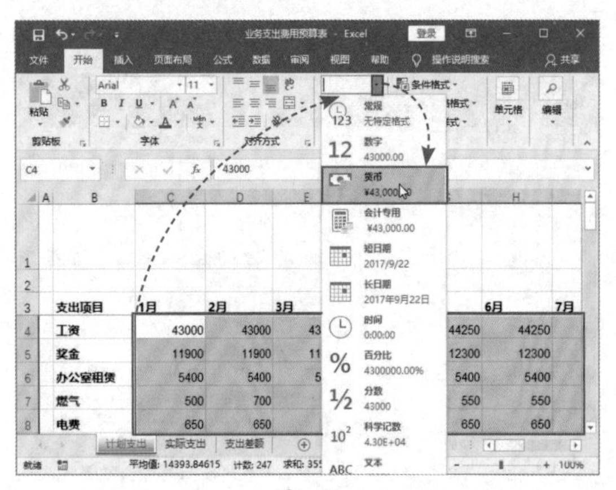

图3-69

3	支出项目	1月	2月	3月	4月	5月
4	工资	¥43,000.00	¥43,000.00	¥43,000.00	¥44,250.00	¥44,250.00
5	奖金	¥11,900.00	¥11,900.00	¥11,900.00	¥12,300.00	¥12,300.00
6	办公室租赁	¥5,400.00	¥5,400.00	¥5,400.00	¥5,400.00	¥5,400.00
7	燃气	¥500.00	¥700.00	¥700.00	¥550.00	¥550.00
8	电费	¥650.00	¥650.00	¥650.00	¥650.00	¥650.00
9	水费	¥520.00	¥520.00	¥520.00	¥520.00	¥520.00
10	电话	¥625.00	¥625.00	¥625.00	¥625.00	¥625.00
11	Internet 访问	¥590.00	¥590.00	¥590.00	¥590.00	¥590.00
12	办公用品	¥0.00	¥600.00	¥300.00	¥600.00	¥0.00
13	安全保障	¥800.00	¥800.00	¥800.00	¥800.00	¥800.00
14	网站托管	¥750.00	¥750.00	¥750.00	¥750.00	¥750.00
15	网站更新	¥600.00	¥600.00	¥600.00	¥600.00	¥600.00

图3-70

2. 设置对齐方式

Excel中数据默认的对齐方式是：在水平方向上文本型数据左对齐，数值型数据右对齐；在垂直方向上统一保持底端对齐。用户可以根据需要调整数据的对齐方式。下面将对业务支出费用预算表中数据的对齐方式进行设置。

Step 01 **设置水平对齐方式。**选中C3:O3单元格区域，打开“开始”选项卡，在“对齐方式”选项组中单击“居中”按钮，如图3-71所示。

Step 02 **设置垂直对齐方式。**单击工作表左上角的空白区域，全选工作表，在“对齐方式”选项组中单击“垂直居中”按钮，如图3-72所示。

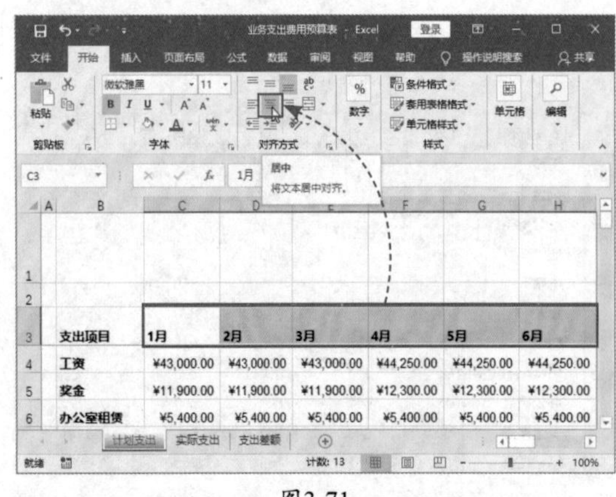

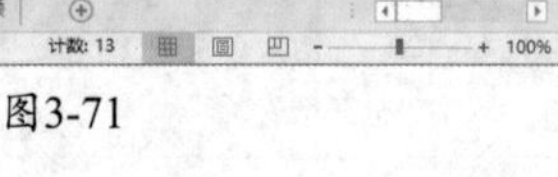

图3-71

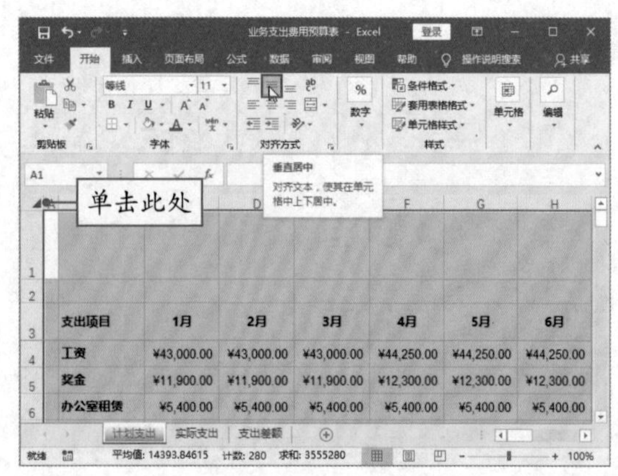

图3-72

3. 设置边框和底纹

为数据表设置边框可以清晰地展示数据表的范围，底纹则能够凸显特殊类型的单元格区域。

Step 01 选择单元格区域。选中包含数据的所有单元格（B3:O22单元格区域），按组合键Ctrl+1，如图3-73所示。

Step 02 设置内部边框样式。打开“设置单元格格式”对话框，切换到“边框”选项卡，选择好直线样式和颜色，单击“内部”按钮，如图3-74所示。

Step 03 设置外边框样式。重新选择一种直线样式和颜色，单击“外边框”按钮，设置完成后单击“确定”按钮关闭对话框，如图3-75所示。

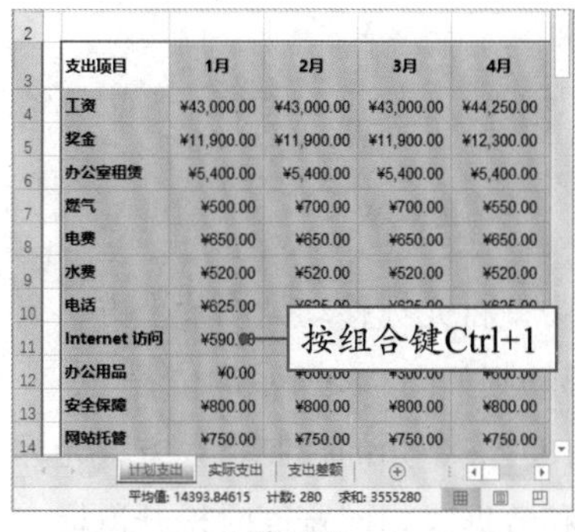

图3-73

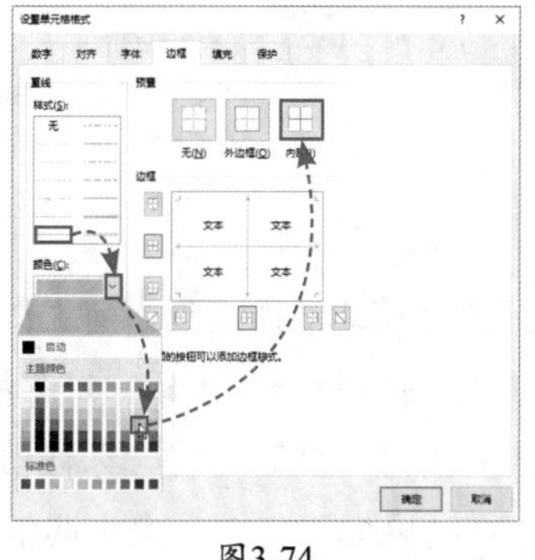

图3-74

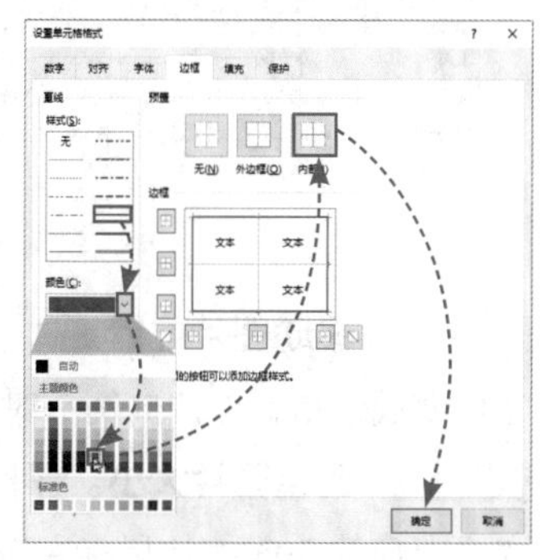

图3-75

Step 04 为行标题设置底纹。选中行标题（B3:O3单元格区域），打开“开始”选项卡，在“字体”选项组中单击“填充颜色”下拉按钮，在下拉列表中选择合适的填充色，如图3-76所示。

Step 05 设置行标题的字体颜色。保持行标题为选中状态，在“字体”选项组中单击“字体颜色”下拉按钮，在下拉列表中选择“白色”选项，如图3-77所示。

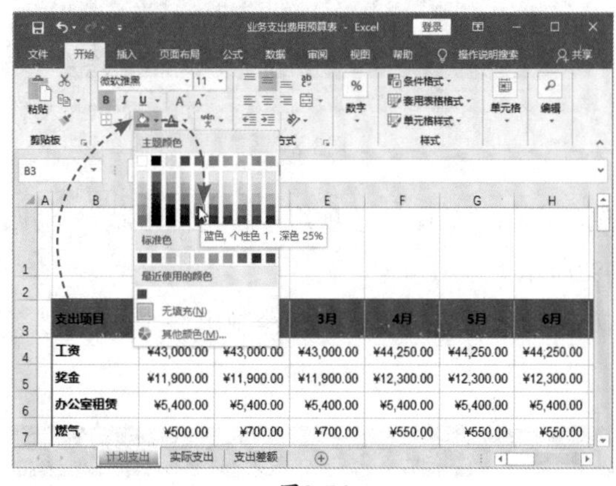

图3-76

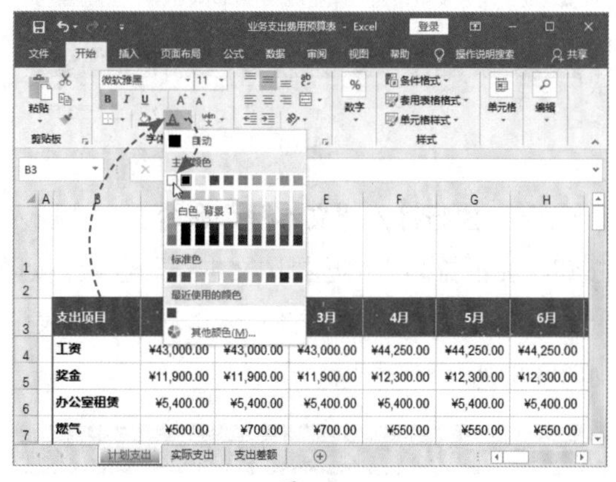

图3-77

4. 设计表头

本例将使用图片和文本框设计不一样的数据表表头。

Step 01 插入图片。打开“插入”选项卡，在“插图”选项组中单击“图片”按钮，如图3-78所示。

Step 02 选择图片。打开“插入图片”对话框，选择好需要的图片，单击“插入”按钮，如图3-79所示。

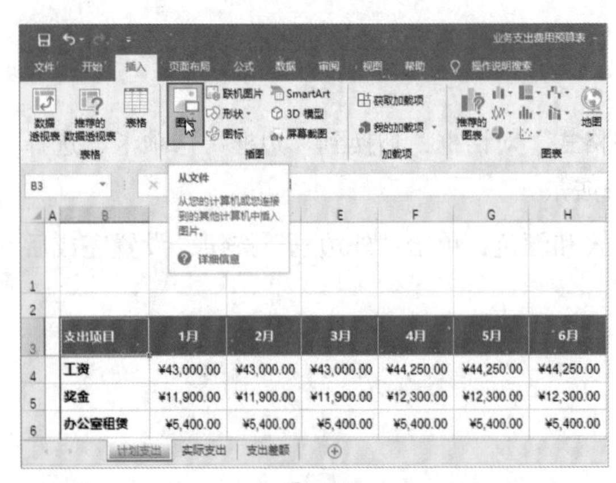
图3-78

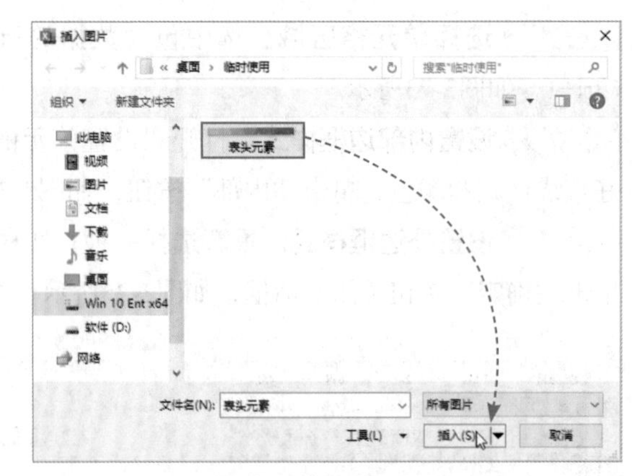
图3-79

Step 03 移动图片位置。选中的图片随即被插入到当前工作表中，将光标移动到图片上方，当光标变成带指针的四向箭头时按住鼠标左键拖动鼠标，将图片移动到如图3-80所示的位置。

Step 04 调整图片大小。保持图片为选中状态，将光标移动到图片右下角的控制点上方，光标变成双向箭头时按住鼠标左键，拖动鼠标，将图片大小调整到和数据表相同宽度时松开鼠标，如图3-81所示。

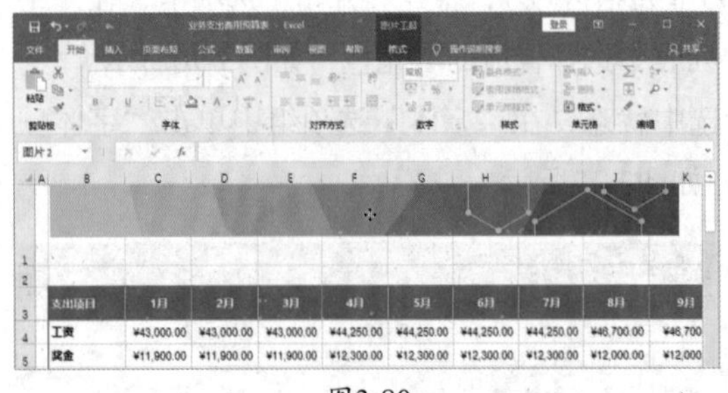
图3-80

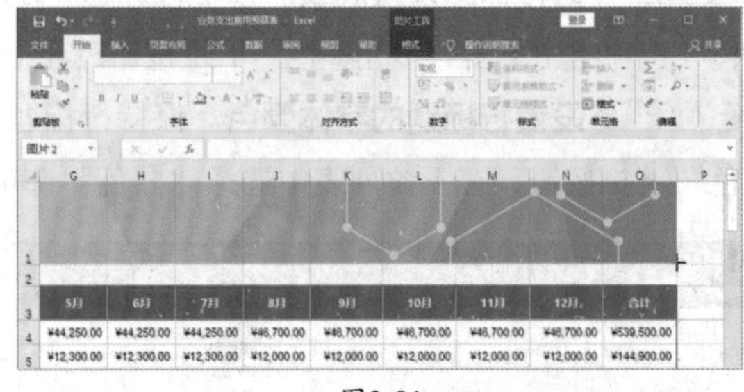
图3-81

Step 05 执行插入“文本框”命令。在“插入”选项卡的“插图”选项组中单击“形状”下拉按钮，在下拉列表中选择“文本框”选项，如图3-82所示。

Step 06 绘制文本框。将光标移动到工作表中，按住鼠标左键，拖动鼠标绘制出一个文本框，如图3-83所示。

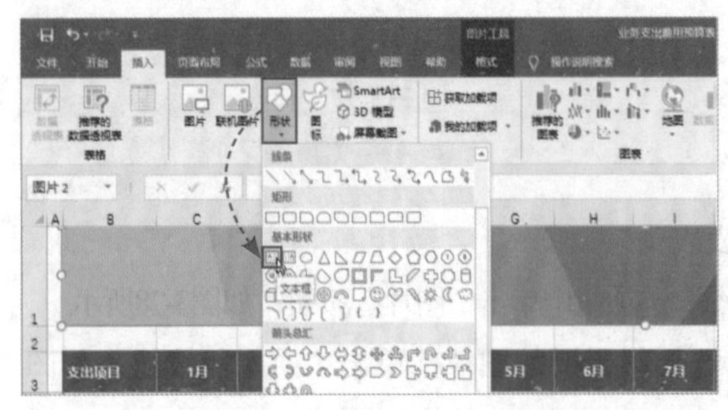
图3-82

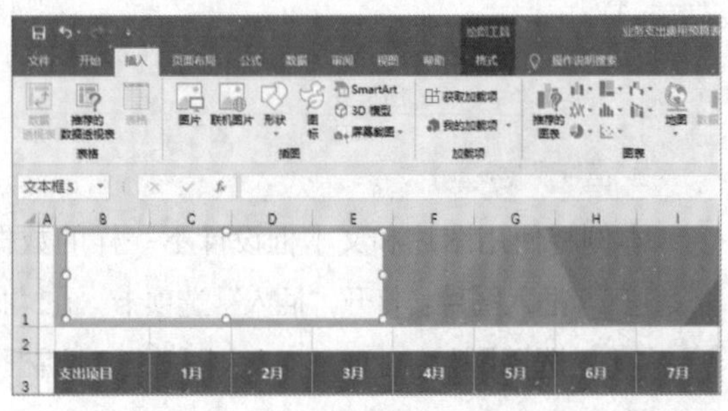
图3-83

Step 07 将文本框设置成透明效果。保持文本框为选中状态，打开"绘图工具-格式"选项卡，在"形状样式"选项组中设置"形状填充"为"无填充"，设置"形状轮廓"为"无轮廓"，如图3-84所示。

Step 08 设置字体格式。在文本框中输入文本"公司业务支出费用预算"，随后将文本选中，在"开始"选项卡的"字体"选项组中设置字体格式为微软雅黑、24号、加粗、白色，如图3-85所示。

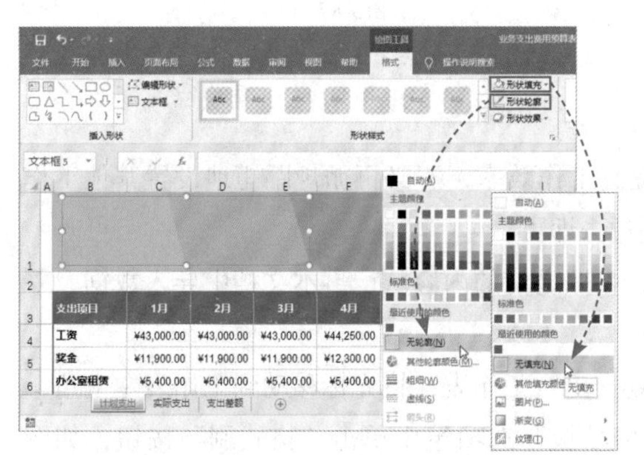

图3-84

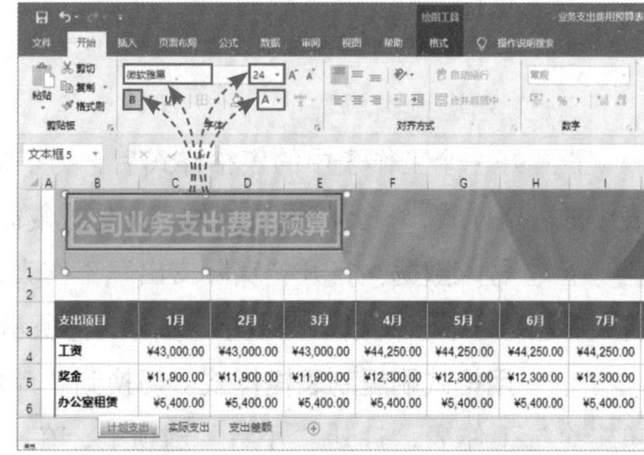

图3-85

Step 09 查看数据表美化效果。至此，"计划支出"工作表中的数据表样式基本设置完成了，效果如图3-86所示。

公司业务支出费用预算

支出项目	1月	2月	3月	4月	5月	6月	7月	8月	9月	10月	11月	12月	合计
工资	¥43,000.00	¥43,000.00	¥43,000.00	¥44,250.00	¥44,250.00	¥44,250.00	¥44,250.00	¥46,700.00	¥46,700.00	¥46,700.00	¥46,700.00	¥46,700.00	¥539,500.00
奖金	¥11,900.00	¥11,900.00	¥11,900.00	¥12,300.00	¥12,300.00	¥12,300.00	¥12,300.00	¥12,000.00	¥12,000.00	¥12,000.00	¥12,000.00	¥12,000.00	¥144,900.00
办公室租赁	¥5,400.00	¥5,400.00	¥5,400.00	¥5,400.00	¥5,400.00	¥5,400.00	¥5,400.00	¥5,400.00	¥5,400.00	¥5,400.00	¥5,400.00	¥5,400.00	¥64,800.00
燃气	¥500.00	¥700.00	¥700.00	¥550.00	¥550.00	¥550.00	¥550.00	¥550.00	¥700.00	¥550.00	¥700.00	¥700.00	¥7,300.00
电费	¥650.00	¥650.00	¥650.00	¥650.00	¥650.00	¥650.00	¥650.00	¥650.00	¥650.00	¥650.00	¥650.00	¥650.00	¥7,800.00
水费	¥520.00	¥520.00	¥520.00	¥520.00	¥520.00	¥520.00	¥520.00	¥520.00	¥520.00	¥520.00	¥520.00	¥520.00	¥6,240.00
电话	¥625.00	¥625.00	¥625.00	¥625.00	¥625.00	¥625.00	¥625.00	¥625.00	¥625.00	¥625.00	¥625.00	¥625.00	¥7,500.00
Internet 访问	¥590.00	¥590.00	¥590.00	¥590.00	¥590.00	¥590.00	¥590.00	¥590.00	¥590.00	¥590.00	¥590.00	¥590.00	¥7,080.00
办公用品	¥0.00	¥600.00	¥300.00	¥600.00	¥0.00	¥600.00	¥800.00	¥600.00	¥1,000.00	¥600.00	¥0.00	¥600.00	¥5,700.00
安全保障	¥800.00	¥800.00	¥800.00	¥800.00	¥800.00	¥800.00	¥800.00	¥800.00	¥800.00	¥800.00	¥800.00	¥800.00	¥9,600.00
网站托管	¥750.00	¥750.00	¥750.00	¥750.00	¥750.00	¥750.00	¥750.00	¥750.00	¥750.00	¥750.00	¥750.00	¥750.00	¥9,000.00
网站更新	¥600.00	¥600.00	¥600.00	¥600.00	¥600.00	¥1,000.00	¥600.00	¥600.00	¥600.00	¥600.00	¥600.00	¥1,000.00	¥8,000.00
宣传资料准备	¥3,000.00	¥0.00	¥0.00	¥3,000.00	¥0.00	¥0.00	¥3,000.00	¥0.00	¥0.00	¥3,000.00	¥0.00	¥0.00	¥12,000.00
宣传资料打印	¥600.00	¥600.00	¥600.00	¥600.00	¥600.00	¥600.00	¥600.00	¥600.00	¥600.00	¥600.00	¥600.00	¥600.00	¥7,200.00
市场营销活动	¥1,500.00	¥1,500.00	¥1,500.00	¥3,000.00	¥1,500.00	¥1,500.00	¥1,500.00	¥3,000.00	¥1,500.00	¥1,500.00	¥1,500.00	¥3,000.00	¥22,500.00
杂项支出	¥600.00	¥600.00	¥600.00	¥600.00	¥600.00	¥600.00	¥600.00	¥600.00	¥600.00	¥600.00	¥600.00	¥600.00	¥7,200.00
培训课程	¥0.00	¥0.00	¥0.00	¥1,500.00	¥0.00	¥0.00	¥1,500.00	¥0.00	¥0.00	¥0.00	¥0.00	¥1,500.00	¥4,500.00
差旅成本	¥1,500.00	¥1,500.00	¥1,500.00	¥1,500.00	¥1,500.00	¥1,500.00	¥1,500.00	¥1,500.00	¥1,500.00	¥1,500.00	¥1,500.00	¥1,500.00	¥18,000.00
合计	¥72,535.00	¥70,335.00	¥70,035.00	¥77,835.00	¥71,235.00	¥72,235.00	¥76,535.00	¥75,485.00	¥74,535.00	¥76,985.00	¥73,535.00	¥77,535.00	¥888,820.00

计划支出 实际支出 支出差额

图3-86

知识拓展

为了让数据表看起来更干净利落，可以将网格线隐藏。操作方法为：在“视图”选项卡的“显示”选项组中取消勾选“网格线”复选框，如图3-87所示。

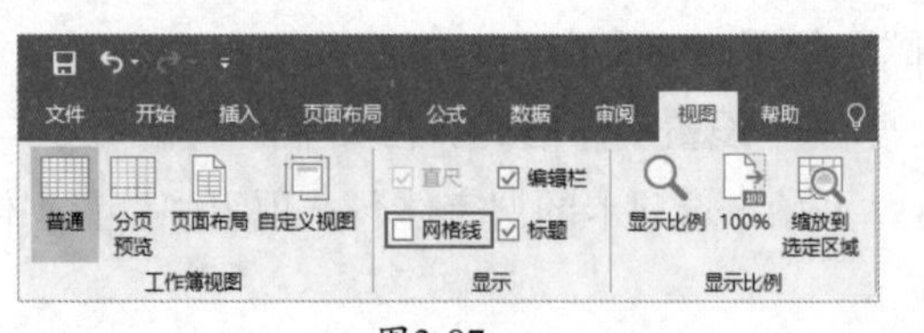

图3-87

5．快速复制表格样式

设置好一个工作表中的表格样式后，为了提高工作效率，不必再循规蹈矩地设置其他工作表中的表格样式，只要将设置好的表格样式复制过去即可。

Step 01 **导入数据。**打开“实际支出”工作表，参照之前的内容从记事本文档中导入数据，并将文本型数字转换为数值型数字，如图3-88所示。

Step 02 **用格式刷复制表格样式。**切换到“计划支出”工作表，将光标移动到工作表左上角，单击全选工作表，打开“开始”选项卡，在“剪贴板”选项组中单击“格式刷”按钮，如图3-89所示。

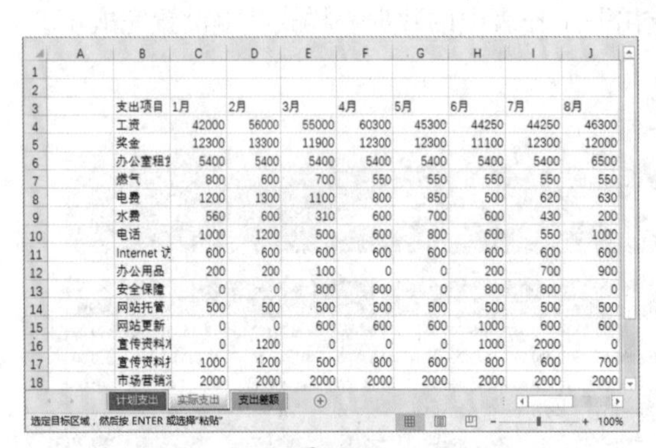

	A	B	C	D	E	F	G	H	I	J
1										
2										
3		支出项目	1月	2月	3月	4月	5月	6月	7月	8月
4		工资	42000	56000	55000	60300	45300	44250	44250	46300
5		奖金	12300	13300	11900	12300	12300	11100	12300	12000
6		办公室租	5400	5400	5400	5400	5400	5400	5400	6500
7		燃气	800	600	700	550	550	550	550	550
8		电费	1200	1300	1100	800	850	500	620	630
9		水费	560	600	310	600	700	600	430	200
10		电话	1000	1200	500	600	800	600	550	1000
11		Internet 访	600	600	600	600	600	600	600	600
12		办公用品	200	200	100	0	0	200	700	900
13		安全保障	0	0	800	800	0	800	800	0
14		网站托管	500	500	500	500	500	500	500	500
15		网站更新	0	0	600	600	600	1000	600	600
16		宣传资料	0	1200	0	0	0	1000	2000	0
17		宣传资料	1000	1200	500	800	600	800	600	700
18		市场营销	2000	2000	2000	2000	2000	2000	2000	2000

计划支出　实际支出　支出额

选定目标区域，然后按 ENTER 或选择“粘贴”

图3-88

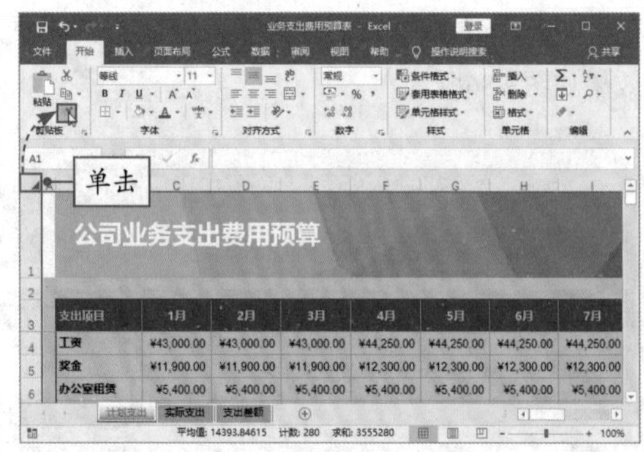

图3-89

新手误区：用格式刷复制格式时要求两个表格的结构必须是相同的。

Step 03 **应用表格样式。**返回“实际支出”工作表，在工作表左上角单击，工作表中的数据随即应用“计划支出”工作表的表格样式，如图3-90所示。

Step 04 **复制表头。**在“计划支出”工作表中按住Ctrl键依次单击表头位置的图片及文本框，将这两者选中，然后按组合键Ctrl+C复制，在“实际支出”工作表中按组合键Ctrl+V粘贴，如图3-91所示。

Step 05 **复制整个工作表的内容。**单击“实际支出”工作表左上角的空白区域，按组合键Ctrl+C，如图3-92所示。

Step 06 粘贴数据。打开“支出差额”工作表，单击工作表左上角，按组合键Ctrl+V，如图3-93所示。

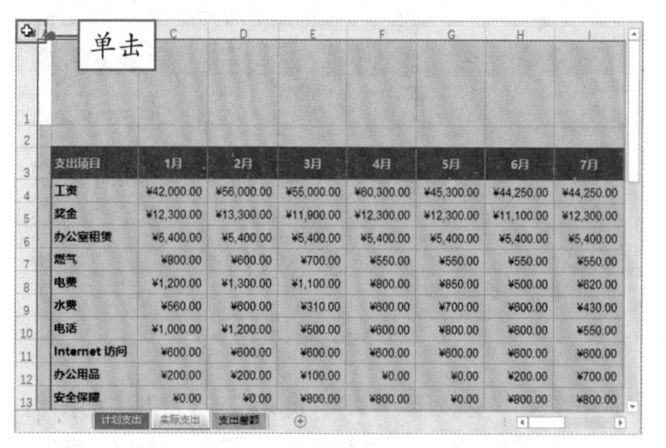

图3-90

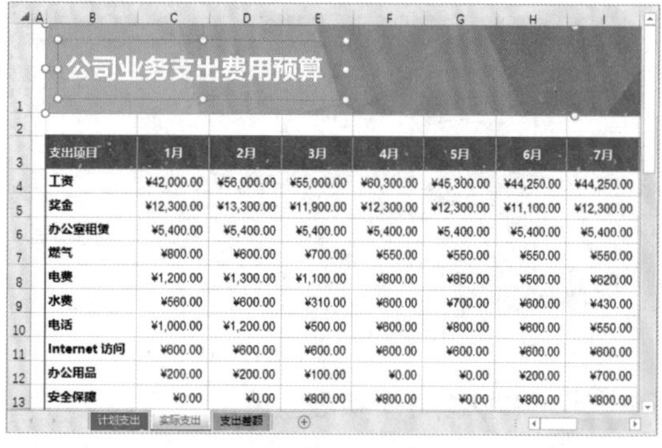

图3-91

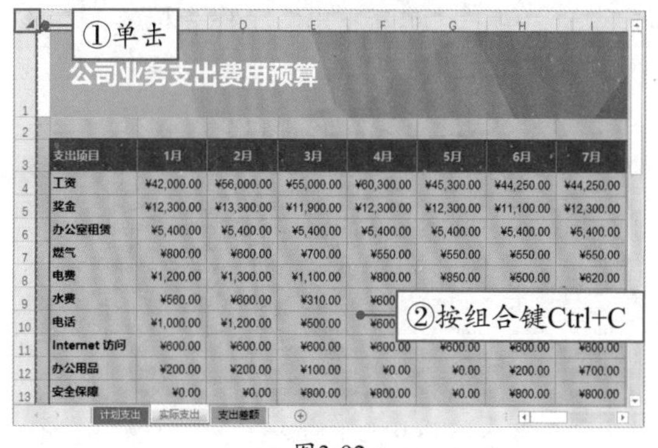

图3-92

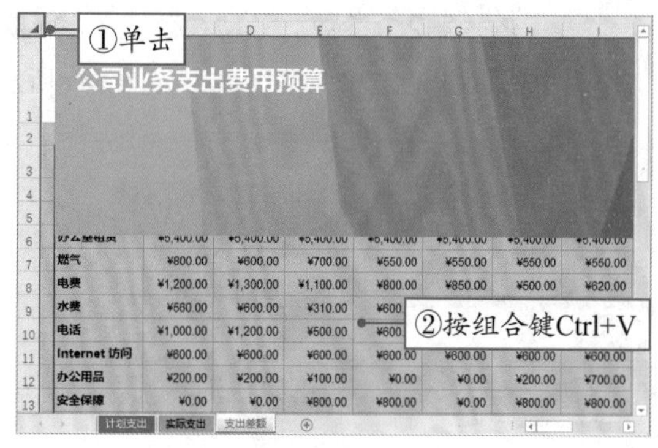

图3-93

Step 07 删除数字。在“支出差额”工作表中选中C4:O21单元格区域，按Delete键将选区中的内容删除，如图3-95所示。

Step 08 输入数组公式。保持所选区域不变，在编辑栏中输入“=”，如图3-96所示。

知识拓展

复制内容后可能会发生图片比例失调的情况，此时可以先恢复图片的原始尺寸再重新调整大小。恢复图片原始尺寸的操作方法为：右击图片，在快捷菜单中选择“大小和属性”选项，打开“设置图片格式”窗格，单击“重设”按钮，如图3-94所示。

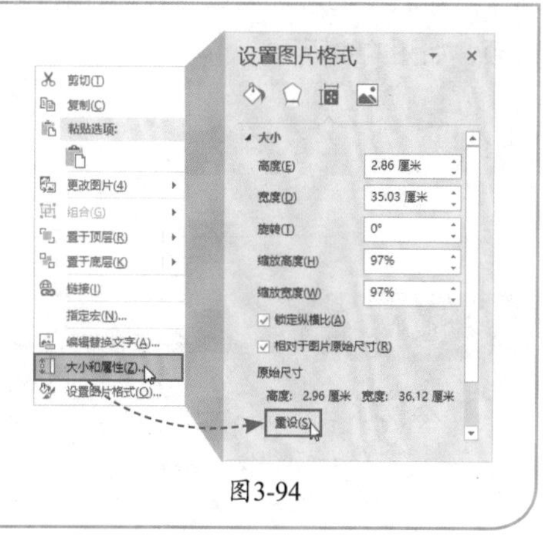

图3-94

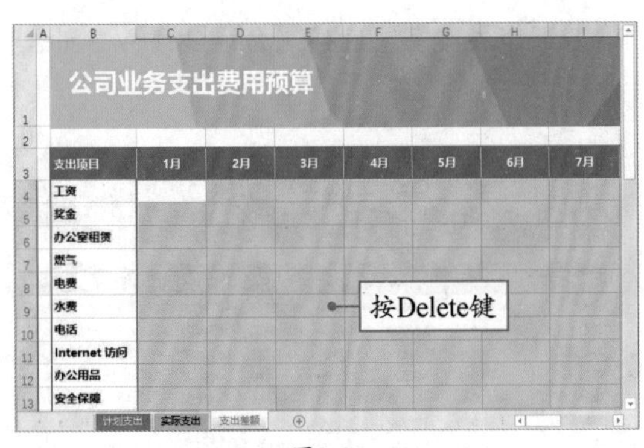

图3-95

图3-96

Step 09 **输入第1个参数。**单击“计划支出”工作表标签，在该工作表中选取C4:O22单元格区域，如图3-97所示。

Step 10 **输入第2个参数。**手动在公式中输入减号（-），单击“实际支出”工作表标签，在该工作表中选取C4:O22单元格区域，如图3-98所示。

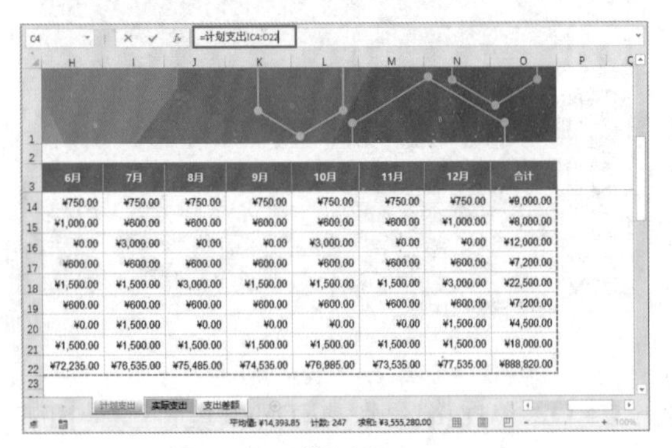

图3-97

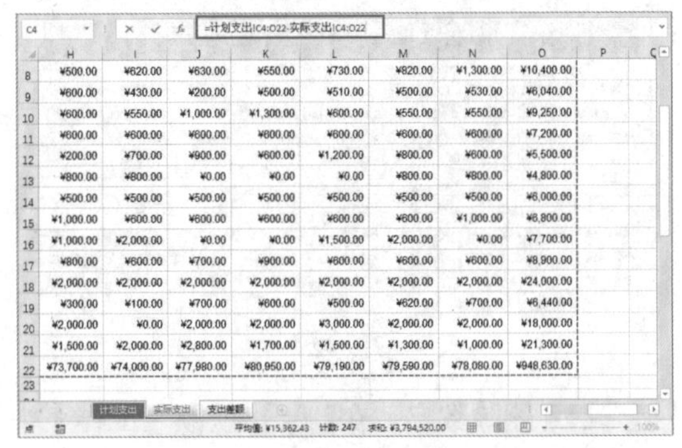

图3-98

Step 11 **返回数组公式的结果。**公式输入完成后按组合键Ctrl+Shift+Enter确认。“支出差额”工作表中的所选区域内自动计算出了实际差额，如图3-99所示。

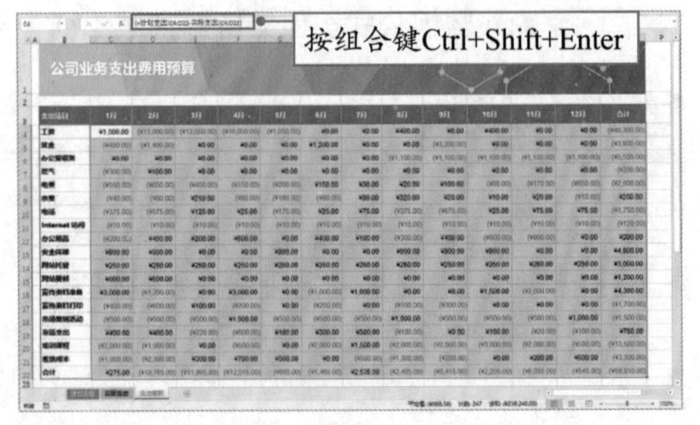

图3-99

知识拓展

返回的结果中负数以红色带括号的形式显示，这是因为其格式沿用“计划支出”工作表中的数字格式。前面我们为数字设置了“货币”格式，该格式默认的负数类型就是红色带括号的形式。

Ⓔ课后作业

通过本章内容的学习，相信大家已经掌握了数据表的设计及美化技巧。下面将利用所学的知识制作一张公司费用报销单，具体操作可以参照以下提示进行。在练习过程中如有疑问，可以加入学习交流群（QQ群号：737179838）进行提问。

（1）创建一个空白工作簿，将其命名为“报销单”。

（2）打开“报销单”工作簿，在空白工作表中选中A2:L18单元格区域，为所选区域设置“金色，个性色，单色80%”的底纹。

（3）将C4:K4单元格区域设置为“合并居中”，在合并单元格中输入文本“报销单”。

（4）设置“报销单”字体格式为“黑体”、字号为20；设置水平对齐方式为“分散对齐（缩进）”，缩进量为20。

（5）适当增加第4行的行高。

（6）选中C6:K14单元格区域，设置外边框为黑色双实线样式，设置内边框为黑色细实线样式。

（7）参照最终效果将报销单中需要合并的单元格进行合并，然后输入内容。

原始效果

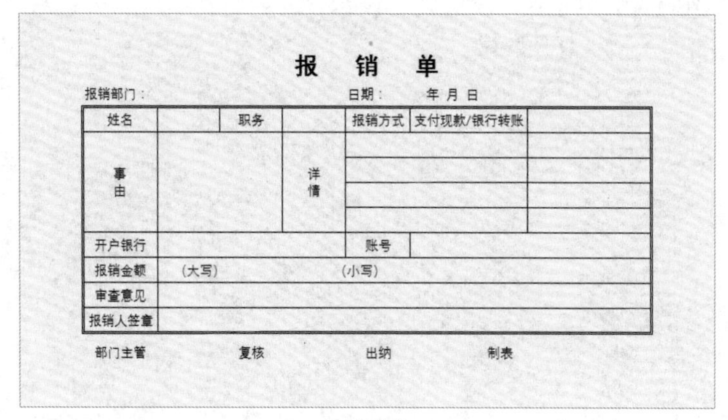

报 销 单

报销部门：　　　　日期：　　年 月 日

姓名		职务		报销方式	支付现款/银行转账	
事由		详情				
开户银行				账号		
报销金额	（大写）			（小写）		
审查意见						
报销人签章						

部门主管　　复核　　出纳　　制表

最终效果

Excel

第 4 章

看看数据透视表的七十二变

Excel是专业的数据处理软件，其数据分析能力十分强大，而数据透视表则是Excel用来进行数据分析的一个绝佳的秘密武器。数据透视表可以动态地改变自身的版式和布局，从而达到按照不同方式分析数据的目的，每一次向数据透视表中添加不同的字段，数据透视表都会按照新的布局重新计算，可谓是能够千变万化的表。

思维导图

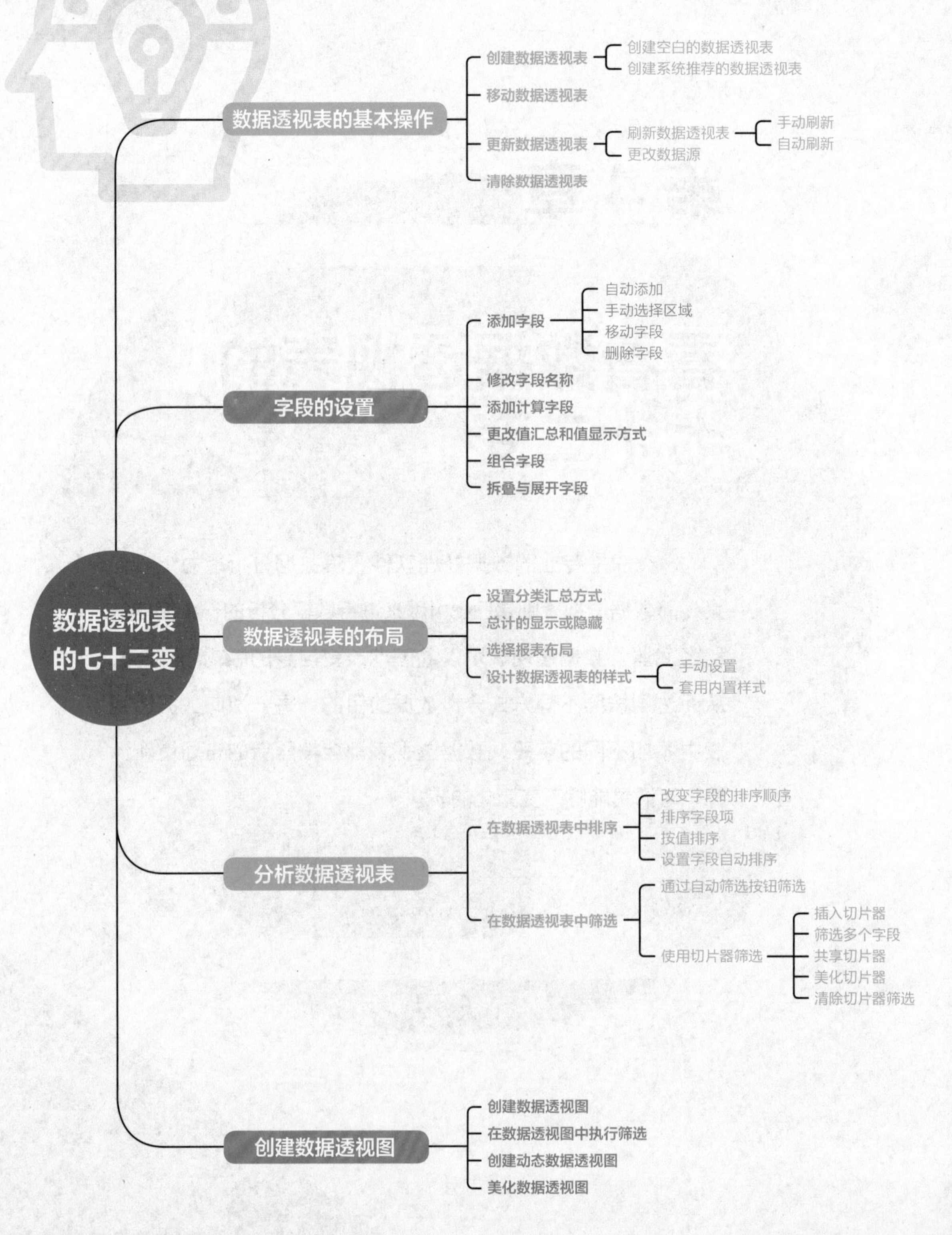

数据透视表的七十二变
数据透视表的基本操作
创建数据透视表
创建空白的数据透视表
创建系统推荐的数据透视表
移动数据透视表
更新数据透视表
刷新数据透视表
手动刷新
自动刷新
更改数据源
清除数据透视表
字段的设置
添加字段
自动添加
手动选择区域
移动字段
删除字段
修改字段名称
添加计算字段
更改值汇总和值显示方式
组合字段
拆叠与展开字段
数据透视表的布局
设置分类汇总方式
总计的显示或隐藏
选择报表布局
设计数据透视表的样式
手动设置
套用内置样式
分析数据透视表
在数据透视表中排序
改变字段的排序顺序
排序字段项
按值排序
设置字段自动排序
在数据透视表中筛选
通过自动筛选按钮筛选
使用切片器筛选
插入切片器
筛选多个字段
共享切片器
美化切片器
清除切片器筛选
创建数据透视图
创建数据透视图
在数据透视图中执行筛选
创建动态数据透视图
美化数据透视图

知识速记

4.1 创建和删除数据透视表

创建数据透视表、添加字段、删除字段、刷新数据透视表、更改数据源、删除数据透视表等，这些都属于数据透视表的基本操作。

扫码观看视频

4.1.1 创建数据透视表

创建数据透视表的方式有两种，一是根据数据源创建空白的数据透视表，二是根据数据源创建系统推荐的数据透视表。在“插入”选项卡的“表格”组中包含这两种创建方式的命令按钮，如图4-1所示。

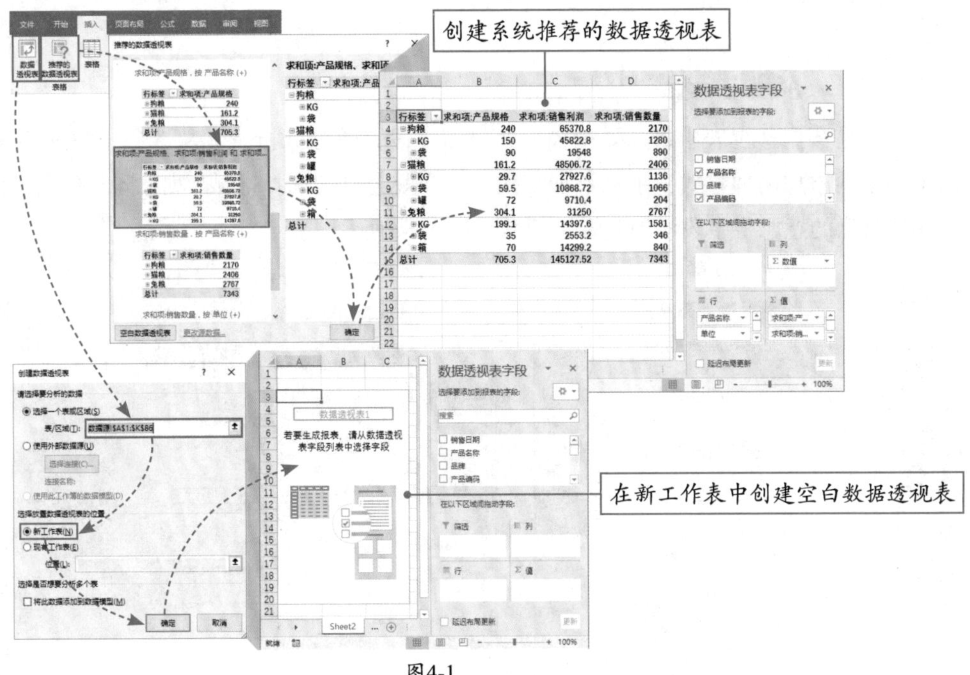

图4-1

知识拓展

用户也可以将数据透视表创建在指定的工作表内（包括数据源所在的工作表），具体操作方法为：在“创建数据透视表”对话框中选中“现有工作表”单选按钮，然后在“位置”文本框中输入放置数据透视表的首个单元格，如图4-2所示。

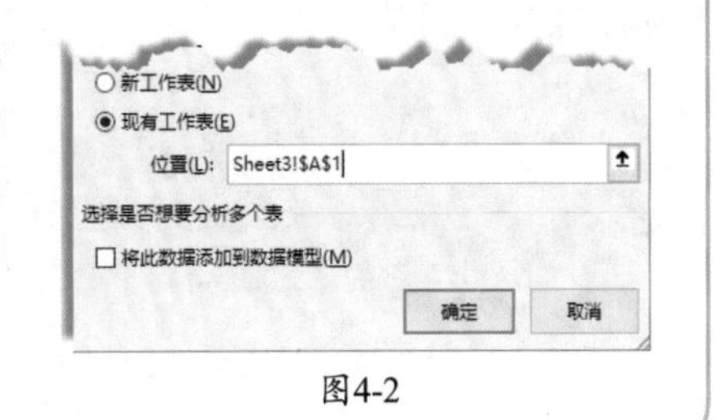

图4-2

创建数据透视表后只要选中数据透视表中的任意一个单元格，工作表的右侧就会显示“数据透视表字段”窗格。该窗格对于数据透视表来说意义重大，字段的添加、移动、删除都需要在该窗格中完成。在“数据透视表-分析”选项卡的“显示”组中单击“字段列表”按钮，可以控制该窗格的显示或隐藏，如图4-3所示。

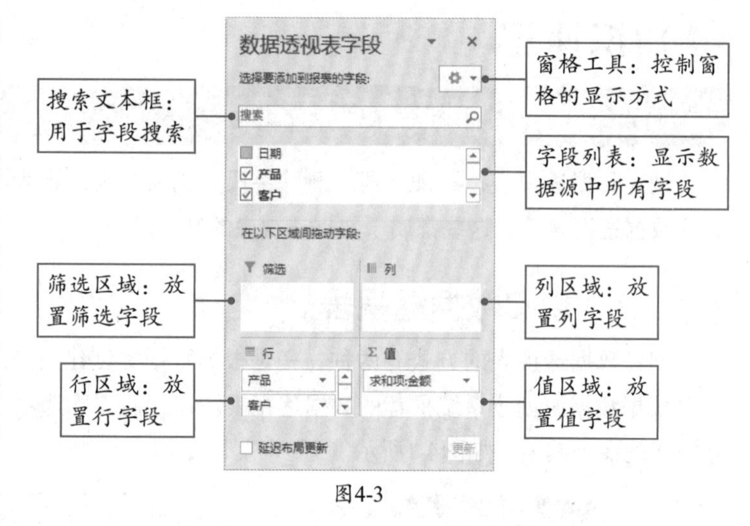

图4-3

■4.1.2　添加字段

字段是数据透视表中最重要的内容，没有字段，数据分析将无从谈起。添加字段分为自动添加和手动添加两种方式。手动添加字段时，字段会自动选择区域，如图4-4所示。手动拖动则能够凭自己的意愿将字段添加到指定区域，如图4-5所示。

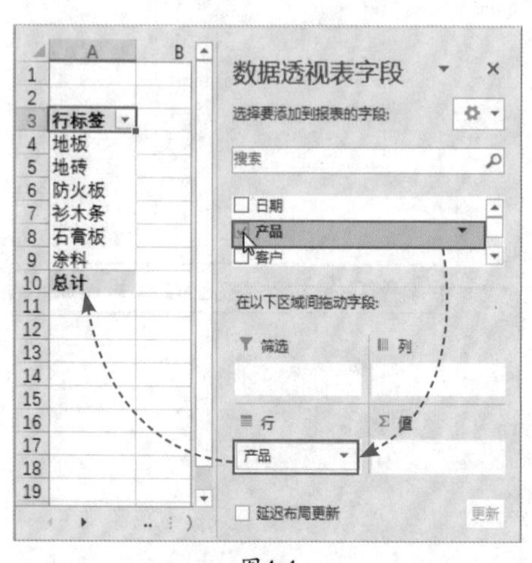

图4-4

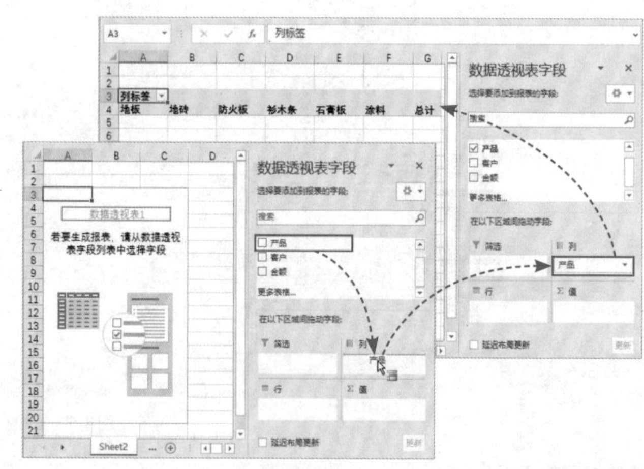

图4-5

知识拓展

直接在“数据透视表字段”窗格中勾选复选框向数据透视表中添加字段时，文本型字段会自动添加到“行”区域，数值型字段则会自动添加到“值”区域。先添加的字段会在后添加的字段之前显示。取消勾选字段的复选框，可以将字段从数据透视表中删除。

4.1.3 数据源的基本操作

数据源是数据透视表的根本，数据透视表和数据源也呈链接的状态，当数据源发生变化时，也应及时对数据透视表进行刷新或更换数据源。“刷新”和“更改数据源”命令按钮保存在“数据透视表工具-分析”选项卡中的“数据”选项组内。

单击“刷新”下拉按钮，在下拉列表中可以选择“刷新”选项，刷新当前数据透视表，或者选择“全部刷新”选项刷新工作簿中所有的工作表。

单击“更改数据源”按钮会弹出“更改数据透视表数据源”对话框，在“表/区域”文本框中重新选择数据源区域便可更改数据源，如图4-6所示。

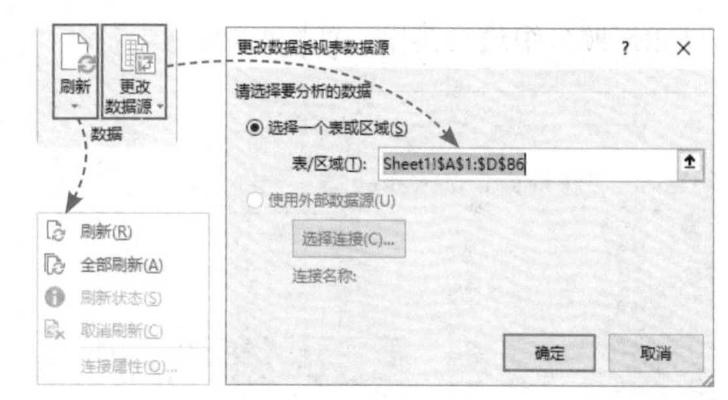

图4-6

4.1.4 清除数据透视表

清除数据透视表即清除数据透视表中的所有字段，在“数据透视表工具-分析”选项卡中单击“清除”下拉按钮，从下拉列表中选择“全部清除”选项，即可清除数据透视表中的所有字段，如图4-7所示。

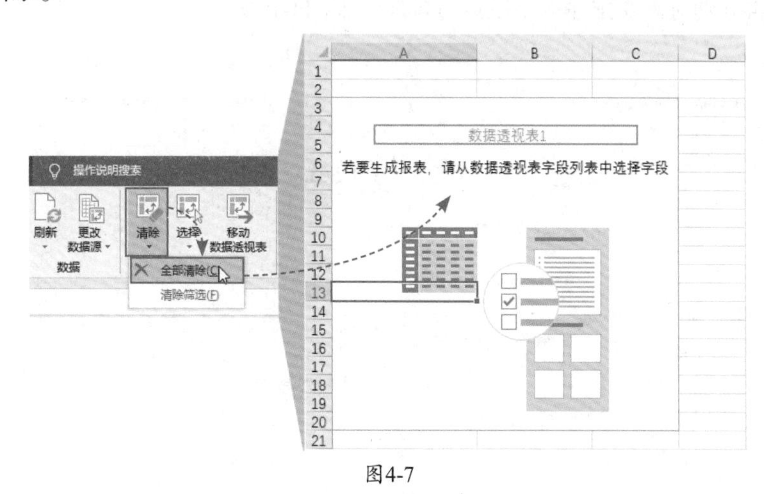

图4-7

● **新手误区：** 若要彻底删除数据透视表，可以将整个数据透视表选中，然后在键盘上按Delete键。我们只能删除整个数据透视表，而不能删除数据透视表中某一个区域的内容。

4.2 分析数据透视表

数据透视表中也能执行排序和筛选，其排序和筛选的方法和普通表格稍有不同。

■4.2.1 对数据透视表进行排序

数据透视表和普通数据表一样，能够执行简单的单字段排序及复杂的多字段排序。单个字段排序时，只要选中需要排序的字段中的任意项，然后通过右键的快捷菜单执行“升序”或“降序”命令即可，如图4-8所示。数据透视表中只能按照分组进行排序，如图4-9所示。

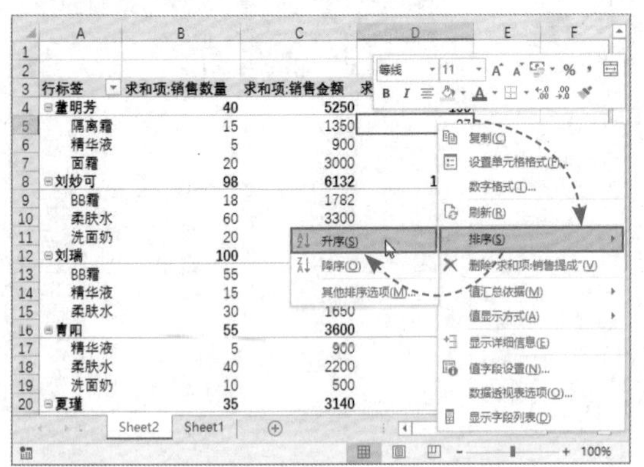

图4-8

行标签	求和项:销售数量	求和项:销售金额	求和项:销售提成
⊟董明芳	40	5250	105
精华液	5	900	18
隔离霜	15	1350	27
面霜	20	3000	60
⊟刘妙可	98	6132	122.64
洗面奶	20	1050	21
BB霜	18	1782	35.64
柔肤水	60	3300	66
⊟刘璐	100	8425	168.5
柔肤水	30	1650	33
精华液	15	2550	51
BB霜	55	4225	84.5
⊟青阳	55	3600	72
洗面奶	10	500	10
精华液	5	900	18
柔肤水	40	2200	44
⊟夏瑾	35	3140	62.8

图4-9

对多个字段同时排序却无法使用普通数据表的“排序”对话框，而是要先停止数据透视表的自动排序，再分别对需要排序的字段进行排序，如图4-10所示。

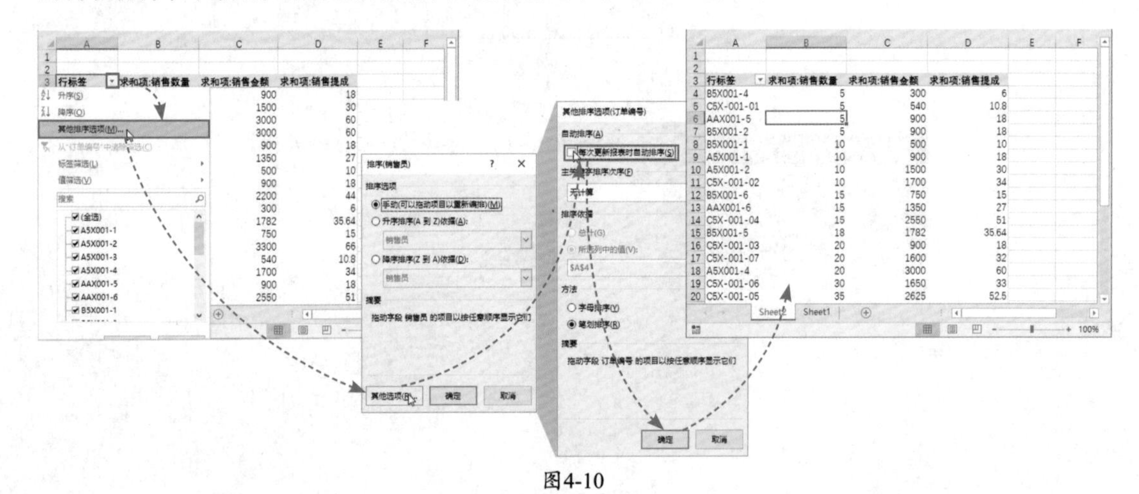

图4-10

■4.2.2 对数据透视表进行筛选

数据透视表中只有行字段拥有筛选按钮，用户可以利用筛选按钮打开筛选列表，从筛选列表中进行筛选。以压缩形式显示的数据透视表，需要在筛选列表中选择行字段，然后再对所选行字段进行标签筛选和值筛选，如图4-11和图4-12所示。

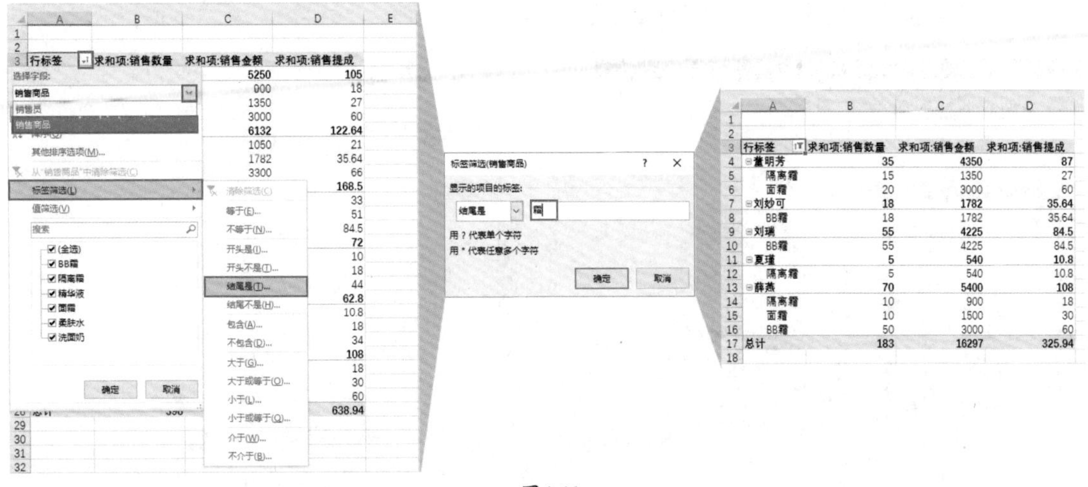

图4-11

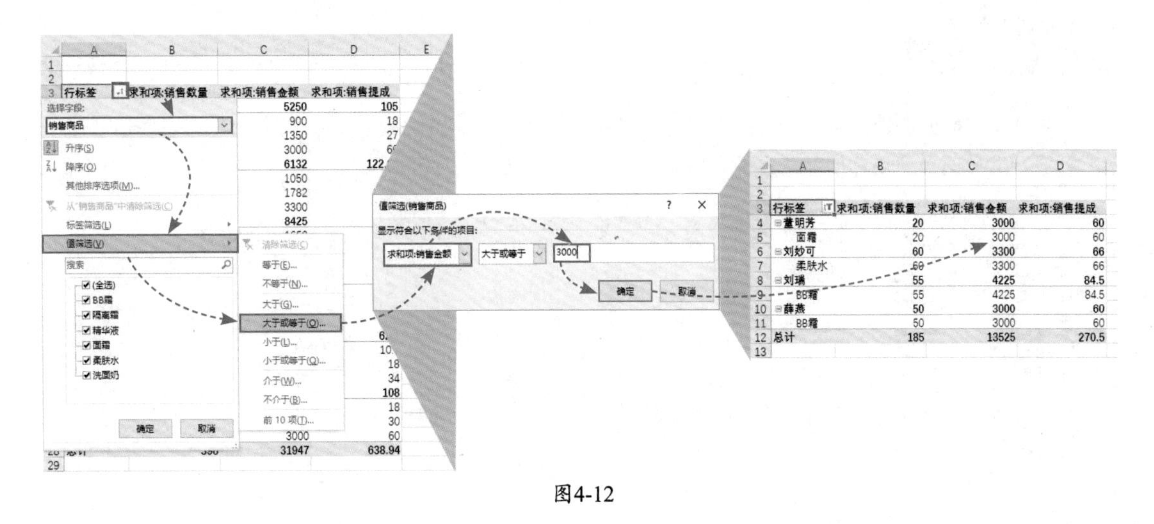

图4-12

● **新手误区：**当数据透视表中包含多个值字段时，筛选值字段时一定要在“值筛选”对话框中选择好要筛选的那个字段。

4.3 创建数据透视图

数据透视图和普通图表类似，都是以图形的形式直观地展示数据，数据透视图中通常包含数据系列、类别、坐标轴、数据标签等元素。

■4.3.1　利用源数据创建

创建数据透视图的命令按钮保存在“插入”选项卡的“图表”组中，根据数据源创建数据透视图的操作十分简单，只要在“图表”组中单击“数据透视图”按钮，根据弹出的对话框设置好参数便可创建数据透视图，如图4-13和图4-14所示。

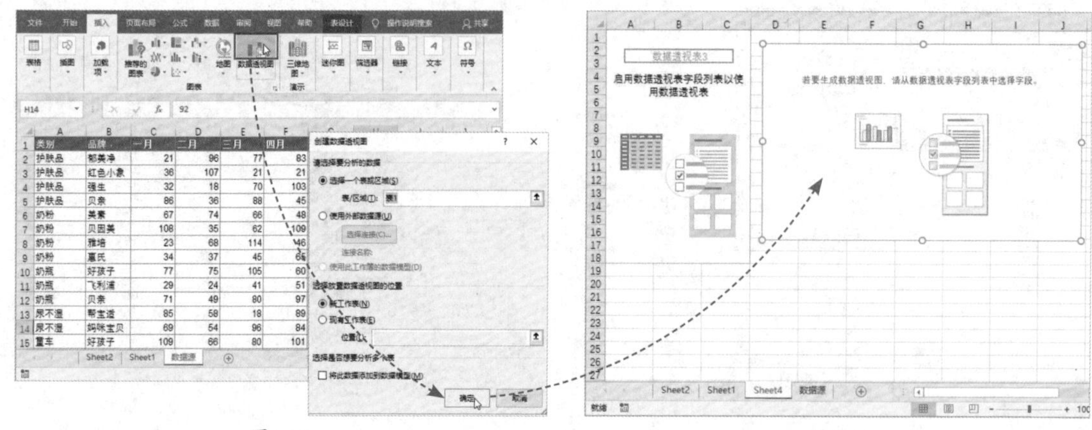

图4-13　　　　图4-14

知识拓展

根据数据源创建的数据透视图是空白的，用户需要向数据透视表中添加字段，数据透视图中才能展示出数据系列及其他图表元素，形成正常的图表，如图4-15所示。

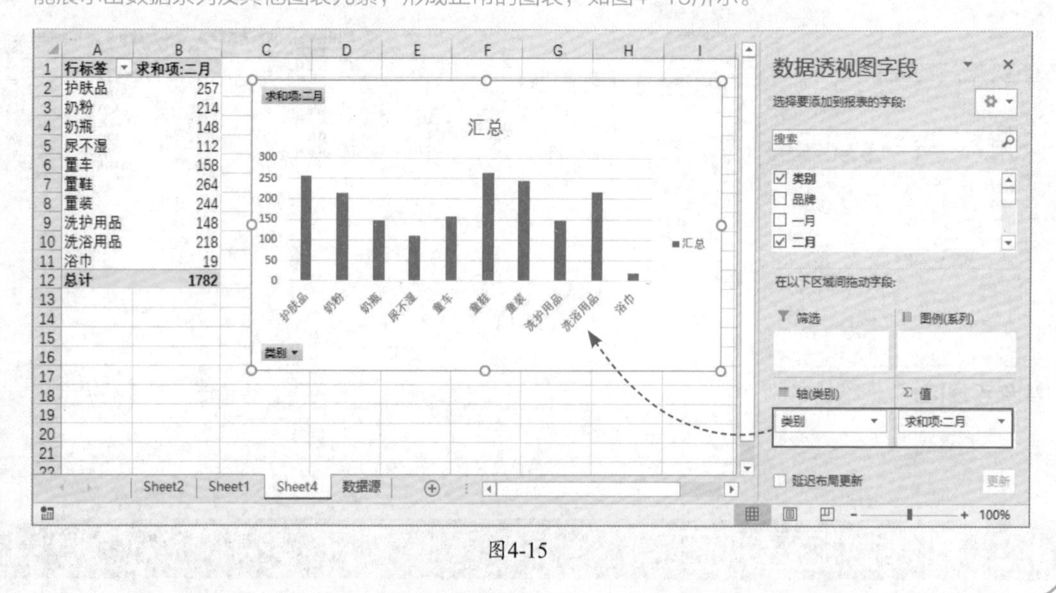

图4-15

■4.3.2　利用数据透视表创建

如果已经创建了数据透视表，还可以根据数据透视表创建数据透视图，如图4-16所示。

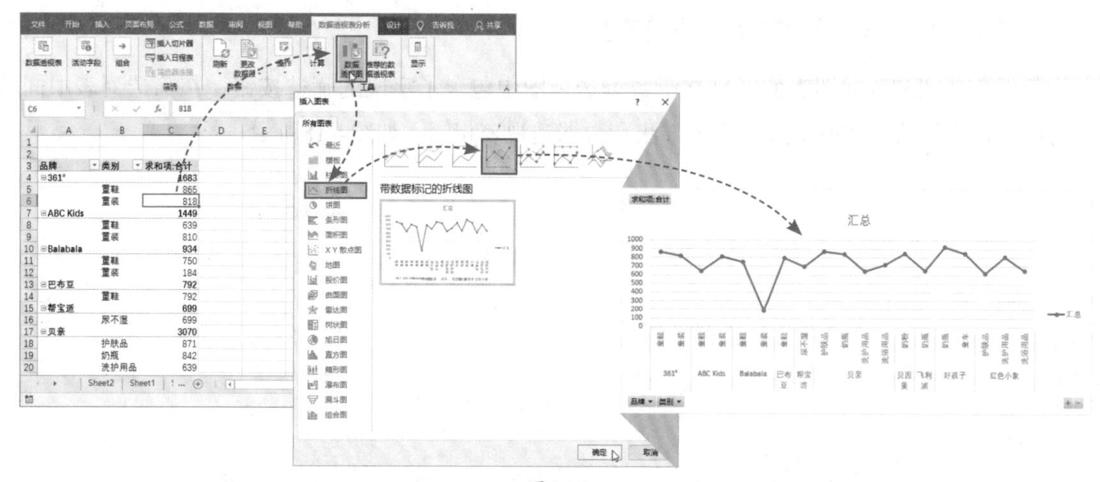

图4-16

4.4 编辑数据透视图

创建数据透视图后，用户还可以对其进行各种操作，如更改数据透视图类型、利用数据透视图进行数据分析、设置数据透视图样式等。

4.4.1　更改透视图类型

Excel具有一键更改数据透视图类型的能力，更改数据透视图类型的命令按钮保存在“数据透视图-设计”选项卡中，如图4-17所示。

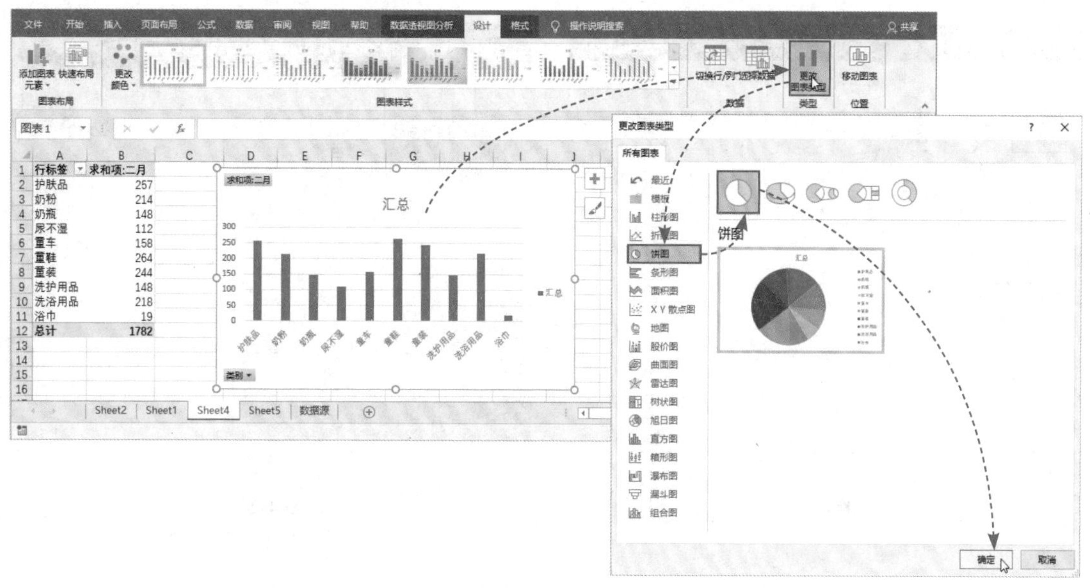

图4-17

■4.4.2　对透视图数据进行筛选

数据透视图和普通图表的区别在于数据透视图中包含了字段的筛选按钮，在筛选列表中同样可以执行标签筛选和值筛选，筛选方法和数据透视表相同，如图4-18所示。

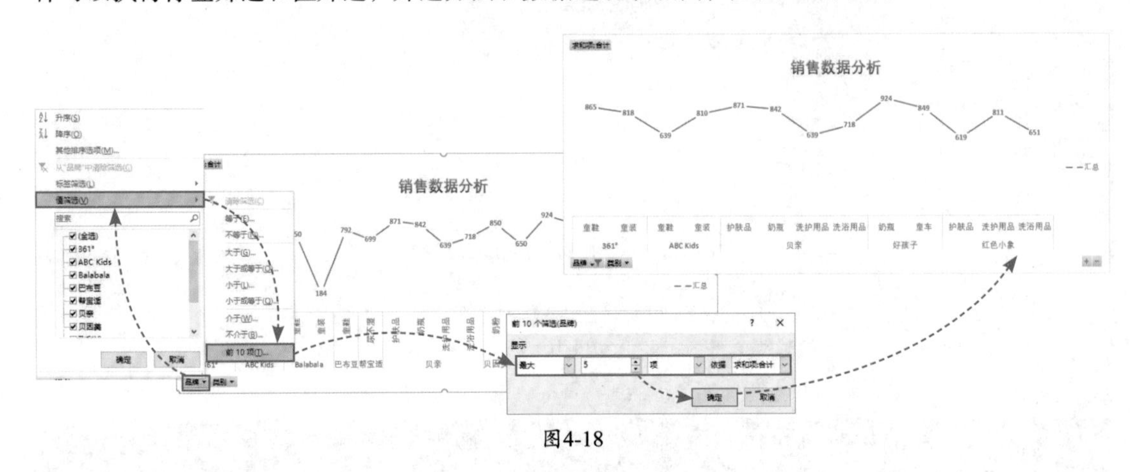

图4-18

■4.4.3　设置数据透视图样式

数据透视图中包含的元素可以根据实际情况进行添加或删减，这些操作可以通过“添加图表元素”命令来完成，该按钮保存在“数据透视图-设计”选项卡的“布局”选项组中，如图4-19所示。

如果想节省精力、快速完成图表样式的设置，使用Excel提供的布局也是不错的选择，如图4-20所示。

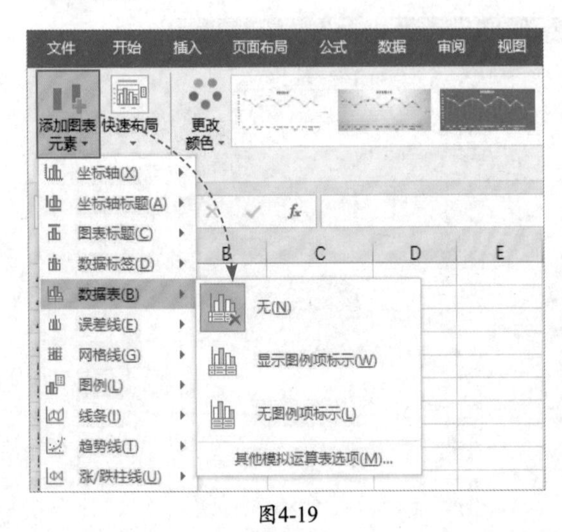

图4-19

图4-20

Ⓔ综合实战

4.5 创建商品销售明细数据透视表

对于企业和店铺来说，将商品销售出去是最终的目标，只有将商品销售出去，企业和店铺才能产生利润，才能正常的生存和发展，而销售数据可以帮助企业和店铺分析商品真正的销售情况及客户的需要。下面使用数据透视表对销售明细数据表进行全方位的分析。

4.5.1 根据销售明细创建数据透视表

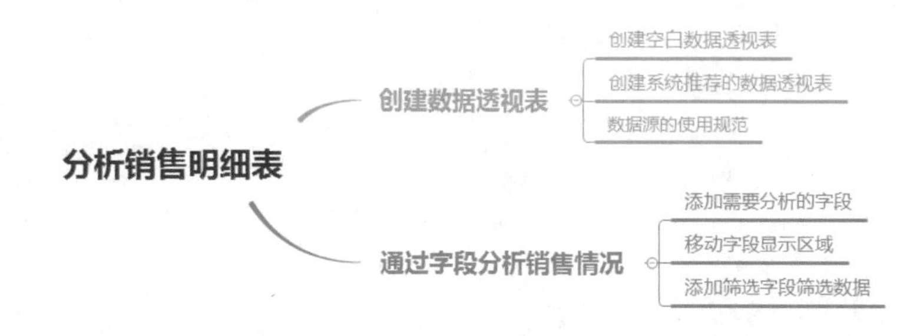

创建数据透视表必须要有数据源，下面将根据商品销售明细表创建数据透视表。

1. 创建数据透视表

用户可以选择在新工作表中创建数据透视表，也可以在数据源所在的工作表中创建数据透视表。本案例将在新工作表中创建数据透视表。

Step 01 **创建数据透视表。**选中“数据源”工作表中任意一个包含数据的单元格，打开“插入”选项卡，在“表格”选项组中单击“数据透视表”按钮，打开“创建数据透视表”对话框，保持对话框中的选项为默认状态，单击“确定”按钮，如图4-21所示。

Step 02 **查看创建效果。**工作簿中随即自动新建一个工作表，并在该工作表中创建一个空白的数据透视表，如图4-22所示。

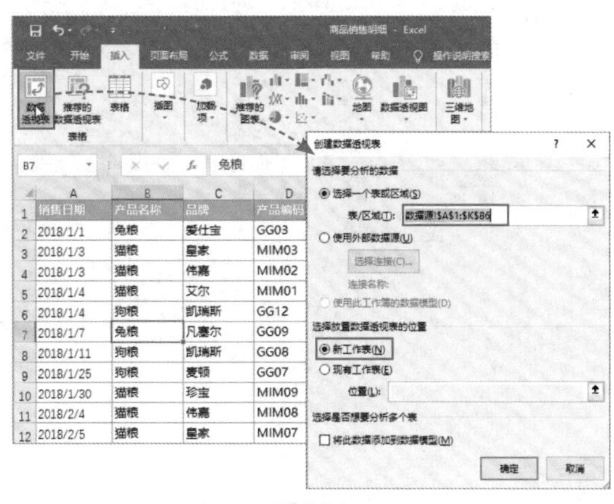

图4-21

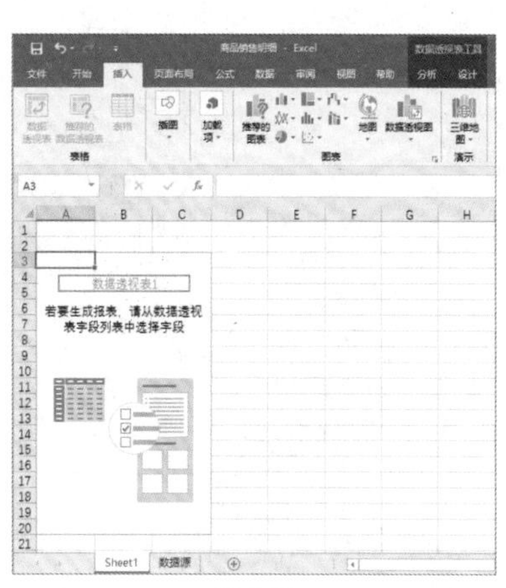

图4-22

● **新手误区：**先选中数据区域中的某个单元格，“创建数据透视表”对话框中即会自动识别数据表的范围，并自动将数据表所在区域输入到“表/区域”文本框中。否则，需要手动在“表/区域”文本框中添加用于创建数据透视表的单元格区域。

知识拓展

创建数据透视表的数据源必须要规范，否则会为数据透视表的创建和分析造成很大的障碍，严重的可能无法创建数据透视表。规范的数据源需要做到以下10点：

1. 不可包含多层表头，或者在数据区域中包含多个标题行。
2. 数据源中不能包含空行或空列。
3. 数据源中不应有汇总行。
4. 文本型数据应该提前转换为数值型数据（特殊数据除外，如身份证号、某些编号等）。
5. 数据源中不能包含重复记录。
6. 日期格式必须要规范。
7. 禁止使用合并单元格。
8. 不要出现一列包含多重信息的情况。
9. 列标题名称应保持唯一性。
10. 尽量在一个工作表中记录数据，不要分成多个表记录。

2. 向数据透视表中添加字段

数据透视表创建完成后，要对哪些字段进行分析，首先要将这些字段添加到数据透视表中。

Step 01 **添加“品牌”字段。**在“数据透视表字段”窗格中勾选“品牌”复选框，该字段随即出现在“行”区域中，如图4-23所示。

Step 02 **添加“销售金额”和“销售利润”字段。**继续在“数据透视表字段”窗格中勾选“销售金额”和“销售利润”复选框，这两个字段自动在“值”区域中显示，如图4-24所示。

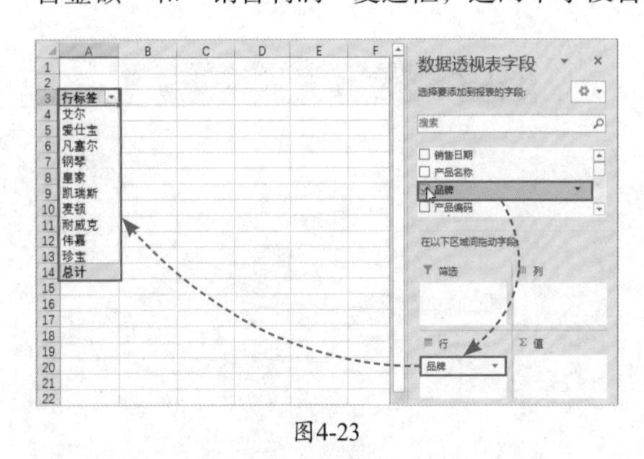

图4-23

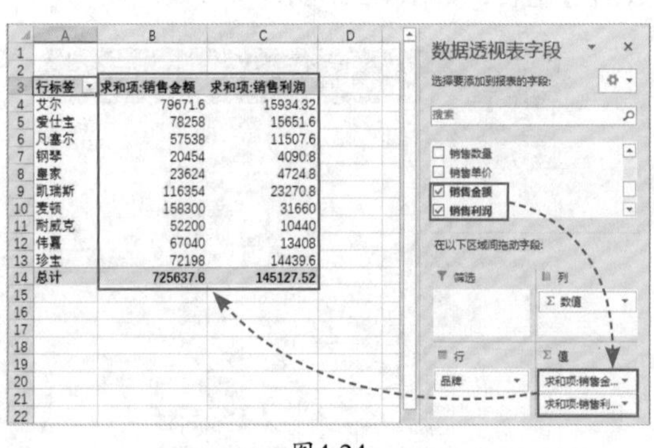

图4-24

3. 更改字段显示区域

若要改变字段的显示区域，可以直接使用鼠标拖拽。

Step 01 添加字段。在“数据透视表”字段窗格中勾选“产品规格”和“单位”复选框，“产品规格”字段自动添加到“值”区域，“单位”字段自动添加到“行”区域，如图4-25所示。

Step 02 移动字段。将光标移动到“值”区域中的“求和项：产品规格”字段上方，按住鼠标左键，向“行”区域拖动该字段，允许放置字段的位置会出现绿色的线条，当绿色的线条出现在“单位”字段上方时松开鼠标，如图4-26所示。

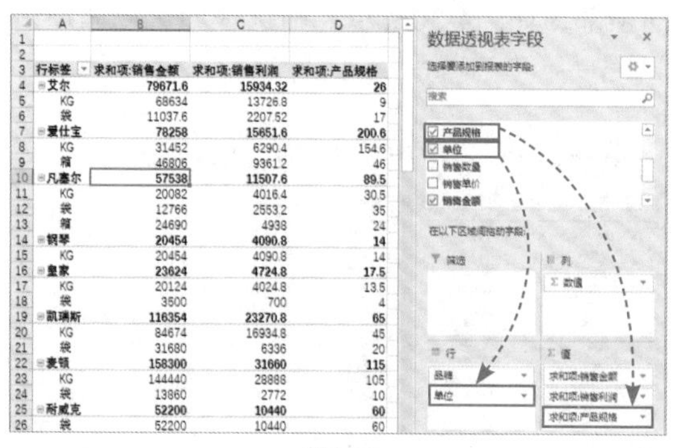

图4-25

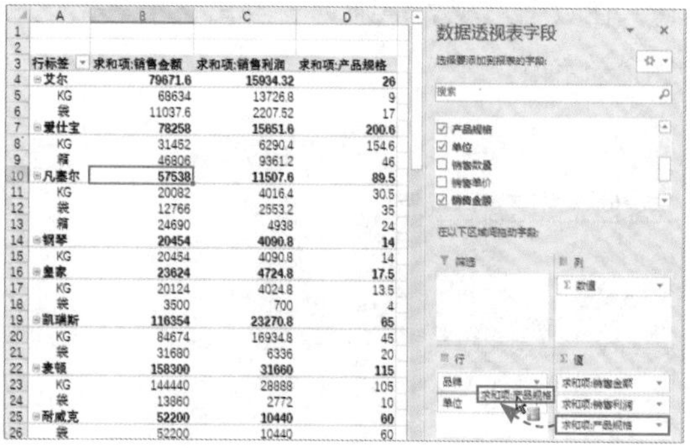

图4-26

Step 03 查看字段移动后的效果。“产品规格”字段随即被移动到了“行”区域中，并在“单位”字段上方显示，如图4-27所示。

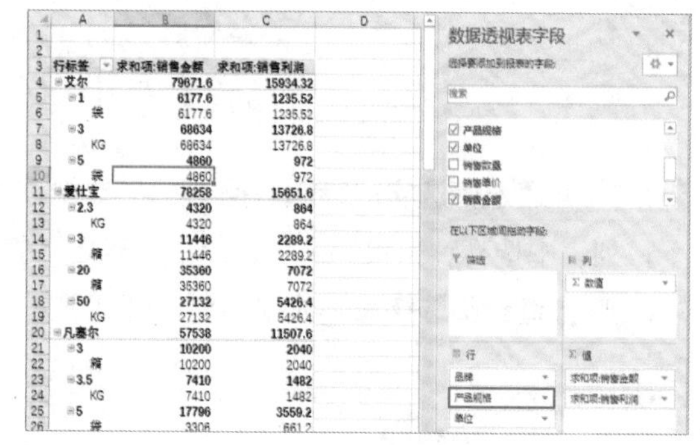

图4-27

知识拓展

在“数据透视表字段”窗格的底端区域中单击某个“字段”右侧的下拉按钮，通过选择该下拉列表中的选项，也可以将字段移动到指定的区域。另外，在该下拉列表中还可以执行删除、在本区域内移动等操作，如图4-28所示。

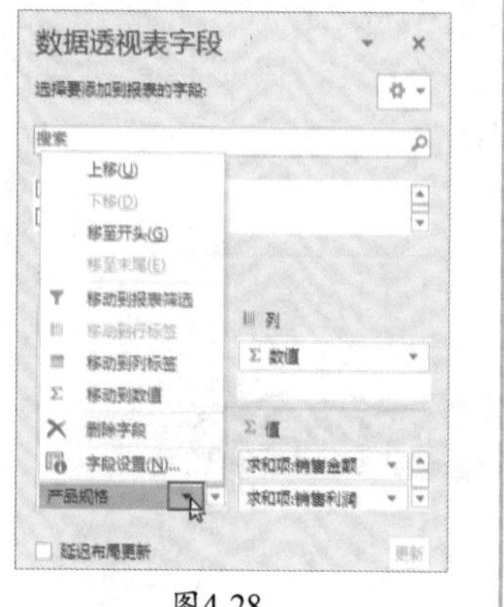

图4-28

4. 添加筛选字段筛选数据

向筛选区域添加字段后，可以通过筛选字段对数据透视表进行筛选。

Step 01 **添加筛选字段。**在“数据透视表字段”窗格中选中“产品名称”字段，按住鼠标左键向“筛选”区域拖动，如图4-29所示。

Step 02 **查看筛选字段的添加效果。**松开鼠标后，“产品名称”字段即出现在了“筛选”区域，在数据透视表中筛选字段在整个数据透视表的顶部，如图4-30所示。筛选区域可以添加多个筛选字段。

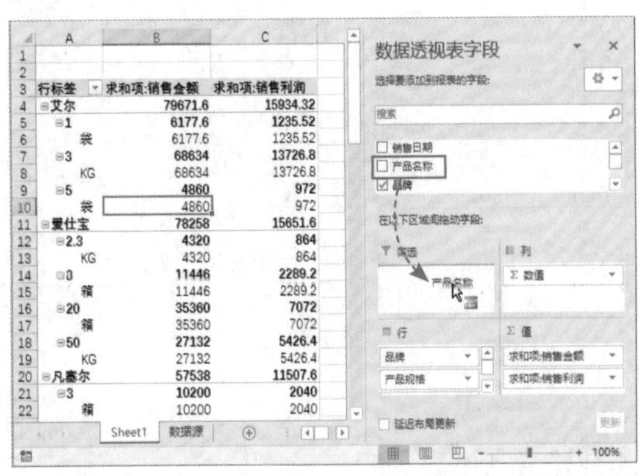

图4-29

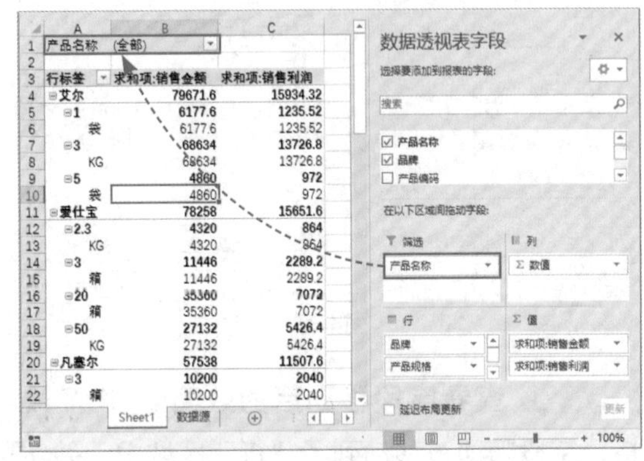

图4-30

Step 03 **通过筛选字段筛选数据。**单击数据透视表顶部“产品名称”字段右侧的下拉按钮，在下拉列表中选择“狗粮”选项，单击“确定”按钮，如图4-31所示。

Step 04 **查看筛选结果。**数据透视表随即显示出筛选结果，如图4-32所示。

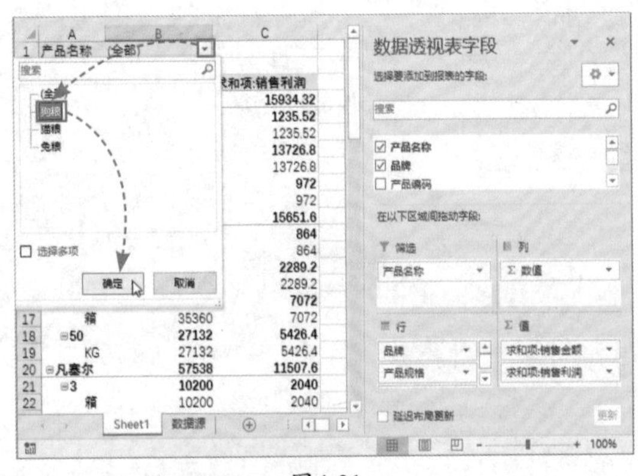

图4-31

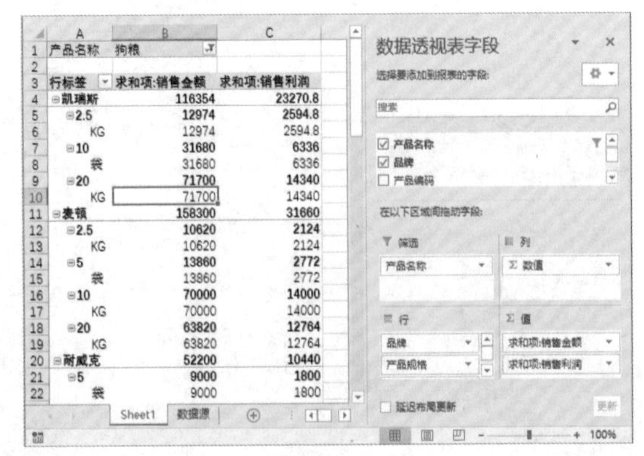

图4-32

知识拓展

如果在筛选下拉列表中勾选“选择多项”复选框，可以同时筛选多个选项。

■4.5.2　设置数据透视表的字段

扫码观看视频

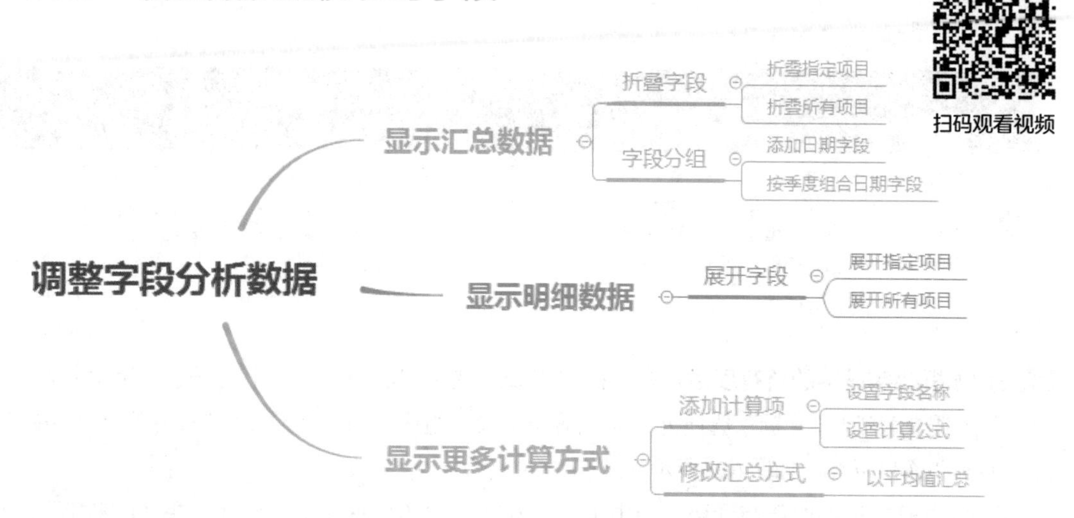

数据透视表是由不同的字段构成的，用户可以对字段进行各种设置，如修改字段名称、为字段分组、添加计算项、修改汇总方式等。

1．字段的折叠及展开

展开或折叠字段是针对行字段而言的，当行字段中包含一个以上的字段时，除了最底层的字段，其他字段右侧都会出现“显示或隐藏”按钮。单击这些按钮，可以控制行字段的展开或折叠。

Step 01 折叠字段。默认情况下，数据透视表中所有字段全部是展开的，单击需要折叠的字段右侧的⊟按钮，即可折叠该字段中的所有项目，如图4-33所示。

Step 02 展开字段。当字段被折叠后，字段右侧的按钮即变成⊞样式，单击该按钮可以将折叠的项目展开，如图4-34所示。

	A	B	C	D
1	产品名称	狗粮		
2				
3	行标签	求和项:销售金额	求和项:销售利润	
4	⊟凯瑞斯	116354	23270.8	
5	⊟2.5	12974	2594.8	
6	KG	12974	2594.8	
7	⊟10	31680	6336	
8	袋	31680	6336	
9	⊟20	71700	14340	
10	KG	71700	14340	
11	⊟麦顿	158300	31660	
12	⊟2.5	10620	2124	
13	KG	10620	2124	

Sheet1　数据源

图4-33

	A	B	C	D
1	产品名称	狗粮		
2				
3	行标签	求和项:销售金额	求和项:销售利润	
4	⊞凯瑞斯	116354	23270.8	
5	⊟麦顿	158300	31660	
6	⊟2.5	10620	2124	
7	KG	10620	2124	
8	⊟5	13860	2772	
9	袋	13860	2772	
10	⊟10	70000	14000	
11	KG	70000	14000	
12	⊟20	63820	12764	
13	KG	63820	12764	

Sheet1　数据源

图4-34

● **新手误区：**如果用户发现数据透视表的行字段中没有⊟或⊞按钮，请检查“数据透视表工具-分析”选项卡的“显示”选项组中“+/-按钮”按钮是否呈选中状态，如图4-35所示。

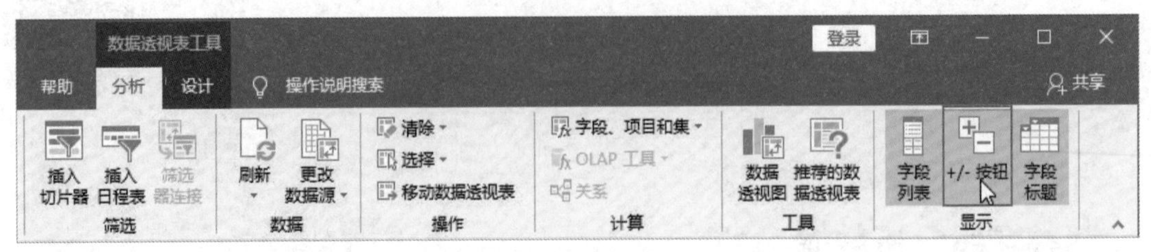

图4-35

Step 03 **折叠字段中的所有项目。**在数据透视表中选中“品牌”字段中的任意一个单元格，打开“数据透视表工具-分析”选项卡，在“活动字段”组中单击“折叠字段”按钮，可以将该字段中的所有项目折叠，如图4-36所示。

Step 04 **展开字段中的所有项目。**选中被折叠的字段中的任意一个单元格，在“活动字段”组中单击“展开字段”按钮，可以将该字段中的所有项目展开，如图4-37所示。

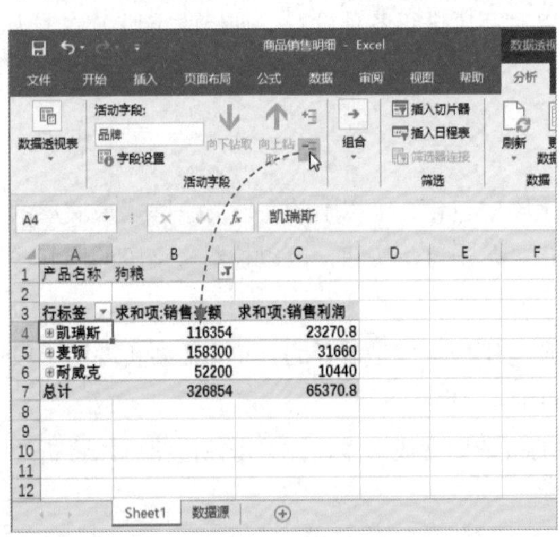

图4-36

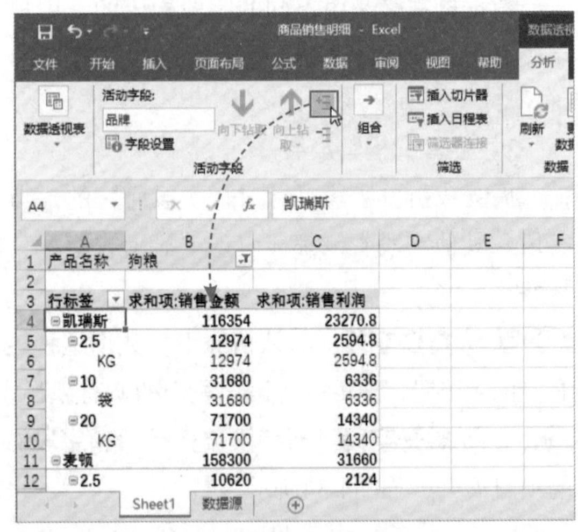

图4-37

2. 修改字段名称

数据透视表中的“值”字段标题会根据值的汇总方式自动显示“求和项”“计数项”“平均值项”等内容，用户可以根据需要修改字段名称。

Step 01 **打开“值字段设置”对话框。**选中“求和项：销售利润”字段中任意一个单元格，右击选中的单元格，在弹出的菜单中选择“值字段设置”选项，如图4-38所示。

Step 02 **设置新的字段名称。**在“自定义名称”文本框中输入新的字段名称，输入完成后单击“确定”按钮，如图4-39所示。

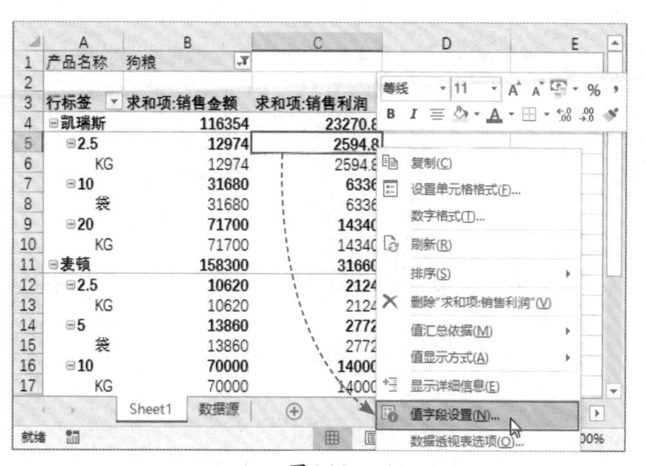

图4-38

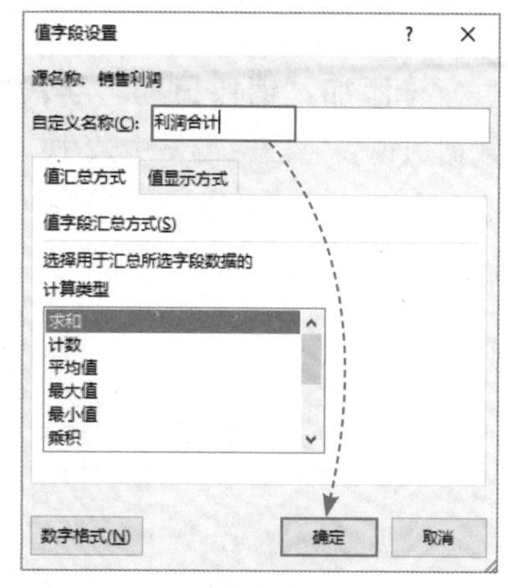

图4-39

● **新手误区：** 修改后的字段名称不能和数据源中的标题名称重复，否则将无法完成字段名称的修改。

Step 03 查看修改效果。返回数据透视表，字段标题已经由原来的“求和项：销售利润”修改成了“利润合计”，如图4-40所示。

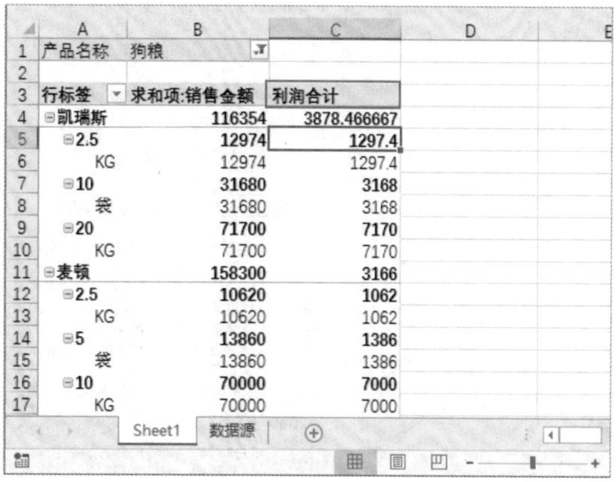

	A	B	C
1	产品名称	狗粮	
2			
3	行标签	求和项:销售金额	利润合计
4	⊟凯瑞斯	116354	3878.466667
5	⊟2.5	12974	1297.4
6	KG	12974	1297.4
7	⊟10	31680	3168
8	袋	31680	3168
9	⊟20	71700	7170
10	KG	71700	7170
11	⊟麦顿	158300	3166
12	⊟2.5	10620	1062
13	KG	10620	1062
14	⊟5	13860	1386
15	袋	13860	1386
16	⊟10	70000	7000
17	KG	70000	7000

图4-40

知识拓展

最快捷的修改字段名称的方法是直接在字段名称所在的单元格中输入新名称，如图4-41所示。

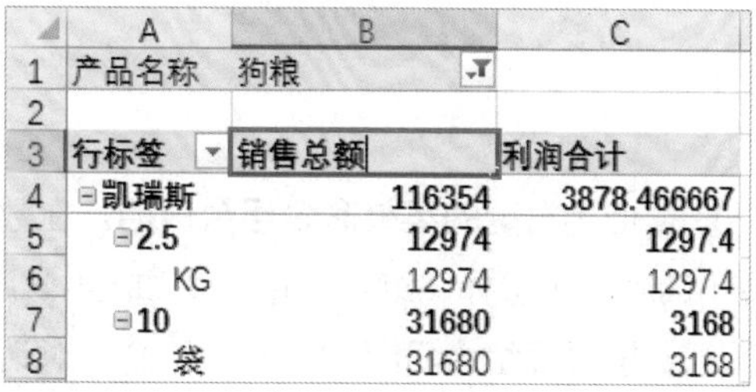

	A	B	C
1	产品名称	狗粮	
2			
3	行标签	销售总额	利润合计
4	⊟凯瑞斯	116354	3878.466667
5	⊟2.5	12974	1297.4
6	KG	12974	1297.4
7	⊟10	31680	3168
8	袋	31680	3168

图4-41

3．按照指定的时间段分组

数据透视表的行字段可以创建分组，将某个时间段或具有相同特性的项目放在一个组中显示。

Step 01 添加“销售日期”字段。在“数据透视表字段”窗格中选中“销售日期”字段，将其拖动到“行”区域的最顶端，如图4-42所示。

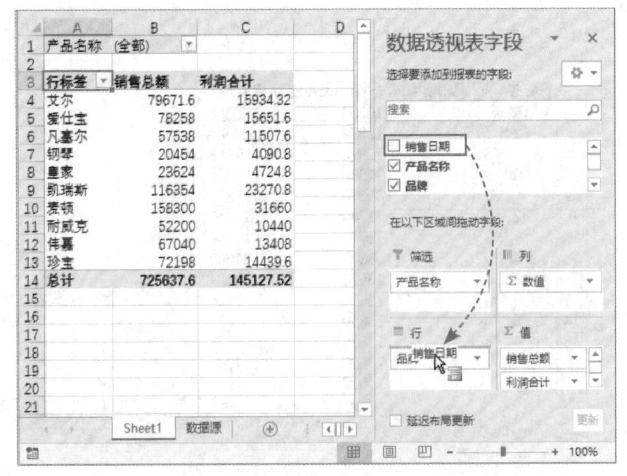

	A	B	C
1	产品名称	(全部)	
2			
3	行标签	销售总额	利润合计
4	艾尔	79671.6	15934.32
5	爱仕主	78258	15651.6
6	凡塞尔	57538	11507.6
7	钢琴	20454	4090.8
8	皇家	23624	4724.8
9	凯瑞斯	116354	23270.8
10	麦顿	158300	31660
11	耐威克	52200	10440
12	伟嘉	67040	13408
13	珍宝	72198	14439.6
14	总计	725637.6	145127.52

图4-42

知识拓展

日期字段有别于其他类型的字段，数据透视表会根据数据源中日期的跨度自动为日期字段分组。当日期跨度超过一个月时，向数据透视表中添加日期字段会自动新增“月”字段，如图4-43所示；当日期跨度超过一年时，会自动新增“季度”和“年”字段。

	A	B	C
1	产品名称	(全部)	
2			
3	行标签	销售总额	利润合计
4	⊟1月		
5	⊟1月1日	2160	432
6	爱仕主	2160	432
7	⊟1月3日	27190	5438
8	皇家	1750	350
9	伟嘉	25440	5088
10	⊟1月4日	18928.8	3785.76
11	艾尔	3088.8	617.76
12	凯瑞斯	15840	3168
13	⊟1月7日	6336	1267.2
14	凡塞尔	6336	1267.2
15	⊟1月11日	6487	1297.4
16	凯瑞斯	6487	1297.4
17	⊟1月25日	5310	1062
18	麦顿	5310	1062
19	⊟1月30日	7728	1545.6
20	珍宝	7728	1545.6
21	1月 汇总	74139.8	14827.96

图4-43

Step 02 使用右键的菜单命令组合日期。在数据透视表中右击日期字段中的任意一个单元格，在弹出的菜单中选择“组合”选项，如图4-44所示。

Step 03 按季度组合日期。打开“组合”对话框，保持默认的起始日期和终止日期，选择“步长”为“季度”，单击“确定”按钮，如图4-45所示。

Step 04 查看日期的组合效果。返回工作表，此时数据透视表中的日期字段已经按季度自动进行了分组，如图4-46所示。

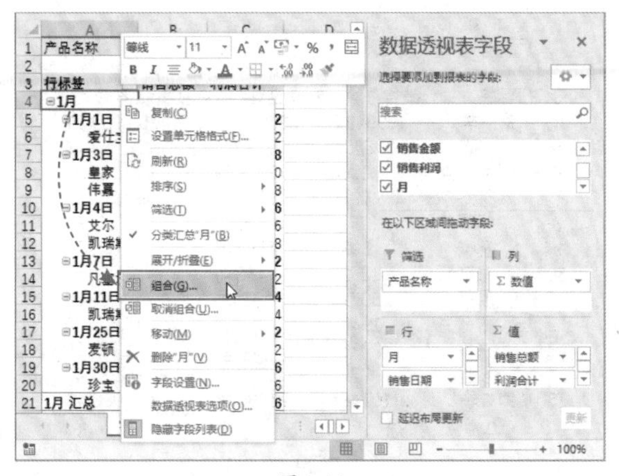

图4-44

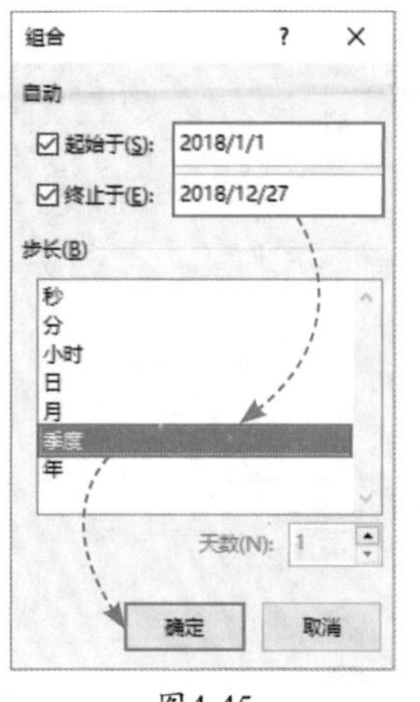

图4-45

图4-46

4．添加计算项

当用户需要查看某项计算结果而数据源中又不存在相关字段时，可以直接在数据透视表中添加计算字段。

Step 01 **启动“插入计算字段”对话框。**选中数据透视表中的任意单元格，打开“数据透视表工具-分析”选项卡，在“计算”选项组中单击“字段、项目和集”下拉按钮，选择“计算字段”选项，如图4-47所示。

Step 02 **设置字段名称及公式。**在“插入计算字段”对话框中的“名称”文本框中输入“成本合计”，在“公式”文本框中输入“=”，将光标移动到“字段”列表框中，选择“销售金额”选项，单击“插入字段”按钮，如图4-48所示。

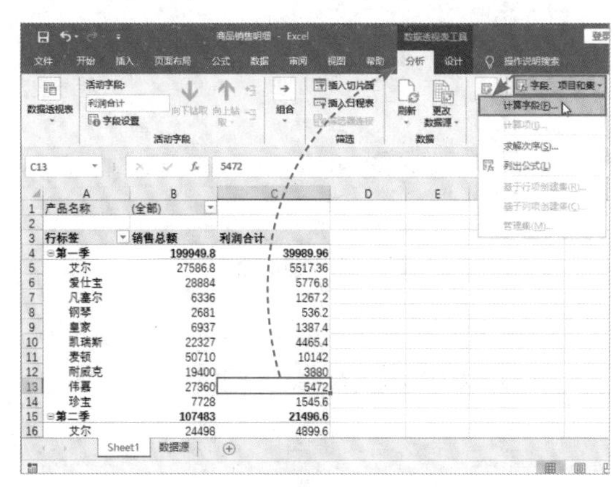

图4-47

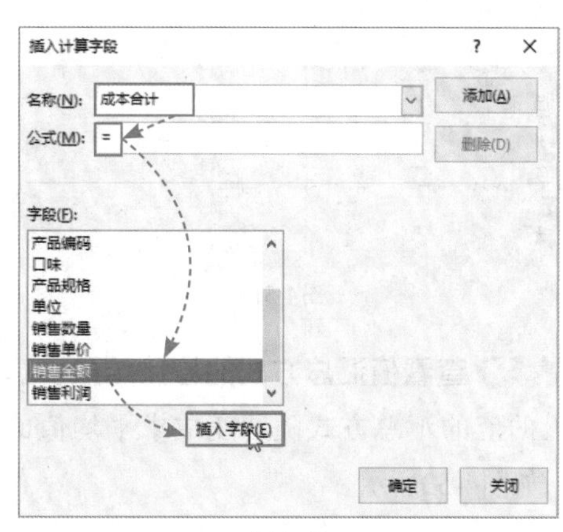

图4-48

Step 03 **完成公式的编辑。**手动在公式中输入“-”，继续选择“销售利润”选项，单击“插入字段”按钮。完成公式的输入后，单击“确定”按钮关闭对话框，如图4-49所示。

Step 04 **查看添加的字段效果。**数据透视表中随即被插入“求和项：成本合计”字段，并根据对话框中设置的公式计算出值，如图4-50所示。

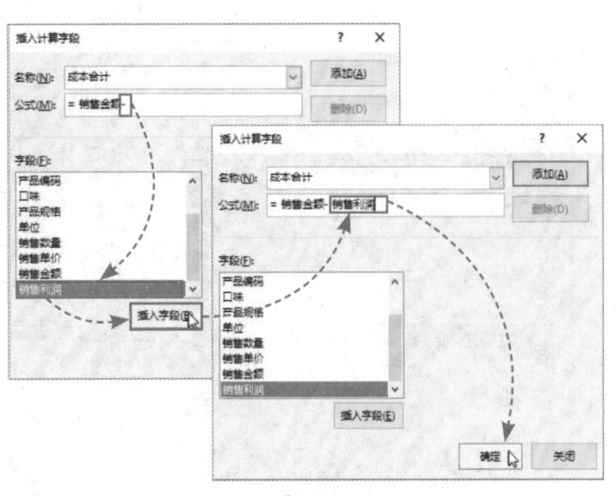

图4-49

	A	B	C	D
1	产品名称	(全部)		
2				
3	行标签	销售总额	利润合计	求和项:成本合计
4	⊟第一季	199949.8	39989.96	¥159,959.84
5	艾尔	27586.8	5517.36	¥22,069.44
6	爱仕宝	28884	5776.8	¥23,107.20
7	凡塞尔	6336	1267.2	¥5,068.80
8	钢琴	2681	536.2	¥2,144.80
9	皇家	6937	1387.4	¥5,549.60
10	凯瑞斯	22327	4465.4	¥17,861.60
11	麦顿	50710	10142	¥40,568.00
12	耐威克	19400	3880	¥15,520.00
13	伟嘉	27360	5472	¥21,888.00
14	珍宝	7728	1545.6	¥6,182.40
15	⊟第二季	107483	21496.6	¥85,986.40

图4-50

5. 修改汇总方式

“值”字段默认的汇总方式为求和，用户可以根据需要修改“值”字段的汇总方式。

Step 01 添加“销售数量”字段。在“数据透视表字段”窗格中勾选“销售数量”复选框，将其添加到“值”区域的最下方，如图4-51所示。

Step 02 修改值的汇总方式。在数据透视表中右击“求和项：销售数量”字段中的任意单元格，在弹出的菜单中选择“值汇总依据”中的“平均值”选项，如图4-52所示。

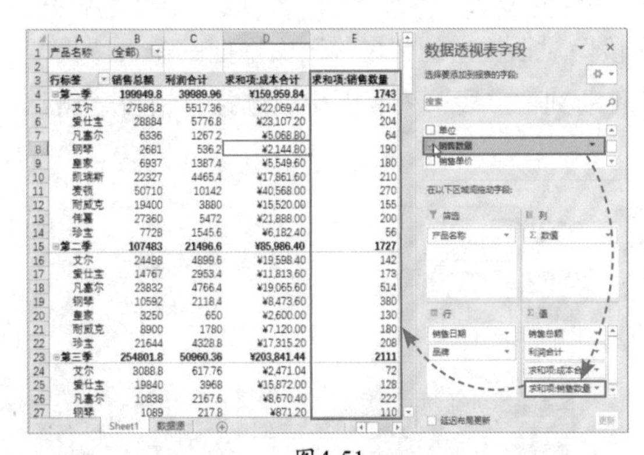

图4-51

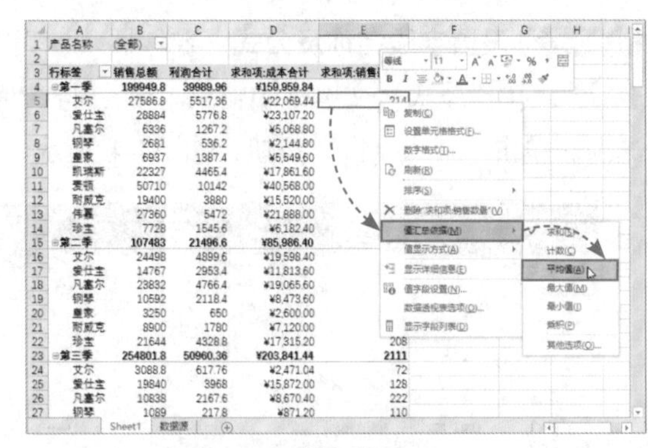

图4-52

Step 03 查看值汇总方式的修改结果。当前字段的值的汇总方式随即变成求平均值的计算，如图4-53所示。

	A	B	C	D	E
1	产品名称	(全部)			
2					
3	行标签	销售总额	利润合计	求和项:成本合计	平均值项:销售数量
4	⊟第一季	199949.8	39989.96	¥159,959.84	83
5	艾尔	27586.8	5517.36	¥22,069.44	71.33333333
6	爱仕宝	28884	5776.8	¥23,107.20	68
7	凡塞尔	6336	1267.2	¥5,068.80	64
8	钢琴	2681	536.2	¥2,144.80	95
9	皇家	6937	1387.4	¥5,549.60	90
10	凯瑞斯	22327	4465.4	¥17,861.60	105
11	麦顿	50710	10142	¥40,568.00	90
12	耐威克	19400	3880	¥15,520.00	77.5
13	伟嘉	27360	5472	¥21,888.00	100
14	珍宝	7728	1545.6	¥6,182.40	56
15	⊟第二季	107483	21496.6	¥85,986.40	86.35
16	艾尔	24498	4899.6	¥19,598.40	71
17	爱仕宝	14767	2953.4	¥11,813.60	86.5
18	凡塞尔	23832	4766.4	¥19,065.60	73.42857143
19	钢琴	10592	2118.4	¥8,473.60	126.6666667
20	皇家	3250	650	¥2,600.00	130
21	耐威克	8900	1780	¥7,120.00	90
22	珍宝	21644	4328.8	¥17,315.20	69.33333333
23	⊟第三季	254801.8	50960.36	¥203,841.44	87.95833333
24	艾尔	3088.8	617.76	¥2,471.04	72
25	爱仕宝	19840	3968	¥15,872.00	64
26	凡塞尔	10838	2167.6	¥8,670.40	74
27	钢琴	1089	217.8	¥871.20	110

图4-53

知识拓展

若在右击字段项的时候选择“值汇总依据”中的“其他选项”选项，如图4-54所示，在打开的“值字段设置”对话框中提供了更多的计算类型，如图4-55所示。

图4-54

图4-55

4.5.3 设置数据透视表的外观

数据透视表外观的设置方法主要包括重新布局数据透视表和美化数据透视表两种。

扫码观看视频

1. 重新布局数据透视表

默认创建的数据透视表以压缩形式显示，所有行字段被压缩在一列中显示。Excel还内置了以大纲形式显示和以表格显示的报表布局，用户可以根据需要切换数据透视表的布局。另外，还可以手动控制分类汇总、总计、空行等元素的显示。

Step 01 **设置数据透视表以大纲形式显示。**选中数据透视表中的任意单元格，打开“数据透视表工具-设计”选项卡，在“布局”选项组中单击“报表布局”下拉按钮，选择“以大纲形式显示”选项，如图4-56所示。

Step 02 查看以大纲形式显示的效果。数据透视表随即以大纲形式布局，以大纲形式显示的数据透视表和以压缩形式显示的数据透视表看起来很相似，只是所有行字段都在单独的列中显示，如图4-57所示。

图4-56

销售日期	品牌	销售总额	利润合计	求和项:成本合计	平均值项:销售数量
产品名称	(全部)				
第一季		199949.8	39989.96	¥159,959.84	83
	艾尔	27586.8	5517.36	¥22,069.44	71.33333333
	爱仕宝	28884	5776.8	¥23,107.20	68
	凡塞尔	6336	1267.2	¥5,068.80	64
	钢琴	2681	536.2	¥2,144.80	95
	皇家	6937	1387.4	¥5,549.60	90
	凯瑞斯	22327	4465.4	¥17,861.60	105
	麦顿	50710	10142	¥40,568.00	90
	耐威克	19400	3880	¥15,520.00	77.5
	伟嘉	27360	5472	¥21,888.00	100
	珍宝	7728	1545.6	¥6,182.40	56
第二季		107483	21496.6	¥85,986.40	86.35
	艾尔	24498	4899.6	¥19,598.40	71
	爱仕宝	14767	2953.4	¥11,813.60	86.5
	凡塞尔	23832	4766.4	¥19,065.60	73.42857143
	钢琴	10592	2118.4	¥8,473.60	126.6666667
	皇家	3250	650	¥2,600.00	130
	耐威克	8900	1780	¥7,120.00	90
	珍宝	21644	4328.8	¥17,315.20	69.33333333

图4-57

Step 03 设置分类汇总的显示。在“布局”选项组中单击“分类汇总”下拉按钮，选择“在组的底部显示所有分类汇总”选项，如图4-58所示。

Step 04 查看分类汇总的显示效果。数据透视表中每个分组的底部随即出现分类汇总，如图4-59所示。

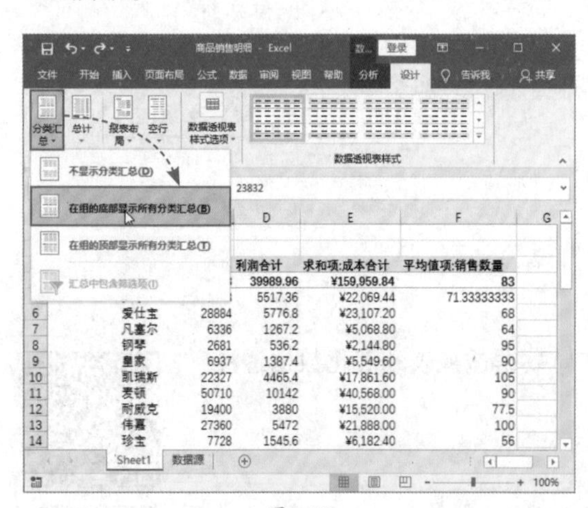

图4-58

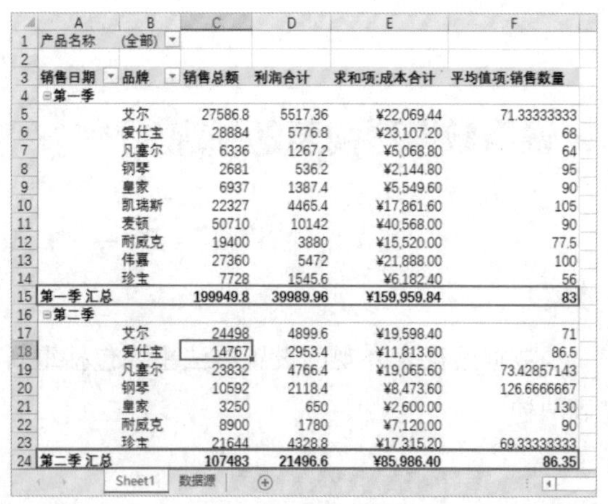

销售日期	品牌	销售总额	利润合计	求和项:成本合计	平均值项:销售数量
产品名称	(全部)				
第一季					
	艾尔	27586.8	5517.36	¥22,069.44	71.33333333
	爱仕宝	28884	5776.8	¥23,107.20	68
	凡塞尔	6336	1267.2	¥5,068.80	64
	钢琴	2681	536.2	¥2,144.80	95
	皇家	6937	1387.4	¥5,549.60	90
	凯瑞斯	22327	4465.4	¥17,861.60	105
	麦顿	50710	10142	¥40,568.00	90
	耐威克	19400	3880	¥15,520.00	77.5
	伟嘉	27360	5472	¥21,888.00	100
	珍宝	7728	1545.6	¥6,182.40	56
第一季 汇总		199949.8	39989.96	¥159,959.84	83
第二季					
	艾尔	24498	4899.6	¥19,598.40	71
	爱仕宝	14767	2953.4	¥11,813.60	86.5
	凡塞尔	23832	4766.4	¥19,065.60	73.42857143
	钢琴	10592	2118.4	¥8,473.60	126.6666667
	皇家	3250	650	¥2,600.00	130
	耐威克	8900	1780	¥7,120.00	90
	珍宝	21644	4328.8	¥17,315.20	69.33333333
第二季 汇总		107483	21496.6	¥85,986.40	86.35

图4-59

Step 05 执行插入空行命令。在“布局”选项组中单击“空行”下拉按钮，从下拉列表中选择“在每个项目后插入空行”选项，如图4-60所示。

Step 06 每组之后插入空行的效果。在数据透视表中的每个分组下方均插入了空行，如图4-61所示。

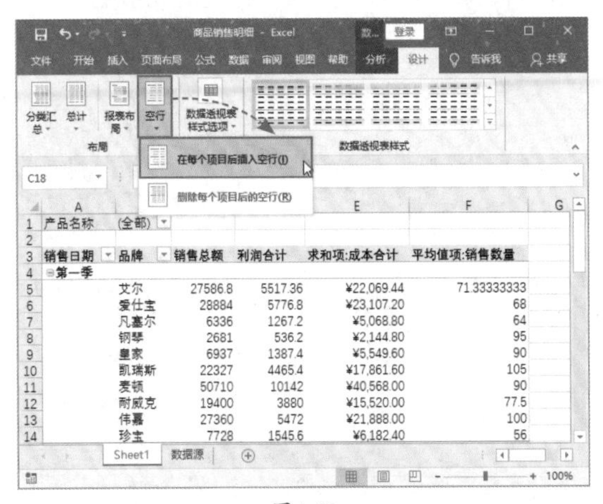

	A	B	C	D	E	F
1	产品名称	(全部)				
2						
3	销售日期	品牌	销售总额	利润合计	求和项:成本合计	平均值项:销售数量
4	第一季					
5		艾尔	27586.8	5517.36	¥22,069.44	71.33333333
6		爱仕宝	28884	5776.8	¥23,107.20	68
7		凡塞尔	6336	1267.2	¥5,068.80	64
8		钢琴	2681	536.2	¥2,144.80	95
9		皇家	6937	1387.4	¥5,549.60	90
10		凯瑞斯	22327	4465.4	¥17,861.60	105
11		麦顿	50710	10142	¥40,568.00	90
12		耐威克	19400	3880	¥15,520.00	77.5
13		伟嘉	27360	5472	¥21,888.00	100
14		珍宝	7728	1545.6	¥6,182.40	56

图4-60

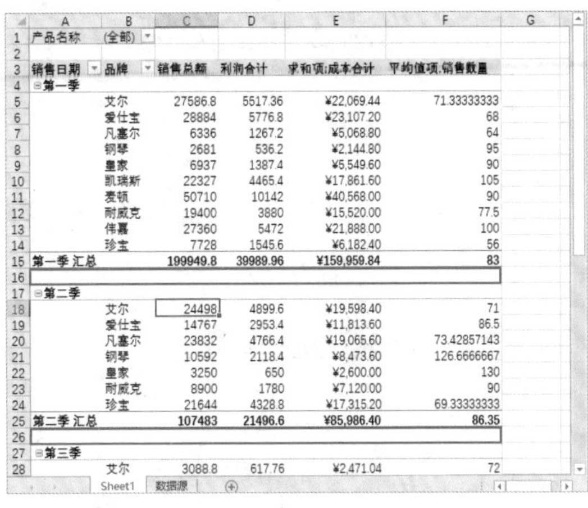

	A	B	C	D	E	F
1	产品名称	(全部)				
2						
3	销售日期	品牌	销售总额	利润合计	求和项:成本合计	平均值项:销售数量
4	第一季					
5		艾尔	27586.8	5517.36	¥22,069.44	71.33333333
6		爱仕宝	28884	5776.8	¥23,107.20	68
7		凡塞尔	6336	1267.2	¥5,068.80	64
8		钢琴	2681	536.2	¥2,144.80	95
9		皇家	6937	1387.4	¥5,549.60	90
10		凯瑞斯	22327	4465.4	¥17,861.60	105
11		麦顿	50710	10142	¥40,568.00	90
12		耐威克	19400	3880	¥15,520.00	77.5
13		伟嘉	27360	5472	¥21,888.00	100
14		珍宝	7728	1545.6	¥6,182.40	56
15	第一季 汇总		199949.8	39989.96	¥159,959.84	83
16						
17	第二季					
18		艾尔	24498	4899.6	¥19,598.40	71
19		爱仕宝	14767	2953.4	¥11,813.60	86.5
20		凡塞尔	23832	4766.4	¥19,065.60	73.42857143
21		钢琴	10592	2118.4	¥8,473.60	126.6666667
22		皇家	3250	650	¥2,600.00	130
23		耐威克	8900	1780	¥7,120.00	90
24		珍宝	21644	4328.8	¥17,315.20	69.33333333
25	第二季 汇总		107483	21496.6	¥85,986.40	86.35
26						
27	第三季					
28		艾尔	3088.8	617.76	¥2,471.04	72

图4-61

2．套用数据透视表样式

套用数据透视表样式能够改变数据透视表的外观，使数据透视表看起来更美观。

Step 01 **选择数据透视表的样式。**选中数据透视表中的任意单元格，打开“数据透视表工具-设计”选项卡，在“数据透视表样式”选项组中单击“其他”按钮，展开所有数据透视表样式，从中选择一个满意的样式即可，如图4-62所示。

Step 02 **查看数据透视表样式的应用效果。**数据透视表随即应用所选样式，如图4-63所示。

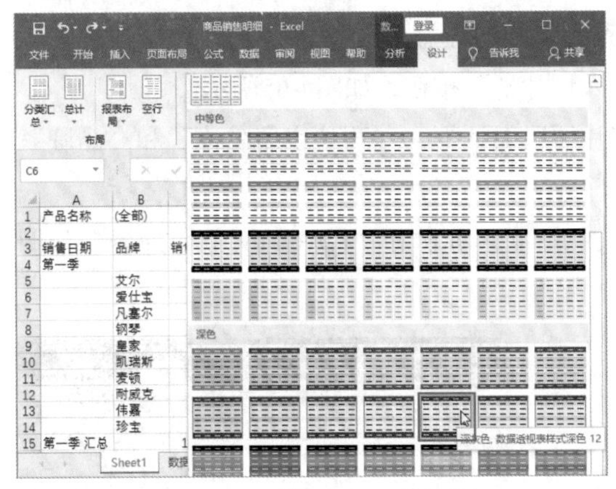

图4-62

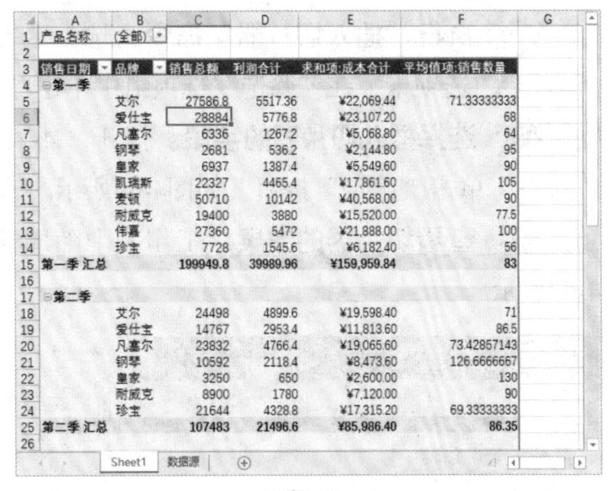

	A	B	C	D	E	F
1	产品名称	(全部)				
2						
3	销售日期	品牌	销售总额	利润合计	求和项:成本合计	平均值项:销售数量
4	第一季					
5		艾尔	27586.8	5517.36	¥22,069.44	71.33333333
6		爱仕宝	28884	5776.8	¥23,107.20	68
7		凡塞尔	6336	1267.2	¥5,068.80	64
8		钢琴	2681	536.2	¥2,144.80	95
9		皇家	6937	1387.4	¥5,549.60	90
10		凯瑞斯	22327	4465.4	¥17,861.60	105
11		麦顿	50710	10142	¥40,568.00	90
12		耐威克	19400	3880	¥15,520.00	77.5
13		伟嘉	27360	5472	¥21,888.00	100
14		珍宝	7728	1545.6	¥6,182.40	56
15	第一季 汇总		199949.8	39989.96	¥159,959.84	83
16						
17	第二季					
18		艾尔	24498	4899.6	¥19,598.40	71
19		爱仕宝	14767	2953.4	¥11,813.60	86.5
20		凡塞尔	23832	4766.4	¥19,065.60	73.42857143
21		钢琴	10592	2118.4	¥8,473.60	126.6666667
22		皇家	3250	650	¥2,600.00	130
23		耐威克	8900	1780	¥7,120.00	90
24		珍宝	21644	4328.8	¥17,315.20	69.33333333
25	第二季 汇总		107483	21496.6	¥85,986.40	86.35
26						

图4-63

知识拓展

套用内置的数据透视表样式时，还可以通过“数据透视表样式选项”选项组中的四个复选框控制行、列标题的填充及边框线的显示与隐藏，如图4-64所示。

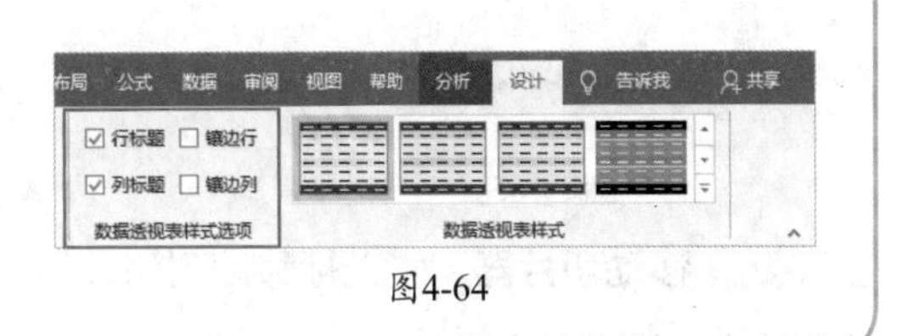

图4-64

■4.5.4 筛选工具的应用

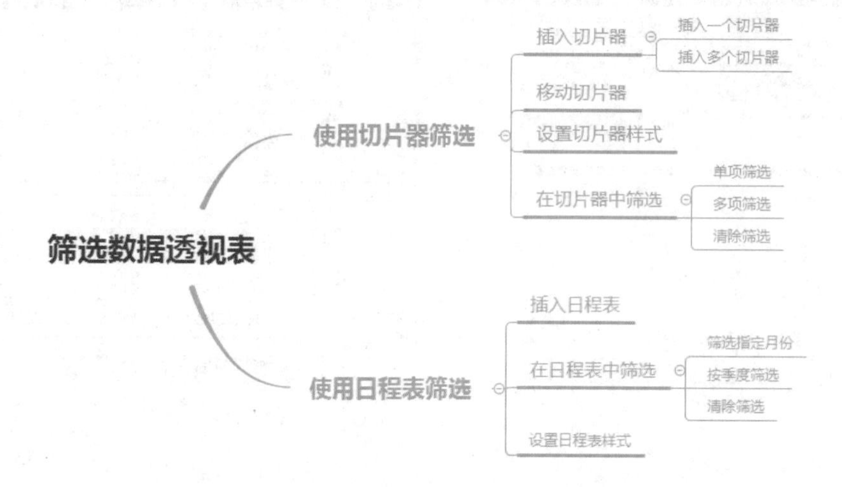

除了在筛选字段中筛选数据外，Excel还有更强大的筛选工具，那就是切片器和日程表。

扫码观看视频

1．使用切片器筛选数据透视表

切片器能够直接、快速地筛选数据透视表中的数据，并且其创建和操作方法都十分简单。

Step 01 执行“插入切片器”命令。选中数据透视表中的任意单元格，打开“数据透视表工具-分析”选项卡，在“筛选”选项组中单击“插入切片器”按钮，如图4-65所示。

Step 02 选择插入切片器的字段。打开“插入切片器”对话框，勾选“产品名称”和“品牌”复选框，单击“确定”按钮，如图4-66所示。

Step 03 查看切片器的效果。工作表中随即插入“产品名称”和“品牌”两个切片器，如图4-67所示。

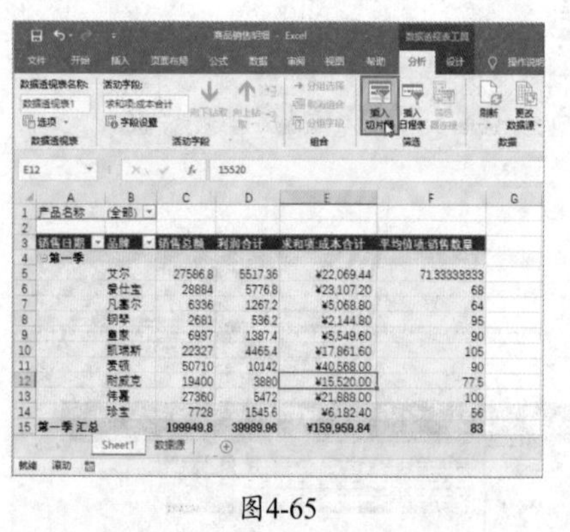

图4-65

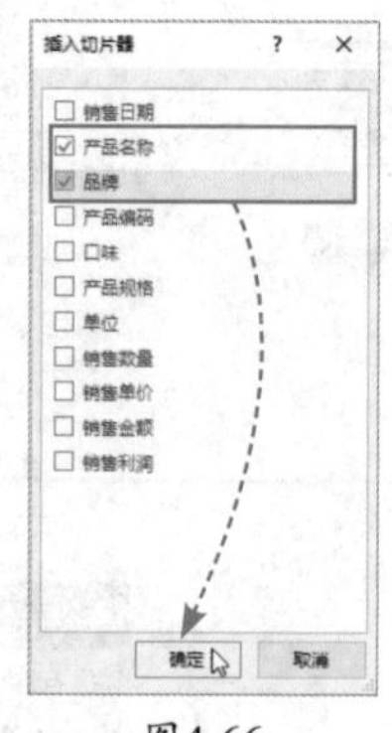

图4-66

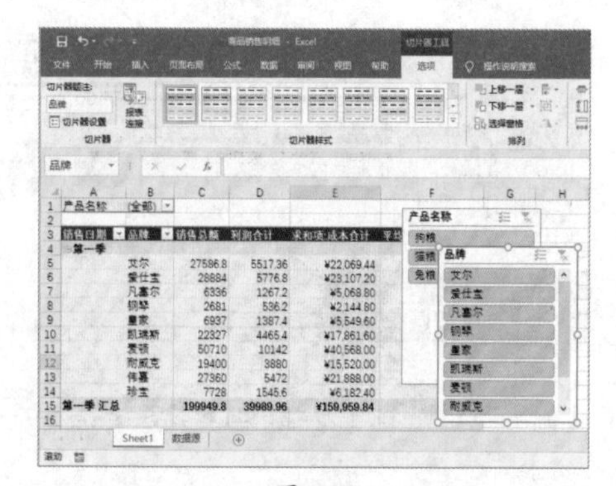

图4-67

Step 04 移动切片器。将光标移动到切片器上方，按住鼠标左键，拖动鼠标将切片器移动到合适的位置，如图4-68所示。

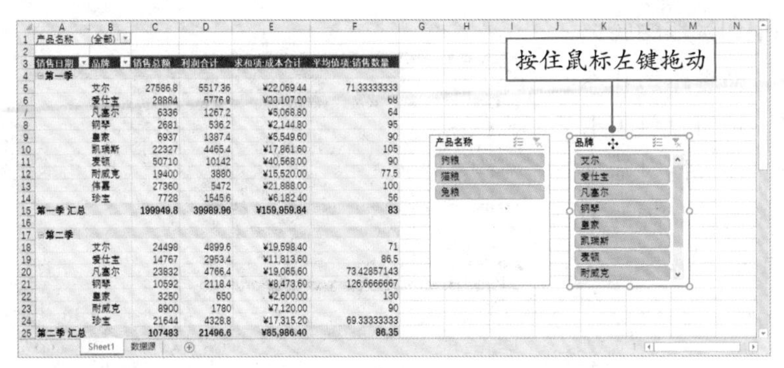

图4-68

Step 05 **设置切片器样式。**分别选中两个切片器，在“切片器工具-选项”选项卡的“切片器样式”选项组中选择合适的样式，然后选中“品牌”切片器，在“按钮”选项组中的“列”数值框中输入“2”并按下Enter键，将该切片器中的按钮分成两列显示，如图4-69所示。

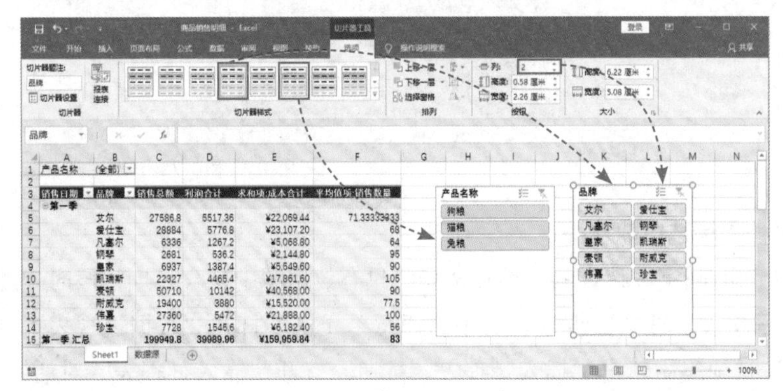

图4-69

Step 06 **使用切片器筛选。**在“产品名称”切片器中单击“狗粮”按钮，在“品牌”切片器中单击“耐威克”按钮，数据透视表中随即筛选出所有耐威克品牌的狗粮销售数据，如图4-70所示。

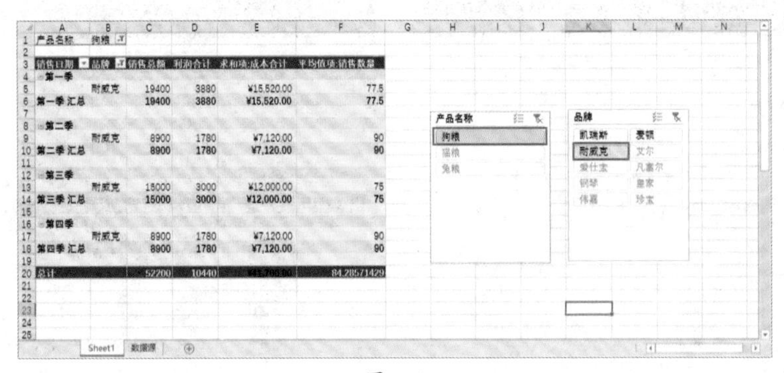

图4-70

Step 07 在一个切片器中筛选多项数据。在“品牌”切片器中单击“多选”按钮，再单击“麦顿”按钮，即可同时筛选出耐威克和麦顿两种品牌的狗粮销售数据，如图4-71所示。

图4-71

Step 08 清除筛选。单击切片器右上角的“清除筛选器”按钮，即可清除该筛选器中的所有筛选，如图4-72所示。

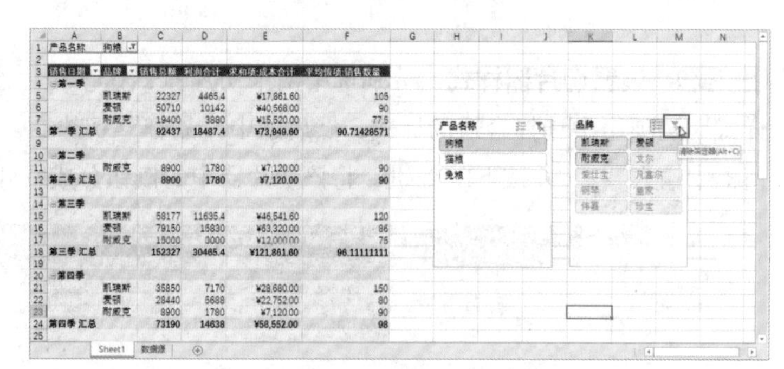

图4-72

2. 使用日程表筛选日期字段

日程表是针对时间字段特设的一种筛选器，只有数据源中包含日期字段时才能被创建。

Step 01 插入日程表。选中数据透视表中的任意单元格，打开“数据透视表工具-分析”选项卡，在“筛选”选项组中单击“插入日程表”按钮，打开“插入日程表”对话框，勾选“销售日期”复选框，单击“确定”按钮，如图4-73所示。

Step 02 查看插入日程表的效果。工作表中随即插入“销售日期”日程表，如图4-74所示。将光标移动到日程表上方，按住鼠标左键拖动鼠标将日程表移动到合适的位置。

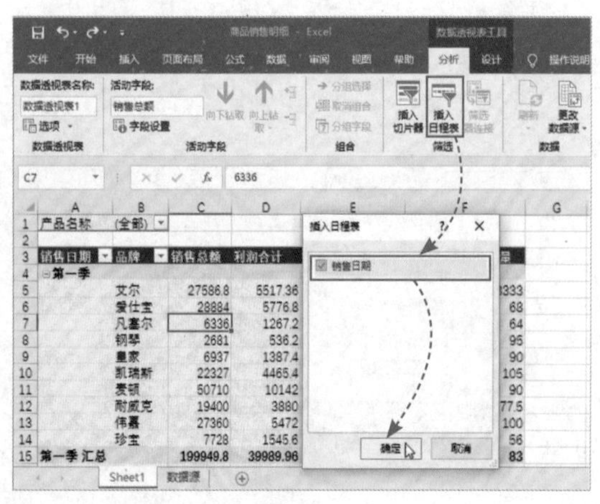

图4-73

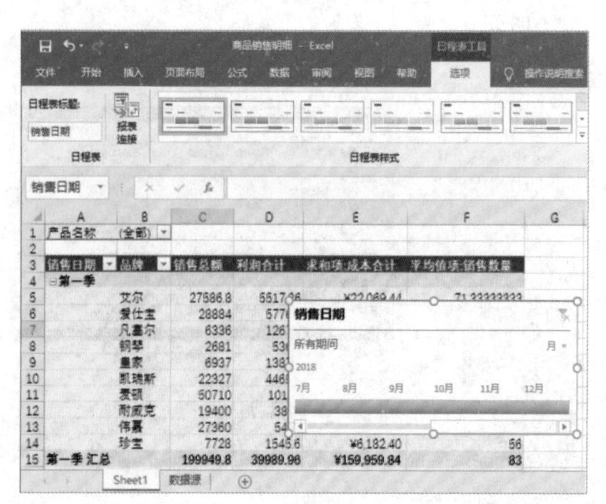

图4-74

Step 03 使用日程表筛选。在“销售日期”日程表中单击4月下方的滑块，数据透视表中随即筛选出4月份的销售数据，将光标移动到滑块右侧变成双向箭头时，按住鼠标左键向右拖动鼠标，拖动至7月时松开鼠标，数据透视表中即可同时筛选出4月至7月的销售数据，如图4-75所示。

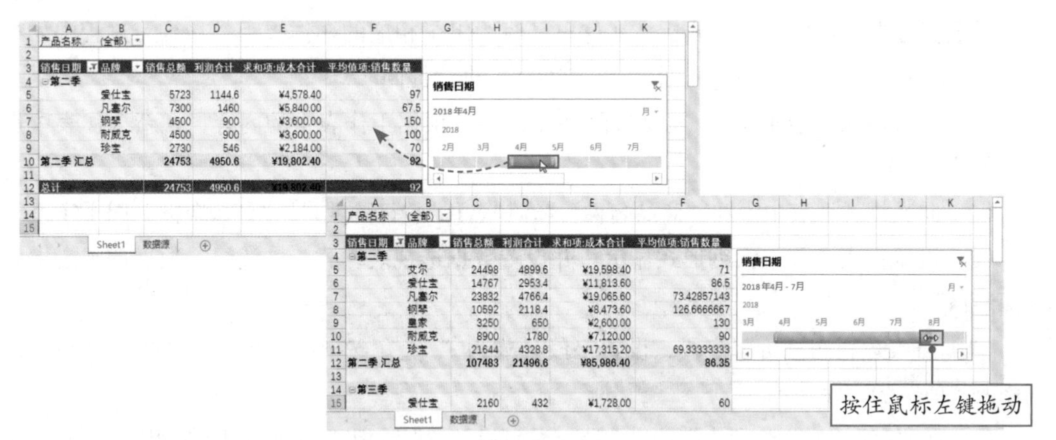

图4-75

Step 04 更改筛选按钮为“季度”。单击“销售日期”日程表中的“月”下拉按钮，在下拉列表中选择“季度”选项，如图4-76所示。

Step 05 按季度筛选日期字段。日程表中的日期筛选按钮随即按“季度”显示，单击某个季度下方的滑块即可筛选出该季度的销售数据。若要删除日程表上的筛选，单击右上角的“清除筛选器”按钮即可，如图4-77所示。

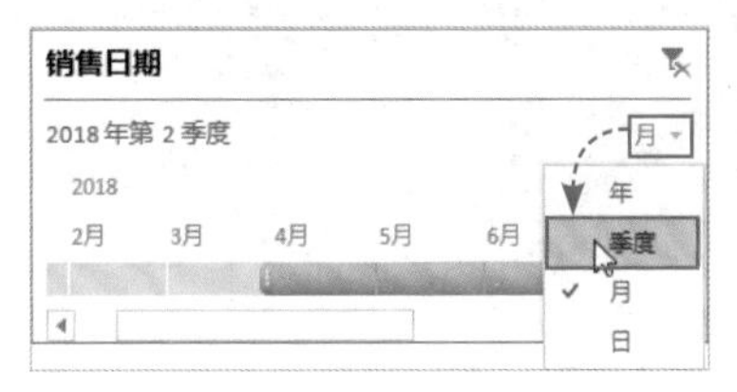

图4-76

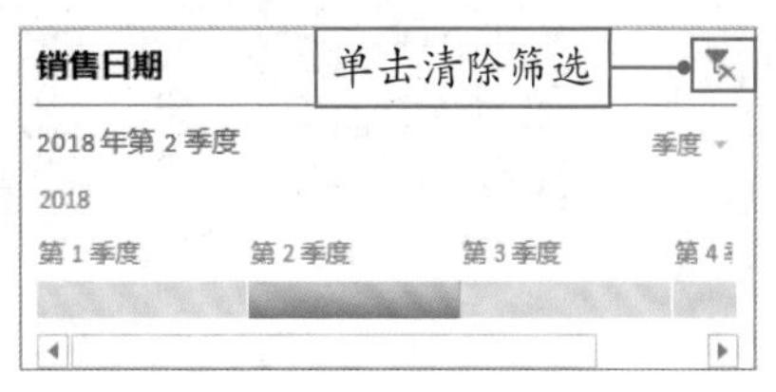

图4-77

知识拓展

选中日程表后，功能区中会自动出现“日程表工具-选项”选项卡，用户可以在该选项卡中设置日程表的标题、样式、大小、显示的元素等，如图4-78所示。

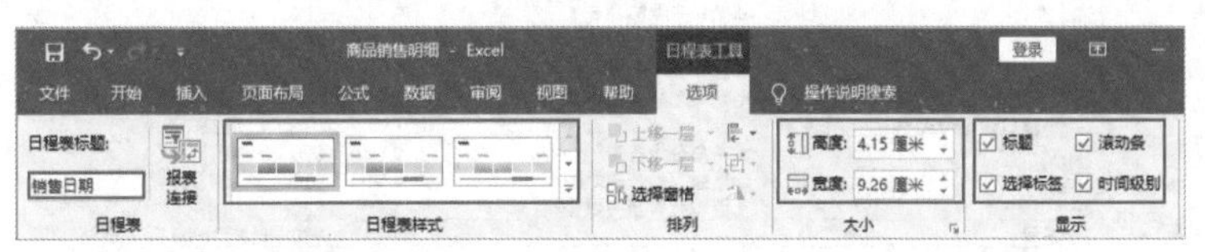

图4-78

Ⓔ课后作业

本章主要介绍了数据透视表的创建和应用，用户可以尝试利用所学知识创建数据透视表，再通过数据透视表对数据进行分析，在这里已经给出了相应的操作提示。在练习过程中如有疑问，可以加入学习交流群（QQ群号：737179838）进行提问。

（1）打开本书提供的案例“客户订单记录表”，根据工作表中的内容，在新工作表中创建空白的数据透视表。

（2）向数据透视表中添加“商品名称”“客户名称”“订购数量”“订购金额”四个字段。

（3）设置报表布局以大纲形式显示，并设置数据透视表样式为“浅绿，数据透视表样式中等深浅14”。

（4）插入“利润分析”字段，设置字段公式为“=金额*30%”，插入完成后参照最终效果图修改“值”的字段名称。

（5）在“商品名称”字段中筛选出“SK05装订机”“保险柜”“指纹识别考勤机”三项内容。

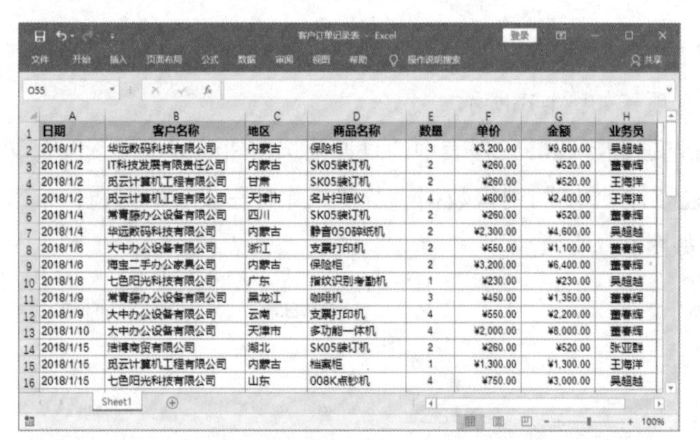

日期	客户名称	地区	商品名称	数量	单价	金额	业务员
2018/1/1	华远数码科技有限公司	内蒙古	保险柜	3	¥3,200.00	¥9,600.00	吴超越
2018/1/2	IT科技发展有限责任公司	内蒙古	SK05装订机	2	¥260.00	¥520.00	董春辉
2018/1/2	觅云计算机工程有限公司	甘肃	SK05装订机	2	¥260.00	¥520.00	王海洋
2018/1/2	觅云计算机工程有限公司	天津市	名片扫描仪	4	¥600.00	¥2,400.00	王海洋
2018/1/4	常青藤办公设备有限公司	四川	SK05装订机	2	¥260.00	¥520.00	董春辉
2018/1/4	华远数码科技有限公司	内蒙古	静音050碎纸机	2	¥2,300.00	¥4,600.00	吴超越
2018/1/6	大中办公设备有限公司	浙江	支票打印机	2	¥550.00	¥1,100.00	董春辉
2018/1/6	海宝二手办公家具公司	内蒙古	保险柜	2	¥3,200.00	¥6,400.00	董春辉
2018/1/8	七色阳光科技有限公司	广东	指纹识别考勤机	1	¥230.00	¥230.00	吴超越
2018/1/9	常青藤办公设备有限公司	黑龙江	咖啡机	3	¥450.00	¥1,350.00	董春辉
2018/1/9	大中办公设备有限公司	云南	支票打印机	4	¥550.00	¥2,200.00	董春辉
2018/1/10	大中办公设备有限公司	天津市	多功能一体机	4	¥2,000.00	¥8,000.00	董春辉
2018/1/15	浩博商贸有限公司	湖北	SK05装订机	2	¥260.00	¥520.00	张亚群
2018/1/15	觅云计算机工程有限公司	内蒙古	档案柜	1	¥1,300.00	¥1,300.00	王海洋
2018/1/15	七色阳光科技有限公司	山东	008K点钞机	4	¥750.00	¥3,000.00	吴超越

初始效果

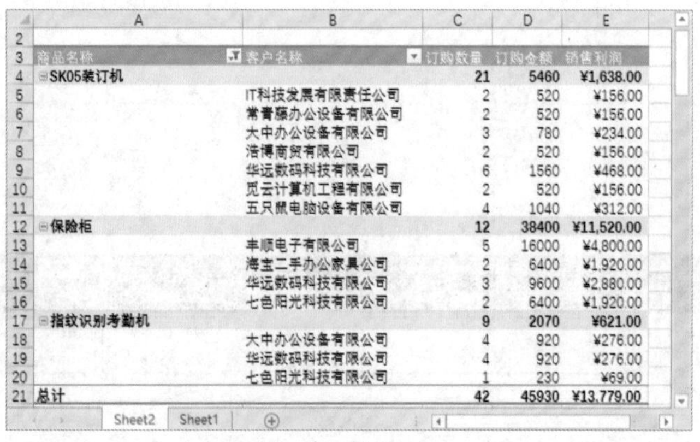

商品名称	客户名称	订购数量	订购金额	销售利润
SK05装订机		**21**	**5460**	**¥1,638.00**
	IT科技发展有限责任公司	2	520	¥156.00
	常青藤办公设备有限公司	2	520	¥156.00
	大中办公设备有限公司	3	780	¥234.00
	浩博商贸有限公司	2	520	¥156.00
	华远数码科技有限公司	6	1560	¥468.00
	觅云计算机工程有限公司	2	520	¥156.00
	五只鼠电脑设备有限公司	4	1040	¥312.00
保险柜		**12**	**38400**	**¥11,520.00**
	丰顺电子有限公司	5	16000	¥4,800.00
	海宝二手办公家具公司	2	6400	¥1,920.00
	华远数码科技有限公司	3	9600	¥2,880.00
	七色阳光科技有限公司	2	6400	¥1,920.00
指纹识别考勤机		**9**	**2070**	**¥621.00**
	大中办公设备有限公司	4	920	¥276.00
	华远数码科技有限公司	4	920	¥276.00
	七色阳光科技有限公司	1	230	¥69.00
总计		42	45930	¥13,779.00

最终效果

Excel

第 5 章

Excel 的灵魂伴侣——公式与函数

Excel除了可以进行数据存储和分析外，其计算能力也是十分强大的，Excel中的计算主要靠公式与函数完成。常见的计算包括求和、求平均值、排名、计数、求最大值或最小值等。函数的类型也分很多种，如逻辑函数、文本函数、查找与引用函数、数学和三角函数函数、财务函数等。本章内容将对公式和函数的应用进行详细的介绍。

Ⓔ 思维导图

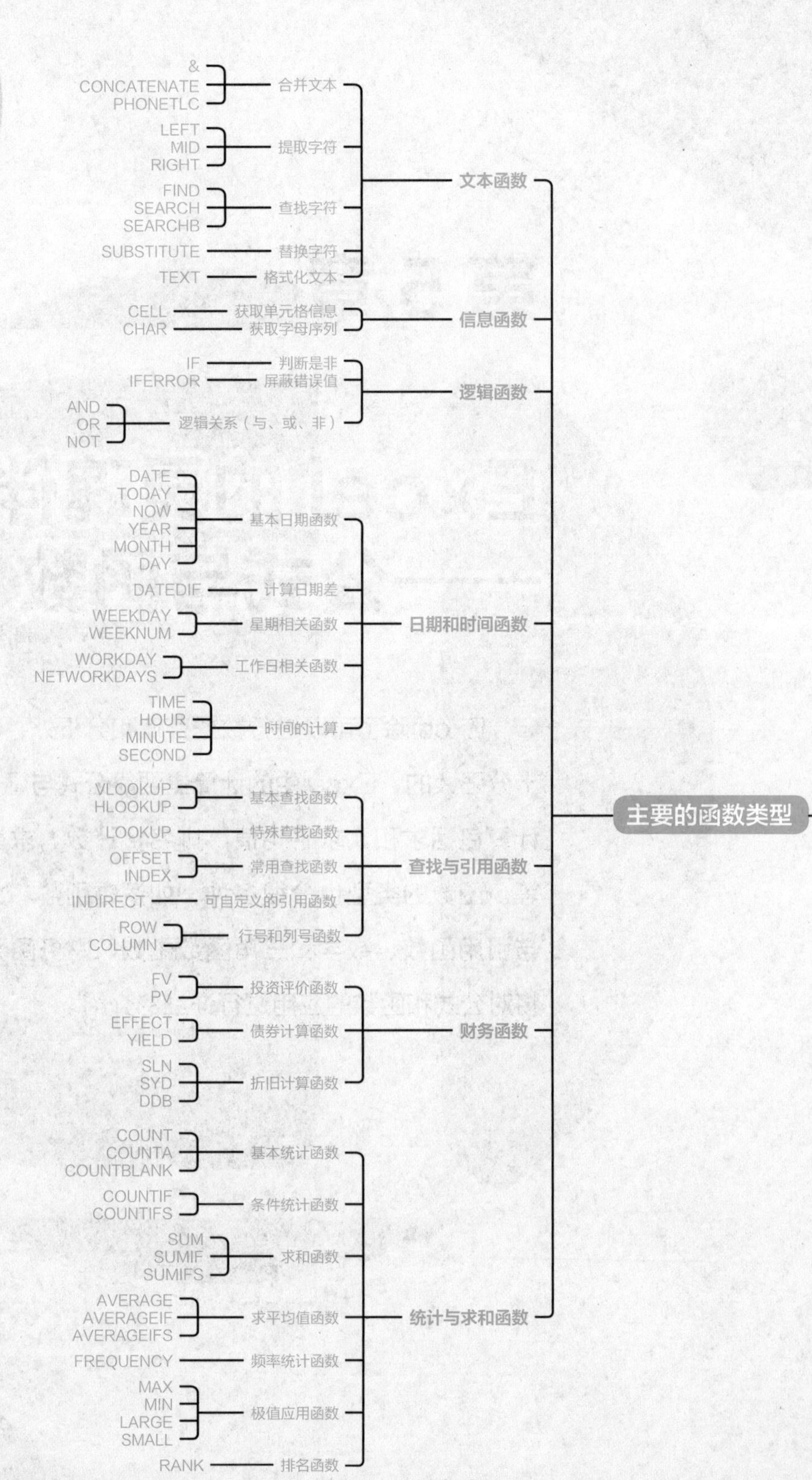

主要的函数类型
文本函数
合并文本
&
CONCATENATE
PHONETLC
提取字符
LEFT
MID
RIGHT
查找字符
FIND
SEARCH
SEARCHB
替换字符
SUBSTITUTE
格式化文本
TEXT
信息函数
获取单元格信息
CELL
获取字母序列
CHAR
逻辑函数
判断是非
IF
屏蔽错误值
IFERROR
逻辑关系（与、或、非）
AND
OR
NOT
日期和时间函数
基本日期函数
DATE
TODAY
NOW
YEAR
MONTH
DAY
计算日期差
DATEDIF
星期相关函数
WEEKDAY
WEEKNUM
工作日相关函数
WORKDAY
NETWORKDAYS
时间的计算
TIME
HOUR
MINUTE
SECOND
查找与引用函数
基本查找函数
VLOOKUP
HLOOKUP
特殊查找函数
LOOKUP
常用查找函数
OFFSET
INDEX
可自定义的引用函数
INDIRECT
行号和列号函数
ROW
COLUMN
财务函数
投资评价函数
FV
PV
债券计算函数
EFFECT
YIELD
折旧计算函数
SLN
SYD
DDB
统计与求和函数
基本统计函数
COUNT
COUNTA
COUNTBLANK
条件统计函数
COUNTIF
COUNTIFS
求和函数
SUM
SUMIF
SUMIFS
求平均值函数
AVERAGE
AVERAGEIF
AVERAGEIFS
频率统计函数
FREQUENCY
极值应用函数
MAX
MIN
LARGE
SMALL
排名函数
RANK

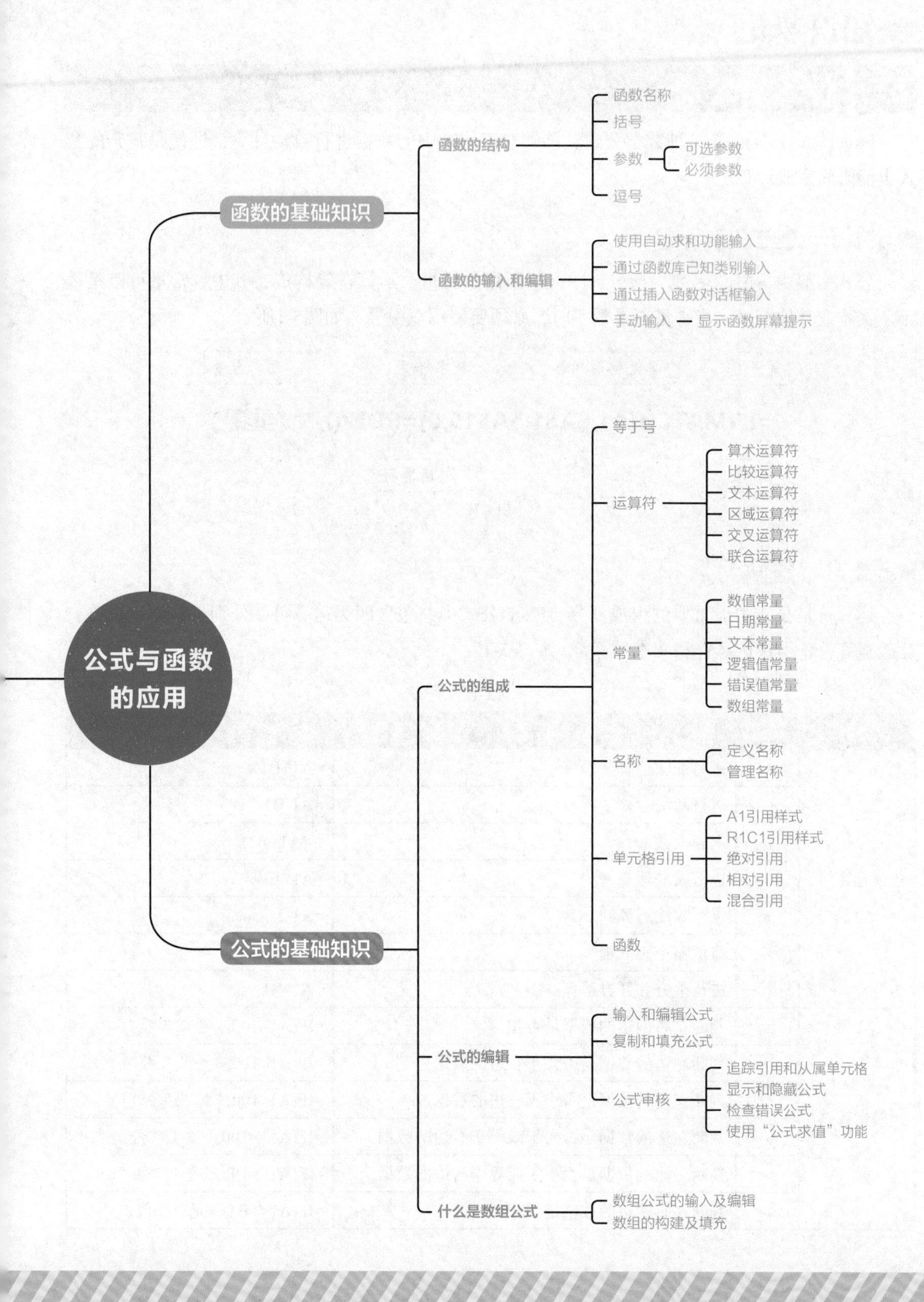

公式与函数的应用
函数的基础知识
函数的结构
函数名称
括号
参数
可选参数
必须参数
逗号
函数的输入和编辑
使用自动求和功能输入
通过函数库已知类别输入
通过插入函数对话框输入
手动输入
显示函数屏幕提示
公式的基础知识
公式的组成
等于号
运算符
算术运算符
比较运算符
文本运算符
区域运算符
交叉运算符
联合运算符
常量
数值常量
日期常量
文本常量
逻辑值常量
错误值常量
数组常量
名称
定义名称
管理名称
单元格引用
A1引用样式
R1C1引用样式
绝对引用
相对引用
混合引用
函数
公式的编辑
输入和编辑公式
复制和填充公式
公式审核
追踪引用和从属单元格
显示和隐藏公式
检查错误公式
使用“公式求值”功能
什么是数组公式
数组公式的输入及编辑
数组的构建及填充

知识速记

5.1 什么是公式

Excel公式其实也是一种数学公式，能够对工作表中的数据进行自动计算，即使是复杂的公式也能瞬间完成计算。

5.1.1 公式的结构

公式一般由等号、函数、括号、单元格引用、常量、运算符等构成，其中，常量可以是数字、文本或其他符号。当常量不是数字时，必须要使用双引号，如图5-1所示。

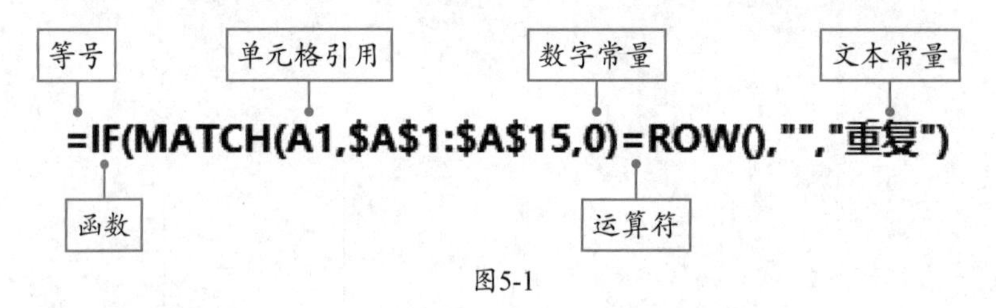

图5-1

5.1.2 理解运算符

运算符是公式中最重要的组成部分，Excel公式中共包含四类运算符，分别是数学运算符、比较运算符、引用运算符和文本运算符，见表5-1。

表5-1

类型	符号	含义	示例
数学运算符	+	进行加法运算	=A1+B1
	-	进行减法运算	=A1-B1
		求相反数	=-(A1+B1)
	*	进行乘法运算	=A1*10
	/	进行除法运算	=A1/2
	%	将值缩小 100 倍	=A1*10%
	^	进行乘方和开方运算	=A1^B1
比较运算符	=	判断左右两边的数据是否相等	=IF(A1=100, " 是 ", " 否 ")
	>	判断左边的数据是否大于右边的数据	=IF(A1>100, " 是 ", " 否 ")
	<	判断左边的数据是否小于右边的数据	=IF(A1<100, " 是 ", " 否 ")
	>=	判断左边的数据是否大于或等于右边的数据	=IF(A1>=100, " 是 ", " 否 ")
	<=	判断左边的数据是否小于或等于右边的数据	=IF(A1<=100, " 是 ", " 否 ")
	<>	判断左右两边的数据是否相等	=IF(A1<>B1, " 是 ", " 否 ")

（续表）

类型	符号	含义	示例
引用运算符	:	对两个引用之间（包括两个引用在内）的所有单元格进行引用	=SUM(A1:B10)
	空格	对两个相交叉的引用区域进行引用	=SUM(A1:C5 B1:D5)
	,	将多个引用合并为一个引用	=SUM(A1:C5,D3:E7)
文本运算符	&	将两个文本连接在一起形成一个连续的文本	=A1&B1

5.1.3　公式运算的次序

Excel公式的运算规律和数学公式相同，先算乘除，再算加减，有括号的先算括号内的，同级运算从左向右计算，如图5-2所示。

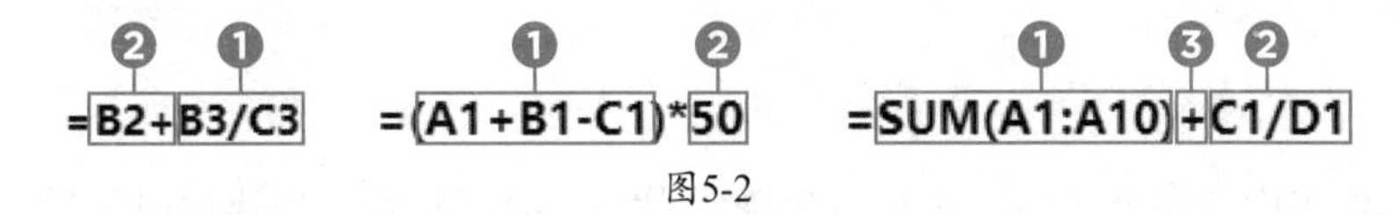

图5-2

5.1.4　公式的输入

要想提高公式的输入速度，最重要的是要懂得如何引用单元格，另外一点必须要强调的是，等号必须在公式的开始处输入而非末尾处。

例如，计算某个区域中数值的和，在公式中手动输入每个单元格中的具体数值是十分不可取的，因为这样不仅低效，而且容易出错，是吃力不讨好的典范，如图5-3所示。正确的操作方法是直接引用数值所在的单元格。输入等号之后，直接单击某个单元格便可将该单元格名称输入到公式中，这就是所谓的单元格引用，公式中的运算符需要手动输入，如图5-4所示。公式输入完成后，按Enter键便可自动计算出结果。

	A	B	C	D	E
1	产品名称	7月销量	8月销量		
2	华为	25000	50000		
3	荣耀	27000	18000		
4	小米	48000	90000		
5	oppo	26820	20860		
6	vivo	24850	42600		
7	魅族	115200	57600		×
8	合计	=25000+27000+48000+26820+24850+115200			

图5-3

	A	B	C	D
1	产品名称	7月销量	8月销量	
2	华为	25000	50000	
3	荣耀	27000	18000	
4	小米	48000	90000	
5	oppo	26820	20860	
6	vivo	24850	42600	
7	魅族	115200	57600	
8	合计	=B2+B3+B4+B5+B6+B7	√	

图5-4

知识拓展

确认公式输入的方式有很多种，除了按Enter键外，还可以按组合键Ctrl+Enter或单击编辑栏右侧的“输入”按钮。

■5.1.5 复制公式

扫码观看视频

复制公式的方法和复制普通数据一样，操作方法一般分为两种，分别为复制（图5-5）和填充（图5-6）。

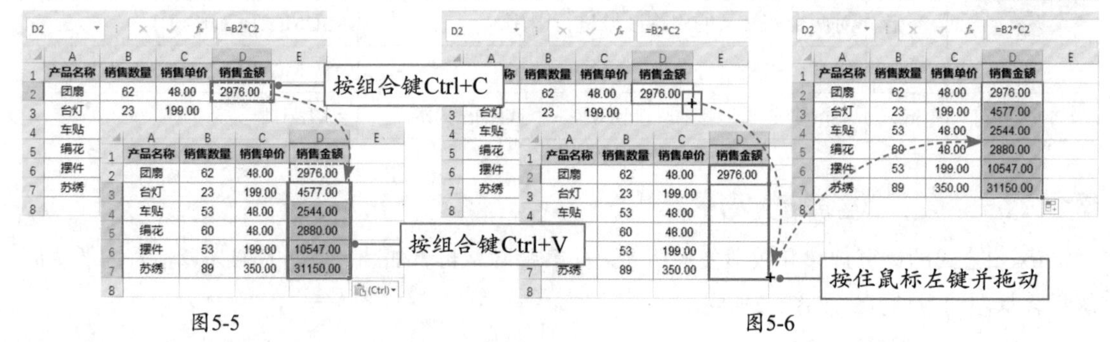

图5-5　　图5-6

■5.1.6 公式中常见的错误类型

经常在工作表中使用公式时，难免会出现错误，一般当公式出现错误时，单元格中的数据会以错误代码的形式显示。根据不同的错误类型，可以将错误代码分为以下几种，见表5-2。

表5-2

错误值	错误类型
#DIV/0	除以 0 所得值，或者在除法公式中分母指定为空白单元格
#NAME?	利用不能定义的名称，或者名称输入错误或文本没有加双引号
#VALUE!	参数的数据格式错误，或者函数中使用的变量或参数类型错误
#REF!	公式中引用了一个无效的单元格
#N/A	参数中没有输入必须的数值，或者查找与引用函数中没有匹配检索的数据
#NUM!	参数中指定的数值过大或过小，函数不能计算正确的答案
#NULL!	根据引用运算符指定公用区域的两个单元格区域，但共用区域不存在

5.2 单元格引用

单元格引用是Excel公式中最主要的组成部分之一。单元格引用共包含三种形式，分别是相对引用、绝对引用和混合引用。

■5.2.1 相对引用

相对引用是最常见的引用形式，“=A1”的引用形式就是相对引用，如图5-7所示。相对引用时公式与单元格的位置是相对的，单元格引用会随着公式的移动自动改变，如图5-8所示。

相对引用

图5-7

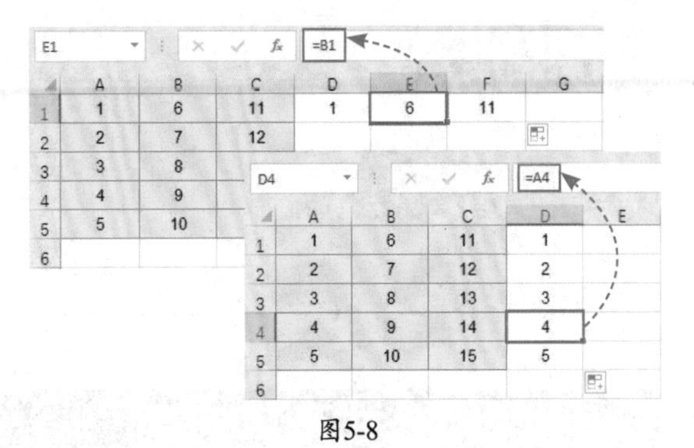

图5-8

5.2.2　绝对引用

“=$A$1”这种引用形式是绝对引用，如图5-9所示。绝对引用非常好辨认，只要单元格地址的行号和列标前添加了“$”符号，就是绝对引用。“$”符号就像一把锁，将引用的单元格锁定住。不管公式被复制到哪里，公式中引用的单元格都不会变化，如图5-10所示。

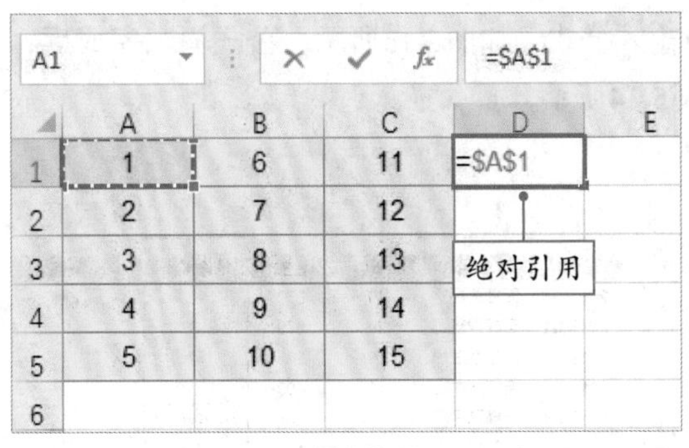

图5-9

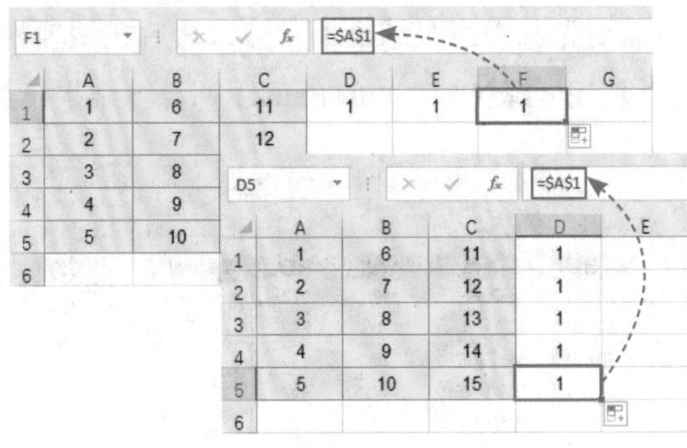

图5-10

5.2.3　混合引用

“=A$1”和“=$A1”这两种引用形式都是混合引用，如图5-11所示。混合引用是相对引用和绝对引用的混合体。当发生位移时，只有未被锁定的部分会发生变化，如图5-12所示。

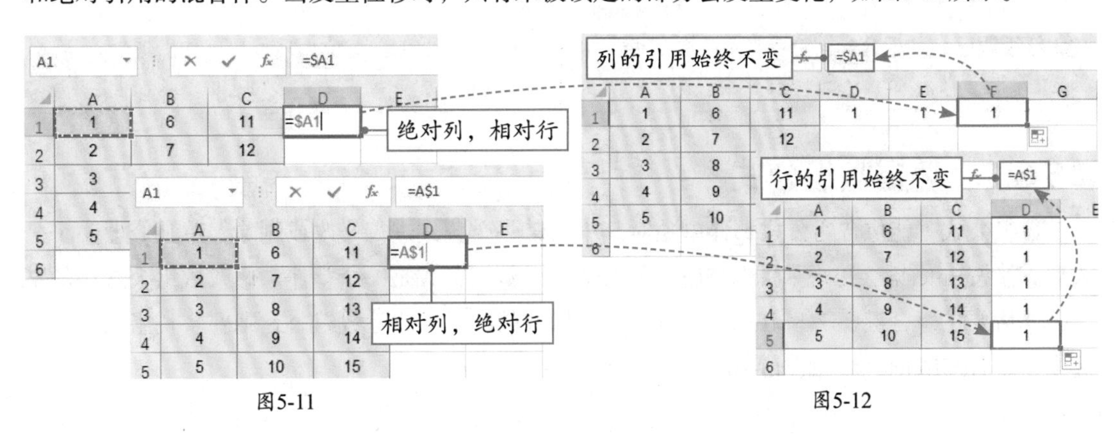

图5-11　　图5-12

知识拓展

输入绝对引用或混合引用的单元格时，可以使用F4键快速输入绝对值符号。按一下F4键，引用的单元格变成绝对引用；按两下F4键，变成相对列、绝对行的引用；按三下F4键，变成绝对列、相对行的引用；按四下F4键，恢复相对引用。

5.3 数组公式及其应用

数组是由一个或多个元素按照行列排列方式组成的集合。数据元素可以是数值、文本、日期、错误值、逻辑值等。

■5.3.1 创建数组公式

利用数组公式可以同时计算一组或多组数据，并返回一个或多个计算结果。创建数组公式前需要先选中所有结果单元格，然后在编辑栏中输入公式，如图5-13所示。公式输入完成后，必须按组合键Ctrl+Shift+Enter返回计算结果，如图5-14所示。

H3 =E3:E13*H3

日期	产品	数量	金额	销售成本		利润
2013/1/1	无糖高钙奶	19	377	=E3:E13*H3		30%
2013/1/1	营养早餐奶	20	879			
2013/1/2	高钙学生奶	18	240			
2013/1/2	全脂鲜牛奶	19	403			
2013/1/4	无糖高钙奶	19	69			
2013/1/5	全脂鲜牛奶	18	138			
2013/1/5	无糖高钙奶	17	951			
2013/1/6	全脂鲜牛奶	20	895			
2013/1/6	营养早餐奶	18	190			
2013/1/7	营养早餐奶	17	712			
2013/1/7	全脂鲜牛奶	20	51			

图5-13

F3 {=E3:E13*H3}

日期	产品	数量	金额	销售成本		利润
2013/1/1	无糖高钙奶	19	377	113.1		30%
2013/1/1	营养早餐奶	20	879	263.7		
2013/1/2	高钙学生奶	18	240	72		
2013/1/2	全脂鲜牛奶	19	403	120.9		
2013/1/4	无糖高钙奶	19	69	20.7		
[illegible]	[illegible]	[illegible]	138	41.4		
[illegible]	[illegible]	[illegible]	[illegible]	285.3		
2013/1/6	全脂鲜牛奶	20	895	268.5		
2013/1/6	营养早餐奶	18	190	57		
2013/1/7	营养早餐奶	17	712	213.6		
2013/1/7	全脂鲜牛奶	20	51	15.3		

按组合键Ctrl+Shift+Enter

图5-14

● **新手误区：**数组公式创建完成后，公式两侧会出现大括号（{}）。这个大括号是自动形成的，手动输入无效。

■5.3.2 编辑数组公式

数组公式不能像普通公式那样单独对其中的某一个公式进行修改或删除，单独修改一个公式后直接按Enter键会出现如图5-15所示的对话框。数组公式是一个整体。修改数组公式中的某个公式后要按组合键Ctrl+Shift+Enter返回整组修改的结果。删除数组公式则要将整组数组公式选中，然后按Delete键，如图5-16所示。

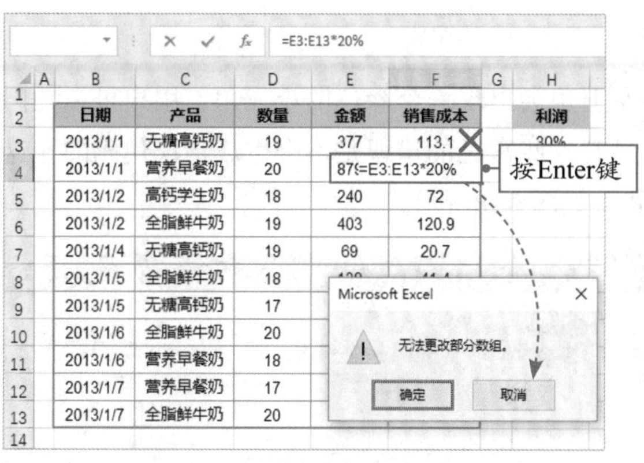

图5-15

	日期	产品	数量	金额	销售成本		利润
3	2013/1/1	无糖高钙奶	19	377			30%
4	2013/1/1	营养早餐奶	20	879			
5	2013/1/2	高钙学生奶	18	240			
6	2013/1/2	全脂鲜牛奶	19	403			
7	2013/1/4	无糖高钙奶	19	69			
8	2013/1/5	全脂鲜牛奶	18	138			
9	2013/1/5	无糖高钙奶	17	951			
10	2013/1/6	全脂鲜牛奶	20	895			
11	2013/1/6	营养早餐奶	18	190			
12	2013/1/7	营养早餐奶	17	712			
13	2013/1/7	全脂鲜牛奶	20	51			

按Delete键

5-16

5.4 公式审核

为了确保数据表中公式的准确率，用户可以对公式进行一系列审核，如显示公式、自动检查错误公式、追踪公式引用的单元格等。

■5.4.1　显示公式

“公式”选项卡中包含一个“显示公式”按钮，单击该按钮，便可将工作表中所有的公式显示出来，如图5-17所示。

	客户	工单号	产品码	数量	单价	金额	利润率	利润额	成本
2	NNJ	C01-052	DS82	440	5.8	=D2*E2	0.3	=F2*G2	=F2-H2
3	NNJ	B01-018	DS83	220	6.2	=D3*E3	0.3	=F3*G3	=F3-H3
4	SQC	C01-059	DS84	216	6.5	=D4*E4	0.3	=F4*G4	=F4-H4
5	SQC	C01-060	DS85	216	6.5	=D5*E5	0.3	=F5*G5	=F5-H5
6	SQC	C01-061	DS86	114	6.5	=D6*E6	0.3	=F6*G6	=F6-H6
7	SQC	C01-062	DS87	114	6.5	=D7*E7	0.3	=F7*G7	=F7-H7
8	LSY	C02-029	SF66	200	6.5	=D8*E8	0.3	=F8*G8	=F8-H8
9	LSY	C03-020	SF67	128	6.5	=D9*E9	0.3	=F9*G9	=F9-H9
10	LSY	C03-105	SF68	502	4.3	=D10*E10	0.3	=F10*G10	=F10-H10
11	LSY	C03-106	SF69	550	4.3	=D11*E11	0.3	=F11*G11	=F11-H11
12	LSY	C03-107	SF70	502	4.3	=D12*E12	0.3	=F12*G12	=F12-H12
13	LSY	C03-108	SF71	250	7.3	=D13*E13	0.3	=F13*G13	=F13-H13
14	LSY	C01-195	SF72	150	9.5	=D14*E14	0.3	=F14*G14	=F14-H14
15	LSY	C01-196	SF73	150	9.5	=D15*E15	0.3	=F15*G15	=F15-H15
16	合计			=SUM(D2:D15)		=SUM(F2:F15)		=SUM(H2:H15)	=SUM(I2:I15)

图5-17

知识拓展

再次单击“显示公式”按钮可以恢复数据表的原始状态，将公式重新隐藏。

■5.4.2　检查错误公式

一般情况下，当公式出现错误时，单元格左上角会出现一个绿色的小三角，用户可以凭肉眼观察到哪些单元格中的公式是有问题的。但是有一些常见的错误是不会生成错误代码的，这时可以启动“错误检查”功能查找有问题的公式，如图5-18所示。

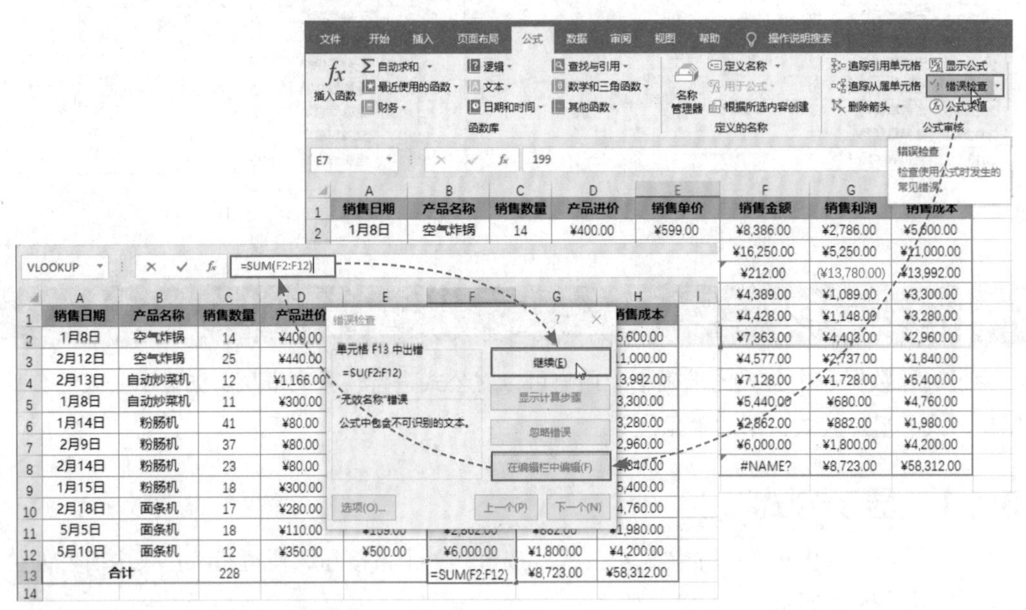

图5-18

■5.4.3　追踪引用和从属单元格

“追踪单元格”是指能够用箭头明确地表示出公式的引用或从属关系，对公式引用或从属关系的判断起到了重要的作用。在“公式”选项卡中单击“追踪引用单元格”按钮，工作表中会出现箭头指明当前的单元格受哪些单元格影响，如图5-19所示；单击“追踪从属单元格”按钮，则会出现箭头表示受当前单元格的值影响的单元格有哪些，如图5-20所示。

图5-19

图5-20

知识拓展

在“公式”选项卡的“公式审核”选项组中单击“删除箭头”按钮，即可删除所有追踪从属单元格或追踪引用单元格而产生的箭头。单击“删除箭头”右侧的下拉按钮，还可以选择只删除引用单元格追踪箭头或只删除从属单元格追踪箭头，如图5-21所示。

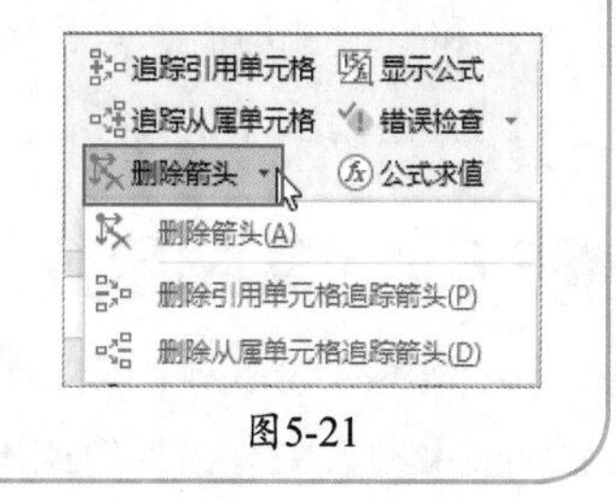

图5-21

5.5 函数基础入门

在用公式执行很长或很复杂的计算时，函数可以有效地简化和缩短公式。一般说到函数必谈公式，两者的关系密不可分。

5.5.1 什么是函数

函数由函数名称和函数参数两部分组成，函数本身其实是预定的公式，它们使用参数按照特定的顺序或结构进行计算。无论一个函数有多少参数，都应写在函数名称后面的括号里，每个参数之间用英文逗号（,）隔开，如图5-22所示。函数不能单独使用，需要在公式中才能发挥其真正的作用。

图5-22

5.5.2 函数的类型

不同版本的Excel所包含的函数种类并不相同，版本越高，所包含的函数种类越全。Excel 2019共包含13种类型的函数，分别是财务、日期和时间、数学和三角函数、统计、查找与引用、数据库、文本、逻辑、信息、工程、多维数据集、兼容和Web函数。“公式”选项卡包含了其中12种类型的函数，如图5-23所示。而“插入函数”对话框则包含了所有类型的函数，如图5-24所示。

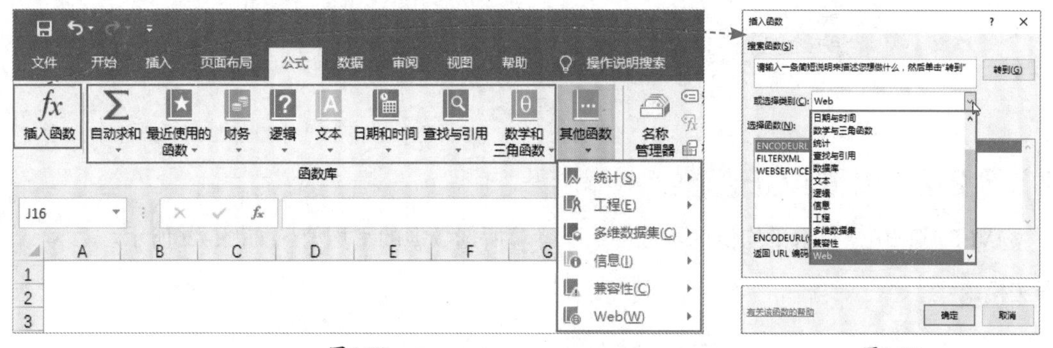

图5-23　　图5-24

5.6 常用函数的使用

求和、求平均值、求最大值或求最小值、排名等计算在Excel中十分常见，下面将对这些函数的应用进行简单的介绍。

5.6.1 SUM函数

SUM函数是求和函数，作用是返回某一单元格区域中数字、逻辑值及数字的文本表达式之和。如果参数中有错误值或不能转换成数字的文本，将会导致错误。

语法格式

SUM(number1,number2,...)

参数说明

number： 1～254个需要求和的参数。

设置参数时需要注意以下三点：

（1）逻辑值及数字的文本表达式将被计算。

（2）如果参数为数组或引用，只有其中的数字将被计算，数组或引用中的空白单元格、逻辑值、文本将被忽略。

（3）如果参数中有错误值或不能转换成数字的文本，将会导致错误。

Excel设置了“自动求和”的快捷按钮，如图5-25所示。

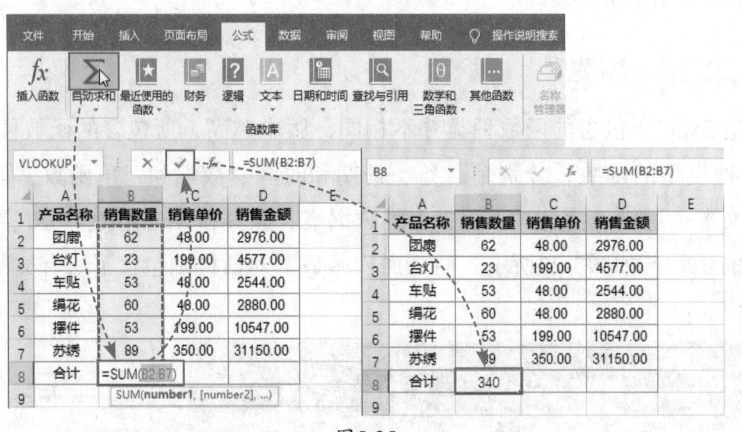

图5-25

5.6.2 AVERAGE函数

AVERAGE函数是求平均值的函数，用于计算所选数据的平均值，如图5-26所示。

语法格式

AVERAGE(number1,number2,...)

参数说明

number1, number2,...： 需要计算平均值的数值或单元格引用，最多可以设置255个参数。参数中包含空值时会自动忽略不进行计算。

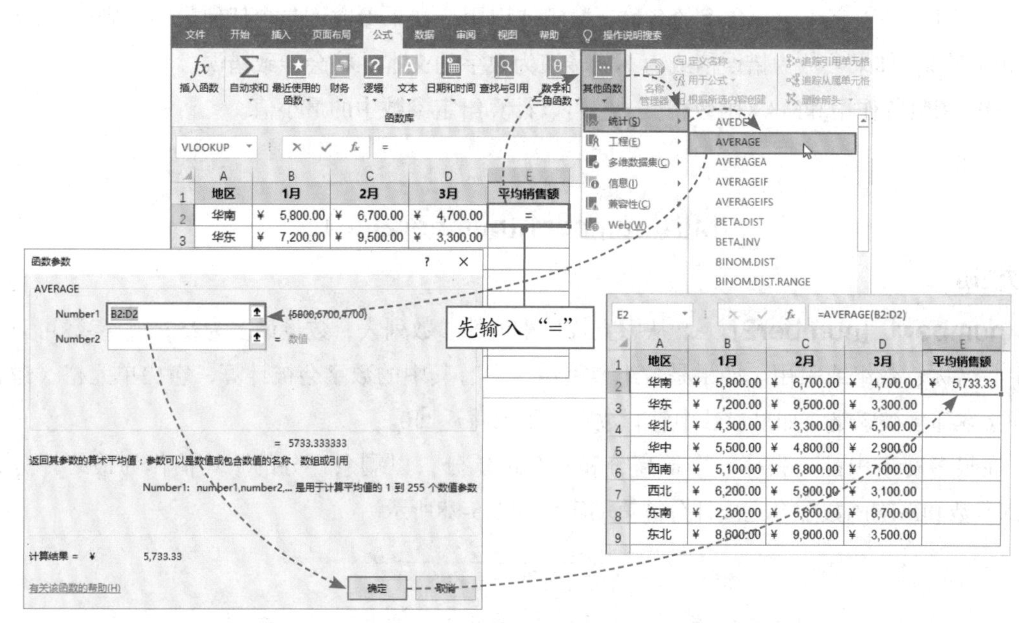

	A	B	C	D	E
1	地区	1月	2月	3月	平均销售额
2	华南	¥ 5,800.00	¥ 6,700.00	¥ 4,700.00	¥ 5,733.33
3	华东	¥ 7,200.00	¥ 9,500.00	¥ 3,300.00	
4	华北	¥ 4,300.00	¥ 3,300.00	¥ 5,100.00	
5	华中	¥ 5,500.00	¥ 4,800.00	¥ 2,900.00	
6	西南	¥ 5,100.00	¥ 6,800.00	¥ 7,000.00	
7	西北	¥ 6,200.00	¥ 5,900.00	¥ 3,100.00	
8	东南	¥ 2,300.00	¥ 6,600.00	¥ 8,700.00	
9	东北	¥ 8,600.00	¥ 9,900.00	¥ 3,500.00	

图5-26

知识拓展

“自动求和”下拉列表包含“求和”“平均值”“计数”“最大值”和“最小值”的快捷计算选项。在进行这些计算时，只要单击相应的选项即可自动输入函数和公式，实现自动计算，如图5-27所示。

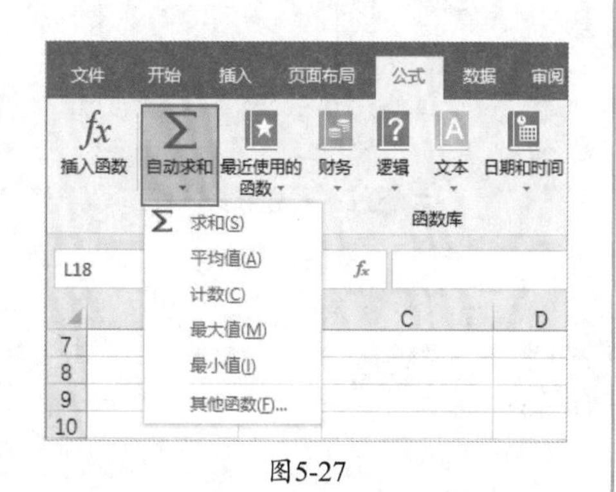

图5-27

5.6.3 MAX函数和MIN函数

扫码观看视频

MAX函数的作用是返回一组数据中的最大值。

语法格式

MAX(number1,[number2],...)

参数说明

number1： 必需参数，后续参数为可选参数，表示要从中查找最大值的参数列表，数量最多为255个。

参数可以是数字或包含数字的名称、数组或引用；如果参数不包含任何数字，则MAX函数返回0（零）；如果参数为错误值或为不能转换为数字的文本，将会导致错误。

MIN函数的作用和MAX函数相反，它可以计算给定参数中的最小值。

语法格式

MIN(number1,[number2],...)

参数说明

number1, [number2],...： 从中查找最小值的参数列表，数量最多为255个，参数可以是数字、名称、数组或引用。如果是数组或引用，只有其中的数字会被计算，空白单元格、逻辑值和文本都会被忽略，如果参数中没有数字，函数将返回0。

在很多赛事中都会去掉一个最高分和一个最低分，以剩余评分的平均值作为最终评分，MAX函数和MIN函数配合完成评分计算的案例如图5-28所示。

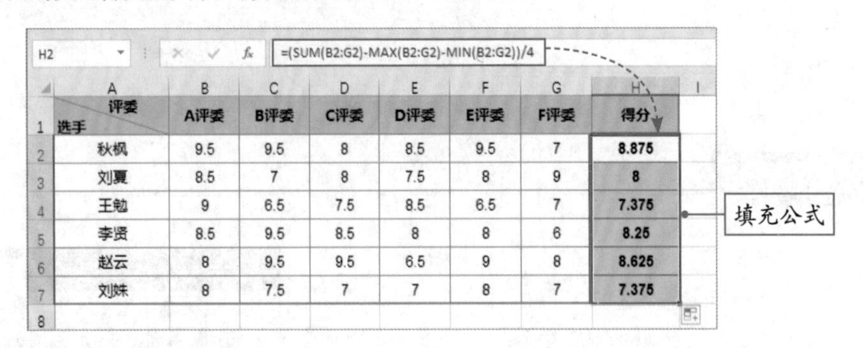

评委 选手	A评委	B评委	C评委	D评委	E评委	F评委	得分
秋枫	9.5	9.5	8	8.5	9.5	7	8.875
刘夏	8.5	7	8	7.5	8	9	8
王勉	9	6.5	7.5	8.5	6.5	7	7.375
李贤	8.5	9.5	8.5	8	8	6	8.25
赵云	8	9.5	9.5	6.5	9	8	8.625
刘姝	8	7.5	7	7	8	7	7.375

图5-28

知识拓展

比赛的时候去掉最高分和最低分的主要目的不是防止作弊等情感因素，而是一种数学理论：“去掉一个最高分，去掉一个最低分，是用平均数来表示一个数据的集中趋势。如果数据中出现一两个极端数据，那么平均数对于这组数据所起的代表作用就会削弱，最高分和最低分会直接影响到最后平均分的合理性，即总体分数值的分布及波动范围。为了消除这种现象，可以将少数极端数据去掉，只计算余下数据的平均数，并把所得的结果作为全部数据的平均数。所以，在评定某些赛事结果时，常常采用在评分数据中分别去掉一个（或两个）最高分和一个（或两个）最低分，再计算其平均分的办法，以避免极端数据造成不良的影响。”

5.6.4 RANK函数

RANK函数是排名函数，其排名是相对于参数列表中值的大小而建立的，如图5-29所示。

语法格式

RANK(number,ref,[order])

参数说明

number： 需要排名的数字。

ref： 需要排名的一组数字。ref中非数字的值会被忽略。

order： 可以省略，或是数字1或0。如果该参数为0或省略，Excel对数字的排位是基于ref按降序排列的列表；如果order不为0，Excel对数字的排位是基于ref按升序排列的列表。

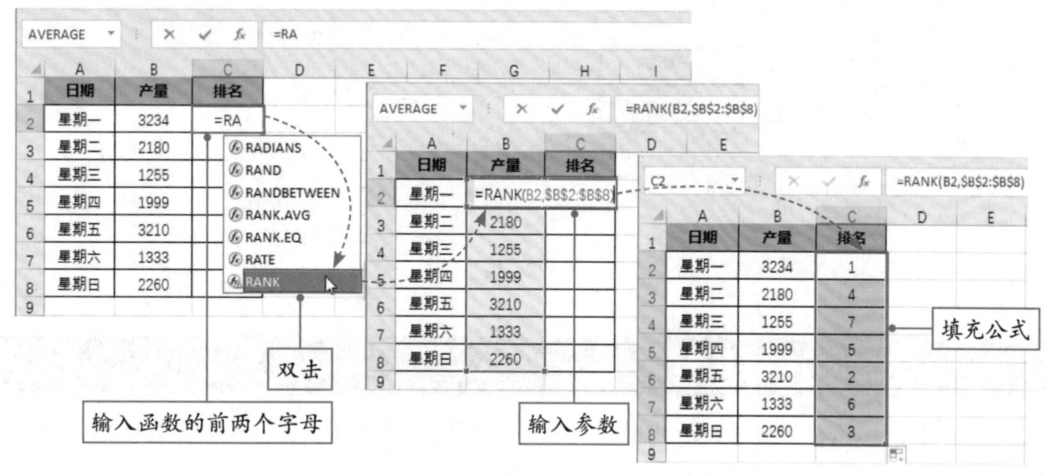

图5-29

5.6.5 IF函数

扫码观看视频

IF函数根据逻辑式判断指定条件，如果条件成立，则返回真条件下的指定内容；如果条件不成立，则返回假条件下的指定内容。具体实例如图5-30所示。

语法格式

IF(logical_test,value_if_true,value_if_false)

参数说明

logical_test： 任何能被计算为TRUE（是）或FALSE（否）的数值或表达式。

value_if_true： 当logical_test为TRUE时的返回值，如果忽略则返回TRUE。IF函数最多可以嵌套7层。

value_if_false： 当log calt_ est为FALSE时的返回值，如果忽略则返回FALSE。

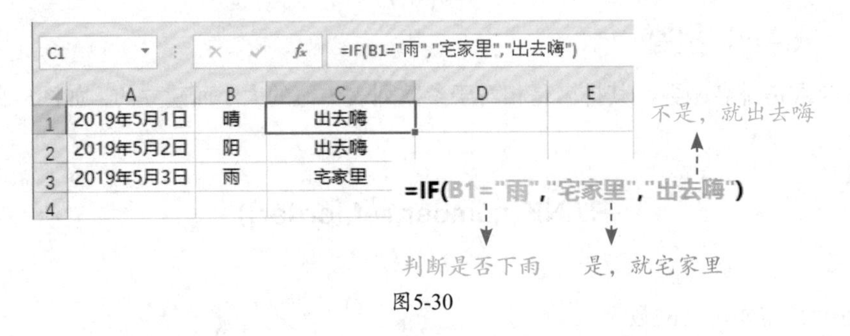

图5-30

一个IF函数只能执行一次判断，面对多个判断时，需要使用多个IF函数。第二个IF函数用在第一个IF函数的参数位置，如图5-31所示。

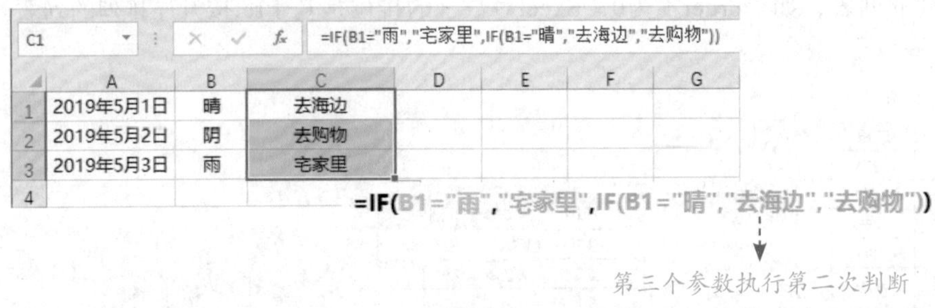

图5-31

5.7 财务函数的使用

财务函数能用简单的方法计算出复杂的利息、贷款的偿还额、证券或债券的利率、国库券的收益率等。

■5.7.1 PMT函数

PMT函数用于基于固定利率及等额分期付款的方式，返回某贷款的每期等额付款额。

语法格式

PMT(rate,nper,pv,fv,type)

参数说明

rate：各期利率。

nper：总投资期或贷款期。

pv：现值，即本金。

fv：未来值，即最后一次付款后希望得到的现金余额。

type：指定各期的付款时间是在期初还是期末，1为期初，0为期末。

如图5-32所示为根据本金、每月利息、贷款年限等信息计算每月偿还金额的实例。

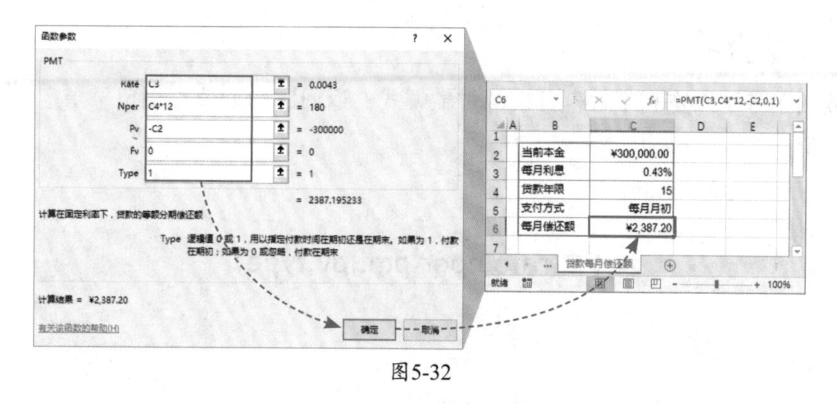

图5-32

■5.7.2　PV函数

PV函数用于返回投资的现值，即一系列未来付款的当前值的累计和。

语法格式

PV(rate,nper,pmt,fv,type)

参数说明

rate： 各期利率。

nper： 总投资或贷款的期数。

pmt： 各期应支付的金额。

fv： 未来值。

type： 指定各期的付款时间是在期初还是期末，期初为1，期末为0。

如图5-33所示是根据利率、总期数、定期支付额等信息计算贷款金额的实例。

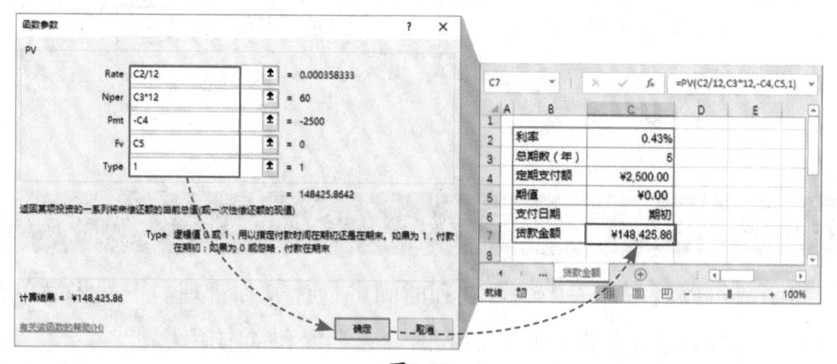

图5-33

知识拓展

在Excel中负号表示支出，正号表示收入。接受现金时用正号，用现金偿还时用负号。求贷款的现值时，最好用负号表示计算结果，用正号指定定期支付额。

■5.7.3 FV函数

FV函数用于基于固定利率等额分期的付款方式，返回它的期值，用负号指定支出值，用正号指定流入值。

语法格式

FV(rate,nper,pmt,pv,type)

参数说明

rate： 各期利率。

nper： 总投资期，即该项目投资的付款期的总数。

pmt： 各期所应支付的金额。

pv： 价值，即从该项投资开始计算时已经入账的款项，或者一系列未来付款的当前值的累计和，也称为本金。

type： 数字0或1，0为期末，1为期初。

实例1：假设小明买了一份保险，年利率为9.5%，分20年付款，各期应付金额为6000元，付款方式为期末付款。若要了解该项保险的未来值，可以参照图5-34所示进行计算。

实例2：假设小明按月到银行存款2000元，年利率为4.5%。若要计算10年后的存款总金额，可以参照图5-35所示进行计算。

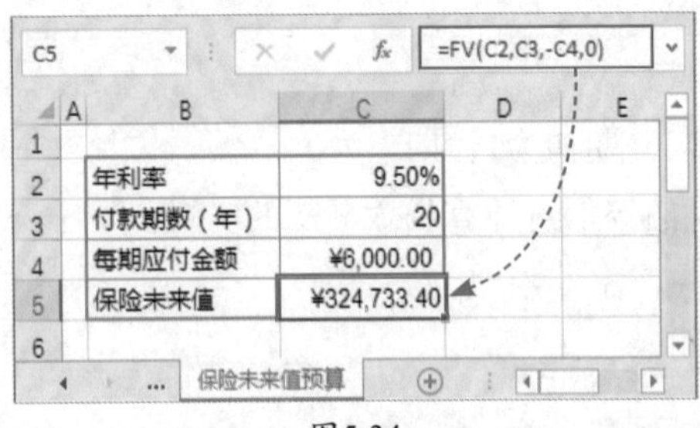

图5-34

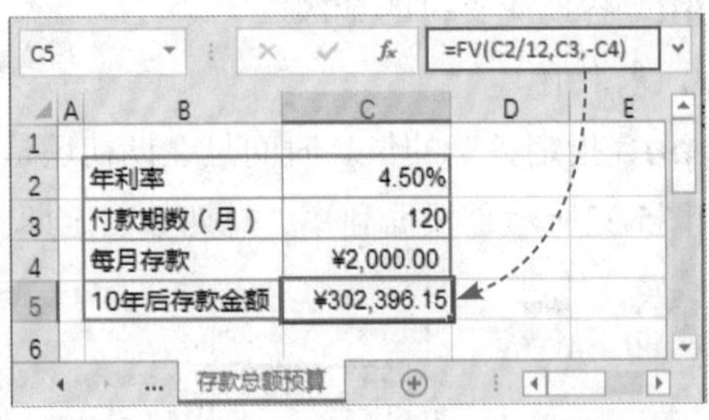

图5-35

5.8 日期和时间函数的使用

日期和时间函数可以对工作表中的日期和时间进行计算和管理。下面将简单介绍YEAR、MONTH、DAY、NOW等常用日期和时间函数的参数设置和基本用法。

■5.8.1 YEAR函数

YEAR函数的作用是提取数据中的年份信息。

语法格式

YEAR(serial_number)

参数说明

serial_number： 要提取年份的日期或时间。

YEAR函数可以从不同的日期格式和日期代码中提取年份，但是能够提取的年份仅限于1900年至9999年之间，如果参数的年份不在能够提取的年份范围内，则会返回错误值，如图5-36所示。

B2　=YEAR(A2)

	A	B	C
1	日期	提取年份	
2	2008/8/1	2008	
3	6月5日	2019	
4	43454	2018	
5	1	1900	
6	1837年1月1日	#VALUE!	
7	1987年10月8日	1987	
8	-5	#NUM!	

图5-36

知识拓展

与YEAR相关的函数还有月份的提取函数MONTH和日期的提取函数DAY，用法与YEAR函数基本相同。

5.8.2　TODAY函数和NOW函数

TODAY函数的作用是返回日期格式的当前日期。NOW函数可以返回当前的日期和时间。

这两个函数都没有参数。在单元格中输入“=TODAY()”，按Enter键后可以得到当前日期，输入“=NOW()”，按Enter键后可以得到当前的日期和时间。

可以使用TODAY函数或NOW函数计算当前日期之前或之后的某个日期，如图5-37所示。

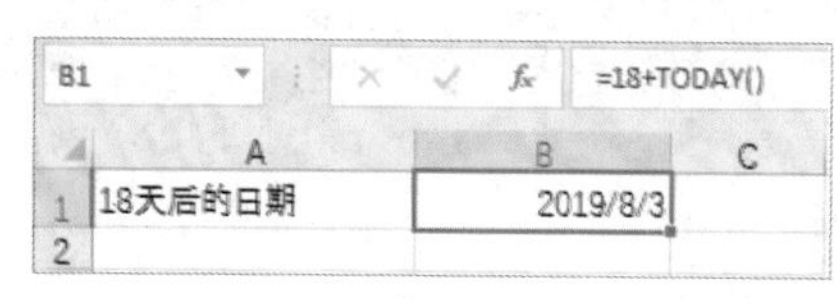

图5-37

5.8.3　WEEKDAY函数

WEEKDAY函数可以返回日期序列号所对应的是星期几。

语法格式

WEEKDAY(serial_number,return_type)

参数说明

serial_number： 可选参数，表示要查找的日期。

return_type： 该参数的设置值和返回值见表5-3。

表5-3

参数值	返回的数字
1 或省略	数字 1（星期日）到数字 7（星期六）
2	数字 1（星期一）到数字 7（星期日）

（续表）

参数值	返回的数字
3	数字 0（星期一）到数字 6（星期日）
11	数字 1（星期一）到数字 7（星期日）
12	数字 1（星期二）到数字 7（星期一）
13	数字 1（星期三）到数字 7（星期二）
14	数字 1（星期四）到数字 7（星期三）
15	数字 1（星期五）到数字 7（星期四）
16	数字 1（星期六）到数字 7（星期五）
17	数字 1（星期日）到数字 7（星期六）

中国人习惯将星期一看作是每周的第一天，将星期日看作是每周的最后一天，所以，在使用WEEKDAY函数计算某个日期是星期几时，通常将第二个参数设置成“2”，即按星期一返回数值1、星期二返回数值2……星期日返回数值7的顺序进行返回，如图5-38所示。

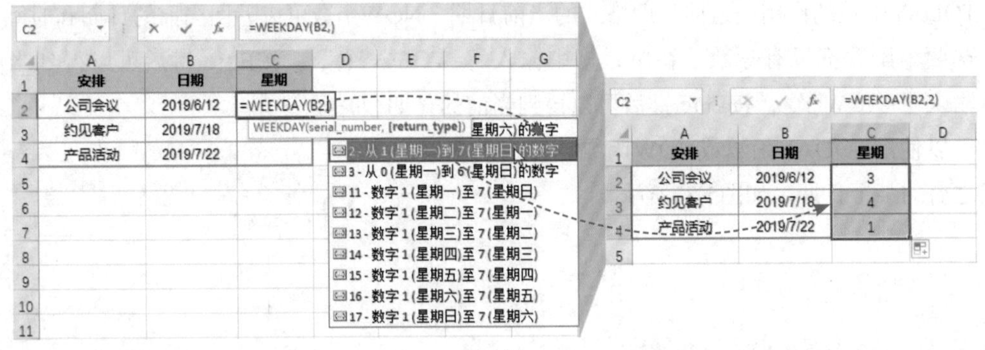

图5-38

知识拓展

想要让WEEKDAY函数的提取结果以大写形式显示，可以使用文本函数TEXT与之嵌套使用，如图5-39所示。

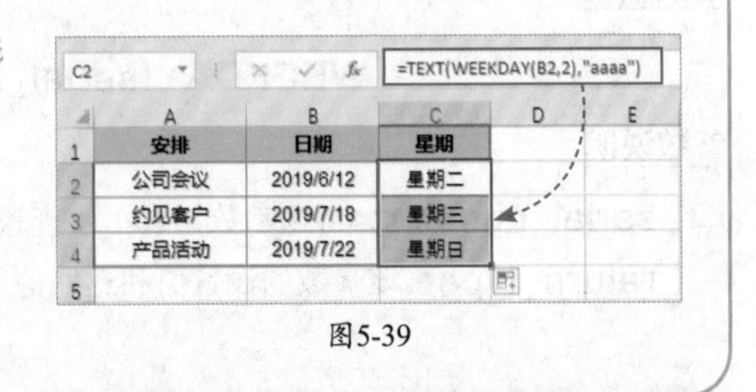

图5-39

5.8.4 NETWORKDAYS函数

NETWORKDAYS函数用于计算两个日期间的工作日天数。

语法格式

NETWORKDAYS(start_date,end_date,holidays)

参数说明

start_date：一个代表开始日期的日期。

end_date：一个代表终止日期的日期。

holidays：可选参数，不在工作日历中的一个或多个日期所构成的可选区域。

如果两个日期之间没有假期或特殊情况需要减去的日期，NETWORKDAYS函数的第三个参数可以忽略，如图5-40所示。如果有需要减去的日期，需要设置第三个参数，如图5-41所示。

E3　=NETWORKDAYS(C3,D3)

项目名称	开始时间	结束时间	历时天数
A项目	2019/4/15	2019/6/1	35
B项目	2019/2/1	2019/2/15	11
C项目	2019/3/15	2019/4/12	21
D项目	2019/2/12	2019/4/1	35
E项目	2019/3/1	2019/4/15	32
H项目	2019/9/15	2019/10/15	22

图5-40

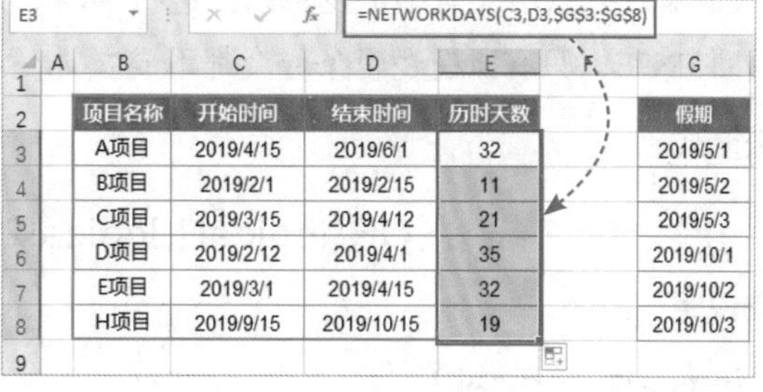
E3　=NETWORKDAYS(C3,D3,$G$3:$G$8)

项目名称	开始时间	结束时间	历时天数		假期
A项目	2019/4/15	2019/6/1	32		2019/5/1
B项目	2019/2/1	2019/2/15	11		2019/5/2
C项目	2019/3/15	2019/4/12	21		2019/5/3
D项目	2019/2/12	2019/4/1	35		2019/10/1
E项目	2019/3/1	2019/4/15	32		2019/10/2
H项目	2019/9/15	2019/10/15	19		2019/10/3

图5-41

5.9 逻辑函数的使用

逻辑值是用TRUE或FALSE之类的特殊文本来表示指定条件是否成立。条件成立时，逻辑值为TRUE；条件不成立时，逻辑值为FALSE。在Excel中逻辑值或逻辑式的应用很广泛，通常以IF函数（详细的使用方法请参阅5.6.5节）为前提，与其他函数嵌套使用。下面对几个常见的逻辑函数进行简单的介绍。

5.9.1　AND函数

扫码观看视频

AND函数的作用是检查所有参数是否均符合条件。如果都符合条件，就返回TRUE；如果有一个不符合条件，就只能返回FALSE，如图5-42所示。

语法格式

AND(logical1,logical2,...)

参数说明

logical1,logical2,...：1～255个结果为TRUE或FALSE的检测条件，检测值可以是逻辑值、数组或引用。

一般来说，AND函数很少独立出现，而常与其他函数嵌套使用，如和IF函数嵌套，返回具体的内容，如图5-43所示。

F3 =AND(C3>50,D3>40,E3>60)

日期	市区店	开发区店	新城区店	目标完成情况
10月1日	51	45	62	TRUE
10月2日	48	30	33	FALSE
10月3日	40	25	66	FALSE
10月4日	60	59	62	TRUE
10月5日	62	55	77	TRUE
10月6日	62	56	40	FALSE
10月7日	70	58	60	FALSE

图5-42

F3 =IF(AND(C3>50,D3>40,E3>60),"完成","未完成")

日期	市区店	开发区店	新城区店	目标完成情况
10月1日	51	45	62	完成
10月2日	48	30	33	未完成
10月3日	40	25	66	未完成
10月4日	60	59	62	完成
10月5日	62	55	77	完成
10月6日	62	56	40	未完成
10月7日	70	58	60	未完成

图5-43

5.9.2 OR函数

扫码观看视频

OR函数可以用来对多个逻辑条件进行判断。只要有一个逻辑条件满足时，就返回TRUE；只有所有逻辑条件全都不成立时，才会返回FALSE。

语法格式

OR(logical1,logical2,...)

参数说明

logical1, logical2,...: 1~255个结果是TRUE或FALSE的条件。

OR函数的使用方法和AND函数基本相同，如图5-44所示。

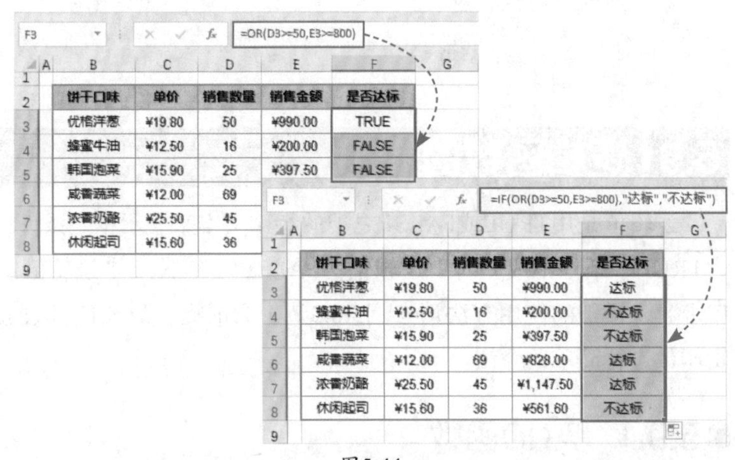

F3 =OR(D3>=50,E3>=800)

饼干口味	单价	销售数量	销售金额	是否达标
优格洋葱	¥19.80	50	¥990.00	TRUE
蜂蜜牛油	¥12.50	16	¥200.00	FALSE
韩国泡菜	¥15.90	25	¥397.50	FALSE
咸香蔬菜	¥12.00	69		
浓香奶酪	¥25.50	45		
休闲起司	¥15.60	36		

F3 =IF(OR(D3>=50,E3>=800),"达标","不达标")

饼干口味	单价	销售数量	销售金额	是否达标
优格洋葱	¥19.80	50	¥990.00	达标
蜂蜜牛油	¥12.50	16	¥200.00	不达标
韩国泡菜	¥15.90	25	¥397.50	不达标
咸香蔬菜	¥12.00	69	¥828.00	达标
浓香奶酪	¥25.50	45	¥1,147.50	达标
休闲起司	¥15.60	36	¥561.60	不达标

图5-44

5.9.3 NOT函数

NOT函数是对参数值求反的一种函数，当要确保一个值不等于某个特定值时，可以使用该函数，如图5-45所示。

E3 =NOT(D3>=18)

姓名	性别	年龄	是否满18岁
七月	男	16	TRUE
小贾	男	22	FALSE
淼淼	男	17	TRUE
彭越	男	19	FALSE
张若	男	17	TRUE
夏雨	女	42	FALSE

图5-45

语法格式

NOT(logical)

参数说明

logical: 可以对其进行真（TRUE）或假（FALSE）判断的任何值或表达式。

Ⓔ综合实战

5.10 制作员工考勤及薪酬管理表

考勤薪酬管理表一方面用来统计员工的出勤情况，另一方面为HR每月的薪资计算提供衡量依据。对规范公司制度、加强员工管理和保障及时发放工资有积极的作用。

■5.10.1　统计迟到和早退情况

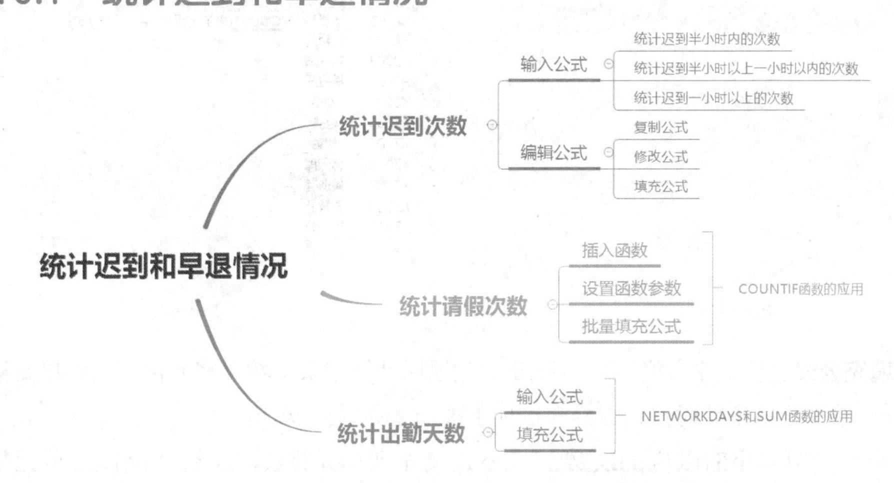

每个公司都有自己的考勤制度，并且具有相应的扣款和奖励标准。下面根据某公司八月的考勤记录，统计出员工迟到和早退的情况。

1．统计迟到次数

按半小时以内、一小时以内及一小时以上三个时间段对迟到次数进行统计。

Step 01 **查看考勤记录表。**打开“考勤记录”工作表，可以看到该工作表中保存着八月份所有员工的考勤记录，其中，S表示事假，B表示病假，K表示旷工，N表示年假，0.5、1、1.5等数字表示迟到的时间，该公司周六、周日休息，不计考勤，如图5-46所示。

关于本考勤记录的说明：

S代表事假 B代表病假 K代表旷工 N代表年假 数字代表迟到的时间 周六周日为公司休息日不计考勤

工号	姓名	8/1	8/2	8/3	8/4	8/5	8/6	8/7	8/8	8/9	8/10	8/11	8/12	8/13	8/14	8/15	8/16	8/17	8/18	8/19	8/20	8/21	8/22	8/23	8/24	8/25	8/26	8/27	8/28	8/29	8/30	8/31
XZ001	张爱玲	S														B																
XZ002	顾明凡						K																							B		
XZ003	刘俊贤									S												S										
XZ004	吴丹丹																															
XZ005	刘乐														B																	
XZ006	赵强		0.5												0.5																	
XZ007	周蓉							S																S								
XZ008	蒋天海													S							1.5											
XZ009	吴倩莲												N	N	N	N													B			
XZ010	李青云																															
XZ011	赵子新					B								2						1												
XZ012	张洁									B											K											
XZ013	吴亭																S														B	
XZ014	计芳					S																	S									
XZ015	沈家骥																											1				
XZ016	陈晨						S						1.5																			
XZ017	陆良																															
XZ018	陆军		S						B											B				S								
XZ019	刘冲																															
XZ020	付晶																N															

考勤记录　考勤统计　工资统计　工资查询　工资条

图5-46

Step 02 定位需要输入公式的单元格。切换到“考勤统计”工作表，选中单元格C3，如图5-47所示。

Step 03 输入公式。在单元格C3中输入公式“=COUNTIF(考勤记录!C4:AG4,"<=0.5")”，如图5-48所示。

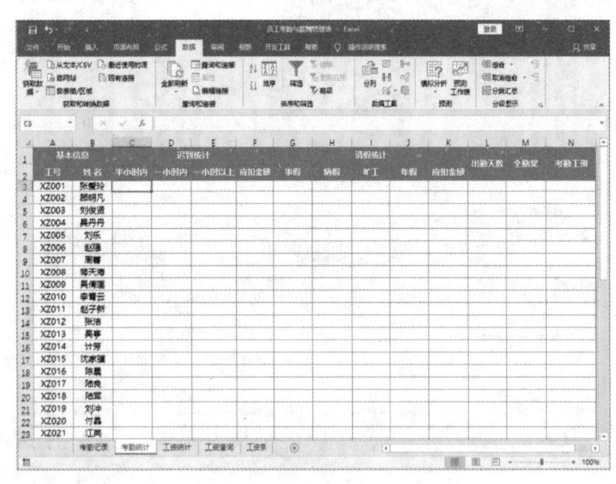

图5-47

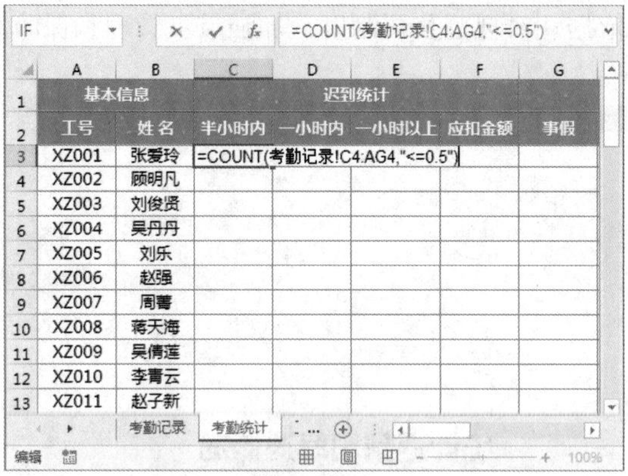

图5-48

Step 04 填充公式。公式输入完成后，按Enter键返回计算结果，然后将光标移动到单元格C3的右下角，光标变成十字形状时按住鼠标左键向下拖动，如图5-49所示。

Step 05 查看迟到半小时以内的次数。将公式填充到单元格C47时松开鼠标，单元格区域C3:C47随即统计出了员工迟到半小时以内的次数，如图5-50所示。

图5-49

图5-50

公式解析：COUNTIF函数的作用是计算某个区域中满足指定条件的单元格数量。该函数有两个参数，第一个参数是要统计的区域，第二个参数是统计条件，如图5-51所示。

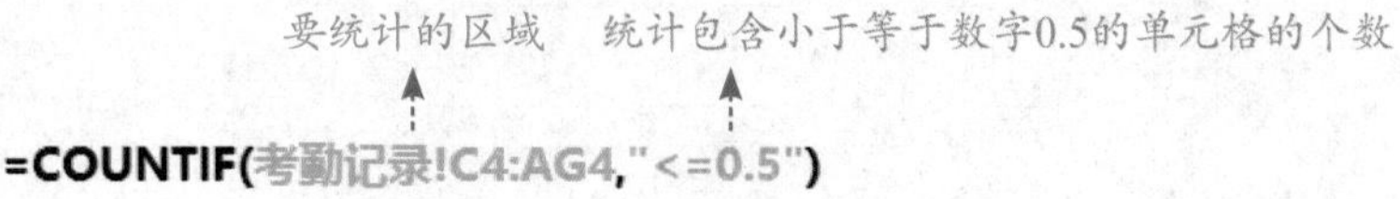

要统计的区域　统计包含小于等于数字0.5的单元格的个数

=COUNTIF(考勤记录!C4:AG4,"<=0.5")

图5-51

Step 06 输入公式。选中单元格D3，输入公式“=COUNTIF(考勤记录!C4:AG4,">0.5")-COUNTIF(考勤记录!C4:AG4,">1")”，如图5-52所示。

Step 07 填充公式。按Enter键计算出结果，重新选中单元格D3，将光标移动到单元格的右下角，光标变成十字形状时双击鼠标，如图5-53所示。

SUM　=COUNTIF(考勤记录!C4:AG4,">0.5")-COUNTIF(考勤记录!C4:AG4,">1")

	A	B	C	D	E	F	G
1	基本信息			迟到统计			
2	工号	姓名	半小时内	一小时内	一小时以上	应扣金额	事假
3	XZ001	张爱玲	0	=COUNTIF(考勤记录!C4:AG4,">0.5")-COUNTIF(考勤记录!C4:AG4,">1")			
4	XZ002	顾明凡	0				
5	XZ003	刘俊贤	0				
6	XZ004	吴丹丹	0				
7	XZ005	刘乐	0				
8	XZ006	赵强	2				
9	XZ007	周蕾	0				
10	XZ008	蒋天海	0				
11	XZ009	吴倩莲	0				

考勤记录　考勤统计　编辑　100%

图5-52

D3　=COUNTIF(考勤记录!C4:AG4,">0.5")-COUNTIF(考勤记录!C4:AG4,">1")

	A	B	C	D	E	F	G
1	基本信息			迟到统计			
2	工号	姓名	半小时内	一小时内	一小时以上	应扣金额	事假
3	XZ001	张爱玲	0	0			
4	XZ002	顾明凡	0				
5	XZ003	刘俊贤	0				
6	XZ004	吴丹丹	0				
7	XZ005	刘乐	0				
8	XZ006	赵强	2				
9	XZ007	周蕾	0				
10	XZ008	蒋天海	0				
11	XZ009	吴倩莲	0				

考勤记录　考勤统计　100%

图5-53

Step 08 查看统计结果。单元格区域D4:D47随即统计出所有员工迟到半小时以上、一小时以内的次数，如图5-54所示。

D3　=COUNTIF(考勤记录!C4:AG4,">0.5")-

	A	B	C	D	E	F	G
1	基本信息			迟到统计			
2	工号	姓名	半小时内	一小时内	一小时以上	应扣金额	事假
3	XZ001	张爱玲	0	0			
4	XZ002	顾明凡	0	0			
5	XZ003	刘俊贤	0	0			
6	XZ004	吴丹丹	0	0			
7	XZ005	刘乐	0	0			
8	XZ006	赵强	2	0			
9	XZ007	周蕾	0	0			
10	XZ008	蒋天海	0	0			
11	XZ009	吴倩莲	0	0			
12	XZ010	李青云	0	0			
13	XZ011	赵子新	0	1			

考勤记录　考勤统计　平均值: 0.088888889　计数: 45　求和: 4　100%

图5-54

公式解析：本公式的计算原理是用大于0.5小时的迟到次数，减去大于1小时的迟到次数，所得结果即为0.5 ~ 1小时的迟到次数，如图5-55所示。

统计包含大于数字0.5的单元格个数　统计包含大于数字1的单元格个数

=COUNTIF(考勤记录!C4:AG4,">0.5")-COUNTIF(考勤记录!C4:AG4,">1")

图5-55

Step 09 复制公式。选中单元格C3，在编辑栏中选中公式，按组合键Ctrl+C复制公式，随后按Enter键，如图5-56所示。

Step 10 粘贴公式。选中单元格E3，按组合键Ctrl+V，如图5-57所示。

图5-56

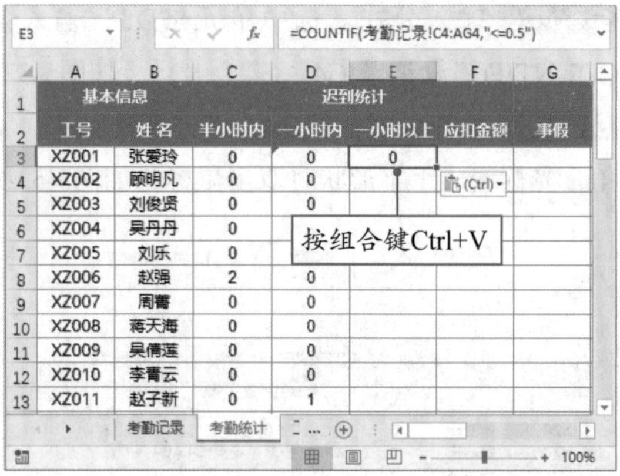

图5-57

新手误区： 在编辑状态下复制公式后，一定要按Enter键结束公式的编辑状态再执行其他操作，否则接下来的操作会变成继续编辑公式的状态。

Step 11 修改公式。 保持单元格E3为选中状态，将光标定位在编辑栏中，将公式中的“<=0.5”修改为“>1”，如图5-58所示，修改完成后按Enter键确认。

Step 12 填充公式。 选中单元格E3，将光标移动到单元格右下角的填充柄上方，双击鼠标，将公式填充至单元格E47，统计出员工迟到一小时以上的次数，如图5-59所示。

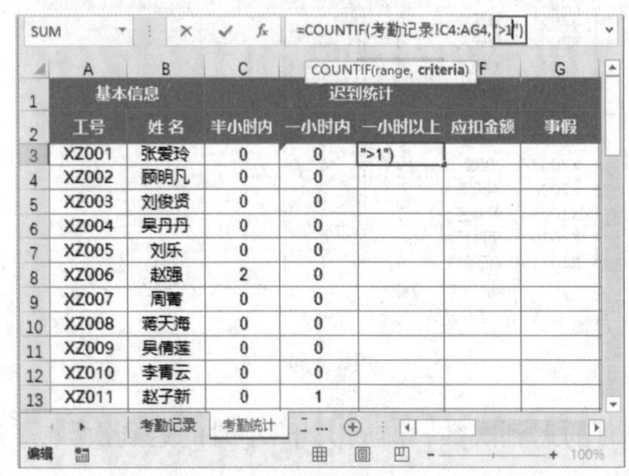

图5-58

图5-59

2. 统计请假次数

本系统中请假的类别包括事假、病假、旷工、年假，分别用不同的字母表示。下面将分类别对所有员工请假的次数进行统计。

Step 01 启动“插入函数”对话框。 在“考勤统计”工作表中选中单元格G3，单击编辑栏左侧的“插入函数”按钮，如图5-60所示。

Step 02 选择函数类型。 打开“插入函数”对话框，单击“或选择类别”右侧的下拉按钮，选择“统计”选项，如图5-61所示。

Step 03 **选择函数。**在“选择函数”列表框中选择“COUNTIF”选项，单击“确定”按钮，如图5-62所示。

图5-60

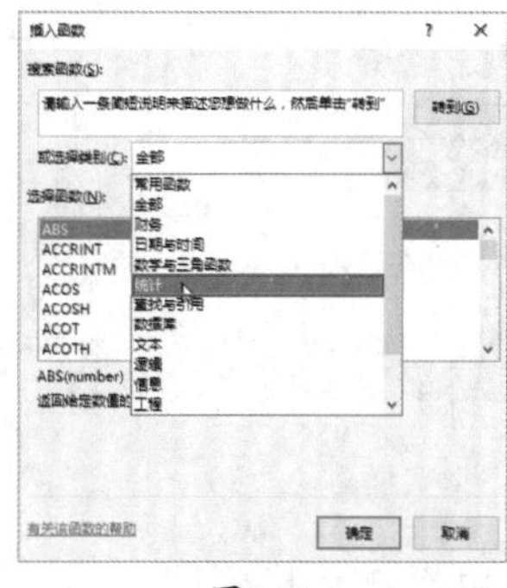

图5-61

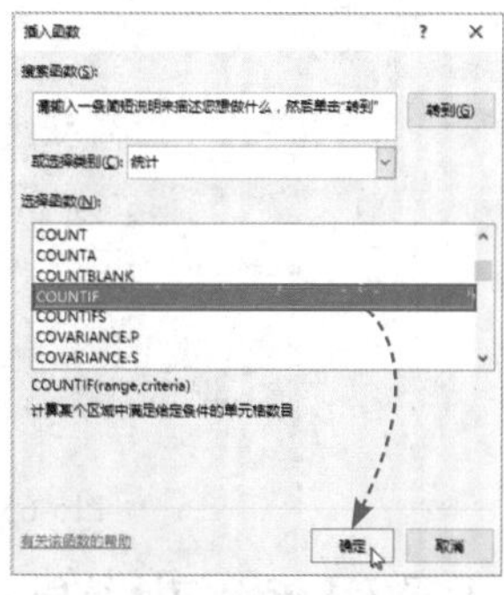

图5-62

Step 04 **设置参数。**打开“函数参数”对话框，设置Range参数为“考勤记录!$C4:$AG4”，设置Criteria参数为“S”，单击“确定”按钮，如图5-63所示。

Step 05 **向右填充公式。**单元格G3中随即显示出计算结果，随后选中单元格G3，向右拖动填充柄，将公式复制到单元格区域H3:K3，如图5-64所示。

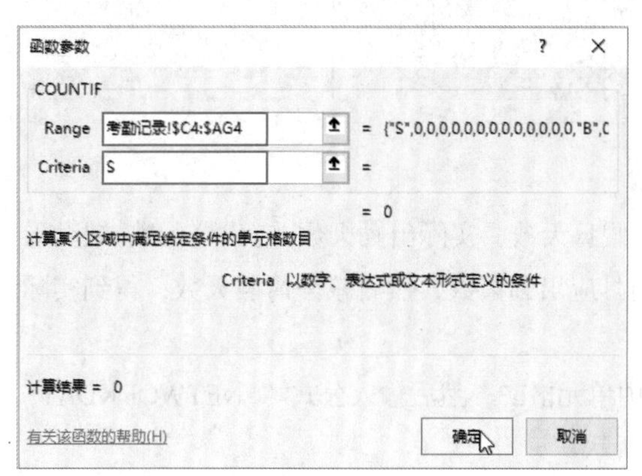

图5-63

图5-64

● **新手误区：**手动输入公式时，文本参数必须添加英文双引号。在“函数参数”对话框中，系统会自动为文本型参数添加双引号，不需要用户手动输入，这一点可以在完成的公式中验证。

Step 06 **修改公式。**依次修改单元格区域H3:K3中的公式，只修改公式中代表请假类型的字母，如图5-65所示。

Step 07 **批量填充公式。**公式修改完成后，选中单元格区域G3:J3，向下拖动选区右下角的填充柄，如图5-66所示。

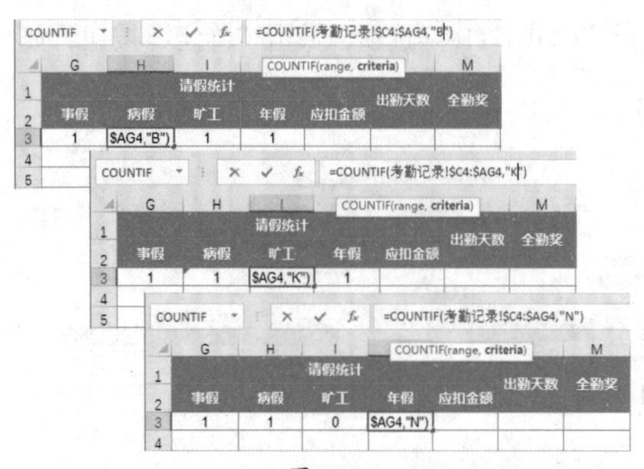

图5-65

图5-66

Step 08 **查看统计结果。**拖动至单元格区域G47:J47时松开鼠标，所有员工的请假次数随即被统计了出来，如图5-67所示。

图5-67

3．统计出勤天数

应出勤天数=月历天数-周六、周日天数-法定假日天数，实际出勤天数=应出勤天数-缺勤天数。本例中将使用NETWORKDAYS函数计算出当月应出勤天数，然后减去请假天数，得到实际出勤天数。

Step 01 **输入公式。**在“考勤统计”工作表中选中单元格L3，然后输入公式“=NETWORKDAYS("2019/8/1","2019/8/31")-SUM(G3:J3)”，如图5-68所示。

Step 02 **填充公式。**按Enter键计算出结果后再次选中单元格L3，双击单元格L3右下角的填充控制柄，计算出所有员工的实际出勤天数，如图5-69所示。

图5-68

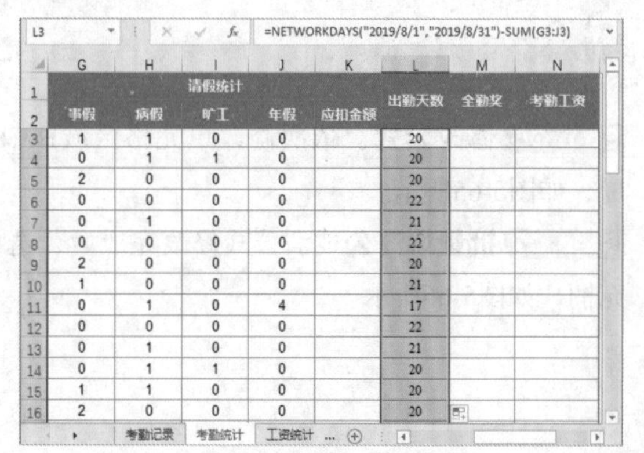

图5-69

公式解析：NETWORKDAYS函数的作用是计算两个日期间的完整工作天数。该函数有三个参数，第一个参数是起始日期；第二个参数是结束日期；第三个参数是需要从工作日中去除的一个或多个日期，其中，第三个参数可以忽略。SUM函数是求和函数，可以计算所有参数的和，如图5-70所示。

图5-70

■5.10.2　统计考勤工资

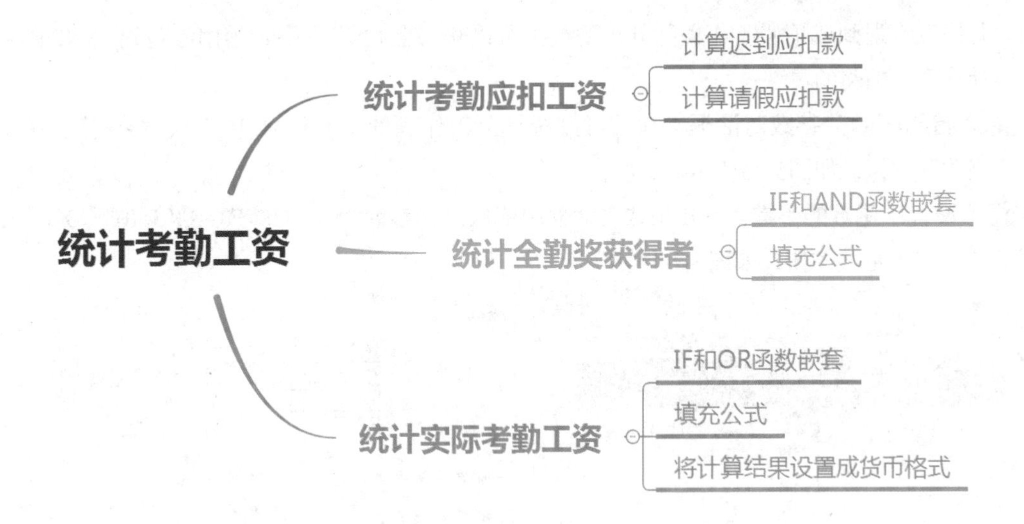

计算出迟到和请假次数后，便可以根据规定的扣款标准计算考勤工资。本例使用的考勤记录扣款及全勤奖励标准如下：迟到半小时以内扣款20元；迟到半小时至一小时之间扣款50元；迟到一小时以上扣款100元；事假一天扣款200元；病假一天扣款100元；旷工一天扣款300元；年假不扣款；全勤奖300元。

1. 统计迟到及请假应扣金额

由于已经计算出了实际的迟到次数及请假天数，也知道了具体的扣款标准，所以只需要简单的数学运算便可以得到结果。

Step 01 **计算迟到应扣金额。**在“考勤统计”工作表的单元格F3中输入公式“=C3*20+D3*50+E3*100”，然后向下填充公式，如图5-71所示。

Step 02 **计算请假应扣金额。**在单元格K3中输入公式“=G4*200+H4*100+I4*300+J4*0”，然后向下填充公式，如图5-72所示。

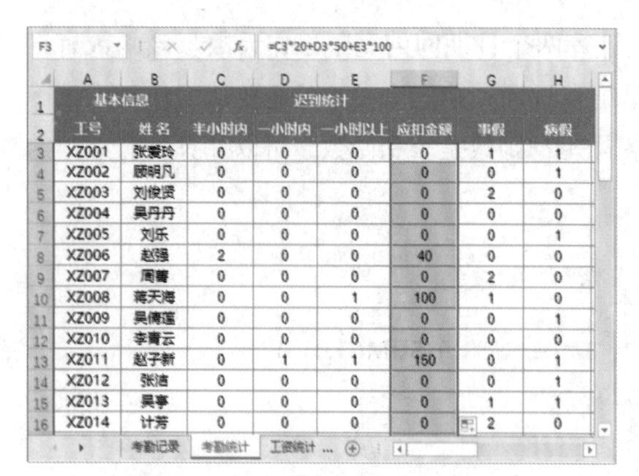

F3　=C3*20+D3*50+E3*100

	A	B	C	D	E	F	G	H
1	基本信息		迟到统计					
2	工号	姓名	半小时内	一小时内	一小时以上	应扣金额	事假	病假
3	XZ001	张爱玲	0	0	0	0	1	1
4	XZ002	顾明凡	0	0	0	0	0	1
5	XZ003	刘俊贤	0	0	0	0	2	0
6	XZ004	吴丹丹	0	0	0	0	0	0
7	XZ005	刘乐	0	0	0	0	0	1
8	XZ006	赵强	2	0	0	40	0	0
9	XZ007	周菁	0	0	0	0	2	0
10	XZ008	蒋天海	0	0	1	100	1	0
11	XZ009	吴倩莲	0	0	0	0	0	1
12	XZ010	李青云	0	0	0	0	0	0
13	XZ011	赵子新	0	1	1	150	0	1
14	XZ012	张洁	0	0	0	0	0	1
15	XZ013	吴亭	0	0	0	0	1	1
16	XZ014	计芳	0	0	0	0	2	0

考勤记录　考勤统计　工资统计 ...

图5-71

K3　=G3*200+H3*100+I3*300+J3*0

	G	H	I	J	K	L	M	N
1	请假统计					出勤天数	全勤奖	考勤工资
2	事假	病假	旷工	年假	应扣金额			
3	1	1	0	0	300	20		
4	0	1	1	0	400	20		
5	2	0	0	0	400	20		
6	0	0	0	0	0	22		
7	0	1	0	0	100	21		
8	0	0	0	0	0	22		
9	2	0	0	0	400	20		
10	1	0	0	0	200	21		
11	0	1	0	4	100	17		
12	0	0	0	0	0	22		
13	0	1	0	0	100	21		
14	0	1	1	0	400	20		
15	1	1	0	0	300	20		
16	2	0	0	0	400	20		

考勤记录　考勤统计　工资统计 ...

图5-72

2. 统计全勤奖获得者

本月内没有迟到或请假（年假除外）的员工可以获得全勤奖。下面使用IF函数和AND函数嵌套统计获得全勤奖的员工。

Step 01 **启动IF函数参数对话框。**在"考勤统计"工作表的单元格M3中输入"=IF("，单击"插入函数"按钮，如图5-73所示。

Step 02 **设置IF函数的参数。**在IF函数对话框中依次设置参数为"AND(F3=0,K3=0)""300"和"0"，单击"确定"按钮，如图5-74所示。

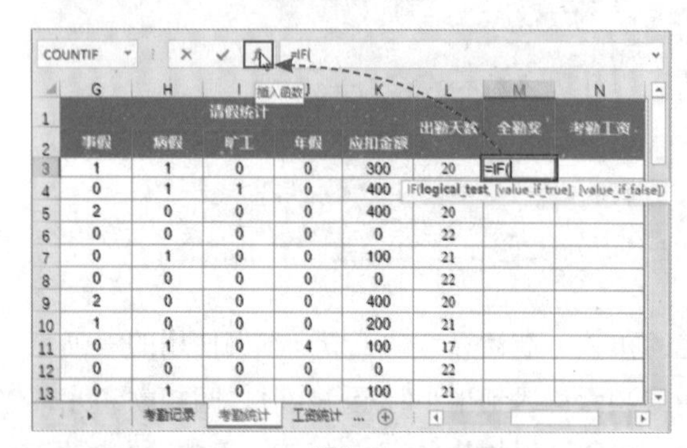

COUNTIF　=IF(　插入函数

	G	H	I	J	K	L	M	N
1	请假统计					出勤天数	全勤奖	考勤工资
2	事假	病假	旷工	年假	应扣金额			
3	1	1	0	0	300	20	=IF(	
4	0	1	1	0	400	IF(logical_test, [value_if_true], [value_if_false])		
5	2	0	0	0	400	20		
6	0	0	0	0	0	22		
7	0	1	0	0	100	21		
8	0	0	0	0	0	22		
9	2	0	0	0	400	20		
10	1	0	0	0	200	21		
11	0	1	0	4	100	17		
12	0	0	0	0	0	22		
13	0	1	0	0	100	21		

考勤记录　考勤统计　工资统计 ...

图5-73

函数参数　?　×

IF

Logical_test　AND(F3=0,K3=0)　= FALSE

Value_if_true　300　= 300

Value_if_false　0　= 0

= 0

判断是否满足某个条件，如果满足返回一个值，如果不满足则返回另一个值。

Value_if_false　是当 Logical_test 为 FALSE 时的返回值。如果忽略，则返回 FALSE

计算结果 = ￥

有关该函数的帮助(H)　确定　取消

图5-74

Step 03 **填充公式。**单元格M3中随即计算出对应员工的全勤奖情况，随后向下填充公式，计算出所有员工的全勤奖情况，如图5-75所示。

M3　=IF(AND(F3=0,K3=0),300,0)

	G	H	I	J	K	L	M	N
1	请假统计					出勤天数	全勤奖	考勤工资
2	事假	病假	旷工	年假	应扣金额			
3	1	1	0	0	300	20	0	
4	0	1	1	0	400	20	0	
5	2	0	0	0	400	20	0	
6	0	0	0	0	0	22	300	
7	0	1	0	0	100	21	0	
8	0	0	0	0	0	22	0	
9	2	0	0	0	400	20	0	
10	1	0	0	0	200	21	0	
11	0	1	0	4	100	17	0	
12	0	0	0	0	0	22	300	
13	0	1	0	0	100	21	0	

考勤记录　考勤统计　工资统计 ...

图5-75

公式解析：AND函数用来检查是否所有参数都成立，只有同时满足“迟到应扣金额=0”且“请假应扣金额=0”这两个条件时，IF函数才会判断员工是否能获得全勤奖励，如图5-76所示。

是，就返回300，否则返回0

检查迟到和请假应扣金额是否都等于0

=IF(AND(F3=0,K3=0),300,0)

图5-76

3. 统计实际考勤工资

未获得全勤奖的员工，其考勤工资等于迟到应扣金额加上请假应扣金额；获得了全勤奖的员工，其考勤工资等于全勤奖的金额。

Step 01 输入函数。在“考勤统计”工作表的单元格N3中输入“=IF(”，如图5-77所示。

Step 02 设置IF函数的参数。按组合键Shift+F3打开“函数参数”对话框，设置IF函数的三个参数分别为“OR(F3<>0,K3<>0)”“-(F3+K3)”和“M3”，单击“确定”按钮，如图5-78所示。

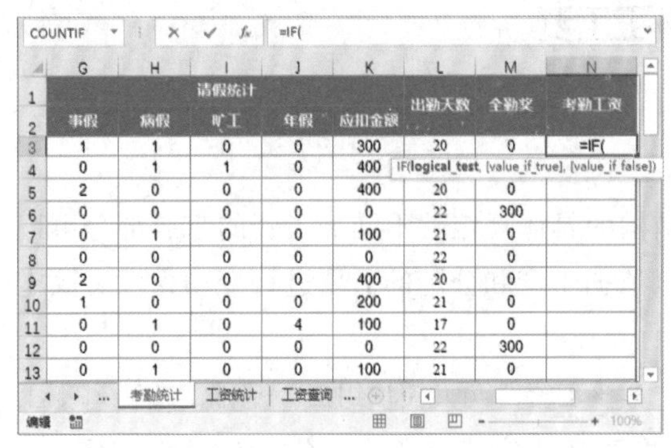

图5-77

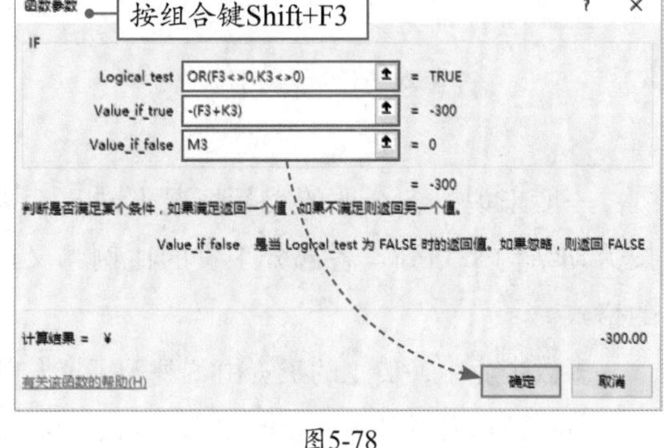

图5-78

Step 03 填充公式。单元格N3中随即计算出第一位员工的考勤工资，然后向下填充公式，计算出所有员工的考勤工资，如图5-79所示。

Step 04 设置货币格式。分别选中迟到和请假的“应扣金额”“全勤奖”和“考勤工资”数据，打开“开始”选项卡，在“数字”选项组中设置“数字格式”为“货币”，如图5-80所示。

N3 =IF(OR(F3<>0,K3<>0),-(F3+K3),M3)

	G	H	I	J	K	L	M	N
1	请假统计					出勤天数	全勤奖	考勤工资
2	事假	病假	旷工	年假	应扣金额			
3	1	1	0	0	300	20	0	-300
4	0	1	1	0	400	20	0	-400
5	2	0	0	0	400	20	0	-400
6	0	0	0	0	0	22	300	300
7	0	1	0	0	100	21	0	-100
8	0	0	0	0	0	22	0	-40
9	2	0	0	0	400	20	0	-400
10	1	0	0	0	200	21	0	-300
11	0	1	0	4	100	17	0	-100
12	0	0	0	0	0	22	300	300
13	0	1	0	0	100	21	0	-250

平均值：-109.3333333 计数：45 求和：-4920

图5-79

M3 =IF(AND(F3=0,K3=0),300,0)

	F	G	H	I	J	K	L	M	N
1		请假统计					出勤天数	全勤奖	考勤工资
2	应扣金额	事假	病假	旷工	年假	应扣金额			
3	¥0.00	1	1	0	0	¥300.00	20	¥0.00	(¥300.00)
4	¥0.00	0	1	1	0	¥400.00	20	¥0.00	(¥400.00)
5	¥0.00	2	0	0	0	¥400.00	20	¥0.00	(¥400.00)
6	¥0.00	0	0	0	0	¥0.00	22	¥300.00	¥300.00
7	¥0.00	0	1	0	0	¥100.00	21	¥0.00	(¥100.00)
8	¥40.00	0	0	0	0	¥0.00	22	¥0.00	(¥40.00)
9	¥0.00	2	0	0	0	¥400.00	20	¥0.00	(¥400.00)
10	¥100.00	1	0	0	0	¥200.00	21	¥0.00	(¥300.00)
11	¥0.00	0	1	0	4	¥100.00	17	¥0.00	(¥100.00)
12	¥0.00	0	0	0	0	¥0.00	22	¥300.00	¥300.00

图5-80

公式解析：OR函数先检查员工是否因迟到或请假被扣除了工资，只要这两个条件有一个是成立的，考勤工资即为迟到和请假应扣金额的总和（应为负数），否则考勤工资为全勤奖的金额，如图5-81所示。

检查迟到和请假这两项是否至少有一项被扣了款

是，就返回这两项扣款的总和，结果值以负数显示；否则，返回全勤奖的金额

=IF(OR(F3<>0,K3<>0),-(F3+K3),M3)

图5-81

■5.10.3 统计员工工资

一般来说，各企业的实际情况不同，工资结构的具体规定就不同。工资的组成部分可以按劳动结构来划分。各部分工资的比例，又可以依据生产和分配的需要进行变动，没有固定的格式。

多数企业中，员工的工资由“基础工资”和“考核工资”两大模块组成。基础工资 = 基本工资+岗位工资+各种津贴+加班工资；考核工资 = 月度考核工资+季度考核工资+年度考核工资。

本案例使用的是模拟工资表，其工资结构相对简单，旨在为读者讲解各种公式和函数的使用方法。

Step 01 **输入公式。**打开“工资统计”工作表，分别在单元格F2、G2、H2、I2、J2中输入公式，如图5-82所示。

F2 =-D2*8%

工号	姓名	职位	基本工资	奖金	养老保险	医疗保险	实发工资	所得税	税后工资
XZ001	张爱玲	财务会计	¥5,300.00	¥2,200.00	¥-424.00	¥-106.00	¥6,670.00	¥795.00	¥5,875.00
XZ002	顾明凡	销售经理	¥4,500.00	¥2,300.00					
XZ003	刘俊贤	销售代表	¥2,000.00	¥2,300.00					
XZ004	吴丹丹	销售代表	¥2,000.00	¥3,300.00					
XZ005	刘乐	销售代表	¥2,000.00	¥2,300.00					
XZ006	赵强	销售代表	¥2,000.00	¥2,000.00					
XZ007	周菁	一车间主任	¥6,800.00	¥3,500.00					
XZ008	蒋天海	二车间主任	¥6,800.00	¥3,800.00					
XZ009	吴倩莲	三车间主任	¥6,800.00	¥3,000.00					
XZ010	李青云	四车间主任	¥6,800.00	¥3,200.00					
XZ011	赵子新	企划部长	¥8,000.00	¥2,000.00					
XZ012	张洁	企划员	¥3,000.00	¥1,500.00					

=-D2*8%

=-D2*2%

=SUM(D2:G2)+考勤统计!N3

=IF(D2>5000,D2*0.15,0)

=H2-I2

考勤统计　工资统计　工资查询　工资条

图5-82

Step 02 填充公式。选中单元格区域F2:J2，双击选区右下角的填充柄，计算出所有员工的养老保险、医疗保险、实发工资、所得税和税后工资，如图5-83所示。

F2　=-D2*8%

	A	B	C	D	E	F	G	H	I	J
1	工号	姓名	职位	基本工资	奖金	养老保险	医疗保险	实发工资	所得税	税后工资
2	XZ001	张爱玲	财务会计	¥5,300.00	¥2,200.00	¥-424.00	¥-106.00	¥6,670.00	¥795.00	¥5,875.00
3	XZ002	顾明凡	销售经理	¥4,500.00	¥2,300.00	¥-360.00	¥-90.00	¥5,950.00	¥0.00	¥5,950.00
4	XZ003	刘俊贤	销售代表	¥2,000.00	¥2,300.00	¥-160.00	¥-40.00	¥3,700.00	¥0.00	¥3,700.00
5	XZ004	吴丹丹	销售代表	¥2,000.00	¥3,300.00	¥-160.00	¥-40.00	¥5,400.00	¥0.00	¥5,400.00
6	XZ005	刘乐	销售代表	¥2,000.00	¥2,300.00	¥-160.00	¥-40.00	¥4,000.00	¥0.00	¥4,000.00
7	XZ006	赵强	销售代表	¥2,000.00	¥2,000.00	¥-160.00	¥-40.00	¥3,760.00	¥0.00	¥3,760.00
8	XZ007	周菁	一车间主任	¥6,800.00	¥3,500.00	¥-544.00	¥-136.00	¥9,220.00	¥1,020.00	¥8,200.00
9	XZ008	蒋天海	二车间主任	¥6,800.00	¥3,800.00	¥-544.00	¥-136.00	¥9,620.00	¥1,020.00	¥8,600.00
10	XZ009	吴倩莲	三车间主任	¥6,800.00	¥3,000.00	¥-544.00	¥-136.00	¥9,020.00	¥1,020.00	¥8,000.00
11	XZ010	李青云	四车间主任	¥6,800.00	¥3,200.00	¥-544.00	¥-136.00	¥9,620.00	¥1,020.00	¥8,600.00
12	XZ011	赵子新	企划部长	¥8,000.00	¥2,000.00	¥-640.00	¥-160.00	¥8,950.00	¥1,200.00	¥7,750.00
13	XZ012	张洁	企划员	¥3,000.00	¥1,500.00	¥-240.00	¥-60.00	¥3,800.00	¥0.00	¥3,800.00

考勤统计　工资统计　工资查询　工资条

平均值: ¥1,912.13　计数: 225　求和: ¥430,230.00　100%

图5-83

■5.10.4　制作工资查询表

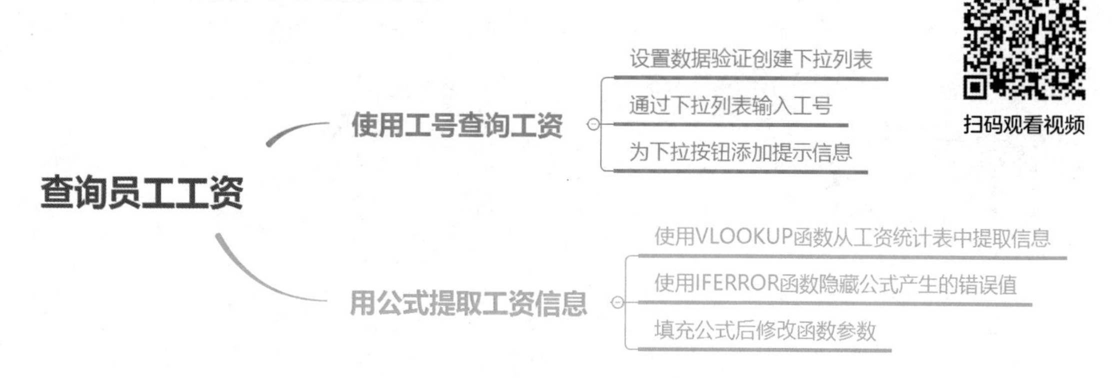

扫码观看视频

在大型的工资表中查询某人的工资情况，可以使用的方法包括查找、筛选、条件格式等。其实使用公式查找指定的数据也十分方便，下面将使用VLOOKUP函数根据工号快速查询对应的工资信息。

Step 01 启动“数据验证”对话框。打开“工资查询”工作表，该工作表中已经建立好了“工资查询表”数据表，选中单元格C3，打开“数据”选项卡，在“数据工具”选项组中单击“数据验证”按钮，如图5-84所示。

Step 02 设置验证条件。打开“数据验证”对话框，设置验证条件为“序列”，在“来源”文本框中引用“=工资统计!$A$2:$A$46”的单元格区域，如图5-85所示。

Step 03 添加数据验证说明文字。切换到“输入信息”选项卡，在“输入信息”文本框中输入说明文字，单击“确定”按钮，如图5-86所示。

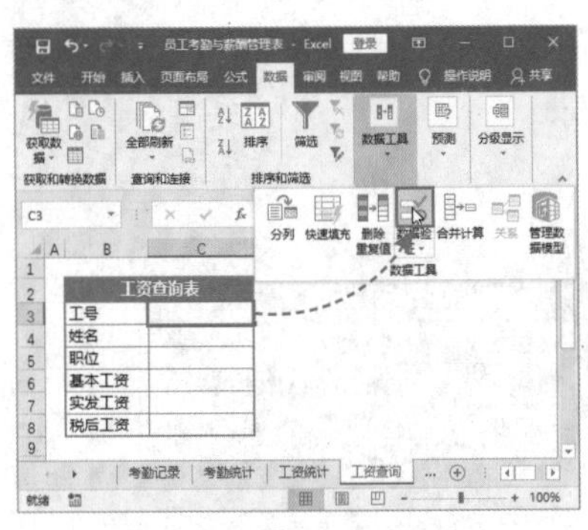

图5-84

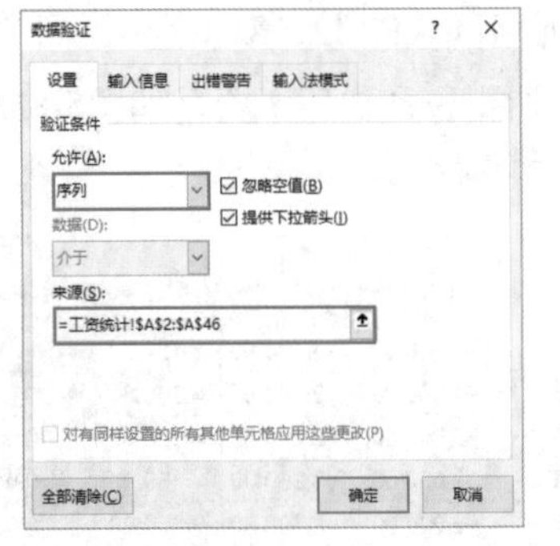

图5-85

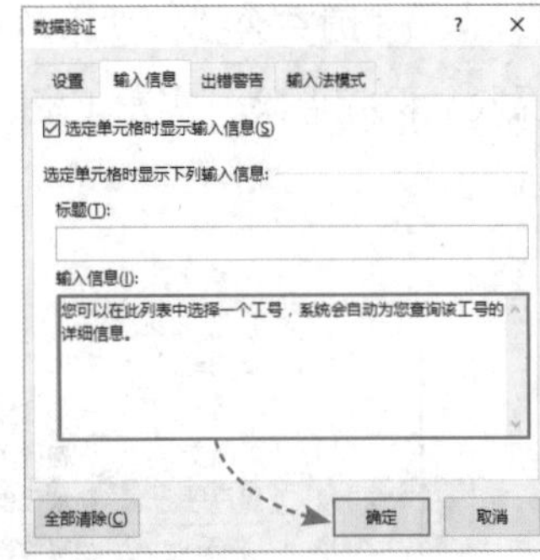

图5-86

Step 04 **查看数据验证的设置结果。**返回工作表，此时单元格C3右侧出现了一个下拉按钮，单元格下方显示出说明文字，如图5-87所示。

Step 05 **启动“插入函数”对话框。**选中单元格C4，单击编辑栏左侧的“插入函数”按钮，如图5-88所示。

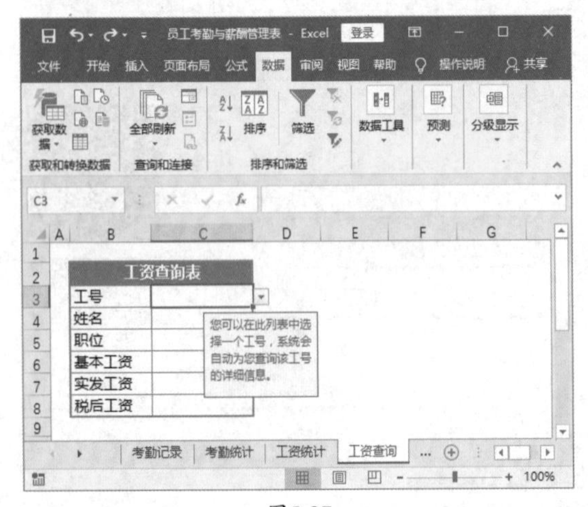

图5-87

图5-88

Step 06 **选择函数。**打开“插入函数”对话框，设置函数类型为“查找与引用”，选择函数为“VLOOKUP”，单击“确定”按钮，如图5-89所示。

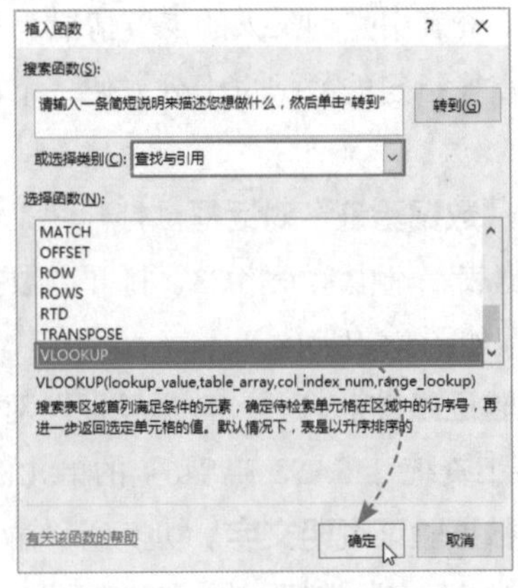

图5-89

Step 07 **设置函数参数。**打开“函数参数”对话框，设置VLOOKUP函数的参数依次为“$C$3”“工资统计!$A$2:$J$46”“2”“FALSE”，最后单击“确定”按钮，如图5-90所示。

Step 08 **查看公式结果。**单元格C4中随即显示一个由公式计算得来的错误值，如图5-91所示。

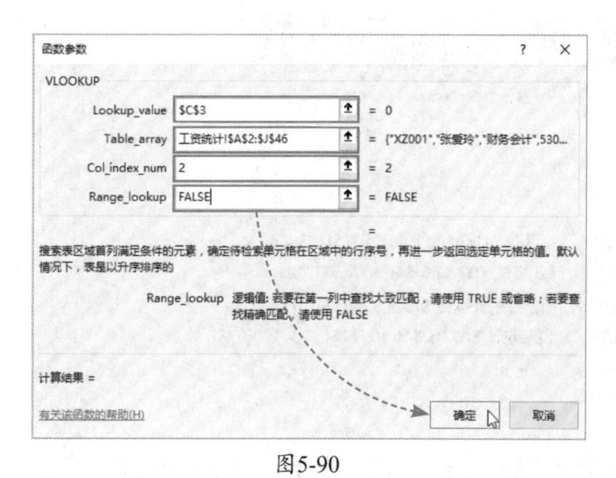

图5-90

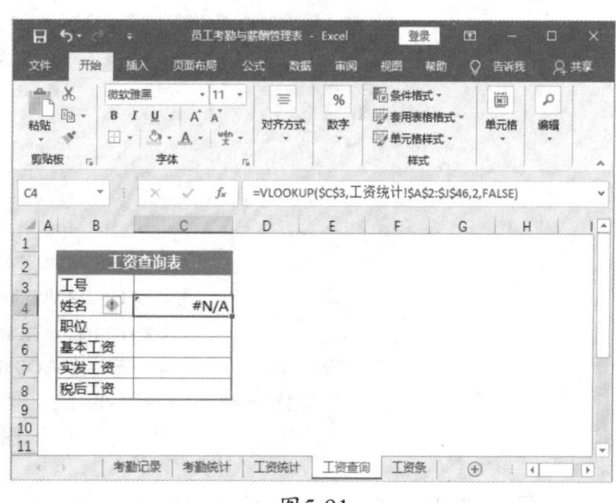

图5-91

● **新手误区：**此时我们看到公式产生了错误结果“#N/A”，其实这并不是因为前面设置的参数有误，而是因为公式中引用了单元格C3，而此时单元格C3中尚未输入任何内容，公式中引用了空值导致了错误值的产生。用户可以使用IFERROR函数隐藏错误值。

Step 09 **隐藏公式产生的错误值。**在编辑栏中修改公式为“=IFERROR(VLOOKUP($C$3,工资统计!$A$2:$J$46,2,FALSE),"")”，修改完成后按组合键Ctrl+Enter确认，如图5-92所示。

图5-92

公式解析：IFERROR可以处理公式产生的各种错误结果。该函数有两个参数，第一个参数是任意值或表达式，当第一个参数返回错误值时，公式以第二个参数作为返回结果，如图5-93所示。

判断此表达式是否返回错误值　第一个参数返回错误值时，公式返回空值

=IFERROR(VLOOKUP($C$3,工资统计!$A$2:$J$46,2,FALSE),"")

图5-93

Step 10 填充并修改公式。将公式填充到单元格区域C5:C8，依次修改单元格区域C5:C8中的第三个参数，将数字修改为要查询的内容在查询表（工资统计!$A$2:$J$46）中所处列的位置，如图5-94所示。

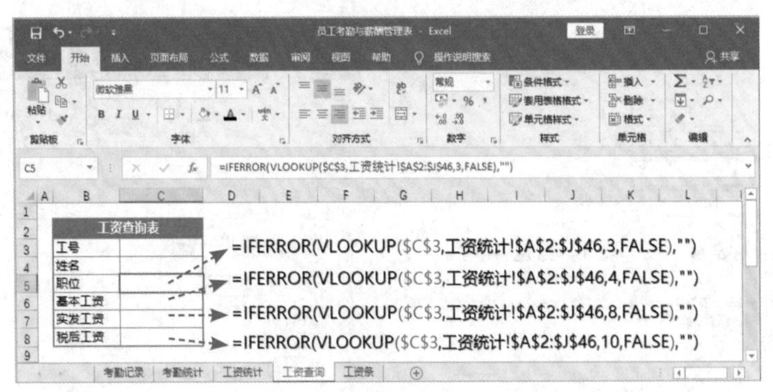

图5-94

Step 11 选择工号。选中单元格C3，单击单元格右侧的下拉按钮，在下拉列表中选择一个工号，如图5-95所示。

Step 12 查看工资查询结果。工资查询表的空白单元格中随即显示出查询结果，如图5-96所示。

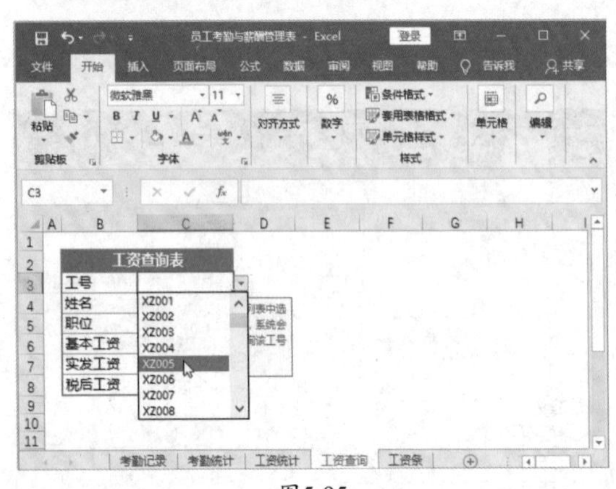

图5-95

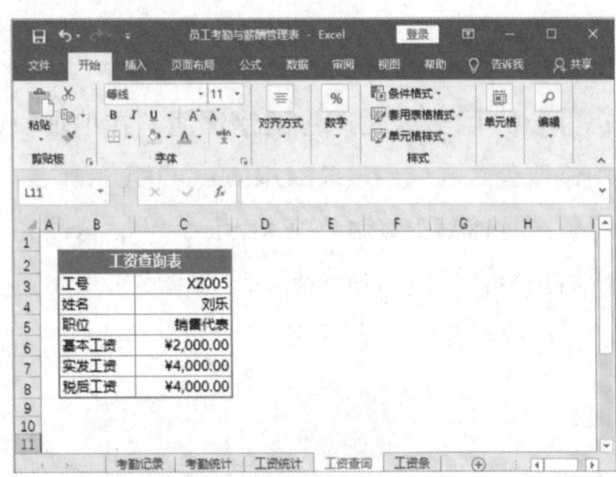

图5-96

■5.10.5 制作工资条

制作工资条

- 制作第一个员工的工资条
  - 从工资统计表中复制表头
  - IF、ROW、COLUMN函数嵌套提取第一位员工工资
- 制作所有员工的工资条
  - 同时填充表头、公式、空行

工资条是员工所在单位定期给员工反映工资的纸条。工资条分为纸质版和电子版两种，记录着每个员工的月收入分项和收入总额。下面将使用公式制作工资条。

Step 01 **复制表头。**从“工资统计”工作表中复制表头，并将其粘贴到“工资条”工作表中，如图5-97所示。

Step 02 **输入公式。**选中单元格A2，输入公式“=OFFSET(工资统计!$A$1, ROW()/3+1, COLUMN()-1)”，如图5-98所示。

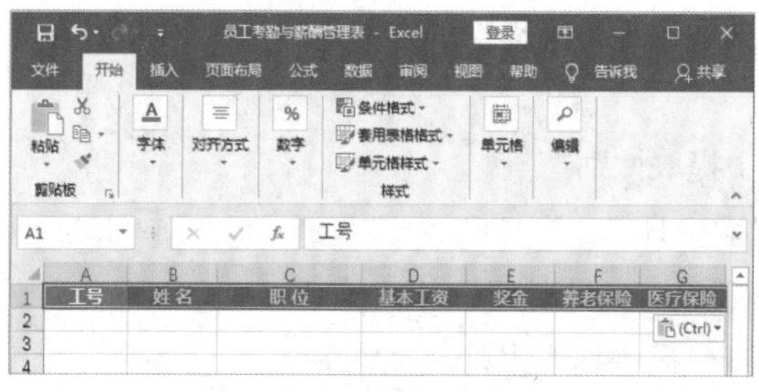

图5-97

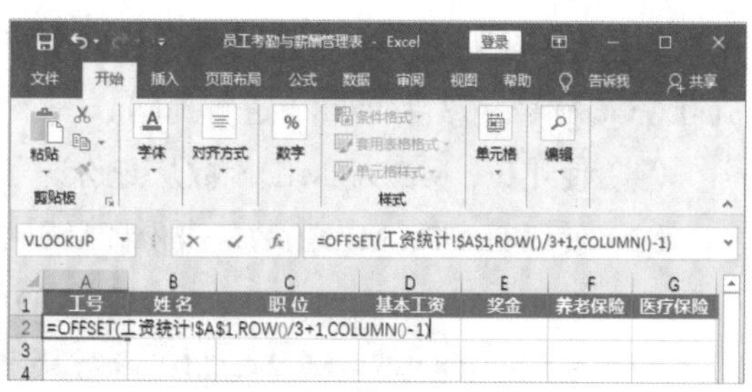

图5-98

Step 03 **制作出第一个工资条。**将单元格A2中的公式填充到单元格区域B2:J2，如图5-99所示。

Step 04 **自动生成工资条。**选中单元格区域A1:J3，向下拖动填充控制柄，如图5-100所示。

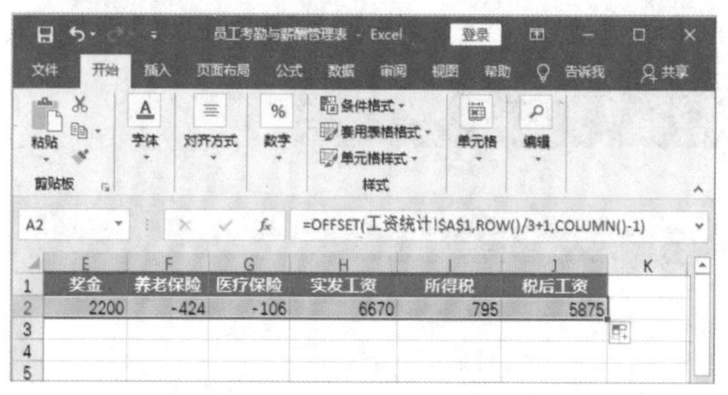

图5-99

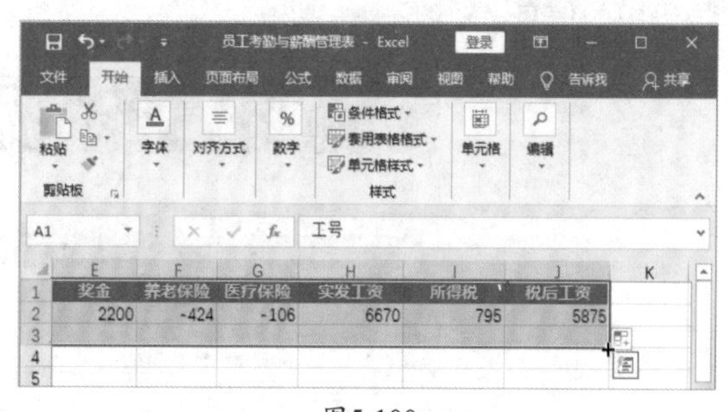

图5-100

Step 05 **查看工资条效果。**直到生成最后一名员工的工资条后停止填充，若填充区域过大，生成了空白的工资条，直接将其删除即可。工资条的最终效果如图5-101所示。

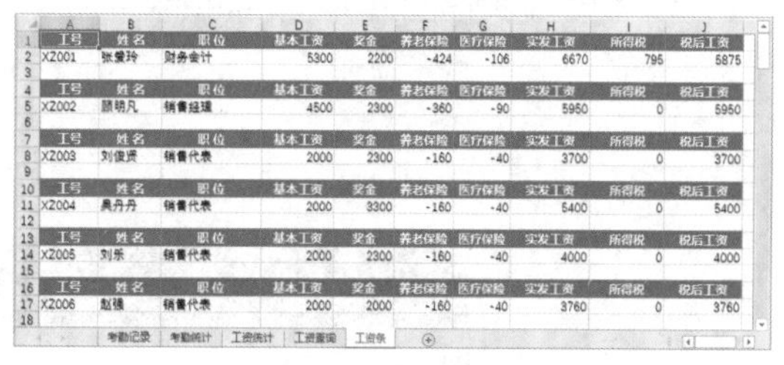

图5-101

公式解析：OFFSET（偏移引用）函数生成数据区域的动态引用，然后嵌套ROW函数（返回引用的行号）和COLUMN函数（返回引用的列号）引用“工资统计”工作表中行和列的位置，最终为每位员工生成独立的工资条，如图5-102所示。

图5-102

Ⓔ课后作业

身份证号码中隐藏了很多重要的信息，如籍贯、出生日期、性别、年龄等，这些信息都能够通过公式和函数提取出来。本章内容已经对公式和函数的基本操作进行了介绍，利用这些知识试着从客户资料表的身份证号码中提取指定信息。在练习过程中如有疑问，可以加入学习交流群（QQ群号：737179838）进行提问。

（1）使用IF、MOD和MID函数从身份证号码中提取性别。

（2）使用TEXT、MID函数从身份证号码中提取生日。

（3）使用DATEDIF、TEXT、MID和TODAY函数从身份证号码中提取年龄。

（4）使用CHOOSE、MOD、MID函数从身份证号码中提取生肖。

（5）使用VLOOKUP、VALUE、LEFT函数从身份证号码中提取“籍贯对照表”中对应的籍贯。

从身份证号码中提取各种信息的公式并不是唯一的，大家也可以使用其他函数提取身份证号码中的信息。

姓名	身份证号码	性别	生日	年龄	生肖	籍贯
周浩泉	130131198712097619					
乌梅	330320199809104661					
顾飞	435326198106139871					
李莃	435412198610111242					
张乐乐	654351198808041187					
史俊	320100198511095335					
吴磊	320513199008044373					
薛倩	370600197112055364					
伊卿	314032199305211668					
陈庆林	620214198606120435					

原始效果

姓名	身份证号码	性别	生日	年龄	生肖	籍贯
周浩泉	130131198712097619	男	1987-12-09	31	兔	河北石家庄
乌梅	330320199809104661	女	1998-09-10	20	虎	浙江温州
顾飞	435326198106139871	男	1981-06-13	38	鸡	湖南湘西
李莃	435412198610111242	女	1986-10-11	32	虎	湖南湘西
张乐乐	654351198808041187	女	1988-08-04	31	龙	新疆阿勒泰
史俊	320100198511095335	男	1985-11-09	33	牛	江苏南京
吴磊	320513199008044373	男	1990-08-04	29	马	江苏苏州
薛倩	370600197112055364	女	1971-12-05	47	猪	山东烟台
伊卿	314032199305211668	女	1993-05-21	26	鸡	上海市
陈庆林	620214198606120435	男	1986-06-12	33	虎	甘肃嘉峪关

最终效果

Excel

第6章

VBA与宏，Excel的高级神助攻

VBA可以在办公自动化的基础上简化Excel的重复操作，大幅提高工作效率。本章内容将对VBA的基本概念及运行基础、基本编辑环境、窗体和控件的应用等内容进行介绍。

Ⓔ思维导图

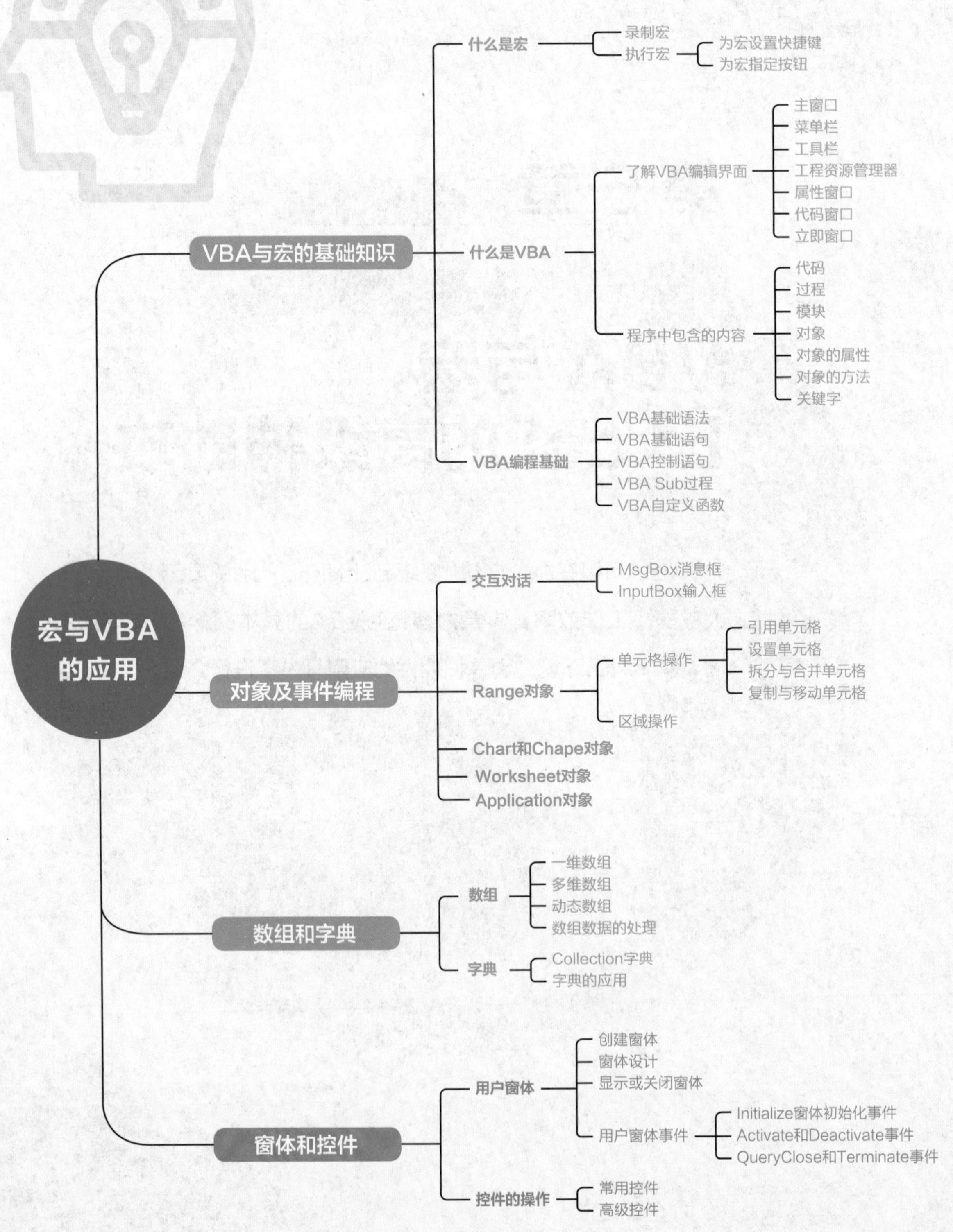

宏与VBA的应用
VBA与宏的基础知识
什么是宏
录制宏
执行宏
为宏设置快捷键
为宏指定按钮
什么是VBA
了解VBA编辑界面
主窗口
菜单栏
工具栏
工程资源管理器
属性窗口
代码窗口
立即窗口
程序中包含的内容
代码
过程
模块
对象
对象的属性
对象的方法
关键字
VBA编程基础
VBA基础语法
VBA基础语句
VBA控制语句
VBA Sub过程
VBA自定义函数
对象及事件编程
交互对话
MsgBox消息框
InputBox输入框
Range对象
单元格操作
引用单元格
设置单元格
拆分与合并单元格
复制与移动单元格
区域操作
Chart和Chape对象
Worksheet对象
Application对象
数组和字典
数组
一维数组
多维数组
动态数组
数组数据的处理
字典
Collection字典
字典的应用
窗体和控件
用户窗体
创建窗体
窗体设计
显示或关闭窗体
用户窗体事件
Initialize窗体初始化事件
Activate和Deactivate事件
QueryClose和Terminate事件
控件的操作
常用控件
高级控件

知识速记

6.1 宏的应用

宏是一种批量处理的称谓。Excel办公软件自动集成了VBA（Visual Basic for Application）高级程序语言，用此语言编制出的程序就叫作“宏”。

扫码观看视频

6.1.1 宏的运行原理

宏是保存在Visual Basic窗口中的代码，正是这些代码驱动着操作自动执行，如图6-1所示。

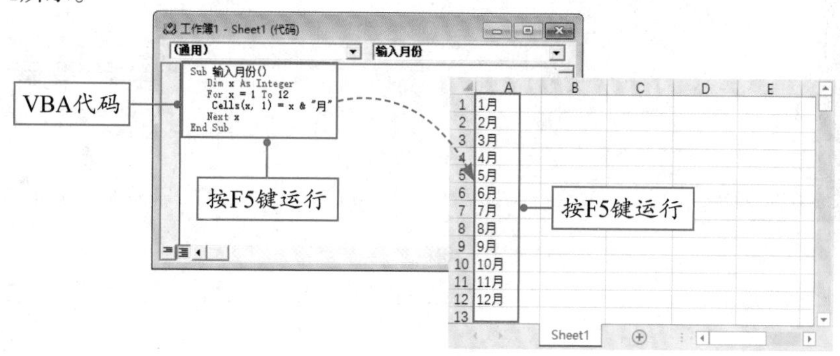

图6-1

6.1.2 录制宏

在Excel中可以通过两种方法生成宏。第一种方法是自动录制宏；第二种方法是手动编写宏代码。这里重点介绍如何录制宏。

“录制宏”能够将Excel中的操作过程以代码的方式记录并保存下来，这些代码最终保存在模块中。图6-2展示的是录制宏的过程，该宏的指令是隔行插入空行。

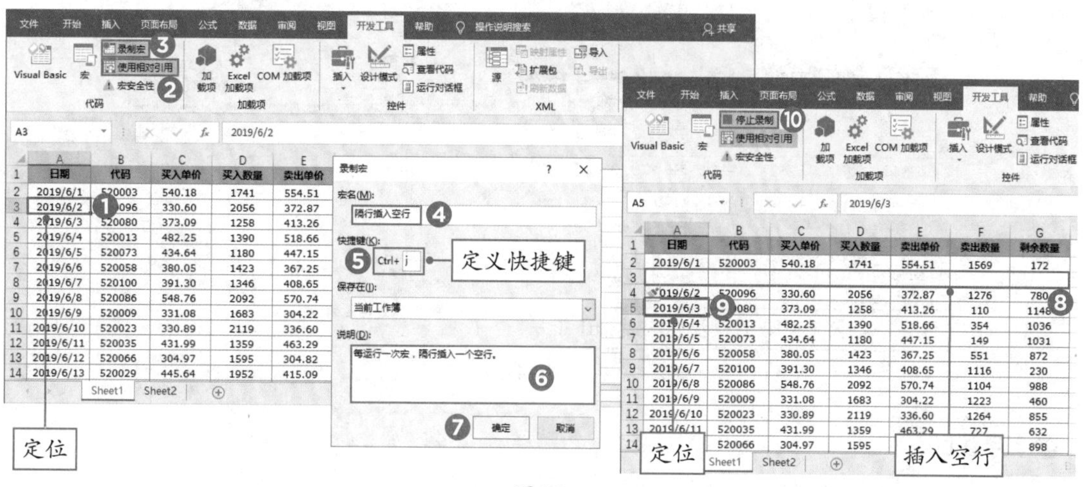

图6-2

知识拓展

宏和VBA的大多数操作按钮都保存在“开发工具”选项卡中，若用户在功能区中找不到该选项卡，需要手动进行添加，操作方法如图6-3所示。

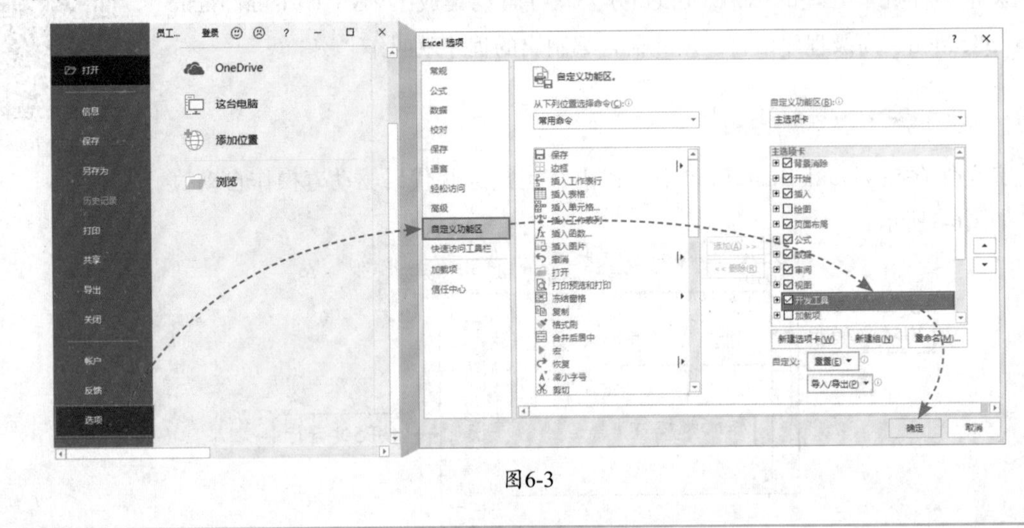

图6-3

■6.1.3 运行宏

宏录制完成后，需要执行宏才能运行代码。执行宏的方法有很多种，如果在录制宏的时候定义了快捷键，可以使用快捷键运行宏；若没有定义快捷键，也可以通过对话框命令按钮执行宏，如图6-4所示。

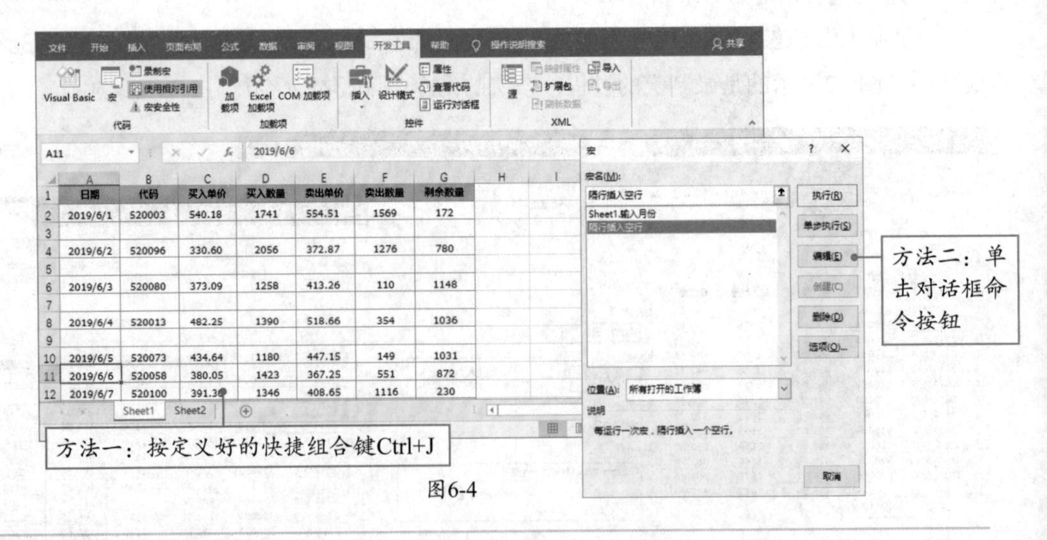

图6-4

● **新手误区：**在执行宏的过程中，不要随意选择其他单元格，要始终保持在系统自动选中的单元格上，以免打乱操作结果。

6.2 学点简单的VBA知识

VBA是VB（Visual Basic）的子集，是VB用来开发应用程序的一种语言。VBA语言并非人们想象的那么复杂，即使没有VB编程经验，也可以通过学习慢慢掌握其要领。

6.2.1 VBA的编辑环境

想要编辑VBA首先要进入VBA界面。打开VBA界面的方法有很多种，常用的有以下三种：通过组合键Alt+F11打开；单击“开发工具”选项卡中的Visual Basic按钮打开（图6-5）；右击工作表标签，选择“查看代码”选项（图6-6）。

图6-5

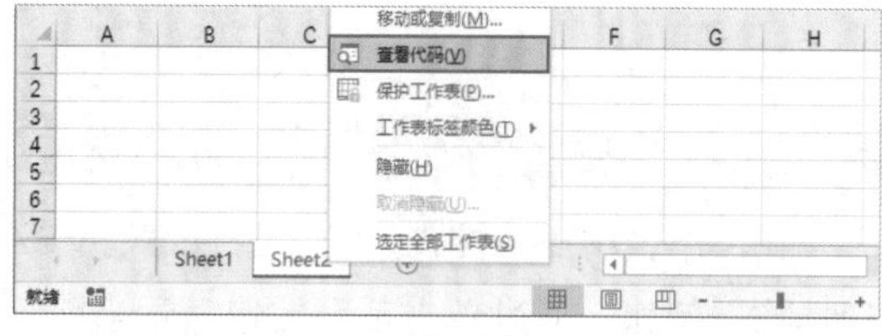

图6-6

下面来了解一下VBA的编辑界面，如图6-7所示。VBA界面中的窗口并不是固定不变的，可以通过菜单栏中的“视图”菜单进行添加，如图6-8所示。

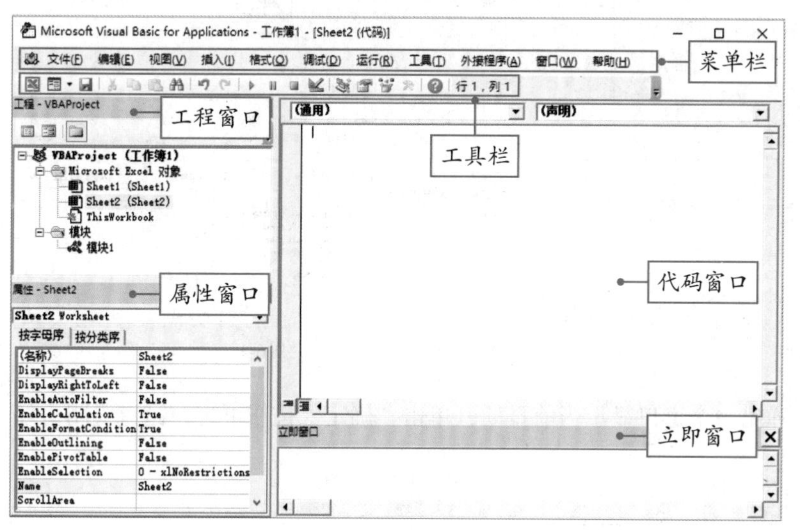

图6-7

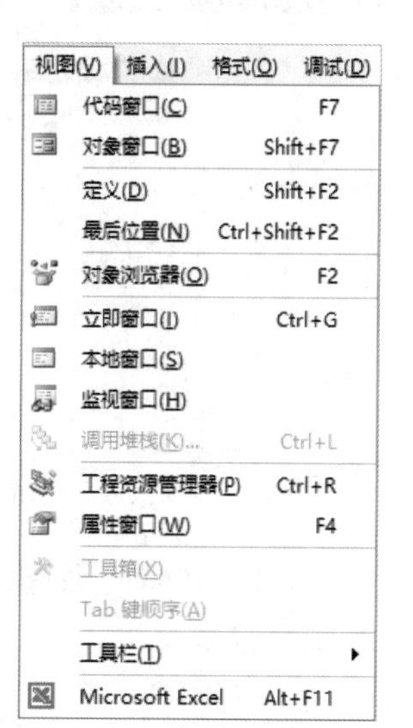

图6-8

6.2.2 编辑VBA的基本步骤

了解了VBA的编程环境后，便可尝试着编写一个简单的VBA程序。VBA代码需要在代码窗口中输入，默认情况下工程窗口中包含工作簿所有的工作表选项，双击工作表名称即可打开对应的代码窗口，在代码窗口中便可编写VBA代码，如图6-9所示。

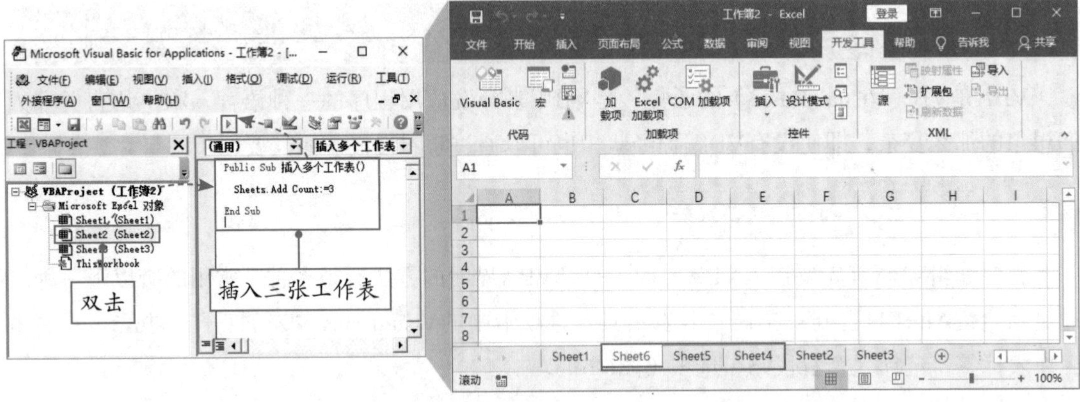

图6-9

■6.2.3 使用控件执行VBA程序

扫码观看视频

在工作表中插入控件，并为控件编写VBA代码，即可通过控件实现某些自动操作。例如，通过单击某一按钮显示当前日期：首先在工作表中插入控件，如图6-10所示，然后为控件编写代码，如图6-11所示。

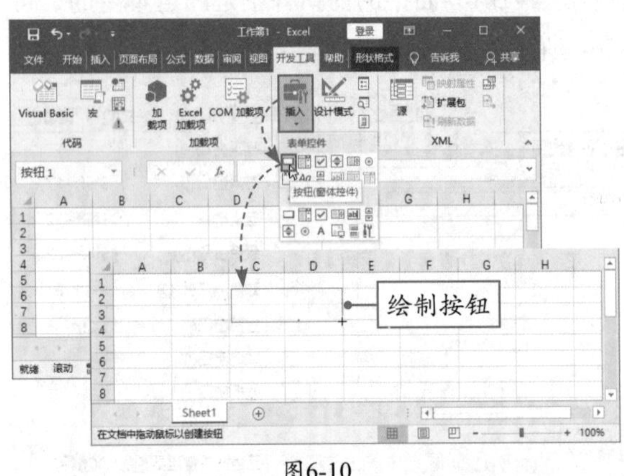

图6-10

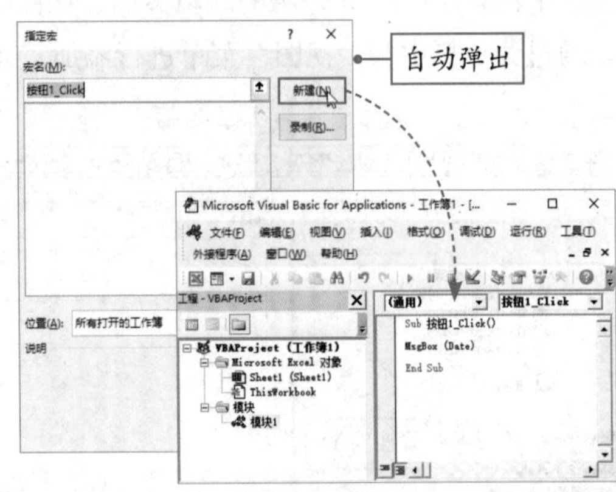

图6-11

单击“按钮1”按钮，弹出一个窗口显示当前日期，单击“确定”按钮可将该窗口关闭，如图6-12所示。

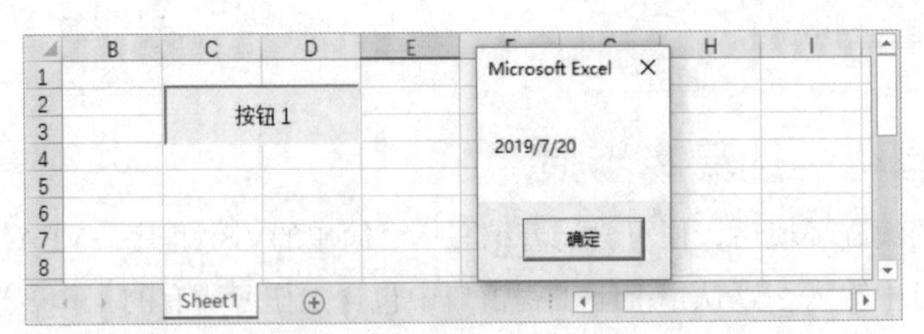

图6-12

6.3 窗体的设置

在操作的Excel过程中，常会见到一些用于完成特定功能的对话框，这类对话框大都由文本框、组合框等控件构成，这些对话框便是用窗体制作的。

6.3.1 窗体的插入

在VBA编辑窗口中，单击“插入”菜单，选择“用户窗体”选项，工程窗口中即可插入一个名为UserForm1的窗体，并在右侧窗口中自动打开该窗体，如图6-13所示。

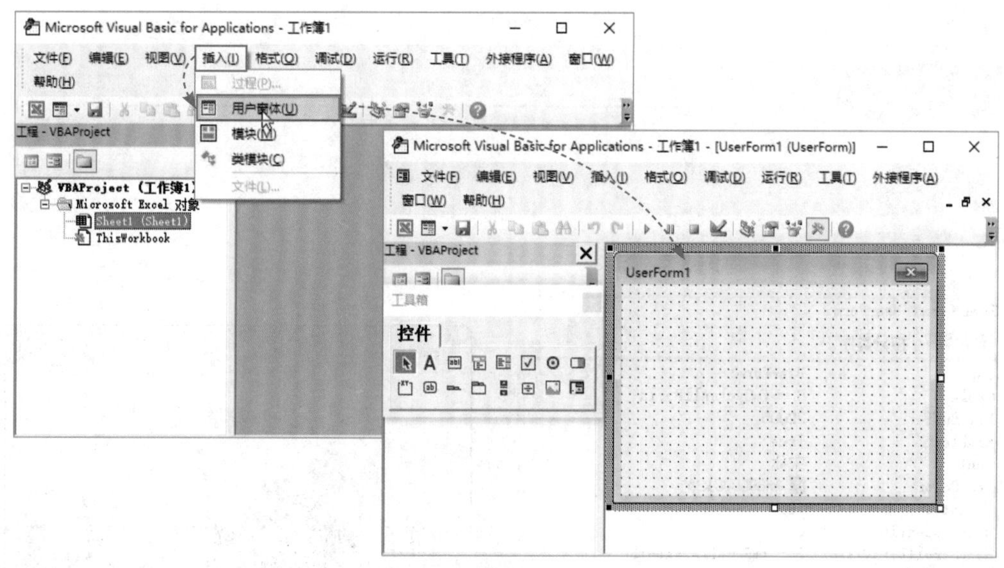

图6-13

6.3.2 设置窗体背景

扫码观看视频

窗体默认的背景颜色为灰色，用户可以根据需要将背景设置为其他颜色，如图6-14所示，或者设置为指定的图片，如图6-15所示。窗体背景及其他属性均需要在“属性”对话框中设置。

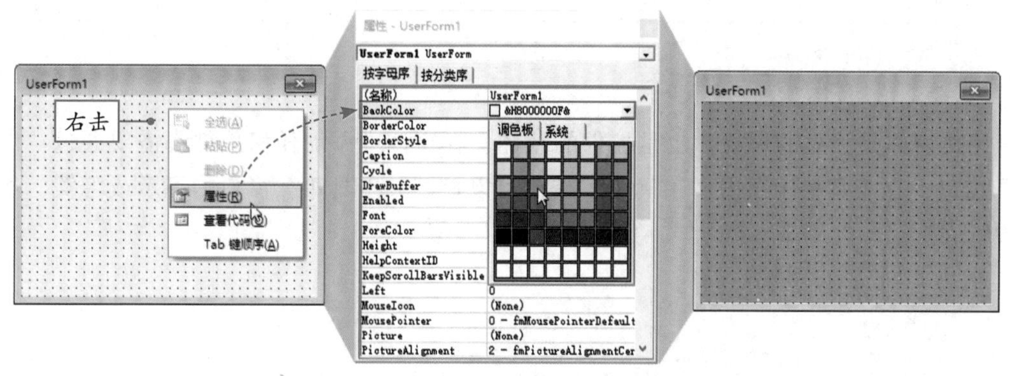

图6-14

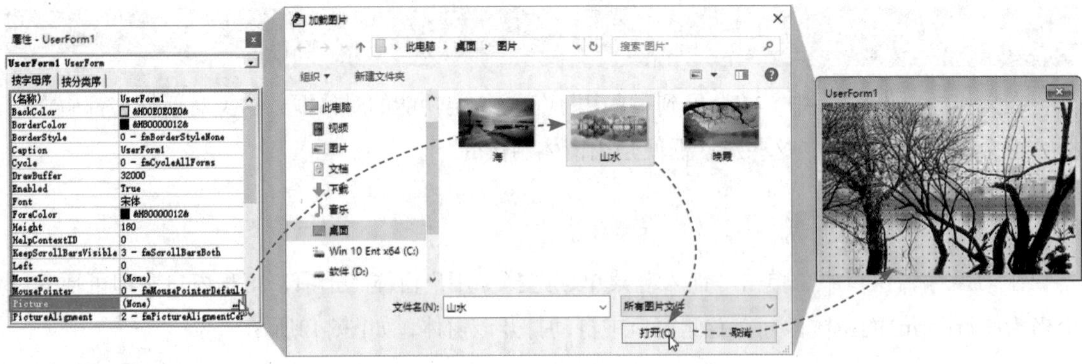

图6-15

知识拓展

默认情况下，为窗体设置的图片背景只能显示出图片的一部分，在“属性”对话框中设置PictureSireMode的属性为1-fmPictureSizeModeStretch，如图6-16所示。

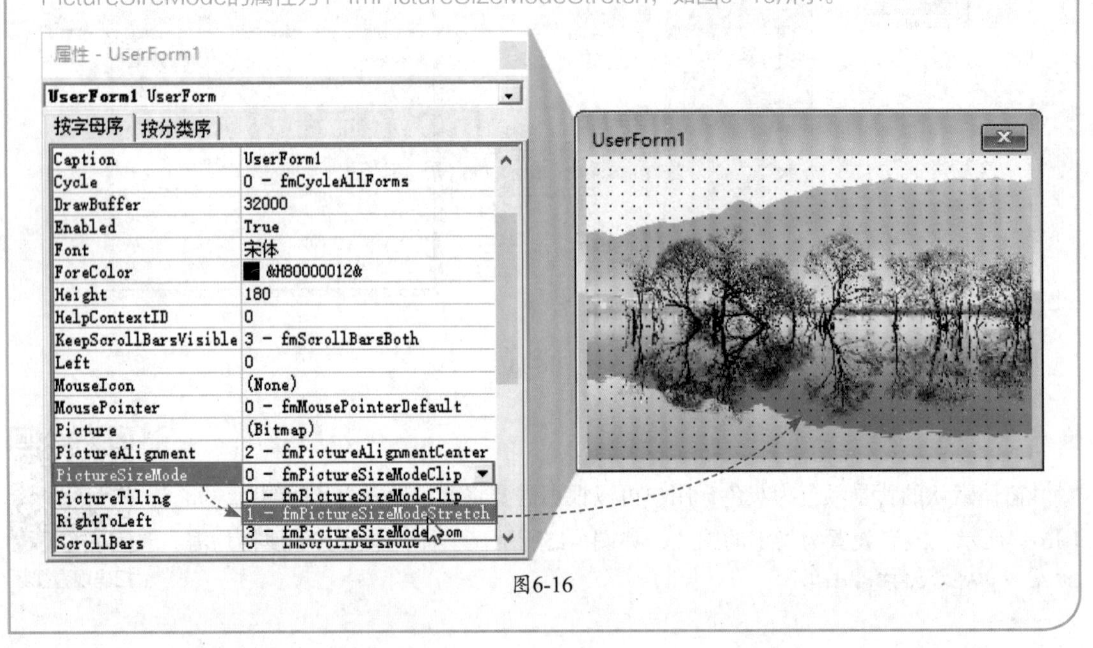

图6-16

■6.3.3 常用的窗体控件

用户窗体是独立的对象，也是控件的载体。在窗体中添加任何控件都需要通过“工具箱”窗口，在工具栏中单击“工具箱”按钮可以控制“工具箱”窗口的显示或隐藏，如图6-17所示。

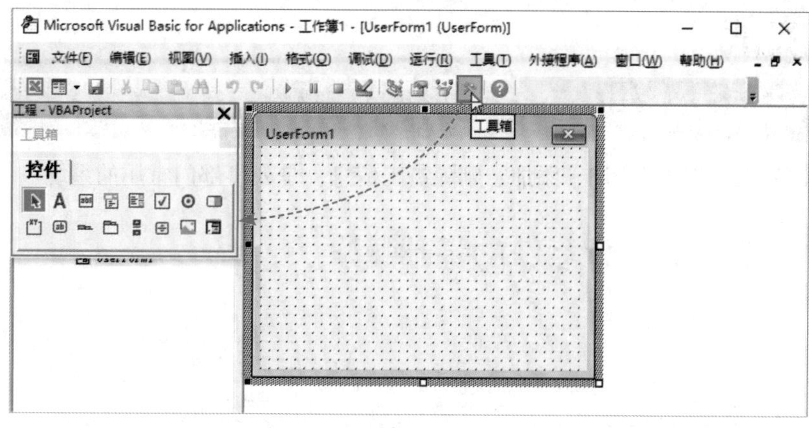

图6-17

在“工具箱”窗口中选中某个控件选项，在窗体中拖动鼠标即可绘制出该控件，如图6-18所示。

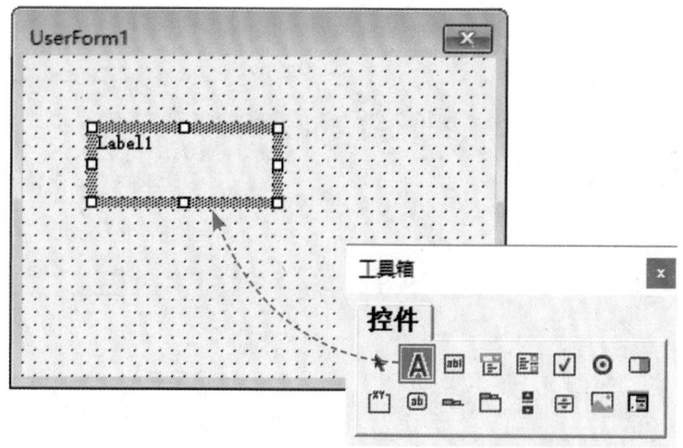

图6-18

“工具箱”窗口包含的主要控件及作用见表6-1。

表6-1

控件名称	作用
标签	用于显示说明性文本，如标题、题注或简单的指导信息
文本框	用于显示用户输入信息的最常用的控件，该控件也能显示一系列数据
复选框	用于设置用户的选择性操作，即允许用户从两个值中选择一个
列表框	用于显示一些值的列表，可以从中选择一个或多个值
复合框	将列表框和文本框的特性结合在一起，可以像在文本框中那样输入新值，也可以像在列表框中那样选择已有的值
命令按钮	用于启动、结束或中断一项操作或一系列操作
选项按钮	用于显示组中的某一项是否被选中，框架中的各个选项按钮是互斥的
图像	用于将图片作为数据的一部分显示在窗体中

Ⓔ综合实战

6.4 制作员工信息管理系统

员工信息管理系统用于查询、添加、删除员工信息，是人事部门常用的系统。

6.4.1 员工信息管理系统的基础建设

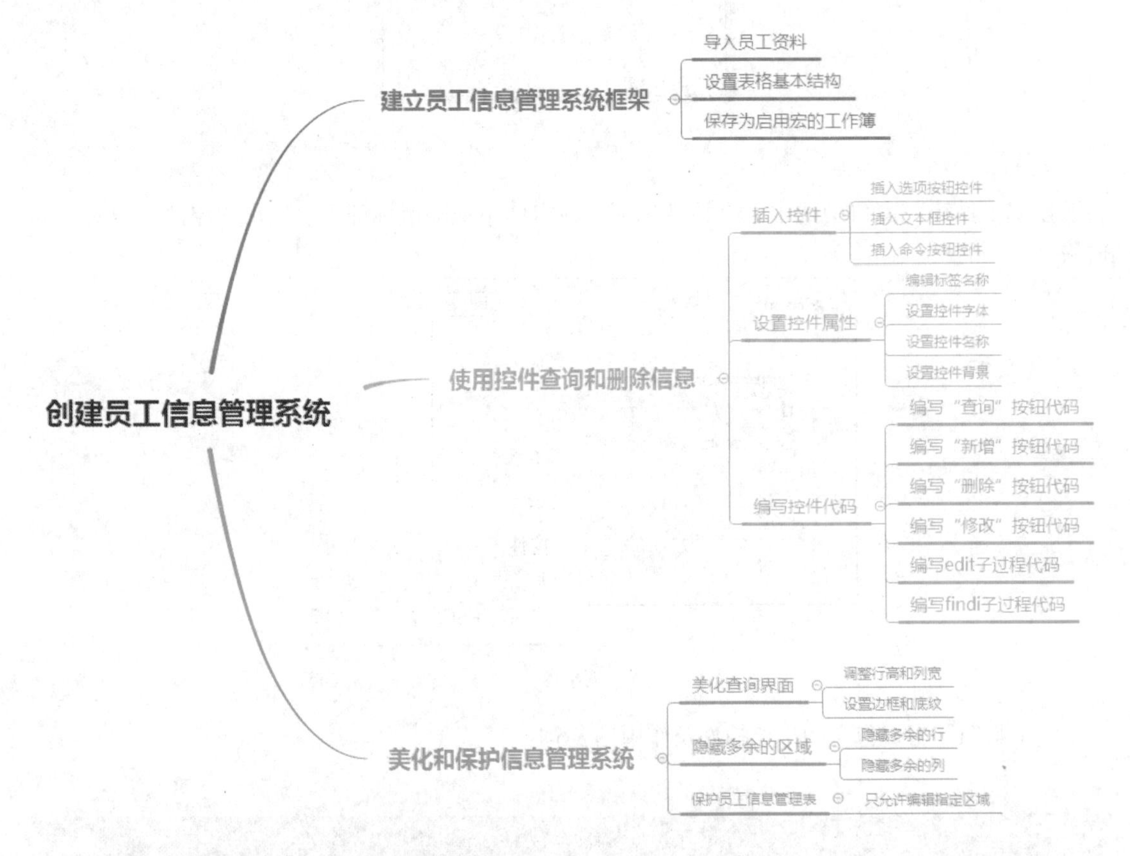

在Excel中创建员工信息管理系统，操作如下。

1. 建立基本框架

首先用户需要准备好员工的基本资料，然后建立管理系统的基本框架。

Step 01 **新建工作簿并导入员工信息。**新建一个工作簿，创建三张工作表，分别命名为“员工信息管理”“员工基本资料”“信息回收站”。在“员工基本资料”工作表中导入员工信息，如图6-19所示。

Step 02 **复制表头。**复制“员工基本资料”工作表的表头，将其粘贴到“信息回收站”工作表中，如图6-20所示。

	B	C	D	E	F	G	H	I	J	K
1	姓名	性别	学历	出生日期	年龄	身份证号码	籍贯	入职日期	所属部门	职务
2	薛倩	女	专科	1971/12/5	47	370600197112055364	山东烟台	2011/9/1	人事部	主管
3	张东	男	硕士	1987/12/9	31	212231198712097619	辽宁朝阳	2009/6/1	办公室	主管
4	张明宇	男	本科	1988/8/4	30	331213198808044377	浙江丽水	2007/3/9	生产部	员工
5	周浩泉	男	高中	1987/12/9	31	130131198712097619	河北石家庄	2009/9/1	办公室	经理
6	顾飞	男	专科	1981/6/13	38	435326198106139871	湖南湘西	2008/10/1	设计部	员工
7	李翀	女	专科	1986/10/11	32	435412198610111242	湖南湘西	2009/4/6	销售部	主管
8	张乐乐	女	高中	1988/8/4	30	654351198808041187	新疆阿勒泰	2010/6/2	采购部	经理
9	史俊	男	高中	1985/11/9	33	320100198511095335	江苏南京	2013/9/8	销售部	员工
10	吴磊	男	专科	1990/8/4	28	320513199008044373	江苏苏州	2013/2/1	生产部	员工
11	陈庆林	男	专科	1986/6/12	33	620214198606120435	甘肃嘉峪关	2013/1/1	销售部	员工
12	周怡	女	专科	1988/8/4	30	331213198808044327	浙江丽水	2017/9/10	设计部	主管
13	吴亮	男	高中	1968/6/28	51	320324196806280531	江苏徐州	2013/3/2	销售部	员工
14	方晓雪	女	本科	1987/12/9	31	212231198712097629	辽宁朝阳	2011/10/1	采购部	员工
15	刘俊贤	男	博士	1989/12/18	29	212231198912187413	辽宁朝阳	2010/10/2	财务部	主管

员工信息管理　员工基本资料　信息回收站

图6-19

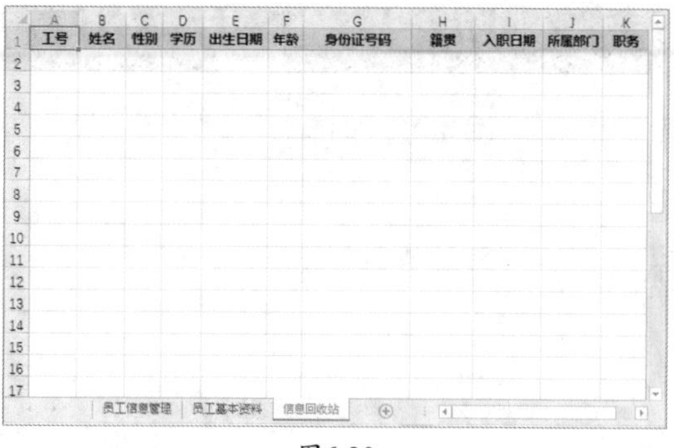

图6-20

Step 03 设计员工管理表。在“员工信息管理”工作表中输入基本信息，并适当地设置字体格式、边框及填充效果，如图6-21所示。

Step 04 保存为启用宏的工作簿。按F12键打开“另存为”对话框，设置文件名为“员工基本信息”，选择保存类型为“Excel启用宏的工作簿”，单击“保存”按钮，如图6-22所示。

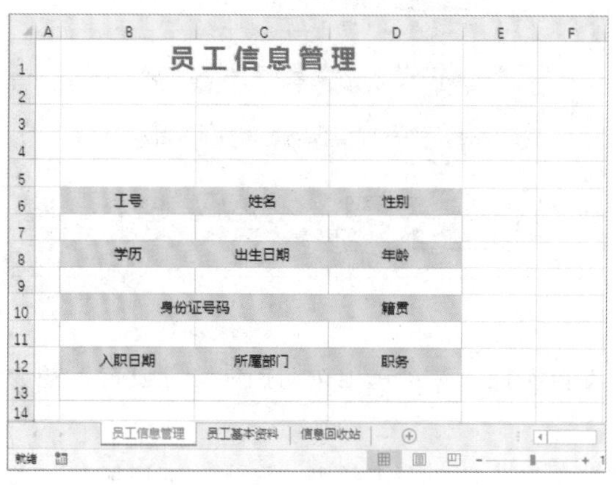

图6-21

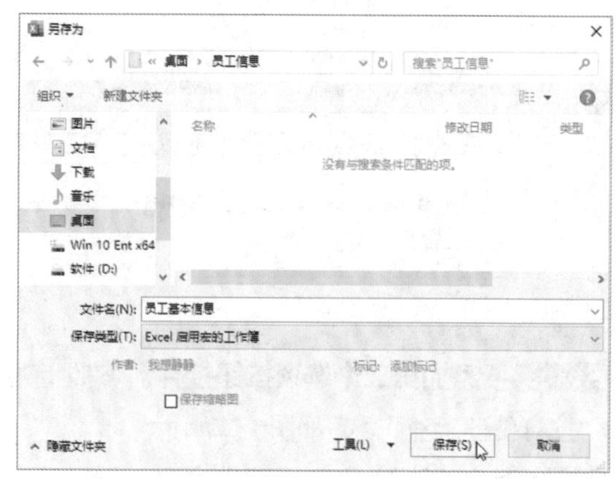

图6-22

2. 添加控件

员工信息的管理主要通过各种控件来实现。

Step 01 选择控件。打开“开发工具”选项卡，在“控件”选项组中单击“插入”下拉按钮，选择“选项按钮（ActiveX 控件）”选项，如图6-23所示。

Step 02 插入控件。将光标移动到工作表中，按住鼠标左键，拖动鼠标绘制一个选项按钮控件，如图6-24所示。

Step 03 执行编辑对象命令。右击选项按钮控件，在右键的快捷菜单中选择“选项按钮 对象”中的“编辑”选项，如图6-25所示。

Step 04 设置控件标题。在控件中输入文本“按工号查询”，拖动控件周围的控制点适当调整控件大小，如图6-26所示。

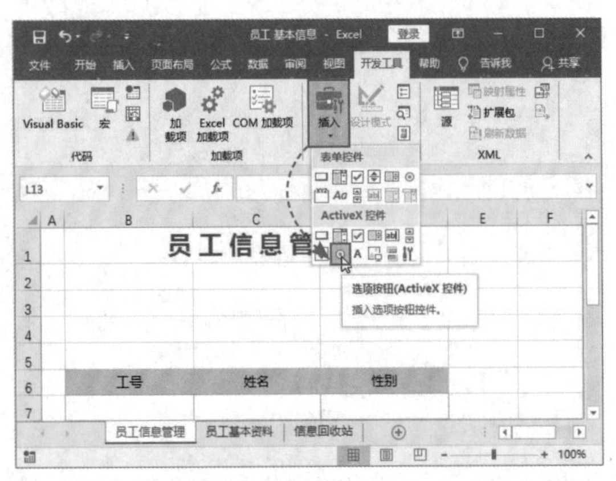

图6-23

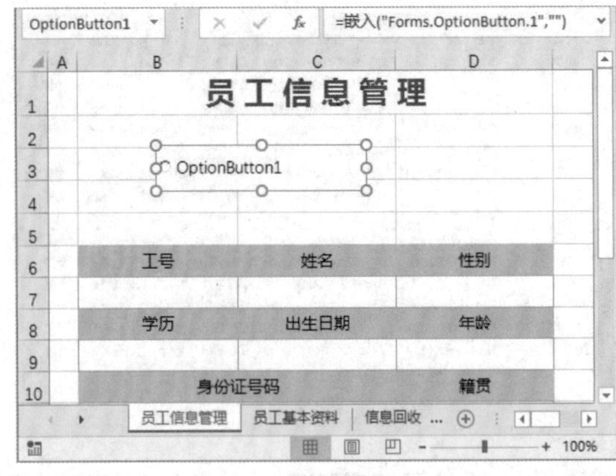

图6-24

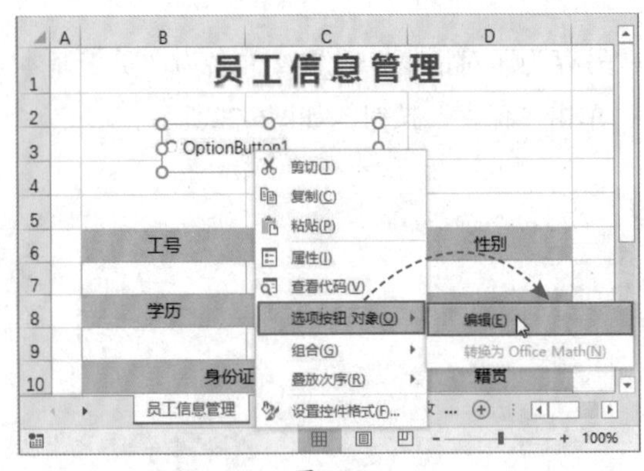

图6-25

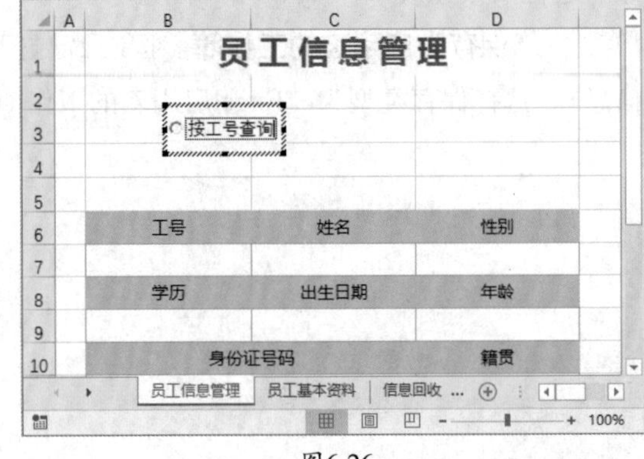

图6-26

Step 05 添加第二个选项按钮控件。参照上述步骤再次插入一个选项按钮控件，并设置标题为“按身份证号查询”，如图6-27所示。

Step 06 执行插入文本框控件命令。再次从“开发工具”选项卡中单击“插入”下拉按钮，在下拉列表中选择“文本框（ActiveX 控件）”选项，如图6-28所示。

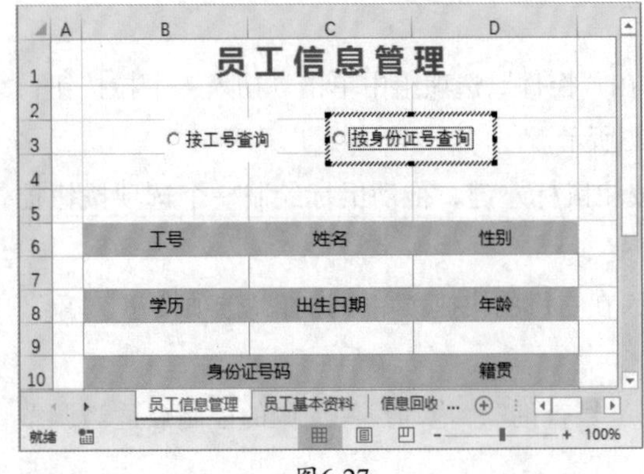

图6-27

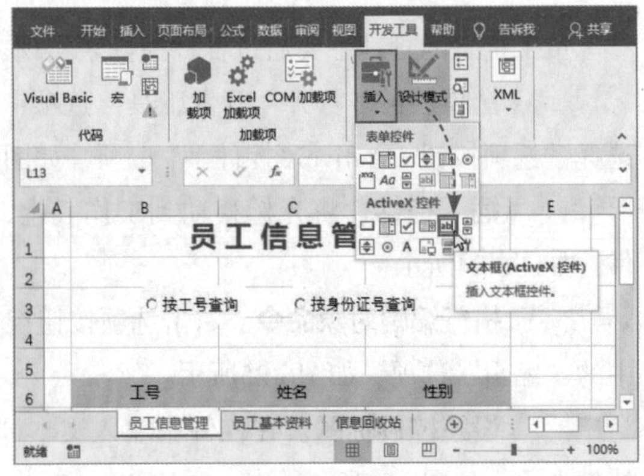

图6-28

Step 07 **插入文本框控件。**按住鼠标左键，拖动鼠标，在工作表中绘制一个文本框控件，如图6-29所示。

Step 08 **执行插入命令按钮控件命令。**在“开发工具”选项卡中单击“插入”下拉按钮，选择“命令按钮（ActiveX 控件）”选项，如图6-30所示。

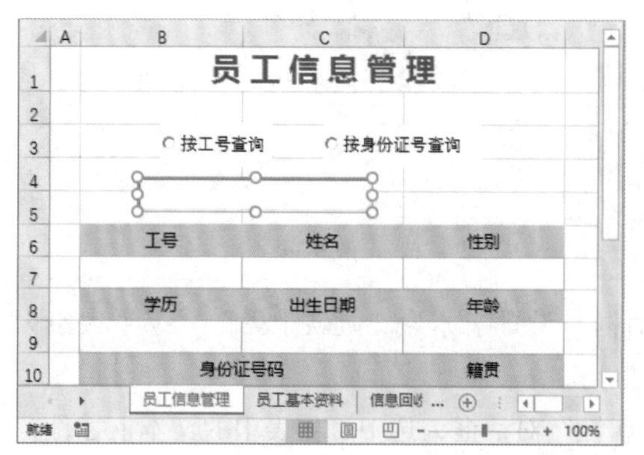

图6-29

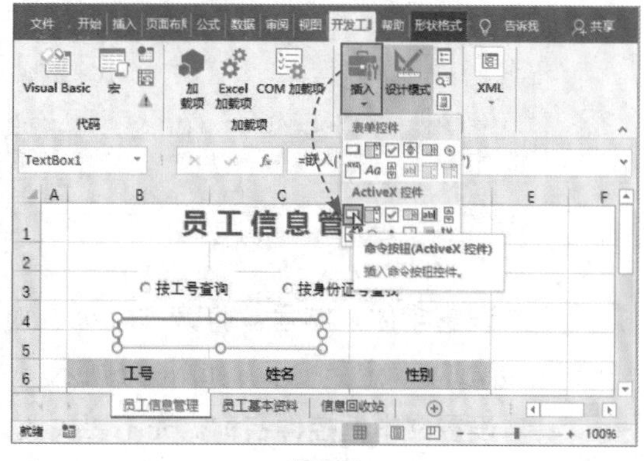

图6-30

Step 09 **插入“查询”按钮。**在工作表中绘制一个命令按钮控件，参照Step 03和Step 04，修改按钮标题为“查询”，如图6-31所示。

Step 10 **插入其他按钮。**参照以上步骤继续向工作表中插入“新增”“删除”和“修改”按钮，如图6-32所示。

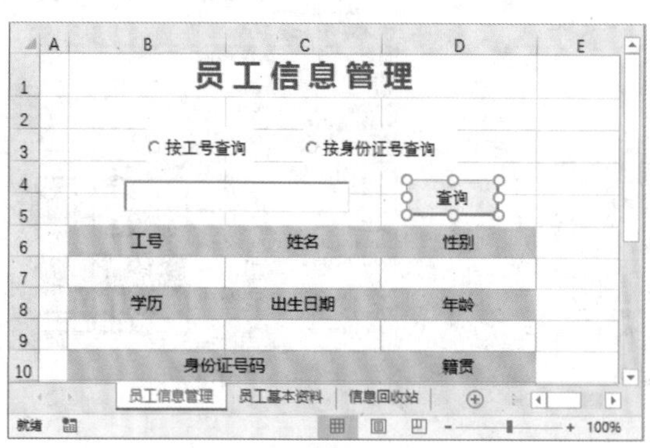

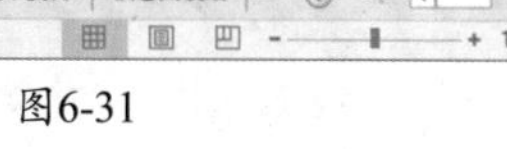

图6-31

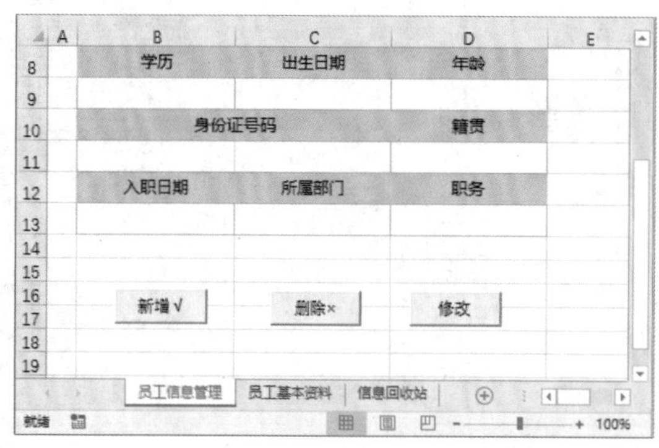

图6-32

3. 设置控件属性

控件添加完成后还要对控件的属性进行单独的设置，如设置控件标题样式、修改控件名称、设置控件样式等。

Step 01 **打开“属性”对话框。**右击“按工号查询”选项按钮控件，在右键的快捷菜单中选择“属性”选项，如图6-33所示。

Step 02 **设置控件名称。**在“名称”属性右侧输入“gonghao”，单击“Font”属性右侧的按钮，如图6-34所示。

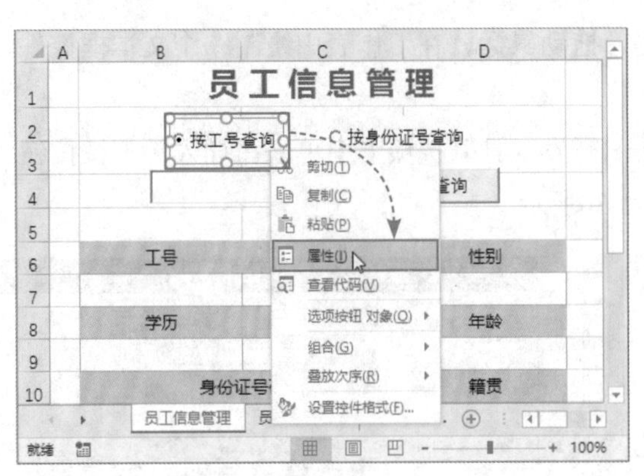
图6-33

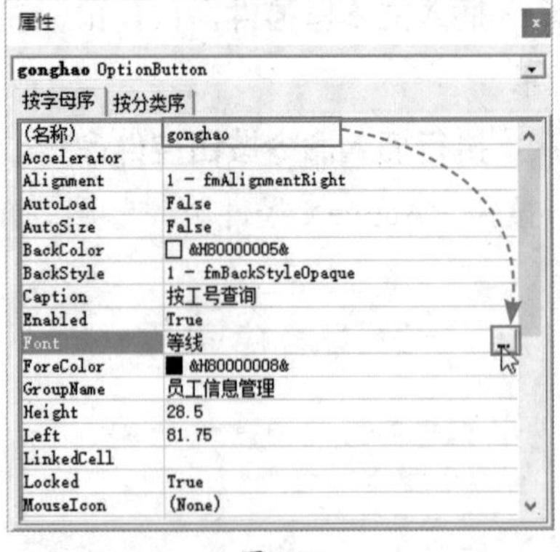
图6-34

Step 03 **设置字体、字号。**打开“字体”对话框，设置字体为“微软雅黑”，字号大小为“12”，单击“确定”按钮，如图6-35所示。

Step 04 **设置文本框控件名称。**先不要关闭“属性”对话框，选中工作表中的文本框控件，“属性”对话框中的选项随即变为所选控件的属性。在“名称”属性右侧输入“wenbenkuang”，单击“BackColor”属性右侧的下拉按钮，如图6-36所示。

Step 05 **设置文本框控件的背景颜色。**在下拉列表中切换到“调色板”界面，选中如图6-37所示的灰色。

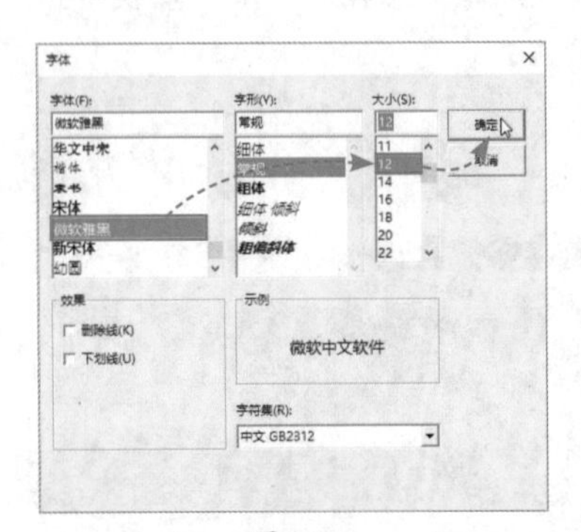
图6-35

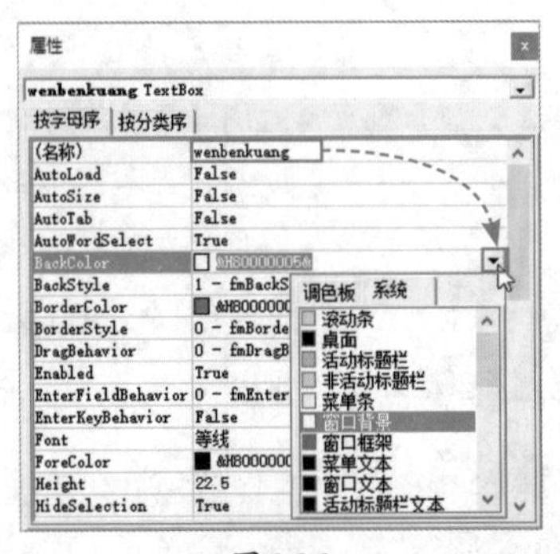
图6-36

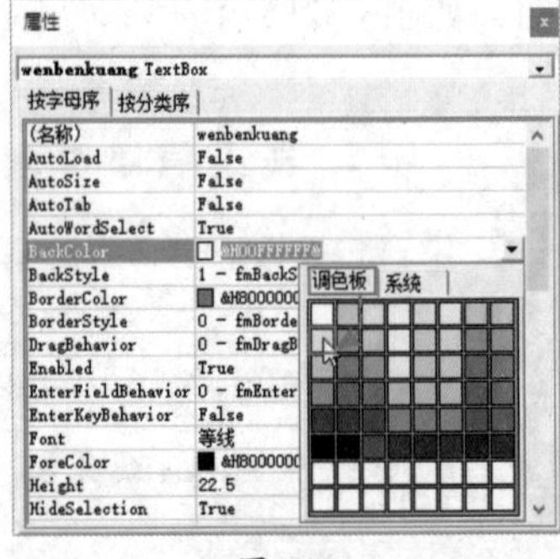
图6-37

新手误区：控件只有在设计模式下才能进行属性设置，在“开发工具”选项卡中单击“设计模式”按钮即可启动或退出设计模式，如图6-38所示。

图6-38

Step 06 设置其他控件的名称及字体格式。参照以上步骤设置其他控件的名称及字体格式。为了便于后续步骤中VBA代码的编写，要特别注意每个控件名称的定义，如图6-39所示。

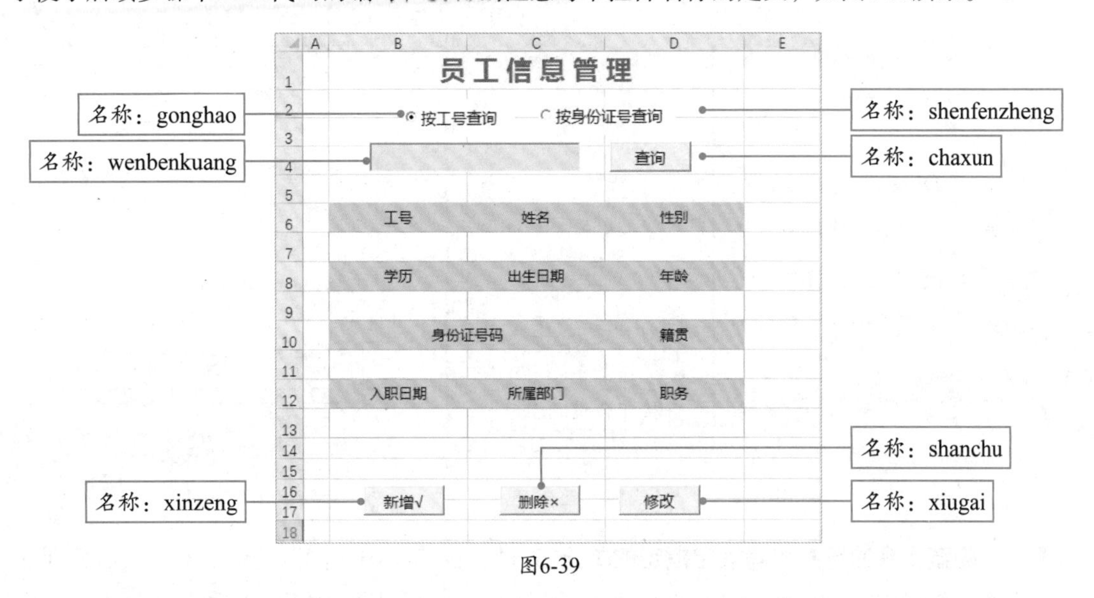

图6-39

4．查询界面的后期处理

用户可以根据需要对查询界面进行处理，如在适当的位置添加边框或底纹，调整控件的位置使其更整齐、更合理，隐藏不需要显示的行和列，锁定不需要修改的单元格等。

Step 01 美化查询界面。适当地调整查询区域的行高，为单元格区域B2:D4设置浅蓝色的外边框，为单元格区域B15:D17填充浅蓝色底纹，调整好控件的位置，如图6-40所示。

Step 02 选中多余的列。选中F列，按组合键Ctrl+Shift+→选中F列向右的所有列，如图6-41所示。

图6-40

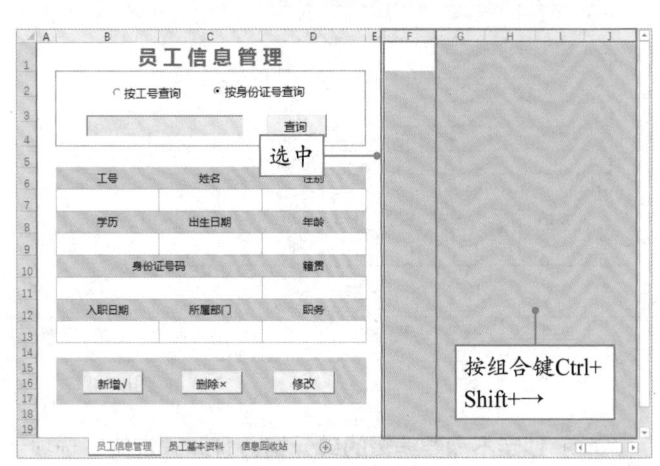

图6-41

Step 03 隐藏多余的列。按组合键Ctrl+O将选中的列隐藏，如图6-42所示。

Step 04 选中多余的行。选中第19行，按组合键Ctrl+Shift+↓选中第19行至下方的所有行，如图6-43所示。

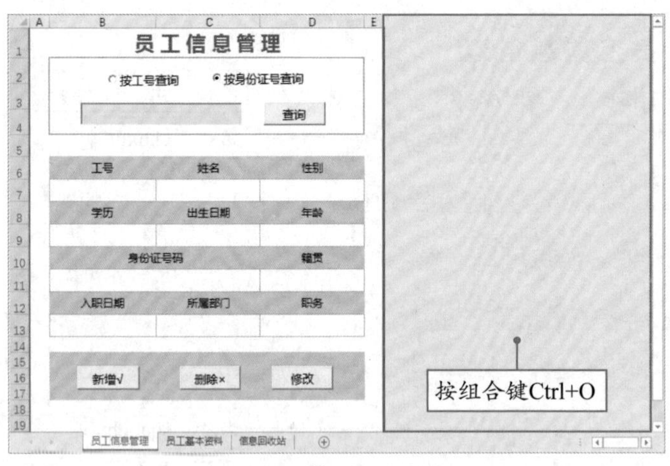

图6-42

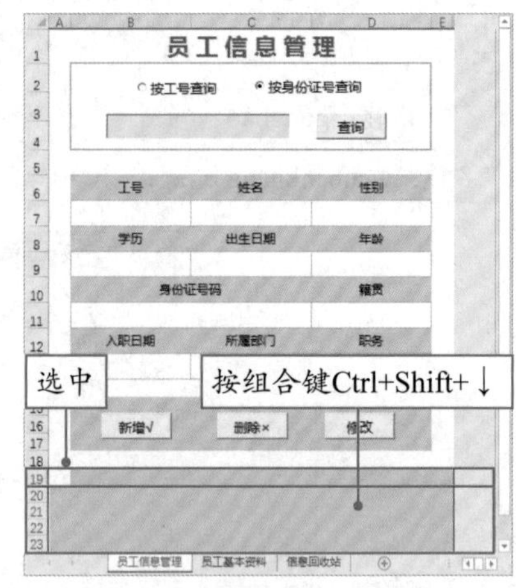

图6-43

Step 05 隐藏多余的行并取消锁定指定的单元格。按组合键Ctrl+9隐藏选中的行，然后分别选中单元格区域B7:D7、B9:D9、B13:D13，按组合键Ctrl+1打开“设置单元格格式”对话框，切换到“保护”选项卡，取消勾选“锁定”复选框，如图6-44所示。

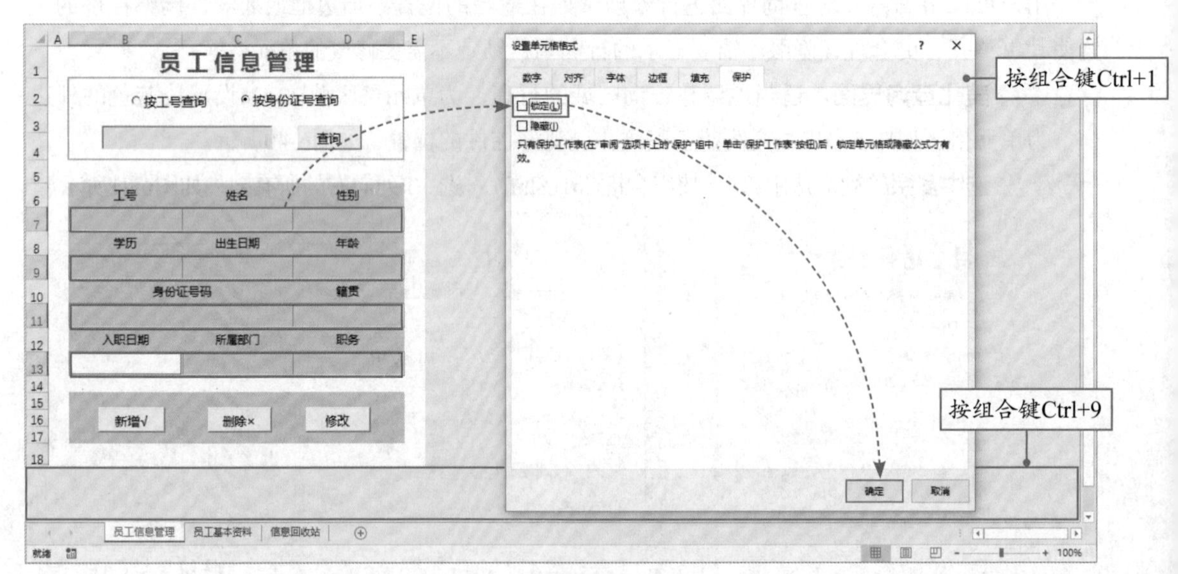

图6-44

Step 06 锁定不需要编辑的单元格。打开“审阅”选项卡，在“保护”选项组中单击“保护工作表”按钮，打开“保护工作表”对话框，只勾选“选定未锁定的单元格”复选框，单击“确定”按钮，如图6-45所示。

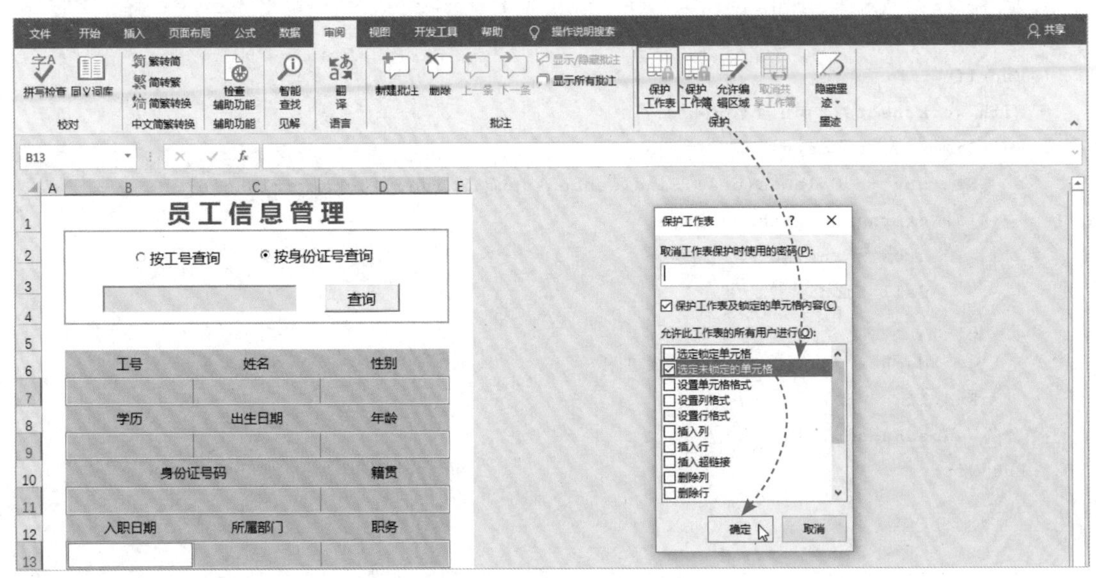

图6-45

新手误区：在使用快捷键隐藏行或列的时候，组合键Ctrl+0和组合键Ctrl+9中的“0”和“9”必须按主键区中的数字键才行，如图6-46所示，按数字键区中的数字键无效。

图6-46

6.4.2 设置控件代码

员工信息管理系统通过操纵按钮实现查询、新增、删除、修改等目的，而这些按钮之所以能执行相应的命令是因为编写了事件过程。下面将介绍不同按钮的详细代码的编写过程。

1. 设置“查询”按钮代码

在控件设计模式下双击“查询”按钮，在代码窗口中输入以下代码：

```
Dim nrow As Long
Private Sub chaxun_Click()
    Dim col As Integer
    If shenfenzheng.Value = True Then
        col = 7
    Else
```

```
            col = 1
        End If
        With Worksheets("员工基本资料")
            Dim rng As Range
            Set rng = .Columns(col).Find(wenbenkuang.Value, lookat:=xlWhole)
            If Not rng Is Nothing Then
                nrow = rng.Row
                Call findi
            Else
                MsgBox "没有找到相关人员信息！"
            End If
            wenbenkuang.Value = ""
        End With
End Sub
```

2. 设置“新增”按钮代码

在控件设计模式下双击“新增”按钮，在代码窗口中输入以下代码：

```
Private Sub xinzeng_Click()
    If MsgBox("确定在员工基本资料表中添加该员工信息吗？", vbQuestion_
      + vbYesNo, "询问") = vbYes Then
        nrow = Worksheets("员工基本资料").Range("A1").Range("A1")._
            CurrentRegion.Rows.Count + 1
        Call Edit
    End If
End Sub
```

3. 设置“删除”按钮代码

在控件设计模式下双击“删除”按钮，在代码窗口中输入以下代码：

```
Private Sub shanchu_Click()
    If MsgBox("确定将该员工信息移动到信息回收站工作表吗？", vbQuestion_
      + vbYesNo, "询问") = vbYes Then
        nrow = Worksheets("员工基本资料").Range("A1:A2000").Find_
            (Range("B7").Value, lookat:=xlWhole).Row
        Worksheets("员工基本资料").Rows(nrow).Copy Worksheets_
            ("信息回收站").Range("A2000").End(xlUp).Offset(1, 0)
        Worksheets("员工基本资料").Cells(nrow, "A").EntireRow.Delete
    End If
End Sub
```

4. 设置“修改”按钮代码

在控件设计模式下双击“修改”按钮，在代码窗口中输入以下代码：

```
Private Sub xiugai_Click()
    If MsgBox("确定修改员工基本资料表中该员工的信息吗？", vbQuestion + vbYesNo, "询问")_
      = vbYes Then
        nrow = Worksheets("员工基本资料").Range("A1:A2000").Find(Range("B7")_
            .Value, lookat:=xlWhole).Row
        Call edit
    End If
End Sub
```

5. 设置 findi 子过程代码

在代码窗口中输入以下代码：

```
Sub findi()
    With Worksheets("员工基本资料")
        Range("B7:D7").Value = .Range(.Cells(nrow, 1), .Cells(nrow, 3)).Value
        Range("B9:D9").Value = .Range(.Cells(nrow, 4), .Cells(nrow, 6)).Value
        Range("B11").Value = .Cells(nrow, 7).Value
        Range("D11").Value = .Cells(nrow, 8).Value
        Range("B13:D13").Value = .Range(.Cells(nrow, 9), .Cells(nrow, 11)).Value
    End With
End Sub
```

6. 设置 edit 子过程代码

在代码窗口中输入以下代码：

```
Sub edit()
   With Worksheets("员工基本资料")
       .Cells(nrow, "A").Resize(1, 3) = Range("B7:D7").Value
       .Cells(nrow, "D").Resize(1, 3) = Range("B9:D9").Value
       .Cells(nrow, 7).Value = Range("B11").Value
       .Cells(nrow, 8).Value = Range("D11").Value
       .Cells(nrow, 9).Resize(1, 3).Value = Range("B13:D13").Value
   End With
End Sub
```

代码编写完成后，在“员工信息管理”界面中即可对员工信息进行查询、新增、删除及修改操作。

■6.4.3 设置系统登录窗口

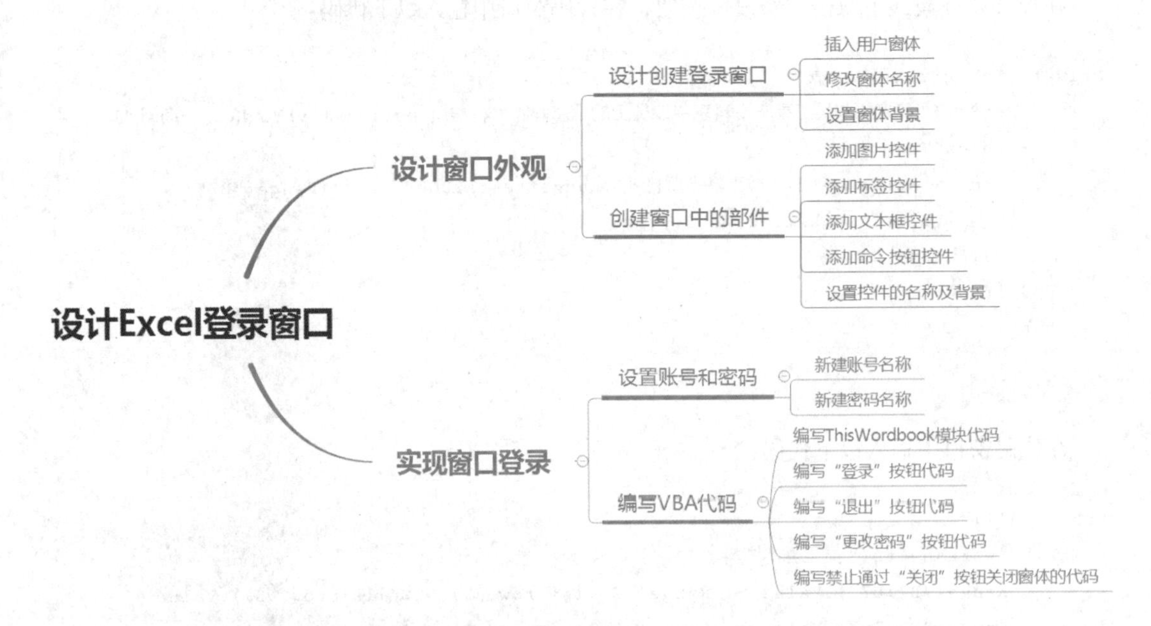

用户还可以为员工信息管理系统设置一个登录窗口，限制只有输入正确的用户名及登录密码才能开启工作簿。

1．设置窗体和控件

登录窗口是利用VBA用户窗体设计的，首先用户需要创建一个窗体。

Step 01 **插入用户窗体。**按组合键Alt+F11打开VBA编辑界面，单击“插入”按钮，在下拉列表中选择“用户窗体”选项，如图6-47所示。

Step 02 **查看窗体。**VBA界面中随即出现一个空白窗体，如图6-48所示。

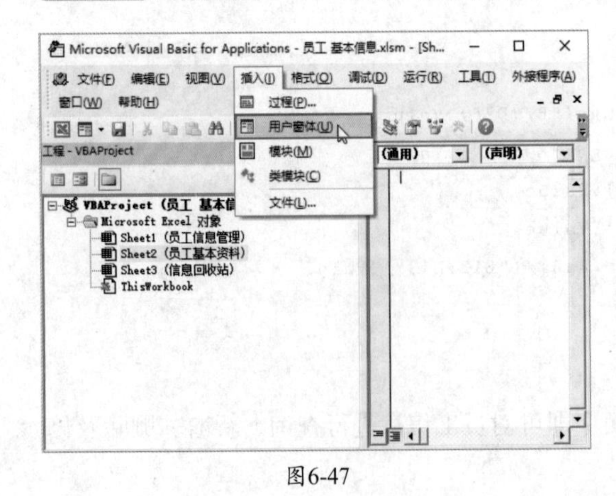

图6-47

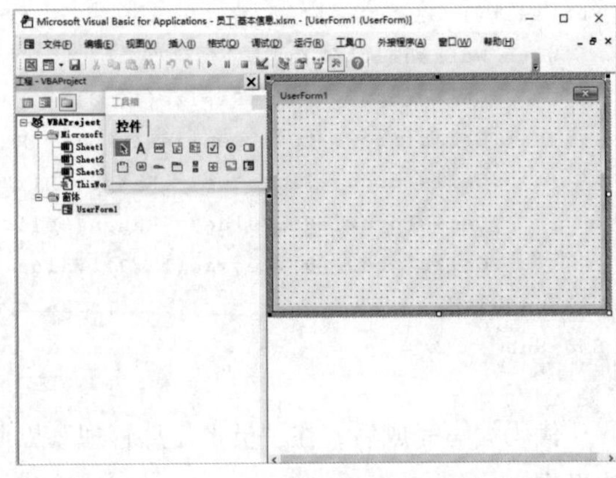

图6-48

Step 03 **添加控件。**通过“工具箱”窗口中的控件命令按钮，向窗体中添加标签、图片、文本框及命令按钮控件。在控件上单击，输入文本，定义控件的标题。最后，调整好控件的大小和位置，如图6-49所示。

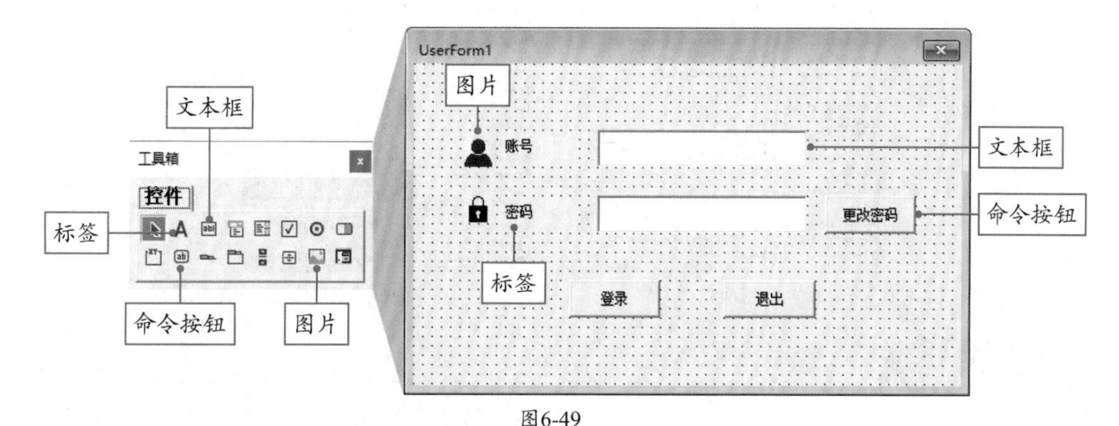

图6-49

Step 04 **设置窗体属性。**在窗体空白处右击，在右键的快捷菜单中选择“属性”选项，打开“属性”对话框，设置“名称”为“DLCK”，设置“Caption”为“登录”，单击“Picture”右侧的按钮，从计算机中选择一张图片，如图6-50所示。

Step 05 **查看窗体效果。**窗体的标题随即变成“登录”并被填充了图片背景，如图6-51所示。

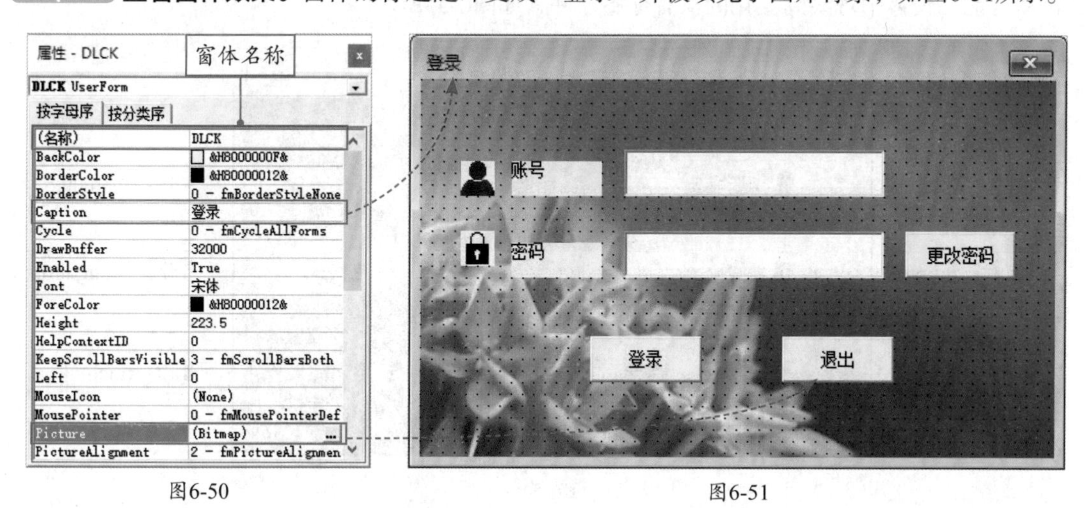

图6-50　　图6-51

Step 06 **设置“账号”标签的属性。**选中“账号”标签，在“属性”对话框中设置“BackStyle”（控件背景）的属性为“0-fmBackStyleTransparent”（透明），单击“Font”右侧的按钮，在“字体”对话框中设置字体格式为“微软雅黑”“粗体”“小四”，如图6-52所示。

Step 07 **设置“密码”标签的属性。**参照步骤Step 06设置“密码”标签的属性。

Step 08 **设置“密码”文本框的属性。**选中“密码”标签右侧的文本框，在“属性”对话框中设置“名称”为“mima”，在“PasswordChar”右侧输入“*”，如图6-53所示。

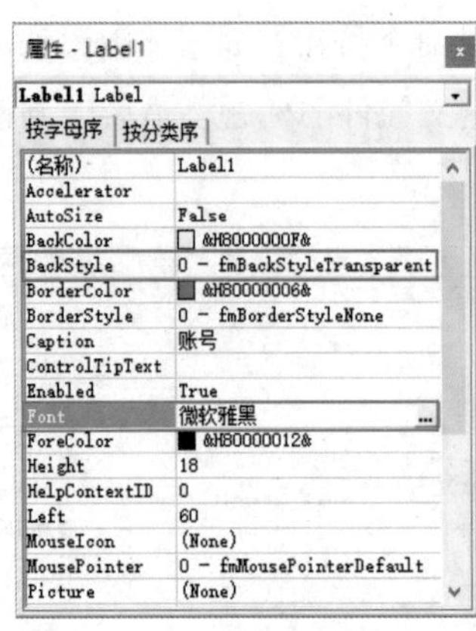

图6-52

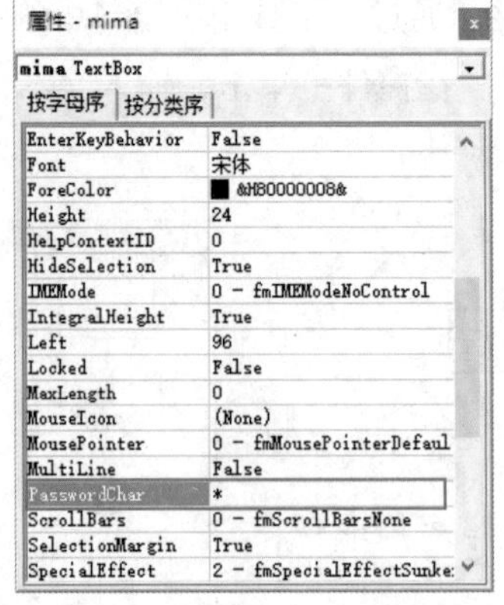

图6-53

知识拓展

设置文本框的“PasswordChar”属性为“*”，登录系统时，在密码框中输入的内容会以“*”显示。

Step 09 **设置其他控件的名称。**依次为其他控件定义名称。为控件定义名称是为编写VBA代码作准备。能在窗体中观察到变化的只有标签控件，如图6-54所示。

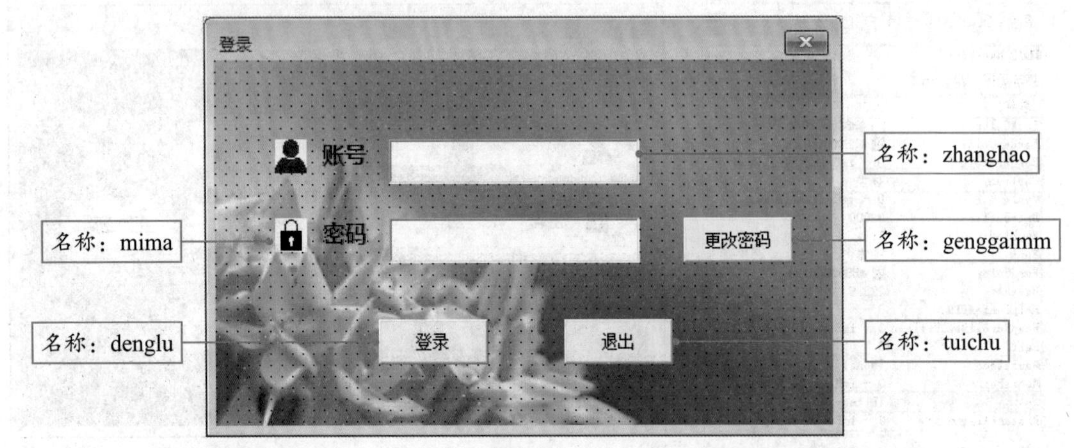

图6-54

2. 设置账号名称和密码

在登录窗体中输入的“账号”和“密码”需要通过新建名称来定义。

Step 01 **新建名称。**按组合键Ctrl+F3打开“名称管理器”对话框，单击“新建”按钮，如图6-55所示。

Step 02 **定义账号名称。**打开“新建名称”对话框，在“名称”文本框中输入“账号”，在“引用位置”文本框中输入“=lovevba”，如图6-56所示。

Step 03 定义密码。再次在“名称管理器”对话框中单击“新建”按钮，打开“新建名称”对话框，定义“密码”为“2019123”，如图6-57所示。

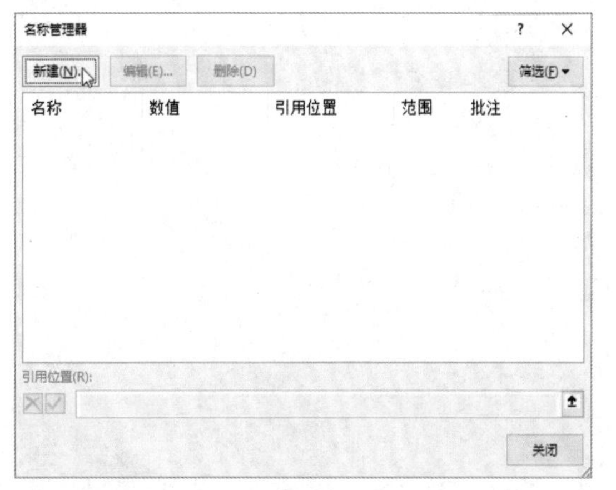

图6-55

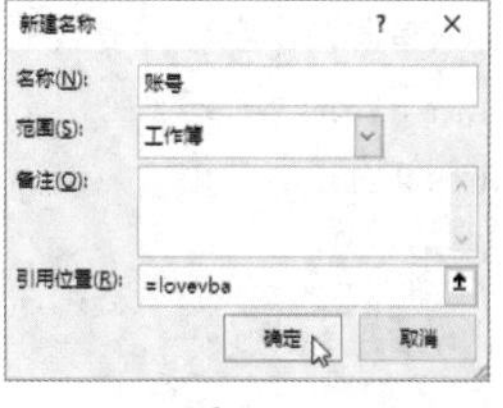

图6-56

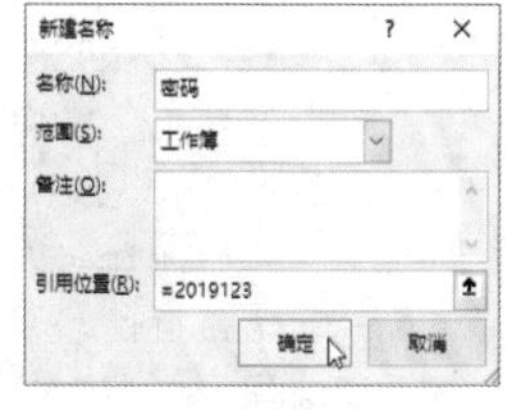

图6-57

新手误区：用户在执行定义名称操作时可能会遇到“名称管理器”对话框中的“新建”按钮不可用的情况，这是由于之前对工作表进行了保护，用户可以暂时解除工作表的保护，等名称定义完成后再重新保护工作表。

3．编写代码

由于我们需要使用账号和密码登录Excel系统，所以在登录之前需要将Excel界面隐藏，并显示登录窗体。

在工作表界面按组合键Alt+F11打开VBA编辑界面，在“工程”窗口中双击“ThisWorkbook”选项。

Step 01 输入模块代码。在“ThisWorkbook”模块中输入以下代码：

```
Private Sub workbook_open()
    Application.Visible = False
    DLCK.Show
End Sub
```

下面开始为登录窗体中的按钮编写代码。

Step 02 输入“登录”按钮的代码。打开窗体，双击“登录”按钮，在代码窗口中输入以下代码：

```
Private Sub denglu_Click()
    Application.ScreenUpdating = False
    Static i As Integer
    If CStr(zhanghao.Value) = Right(Names("账号").RefersTo, Len(Names("账号")_
        .RefersTo) - 1) And CStr(mima.Value) = Right(Names("密码").RefersTo,_
```

```
        Len(Names(" 密码 ").RefersTo) - 1) Then
       Unload Me
       Application.Visible = True
    Else
        i = i + 1
        If i = 3 Then
            MsgBox " 对不起，你没有登录权限！ ", vbInformation, " 提示 "
                   ThisWorkbook.Close savechanges:=False
        Else
            MsgBox " 输入有误，你还有 " & (3 - i) & " 次输入机会。",_
               vbExclamation," 提示 "
                   User.Value = ""
            mima.Value = ""
        End If
    End If
    Application.ScreenUpdating = True
End Sub
```

Step 03 输入"退出"按钮的代码。在窗体中双击"退出"按钮，在代码窗口中输入以下代码：

```
Private Sub tuichu_Click()
    Unload Me
    ThisWorkbook.Close savechanges:=False
End Sub
```

Step 04 输入"更改密码"按钮的代码。在窗体中双击"更改密码"按钮，在代码窗口中输入以下代码：

```
Private Sub genggaimm_Click()
    Dim old As String, new1 As String, new2 As String
    old = InputBox(" 请输入原始密码 :", " 提示 ")
    new1 = InputBox(" 请输入新密码 :", " 提示 ")
    new2 = InputBox(" 请再次输入新密码 :", " 提示 ")
    If old <> "" And new1 <> "" Then
       If old = Right(Names(" 密码 ").RefersTo, Len(Names(" 密码 ").RefersTo) - 1) And_
           new1 = new2 Then
          Names(" 密码 ").RefersTo = "=" & new1
          ThisWorkbook.Save
          MsgBox " 密码修改成功！下次登录时请使用新密码！ ", vbInformation, " 提示 "
       Else
          MsgBox " 输入有误，未完成密码修改！ ", vbCritical, " 错误 "
       End If
```

```
    Else
        MsgBox "密码不能为空！", vbCritical, "错误"
    End If
End Sub
```

Step 05 **设置禁止通过“关闭”按钮关闭窗体。**在窗体的空白处双击，在代码窗口中输入以下代码：

```
Private Sub UserForm_queryclose(cancel As Integer, closemode As Integer)
        If closemode <> 1 Then cancel = 1
End Sub
```

4．通过窗体登录Excel

所有控件设置完成之后，关闭工作簿，当再次打开该工作簿时，首先会弹出“登录”对话框，用户需要输入正确的账号及密码，单击“登录”按钮才能进入工作簿。若不知道密码，单击“退出”按钮可以关闭“登录”对话框，工作簿不会被打开。单击“更改密码”按钮可以修改密码，如图6-58所示。

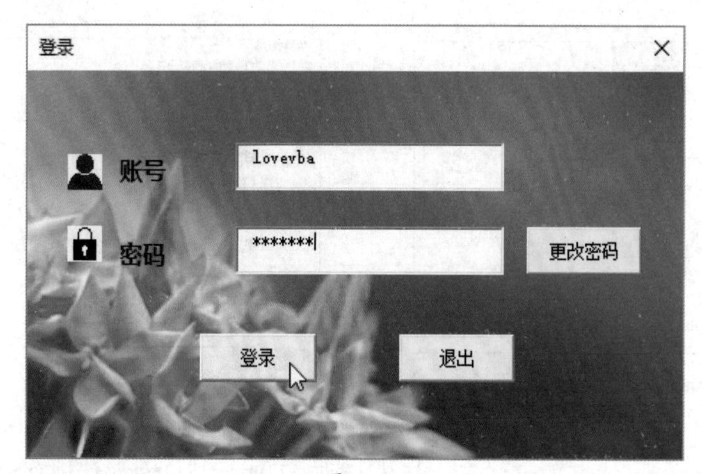

图6-58

Ⓔ课后作业

本章内容主要介绍了宏与VBA的应用，大家可以尝试利用所学的知识制作一份生活调查问卷。在此给出了相应的操作提示，在练习过程中如有疑问，可以加入学习交流群（QQ群号：737179838）进行提问。

（1）利用选项按钮、组合框、复选框和按钮控件制作调查问卷。

（2）设置组合框的选项来源（实例文件中已提供选项来源）。

（3）将所有控件链接到对应的结果单元格（实例文件中已提供链接的单元格区域）。

（4）编写VBA代码，单击“提交”按钮时将调查结果回收到“提交结果”工作表中。

（5）编写VBA代码，控制单击“提交”按钮时弹出“提示”对话框，提醒调查问卷结果已提交成功。

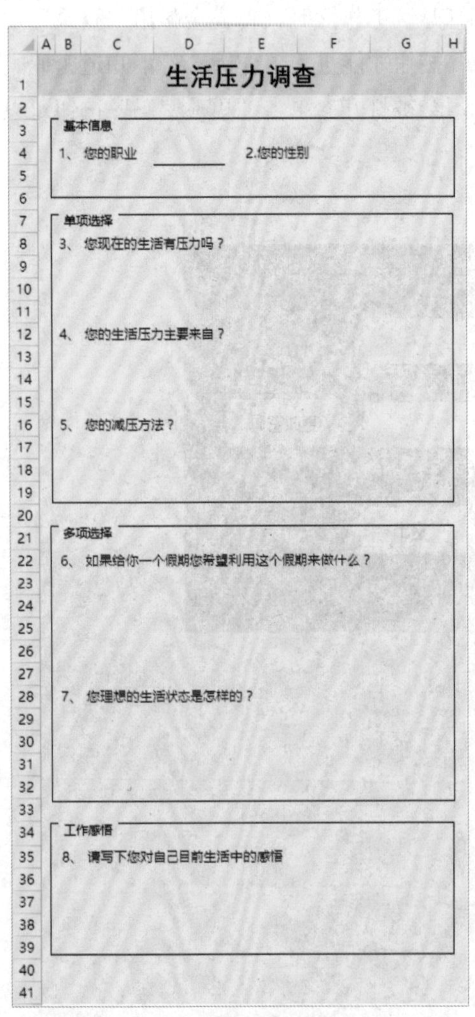

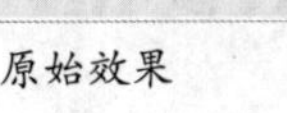
原始效果

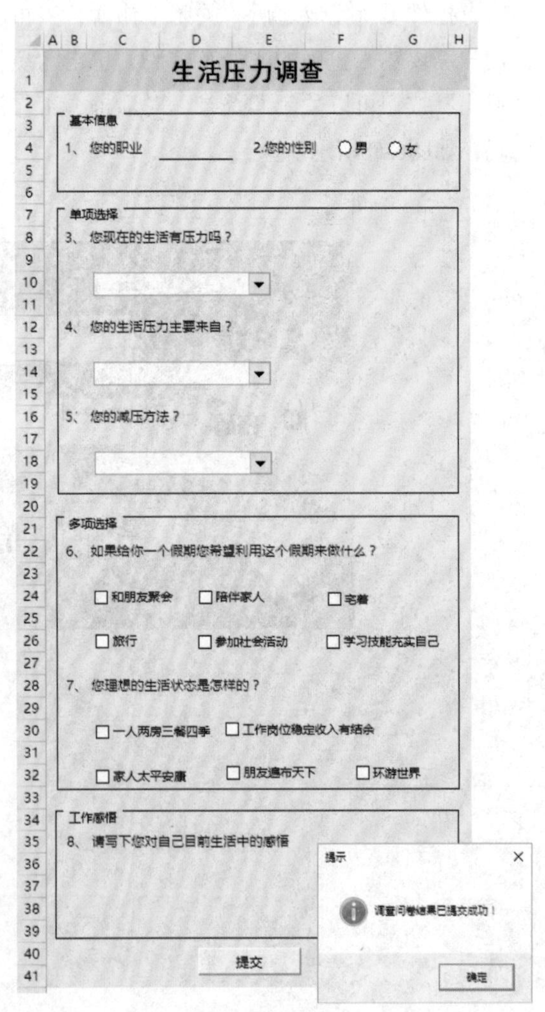

最终效果

Excel

第 7 章

数字图形化展示更直观

图表是数据可视化的一种体现，能够让数据的展示变得更加直观。图表的类型有很多，用户可以根据数据的类型及实际需要选择不同的图表。另外，为了让图表的表达更加清晰，还可以对图表的布局进行设置。

思维导图

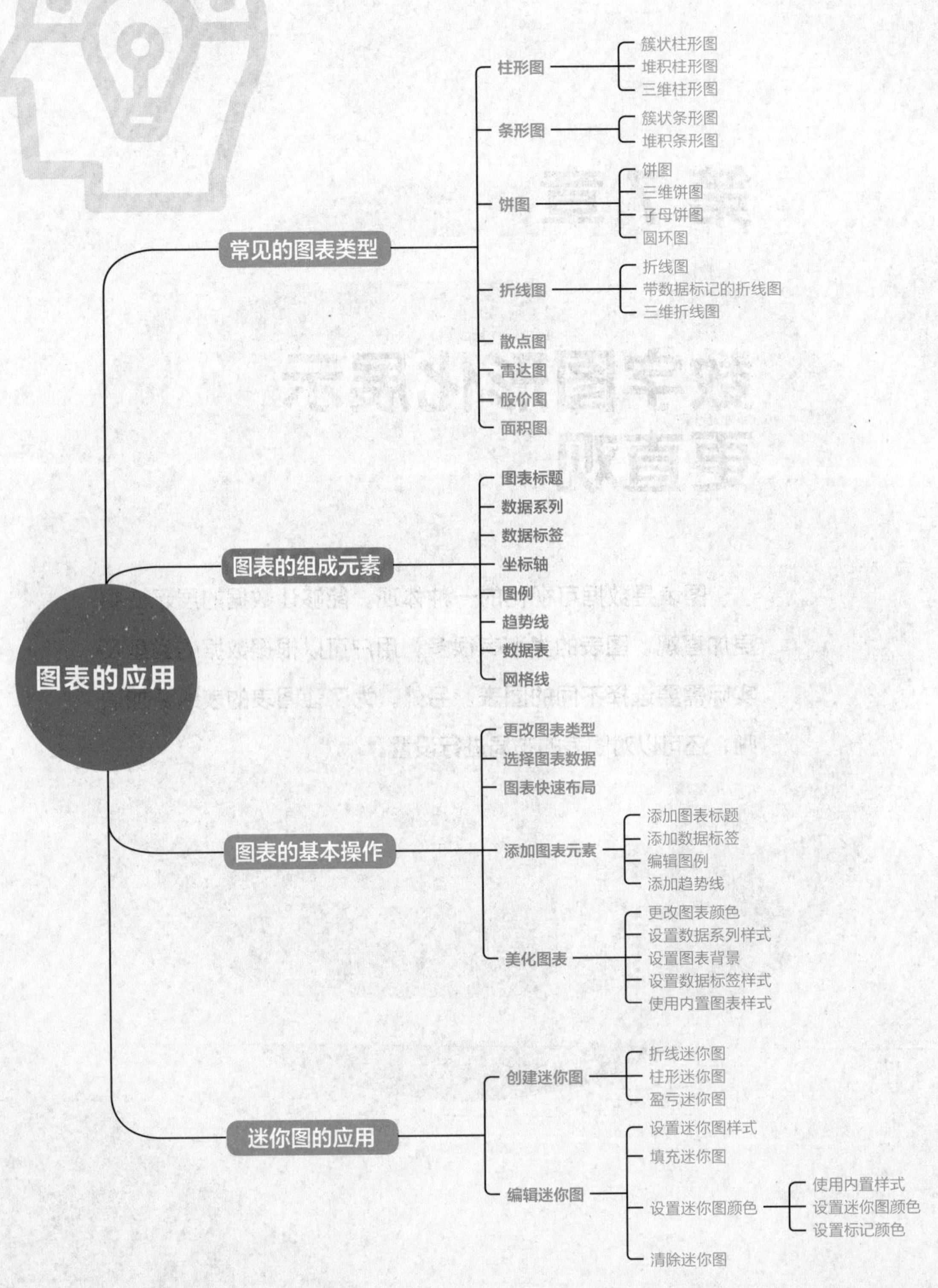

图表的应用
常见的图表类型
柱形图
簇状柱形图
堆积柱形图
三维柱形图
条形图
簇状条形图
堆积条形图
饼图
饼图
三维饼图
子母饼图
圆环图
折线图
折线图
带数据标记的折线图
三维折线图
散点图
雷达图
股价图
面积图
图表的组成元素
图表标题
数据系列
数据标签
坐标轴
图例
趋势线
数据表
网格线
图表的基本操作
更改图表类型
选择图表数据
图表快速布局
添加图表元素
添加图表标题
添加数据标签
编辑图例
添加趋势线
美化图表
更改图表颜色
设置数据系列样式
设置图表背景
设置数据标签样式
使用内置图表样式
迷你图的应用
创建迷你图
折线迷你图
柱形迷你图
盈亏迷你图
编辑迷你图
设置迷你图样式
填充迷你图
设置迷你图颜色
使用内置样式
设置迷你图颜色
设置标记颜色
清除迷你图

Ⓔ知识速记

7.1 认识图表

不同类型的图表可能具有不同的组成元素，下面先来认识一下Excel图表的类型，以及图表的组成元素。

■7.1.1　图表的类型

按Microsoft Excel对图表类型的划分，图表大致可以分为柱形图、折线图、饼图、条形图、面积图、散点图、曲面图、雷达图、股价图等类型，其中，前四种图表类型最为常用。除此之外，用户也可以通过图表的相互叠加形成符合需要的图表类型。

1. 柱形图

柱形图常用于显示一段时间内数据的变化情况或说明各项之间的比较情况，是图表中常用的类型之一。柱形图包括簇状柱形图（图7-1）、堆积柱形图（图7-2）、百分比堆积柱形图、三维簇状柱形图、三维堆积柱形图、三维百分比堆积柱形图和三维柱形图（图7-3）。

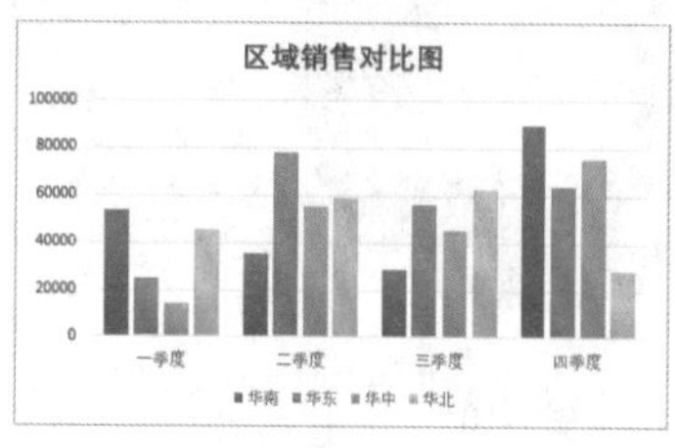

图7-1

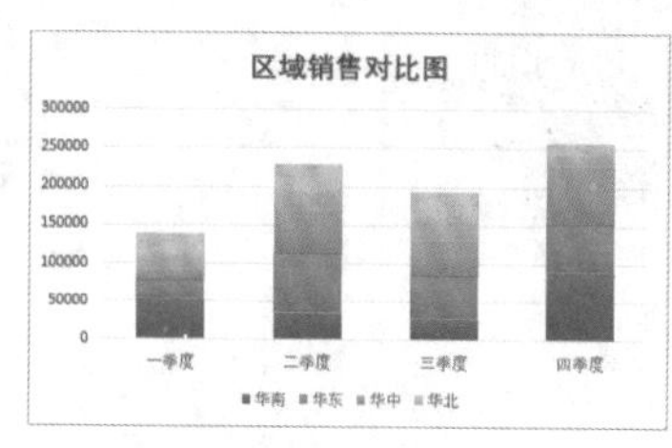

图7-2

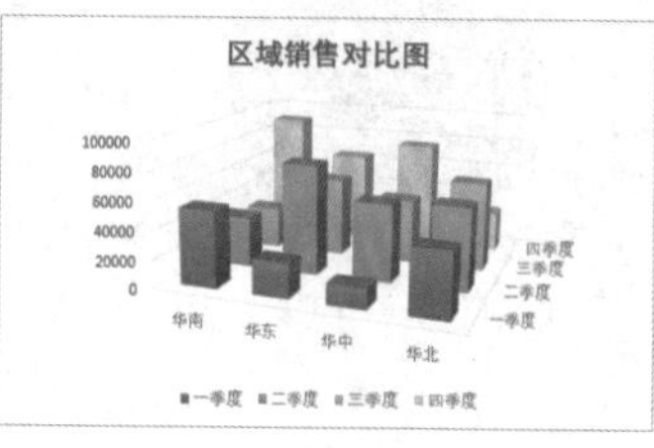

图7-3

2. 折线图

折线图用来反映在相等时间间隔下的数据趋势。一般沿横坐标轴均匀分布类别数据，沿纵坐标轴均匀分布数值数据。折线图包括折线图（图7-4）、堆积折线图、百分比堆积折线图、带数据标记的折线图、带数据标记的堆积折线图、带数据标记的百分比堆积折线图和三维折线图（图7-6）。

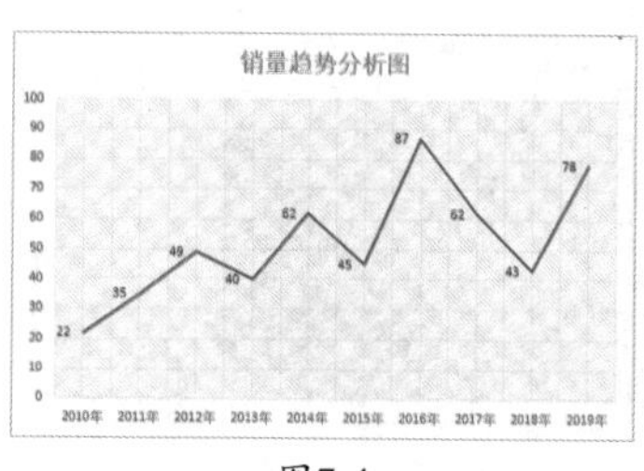

图7-4

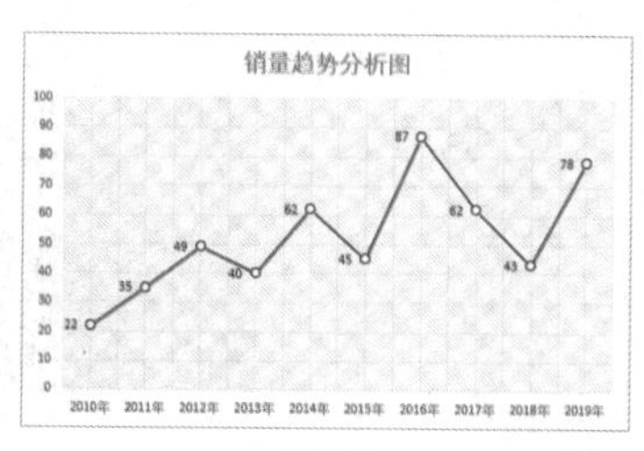

图7-5

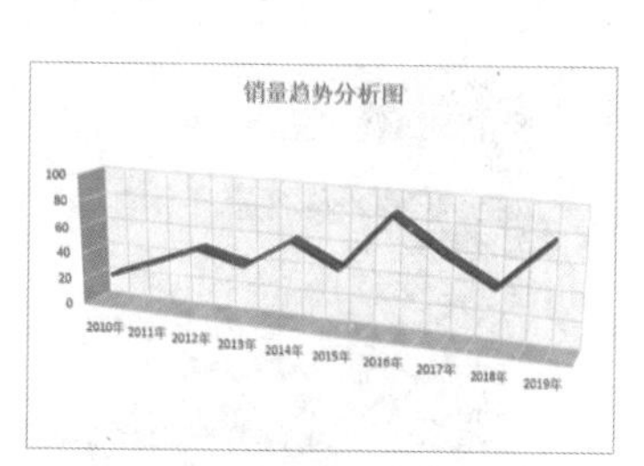

图7-6

3. 饼图

饼图用于显示一系列数据中各项的比例大小，能直观地表达部分与整体之间的关系，各项比例值的总和始终等于100%，饼图中的数据点显示为整个饼图的百分比。饼图包括饼图（图7-7）、三维饼图（图7-8）、子母饼图（图7-9）、复合条饼图和圆环图（图7-10）。

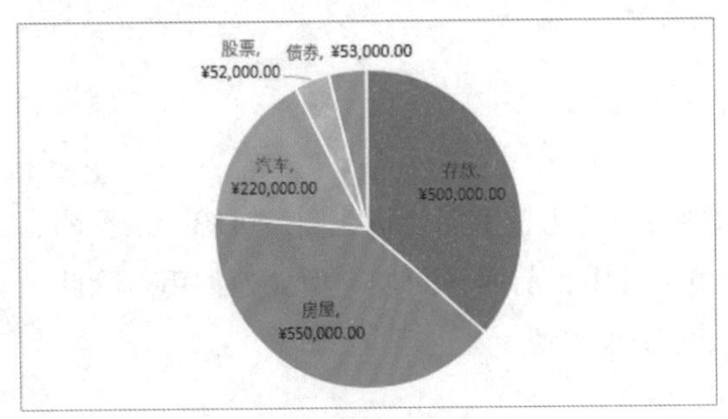

图7-7

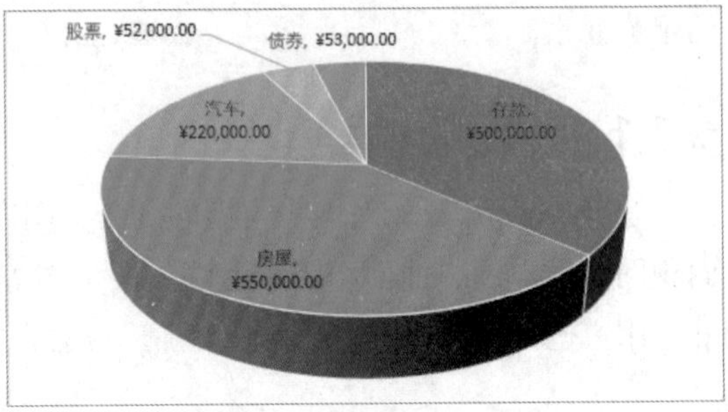

图7-8

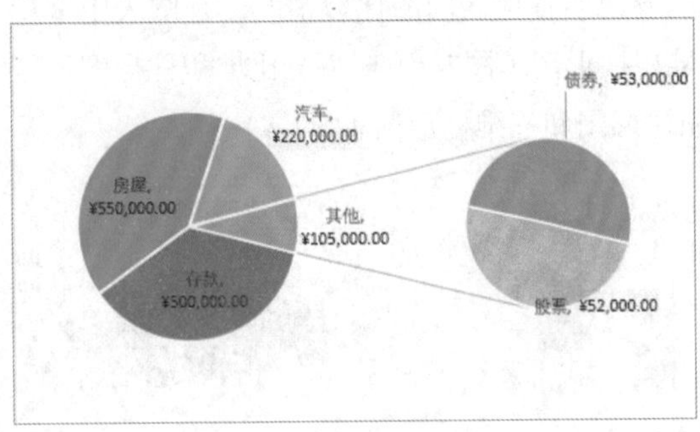

图7-9

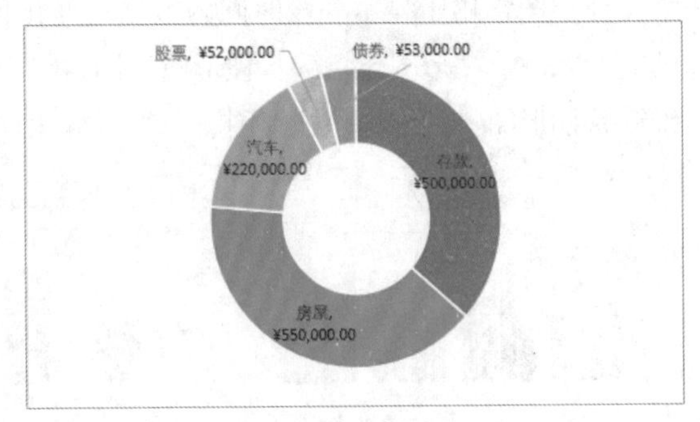

图7-10

4. 条形图

条形图用于跨若干类别比较数值，与柱形图非常相似，也用于显示一段时间内数据的变化情况或说明各项之间的比较情况。条形图包括簇状条形图（图7-11）、堆积条形图（图7-12）、百分比堆积条形图、三维簇状条形图、三维堆积条形图和三维百分比堆积条形图。

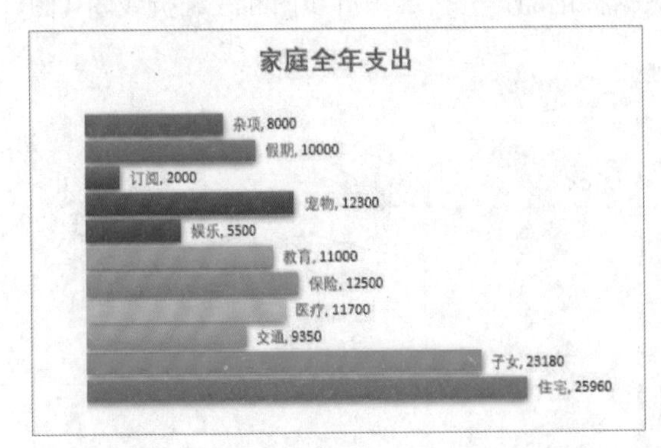

图7-11

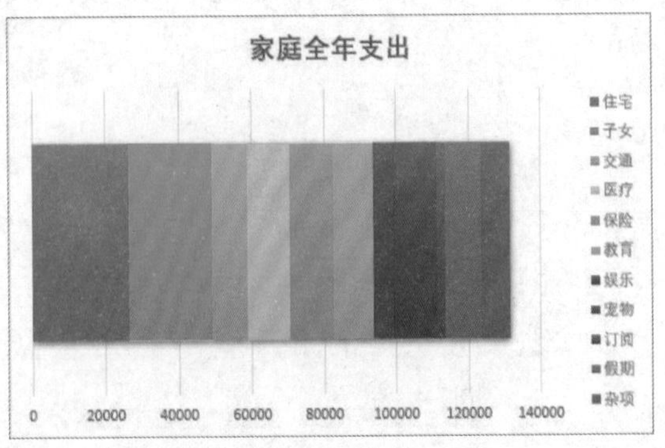

图7-12

7.1.2　图表的组成

图表由各种元素组成，其中最重要的元素是数据系列，因为数据系列是数字的直观转换。除此之外，比较常用的图表元素还有图表标题、数据标签、坐标轴、图例、网格线、误差线、趋势线等，如图7-13所示。

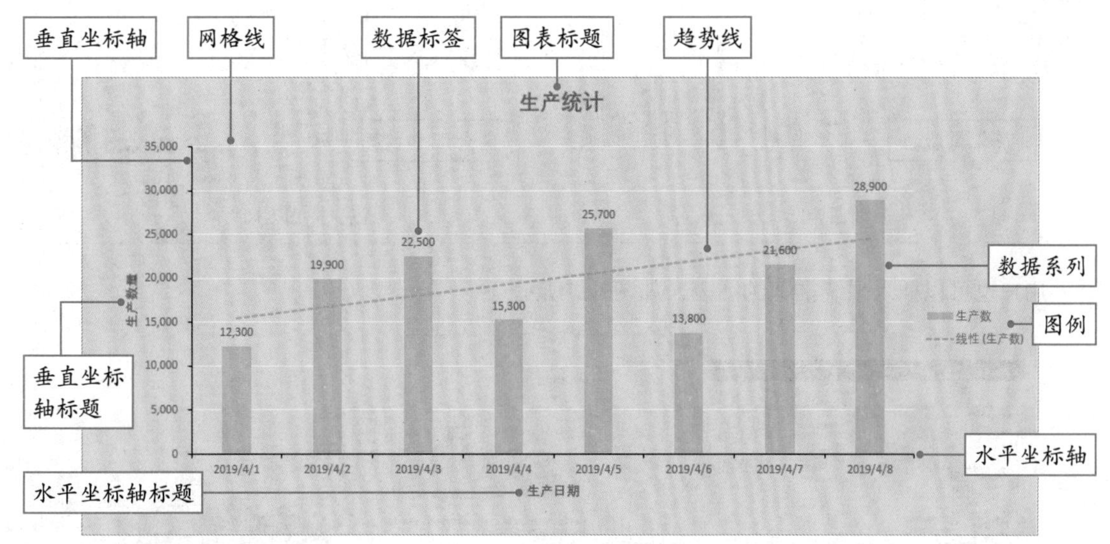

图7-13

7.2 图表的创建与编辑

在Excel中有多种方法可以插入图表，要根据数据类型选择合适的图表类型，创建图表后还可以对图表进行编辑，这样才能更好地表达数据。

扫码观看视频

7.2.1　创建图表

创建图表的方法不止一种，用户可以根据数据类型选择要插入的图表，如图7-14所示。

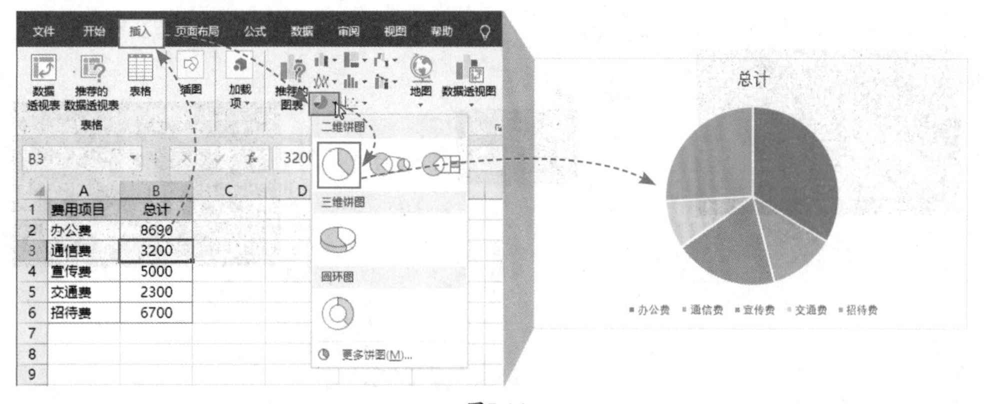

图7-14

● **新手误区：**当数据区域中包含汇总数据时，最好手动选择数据源区域，并将汇总数据排除在选区外，如图7-15所示。这是为了避免汇总数据的数值过大，影响其他较小的数值无法在图表上显示，如图7-16所示。

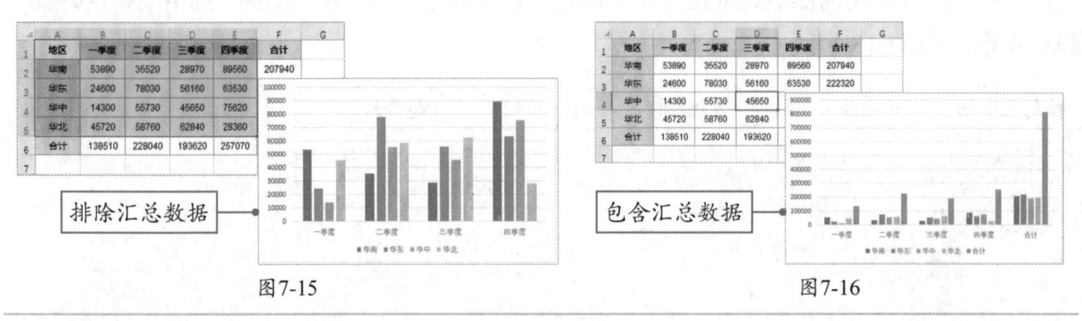

图7-15　　　　图7-16

用户也可以插入系统推荐的图表，如图7-17所示。

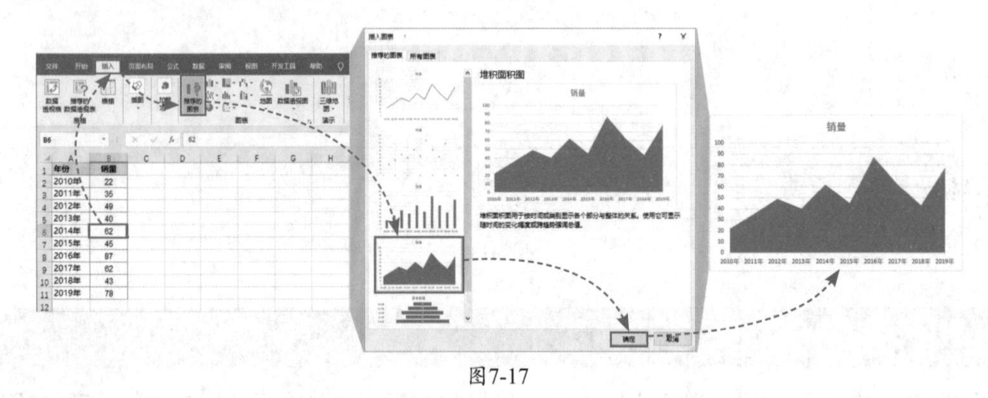

图7-17

■7.2.2　修改图表类型

插入图表后，若对图表类型不满意，不用急着将图表删除，可以尝试更改图表类型，如图7-18所示。

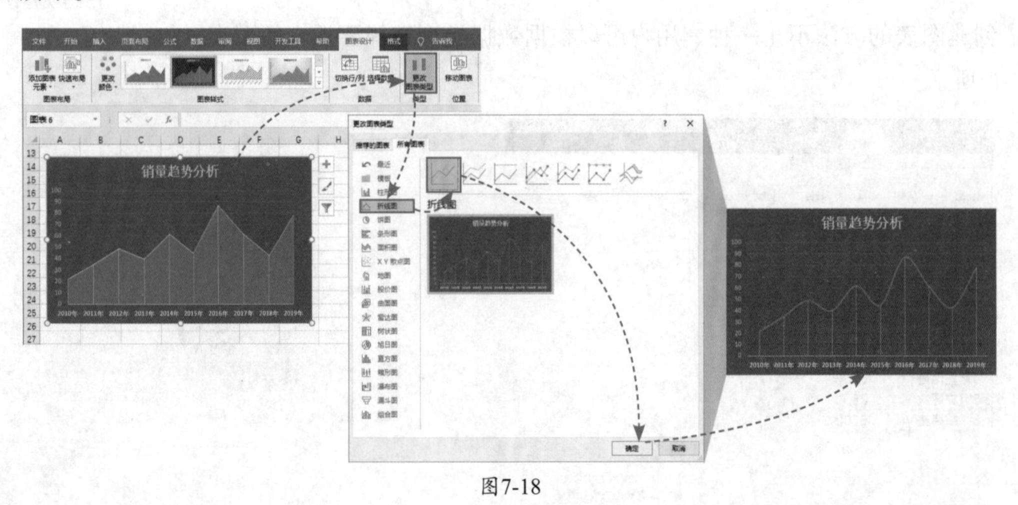

图7-18

■7.2.3　更改图表数据源

图表创建完成后，如果数据源出现变动，或者本来就引用了错误的数据源，这时可以对数据源进行修改。修改数据源时先要选中图表，然后单击“选择数据”按钮，如图7-19所示。

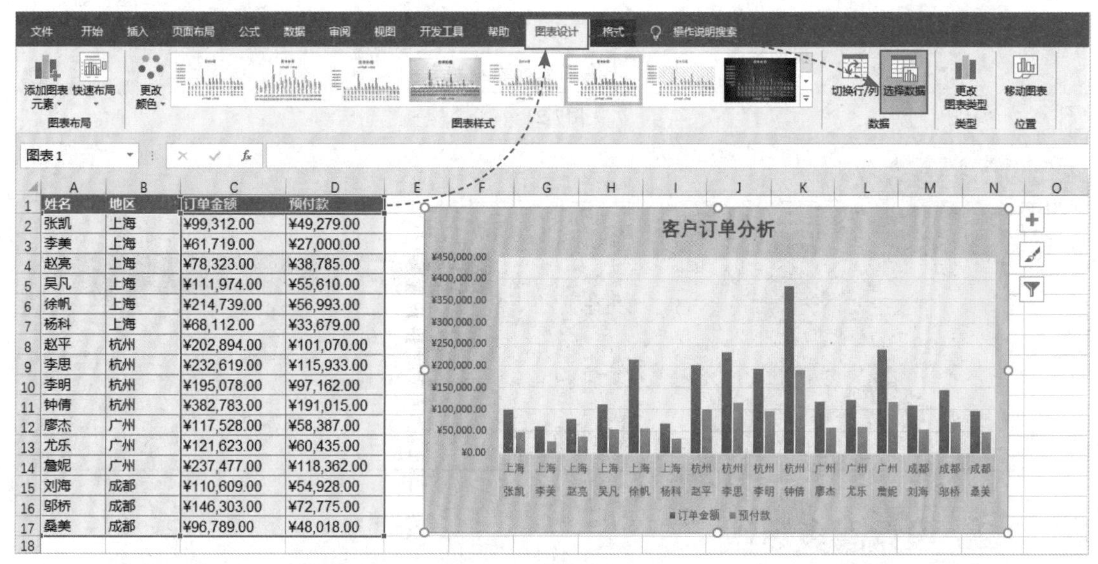

姓名	地区	订单金额	预付款
张凯	上海	¥99,312.00	¥49,279.00
李美	上海	¥61,719.00	¥27,000.00
赵亮	上海	¥78,323.00	¥38,785.00
吴凡	上海	¥111,974.00	¥55,610.00
徐帆	上海	¥214,739.00	¥56,993.00
杨科	上海	¥68,112.00	¥33,679.00
赵平	杭州	¥202,894.00	¥101,070.00
李思	杭州	¥232,619.00	¥115,933.00
李明	杭州	¥195,078.00	¥97,162.00
钟倩	杭州	¥382,783.00	¥191,015.00
廖杰	广州	¥117,528.00	¥58,387.00
尤乐	广州	¥121,623.00	¥60,435.00
詹妮	广州	¥237,477.00	¥118,362.00
刘海	成都	¥110,609.00	¥54,928.00
邬桥	成都	¥146,303.00	¥72,775.00
桑美	成都	¥96,789.00	¥48,018.00

图7-19

然后在“选择数据源”对话框中修改图表数据源，如图7-20所示。

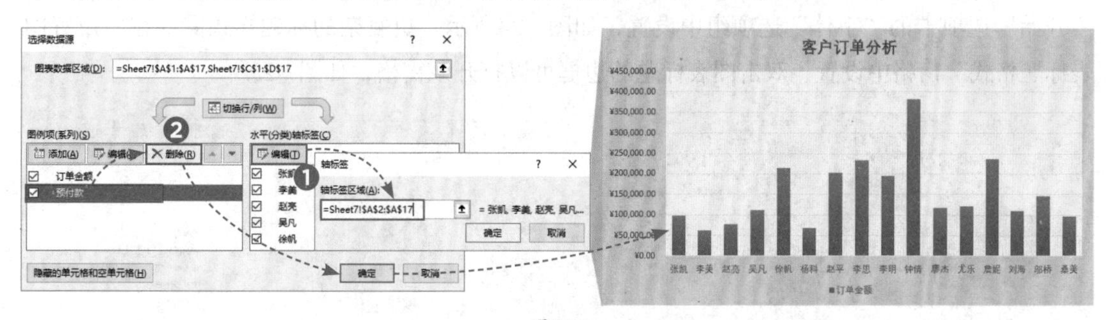

图7-20

7.3　图表的格式设置

为了让图表看起来更合理，更符合数据分析的需要，可以对图表的格式进行一系列设置，如调整图表大小、设置图表标题、添加图表元素和美化图表等。

■7.3.1　调整图表大小

扫码观看视频

没有特殊要求的情况下，拖动图表周围的控制点即可调整图表大小，是既方便又快捷的操作方式，如图7-21所示。

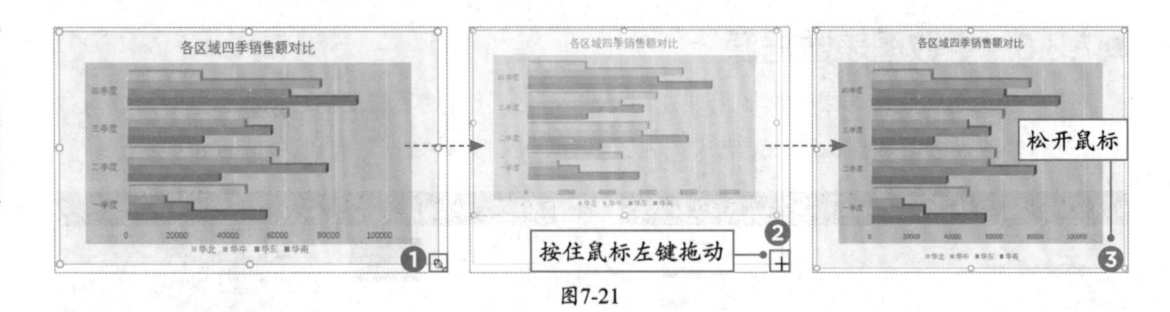

图7-21

知识拓展

若要精确设置图表大小，可以在“图表工具-格式”选项卡中设置具体的高度和宽度值，如图7-22所示。

图7-22

7.3.2 设置图表标题

图表标题能够明确地表示图表的作用，一般情况默认创建的图表是包含标题的，用户可以在标题位置输入新的文本，如图7-23所示，并对图表标题进行美化。标题的字体样式可以在“开始”选项卡的“字体”选项组中设置，如图7-24所示。更复杂的标题样式需要在“设置图表标题格式”窗格中设置，双击图表标题的边框可以打开该窗格，如图7-25所示。

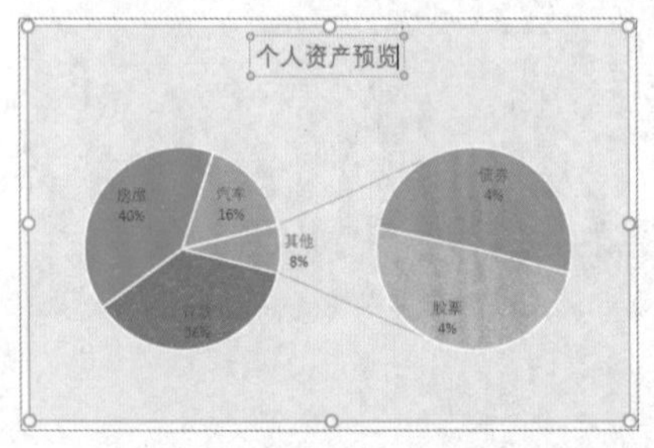

图7-23

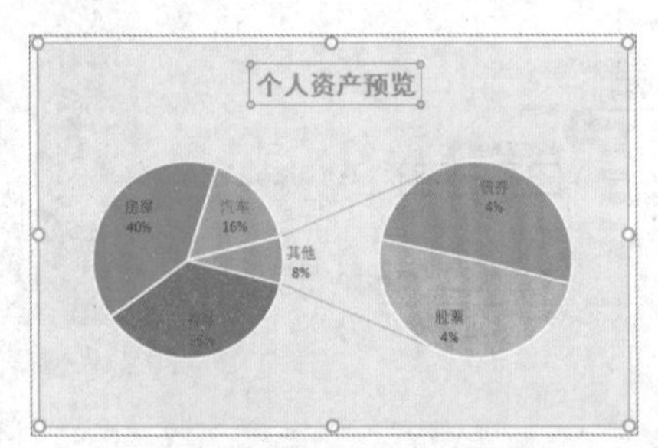

图7-24

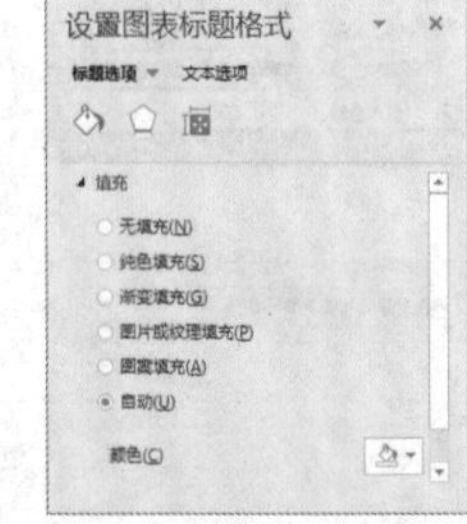

图7-25

若图表中没有标题，还需要先添加图表标题元素再进行接下来的操作。可以通过选项卡中的命令选项添加标题，如图7-26所示。或者单击“图表元素”快捷按钮，如图7-27所示，也可以添加图表标题。

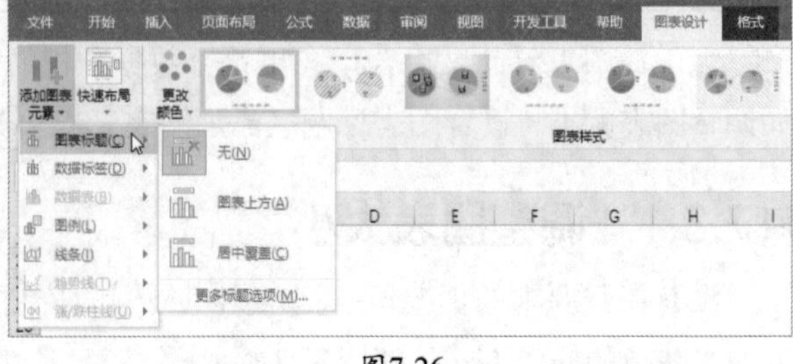

图7-26

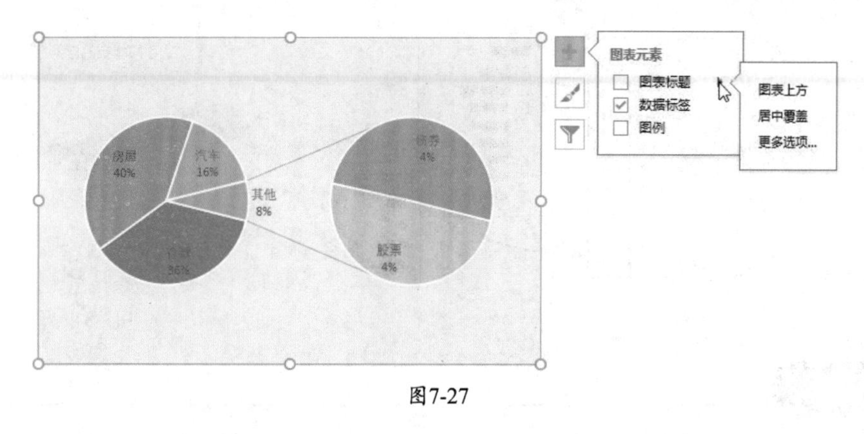

图7-27

7.3.3 添加数据标签

数据标签的添加方法和图表标题的添加方法相同，添加数据标签的时候，需要根据数据系列的实际情况选择添加的位置，如图7-28所示。数据标签的格式设置可以在“设置数据标签格式”窗格中进行，如图7-29所示。打开该窗格有很多种方法，其中最简单的是双击数据标签打开。若图表中还没有添加数据标签，可以在“添加图表元素”下拉列表中选择“数据标签”中的“其他数据标签选项”选项打开。

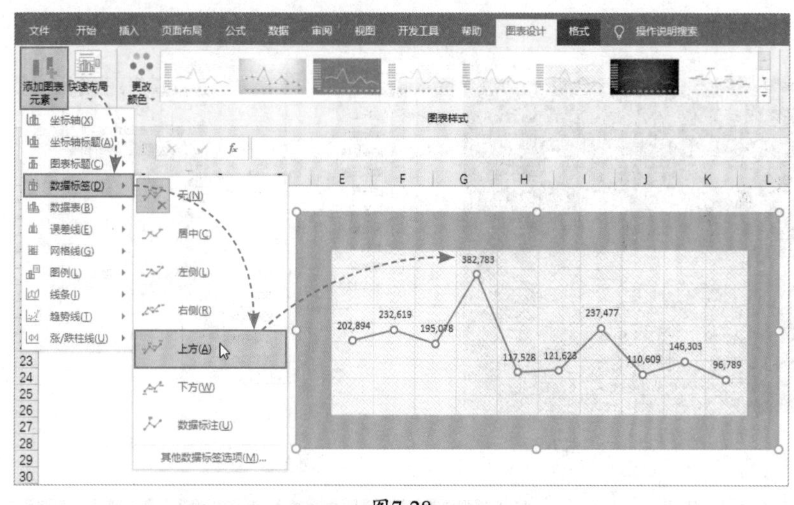

图7-28

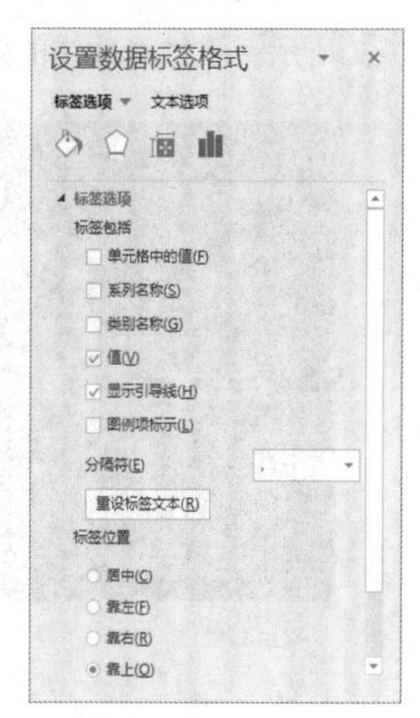

图7-29

7.3.4 编辑图例

图例是图表上不同颜色、样式的数据系列和趋势线的标识，有助于更好地认识图表。图例一般添加在图表的右侧或底部，如图7-30所示，但也不是绝对的，对于一些特殊的图表，用户也可以将图例拖动到图表中的任意位置进行显示。

要想让图例更美观，可以打开“设置图例格式”窗格设置图例的填充、边框、阴影等效果，如图7-31所示。

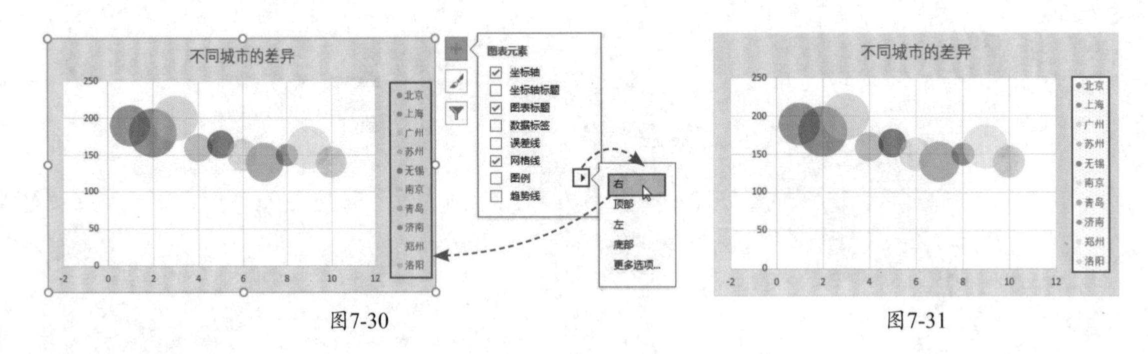

图7-30　　图7-31

知识拓展

双击图例，或者在图表右上角的“图表元素”列表中选择“图例”中的“更多选项”选项，可以打开“设置图例格式”窗格。

■7.3.5 为图表添加趋势线

趋势线用来分析数据的发展趋势。趋势线的种类有很多，其中，“线性预测”趋势线还能预测数据未来的发展趋势。当图表中包含多个系列时，需要先选中添加趋势线的系列，如图7-32所示。添加趋势线的效果如图7-33所示。

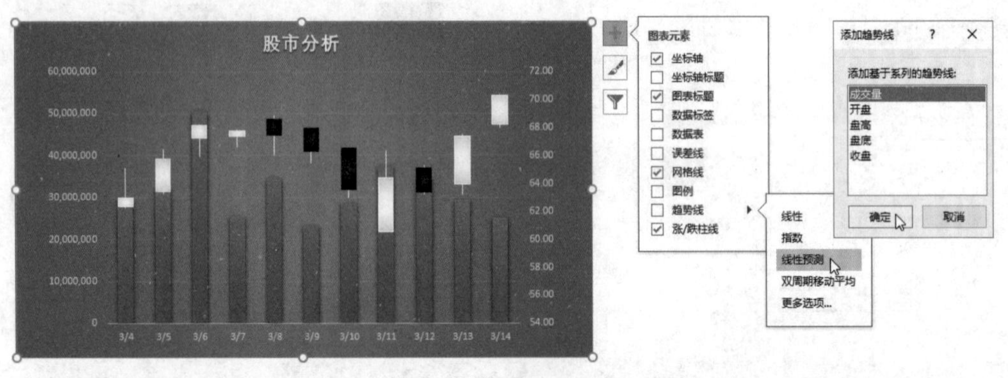

图7-32

若要更改趋势线的类型，可以先选中趋势线，在“图表元素”列表中重新选择趋势线的类型即可，这里选择“双周期移动平均”类型，如图7-34所示。该类型默认的周期为2，如果想修改其周期值，可以选择“更多选项”选项，打开“设置趋势线格式”窗格，重新设置周期值。

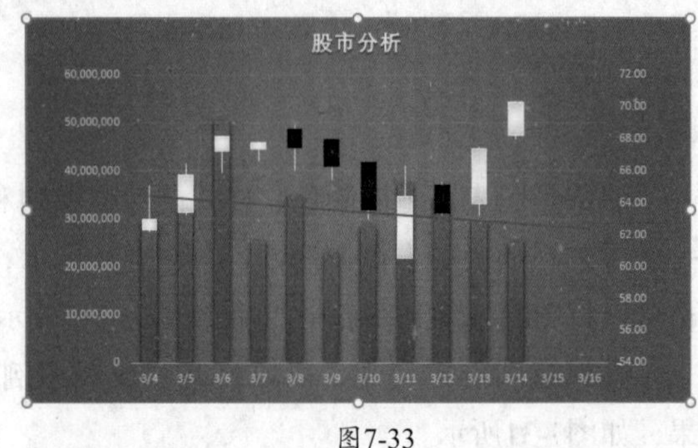

图7-33

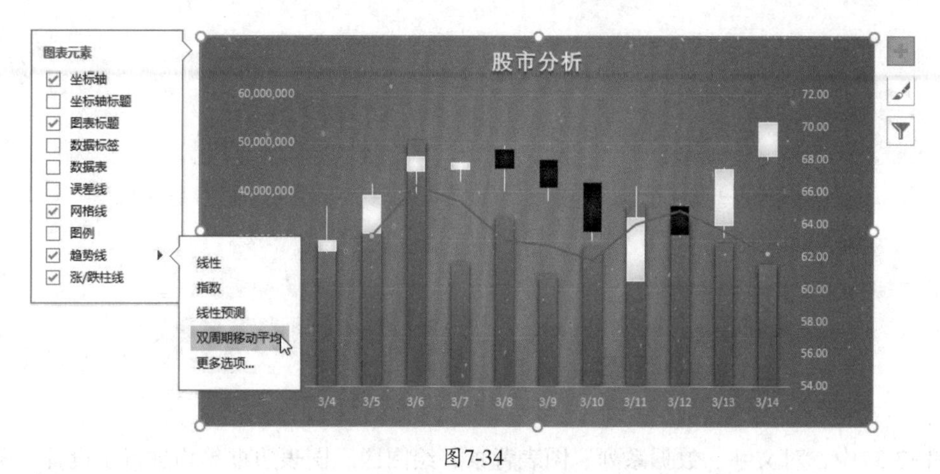

图7-34

■7.3.6　美化图表

美化图表有很多种方式，首先Excel内置了一些图表样式，套用图表样式可以快速让图表变漂亮，省心省时也没有什么技术含量。

“图表设计”选项卡中包含了十几种图表样式，在“图表样式”选项组中单击“其他”下拉按钮，可以查看所有样式，喜欢哪个样式直接单击便可应用。

通过“图表设计”选项卡中的“更改颜色”和“快速布局”按钮，还可以快速改变图表系列的颜色及图表的整体布局，如图7-35所示。

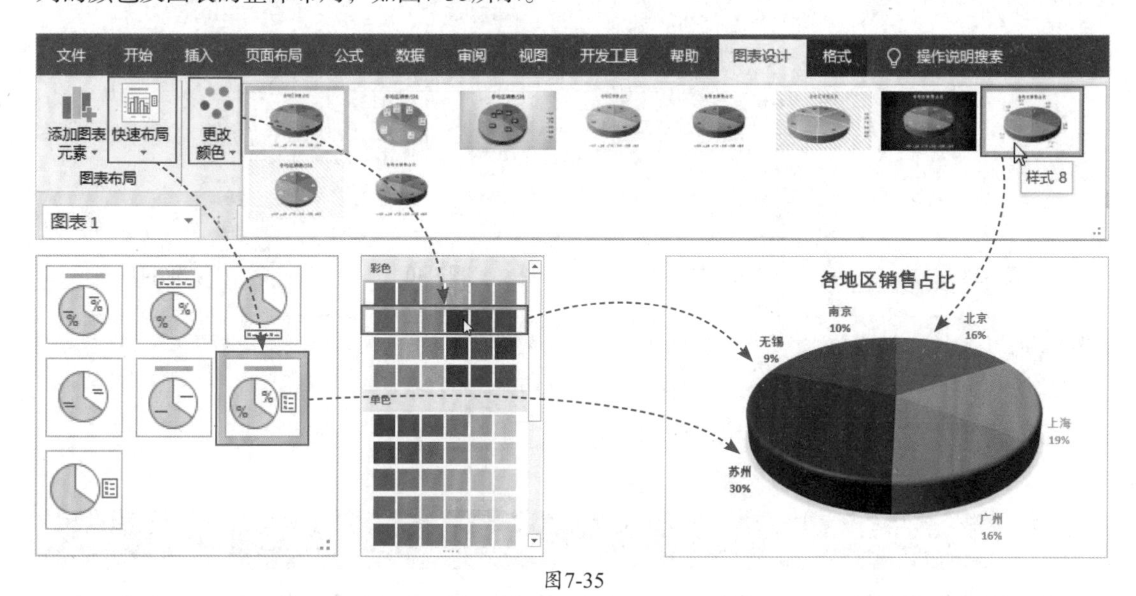

图7-35

若想获得更有个性且独一无二的图表，需要自定义图表样式，自定义图表样式包括对图表元素、图表中的文字、图表背景等进行设计。同一张图表的初始状态和美化后的状态如图7-36和图7-37所示。

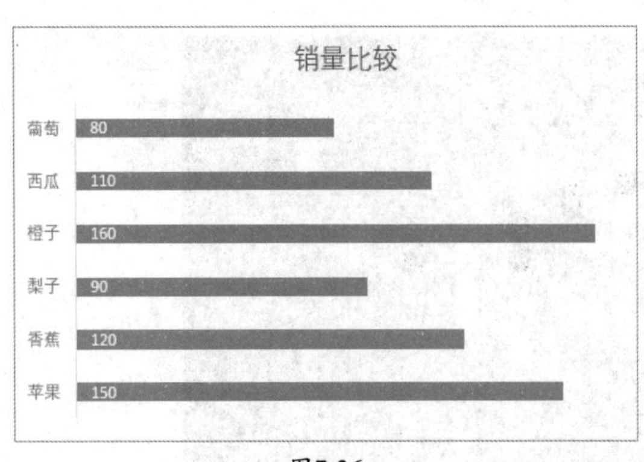

图7-36

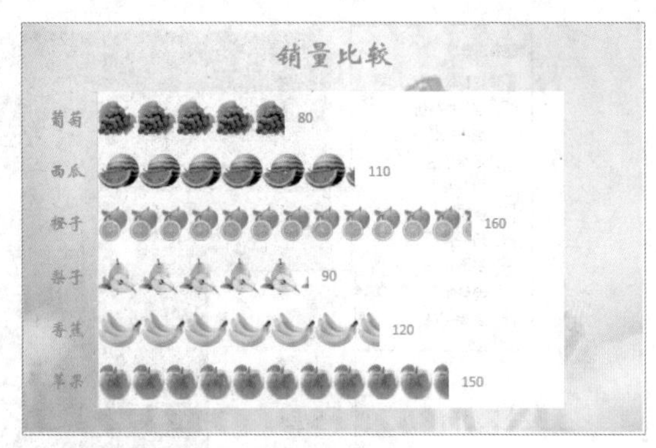

图7-37

在图7-37中，对文字、数据系列、图表背景、绘图区、图表边框等均进行了设置。图表中文字的格式可以在“开始”选项卡的“字体”选项组中设置，如选中图表标题，就可以设置标题的字体、字号、字体颜色等。

其他元素的设置可以参照图7-38、图7-39、图7-40、图7-41来设置。

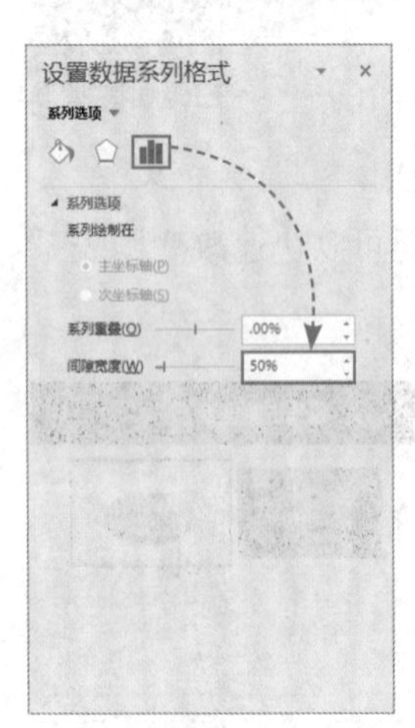

图7-38

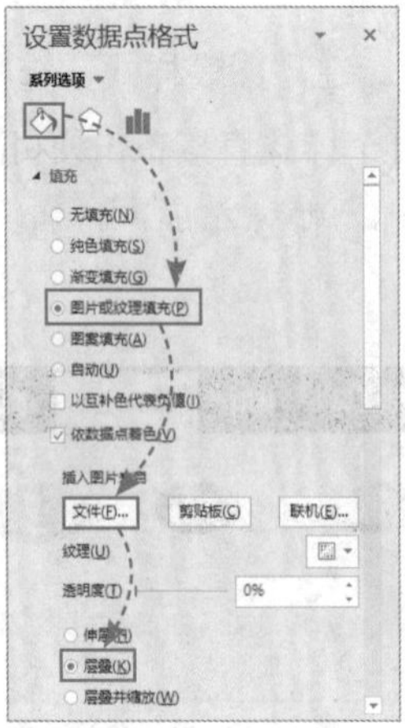

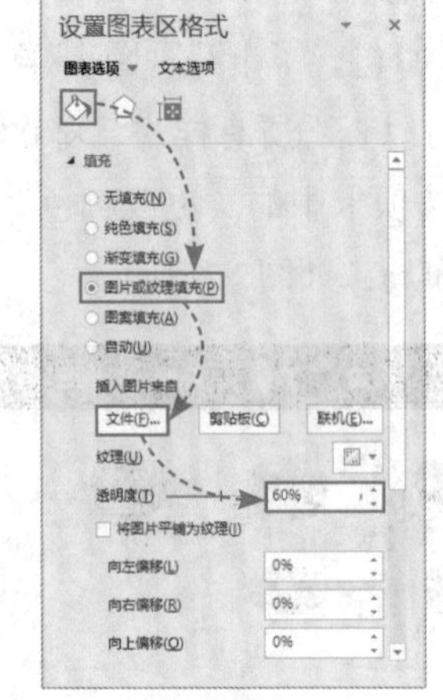

图7-39

图7-40

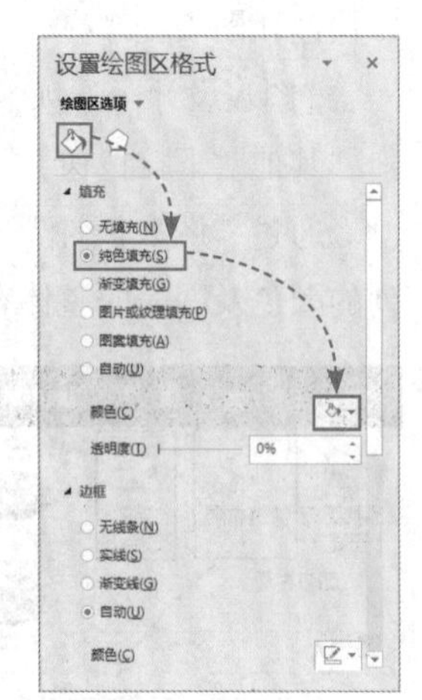

图7-41

新手误区： 填充数据系列的时候，要依次为不同的系列点填充不同的水果图片。分两次单击需要填充的系列点，可以单独选中该系列点，如分两次单击“西瓜”系列点，可以将“西瓜”系列点选中，然后对该系列点进行填充即可。

7.4 迷你图表的应用

迷你图的作用和普通图表相同，是为了将数据转换成可视的图形，其最突出的优点是更加简单，使用起来也更便捷。

7.4.1 迷你图的类型

迷你图是微型的图表，它只能在单元格中显示，迷你图只有折线迷你图、柱形迷你图和盈亏迷你图三种类型，分别如图7-42、图7-43、图7-44所示。

	A	B	C	D	E	F	G	H	I	J	K	L	M	N	O	P	Q	R	S	T	U	V	W	X	Y
1	热度	迷你图	1/1	1/2	1/3	1/4	1/5	1/6	1/7	1/8	1/9	1/10	1/11	1/12	1/13	1/14	1/15	1/16	1/17	1/18	1/19	1/20	1/21	1/22	1/23
2	产品1		93	98	53	69	-252	52	101	101	51	-	51	48	52	51	154	155	-52	53	69	147	52	50	50
3	产品2		283	169	367	280	134	184	50	336	104	369	485	73	137	257	204	366	-93	136	205	199	106	151	83
4	产品3		30	32	16	49	17	16	-5	569	17	-15	518	16	23	16	55	-64	18	18	42	53	22	17	16
5	产品4		5	-6	2	3	-3	2	8	3	-53	32	2	2	-3	2	9	8	2	2	4	8	2	2	2
6	产品5		8	9	380	2	27	122	12	80	-43	209	-21	18	26	96	132	-	71	46	128	69	54	77	80
7	总计		419	302	818	403	(77)	376	166	1089	76	595	1035	157	235	422	554	465	(54)	255	448	476	236	297	231

图7-42

	A	B	C	D	E	F	G	H	I	J	K	L	M	N	O	P	Q	R	S	T	U	V	W	X	Y
1	热度	迷你图	1/1	1/2	1/3	1/4	1/5	1/6	1/7	1/8	1/9	1/10	1/11	1/12	1/13	1/14	1/15	1/16	1/17	1/18	1/19	1/20	1/21	1/22	1/23
2	产品1		93	98	53	69	-252	52	101	101	51	-	51	48	52	51	154	155	-52	53	69	147	52	50	50
3	产品2		283	169	367	280	134	184	50	336	104	369	485	73	137	257	204	366	-93	136	205	199	106	151	83
4	产品3		30	32	16	49	17	16	-5	569	17	-15	518	16	23	16	55	-64	18	18	42	53	22	17	16
5	产品4		5	-6	2	3	-3	2	8	3	-53	32	2	2	-3	2	9	8	2	2	4	8	2	2	2
6	产品5		8	9	380	2	27	122	12	80	-43	209	-21	18	26	96	132	-	71	46	128	69	54	77	80
7	总计		419	302	818	403	(77)	376	166	1089	76	595	1035	157	235	422	554	465	(54)	255	448	476	236	297	231

图7-43

	A	B	C	D	E	F	G	H	I	J	K	L	M	N	O	P	Q	R	S	T	U	V	W	X	Y
1	热度	迷你图	1/1	1/2	1/3	1/4	1/5	1/6	1/7	1/8	1/9	1/10	1/11	1/12	1/13	1/14	1/15	1/16	1/17	1/18	1/19	1/20	1/21	1/22	1/23
2	产品1		93	98	53	69	-252	52	101	101	51	-	51	48	52	51	154	155	-52	53	69	147	52	50	50
3	产品2		283	169	367	280	134	184	50	336	104	369	485	73	137	257	204	366	-93	136	205	199	106	151	83
4	产品3		30	32	16	49	17	16	-5	569	17	-15	518	16	23	16	55	-64	18	18	42	53	22	17	16
5	产品4		5	-6	2	3	-3	2	8	3	-53	32	2	2	-3	2	9	8	2	2	4	8	2	2	2
6	产品5		8	9	380	2	27	122	12	80	-43	209	-21	18	26	96	132	-	71	46	128	69	54	77	80
7	总计		419	302	818	403	(77)	376	166	1089	76	595	1035	157	235	422	554	465	(54)	255	448	476	236	297	231

图7-44

7.4.2 创建迷你图

迷你图的创建很简单，用户可以根据需要创建单个迷你图或一组迷你图。创建单个折线迷你图的方法如图7-45所示。

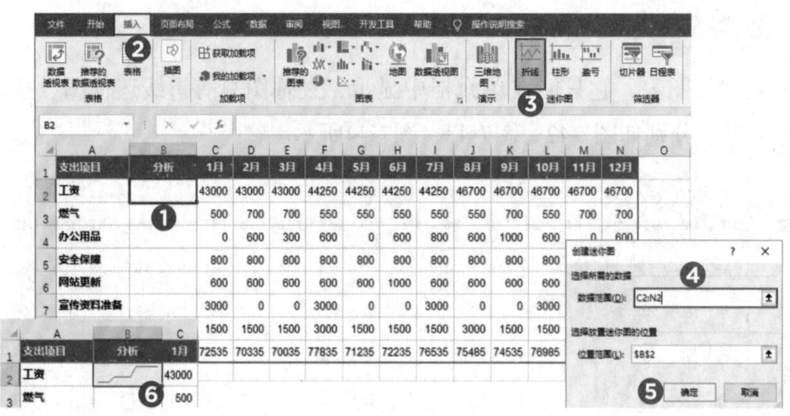

图7-45

知识拓展

若要创建一组迷你图，则要提前选中放置这组迷你图的单元格区域，在“插入”选项卡的“迷你图”选项组中选择一种迷你图类型，在“创建迷你图”对话框中设置“数据范围”为一组迷你图对应的所有数据，如图7-46所示。

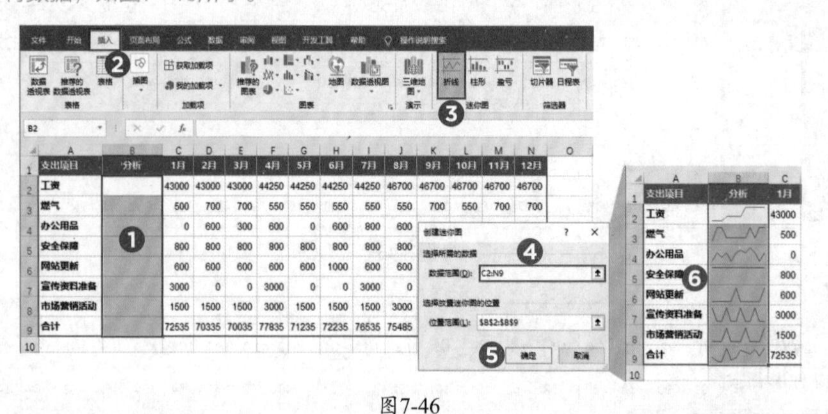

图7-46

■7.4.3 填充迷你图

先创建一个单个的迷你图，然后对迷你图进行填充，同样能够得到一组迷你图，如图7-47所示。

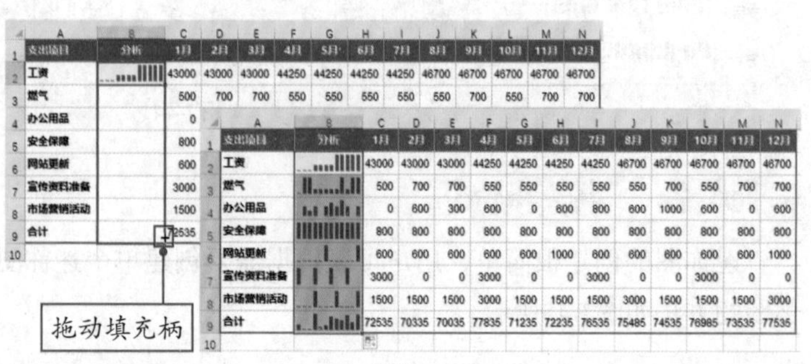

图7-47

知识拓展

如果数据表设置了边框或底纹，为了防止填充迷你图后数据表的格式被破坏，最好在“自动填充选项”列表中选择“不带格式填充”选项，如图7-48所示。

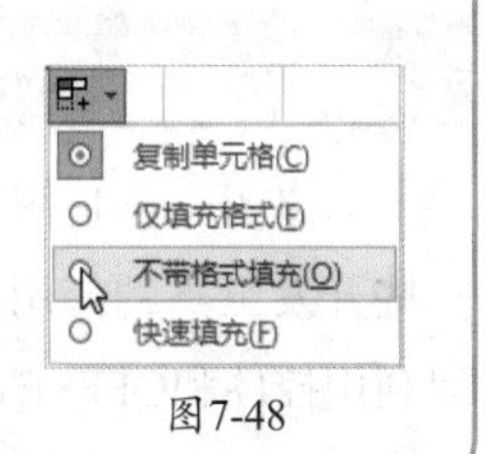

图7-48

7.4.4 设置迷你图的样式

设置迷你图的样式比设置普通图表的样式要简单很多，系统内置了不同色彩的迷你图样式，另外，用户还可以更改迷你图标记点的颜色，以便更直观地突出迷你图中的重要值。选中任意一个迷你图后，功能区中会显示“迷你图”选项卡，迷你图样式的设置均可以在该选项卡中完成，如图7-49所示。

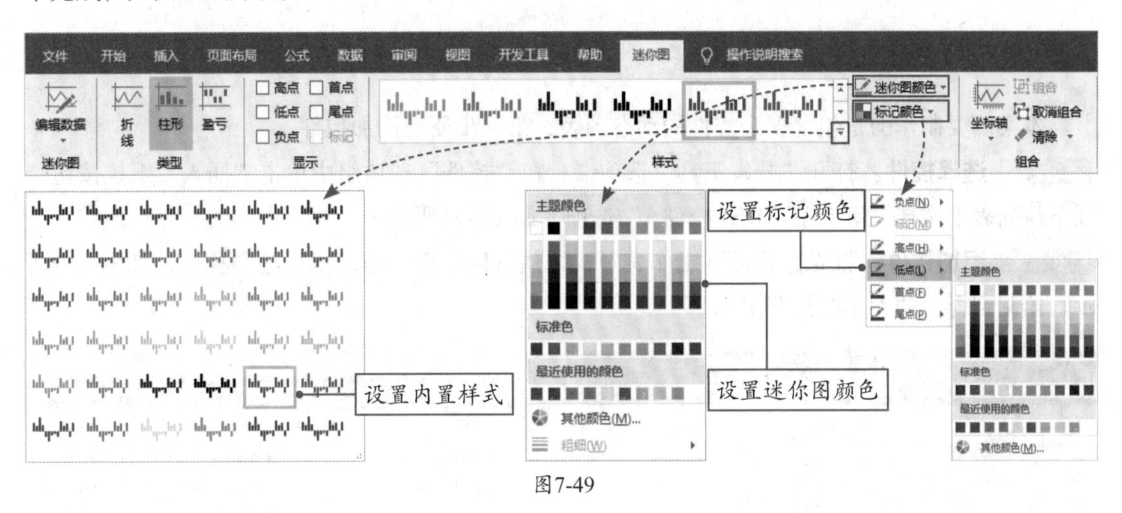

图7-49

7.4.5 清除迷你图

直接按Backspace键或Delete键并不能删除迷你图，删除迷你图需要使用“清除”命令。若是一组迷你图，用户还需选择是清除所选迷你图，还是清除一组迷你图，如图7-50所示。

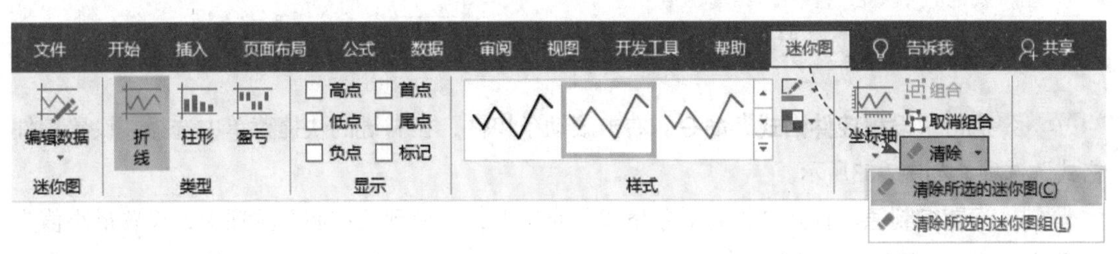

图7-50

Ⓔ综合实战

7.5 创建广告支出分配动态图表

动态图表算是图表应用中比较炫酷的一个类型。所谓动态图表，就是通过一些开发工具的使用，使图表能够表现多个数据系列的情况。本案例将介绍如何利用控件和OFFSET函数制作动态图表。

扫码观看视频

7.5.1 设置动态图表的控件

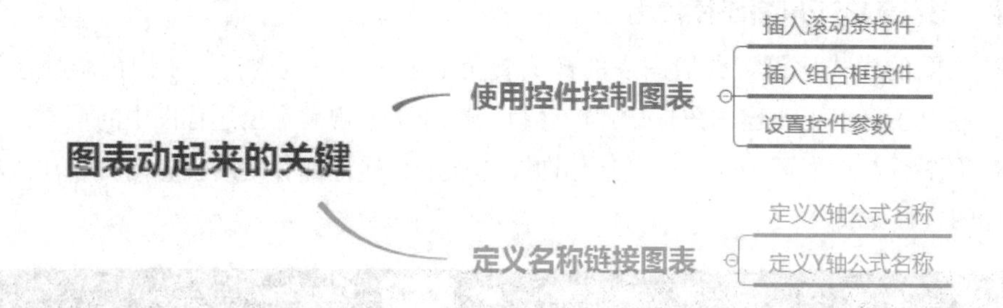

本案例要制作的是包含多个控件的动态图表，第一步便是添加控件。

Step 01 **选择控件。**打开“开发工具”选项卡，在“控件”选项组中单击“插入”下拉按钮，在下拉列表中选择“滚动条（窗体控件）”选项，如图7-51所示。

Step 02 **添加控件。**将光标移动到工作表中，按住鼠标左键，拖动鼠标绘制控件，如图7-52所示。绘制到合适的大小时松开鼠标。

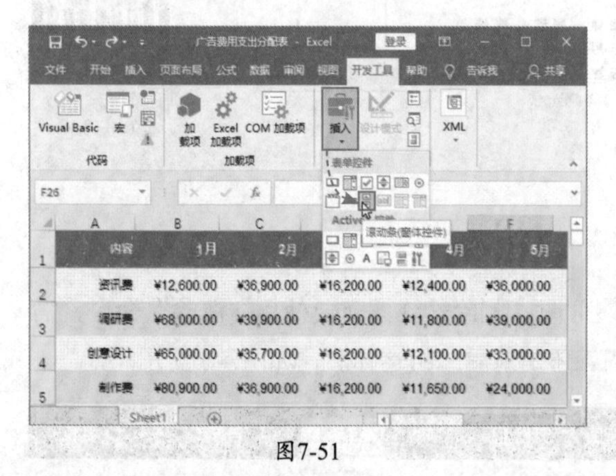

图7-51

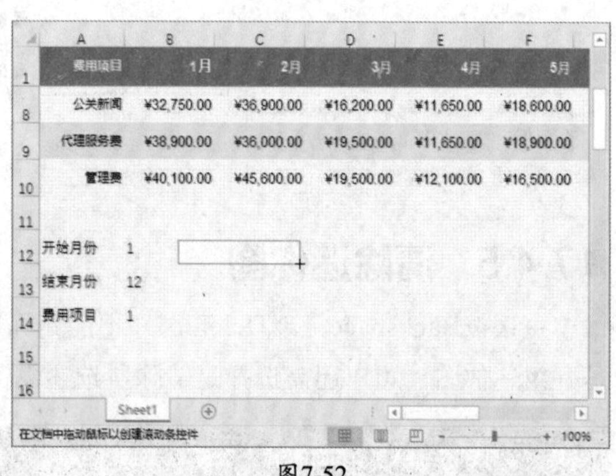

图7-52

Step 03 **执行“设置控件格式”命令。**右击滚动条控件，在右键的快捷菜单中选择“设置控件格式”选项，如图7-53所示。

Step 04 **设置控制值。**打开“设置对象格式”对话框，切换到“控制”选项卡，设置最小值为1、最大值为12，设置单元格链接为“$B$12”，单击“确定”按钮，如图7-54所示。

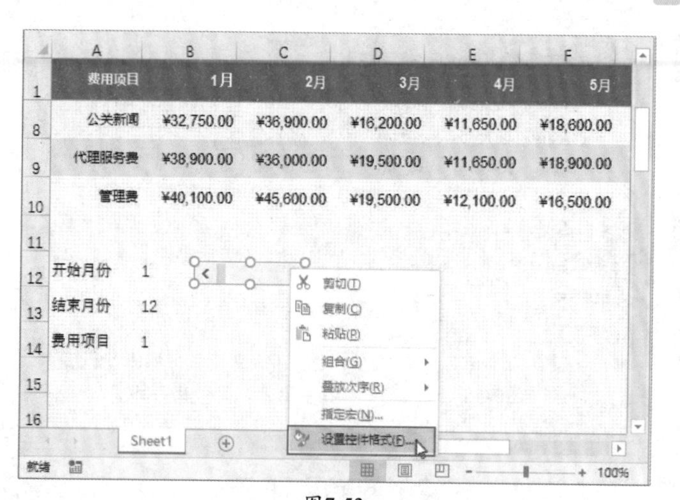

图7-53

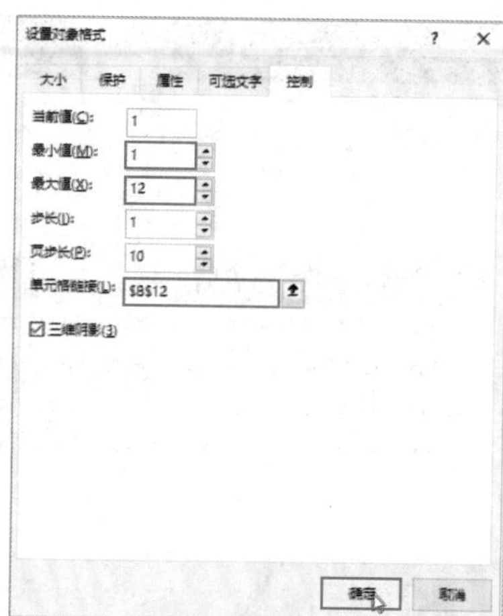

图7-54

Step 05 **添加第二个滚动条控件。**参照Step 01和Step 02再添加一个滚动条控件，如图7-55所示。

Step 06 **设置第二个滚动条参数。**右击第二个滚动条控件，选择“设置控件格式”选项，打开“设置控件格式”对话框，在“控制”选项卡中设置最小值为1、最大值为12，设置单元格链接为“$B$13”，单击“确定”按钮，如图7-56所示。

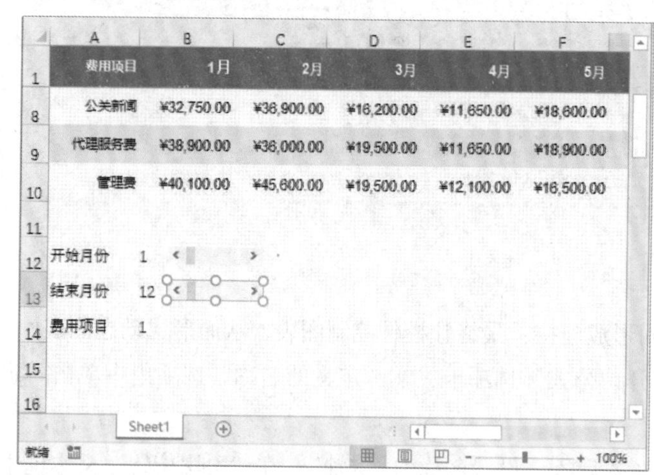

图7-55

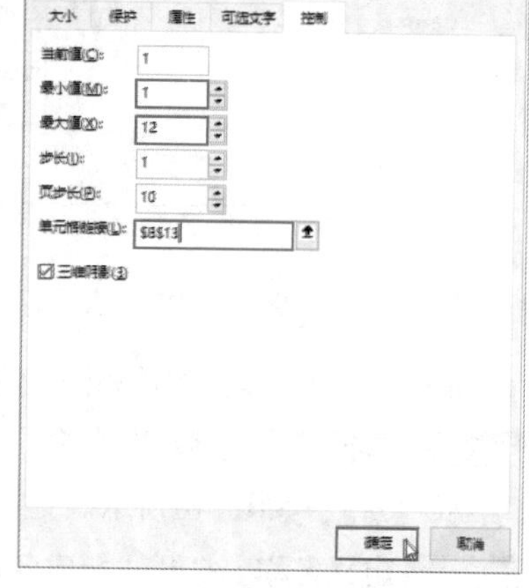

图7-56

Step 07 **选择组合框控件。**单击“开发工具”选项卡中的“插入”按钮，在下拉列表中选择“组合框（窗体控件）”选项，如图7-57所示。

Step 08 **添加组合框控件。**将光标移动到工作表中，按住鼠标左键，拖动鼠标绘制一个组合框控件，如图7-58所示。

Step 09 **设置控件参数。**右击组合框控件，在右键的快捷菜单中选择“设置控件格式”选项，打开“设置对象格式”对话框，在“控制”选项卡中设置数据源区域为“$A$2:$A$10”，设置单元格链接为“$B$14”，设置下拉显示项数为“9”，单击“确定”按钮，如图7-59所示。

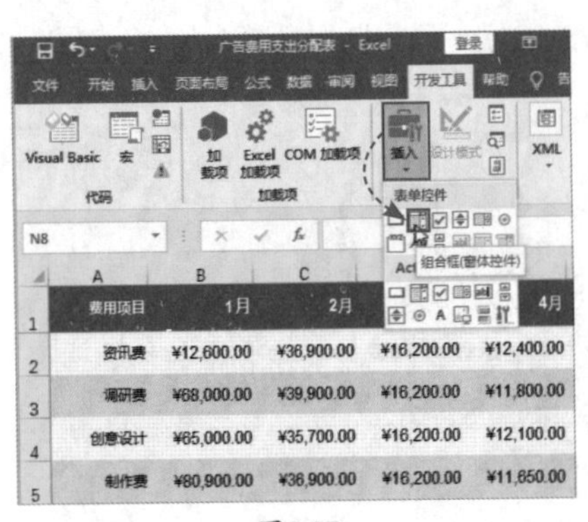
图7-57

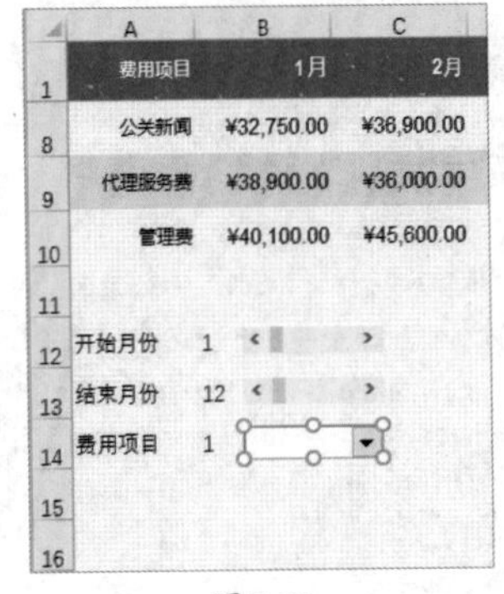
图7-58

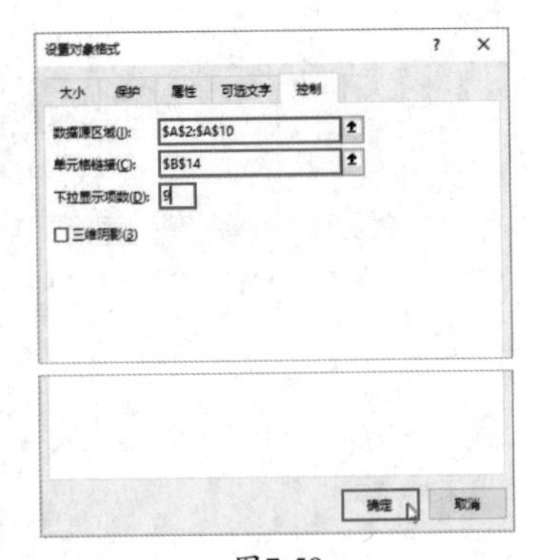
图7-59

知识拓展

在“设置控件格式”对话框中设置数据区域时，除了手动输入单元格区域外，更快捷、更准确的操作方法是引用单元格区域，操作方法如图7-60所示。

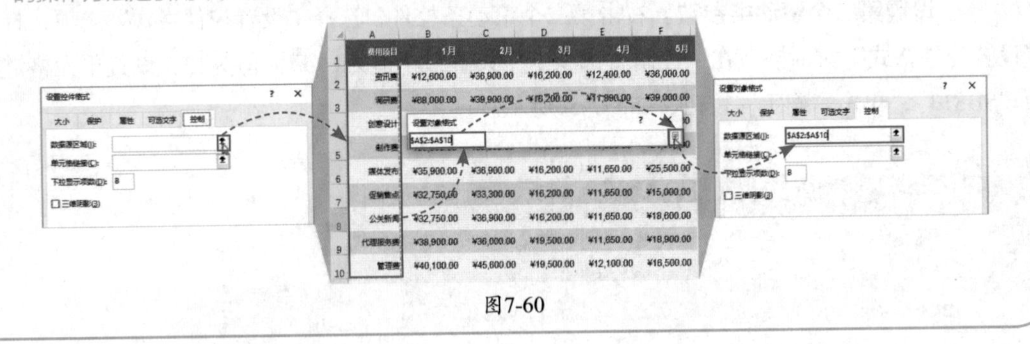
图7-60

■7.5.2 命名公式

命名公式是为了让控件和图表之间形成连接，最终让控件控制图表，从而形成动态图表。

Step 01 **执行“定义名称”命令。**打开“公式”选项卡，在“定义的名称”选项组中单击“定义名称”按钮，如图7-61所示。

Step 02 **定义名称。**打开“新建名称”对话框，设置名称为“X轴”，在“引用位置”文本框中输入公式“=OFFSET(Sheet1!$A$1,,Sheet1!$B$12,,Sheet1!$B$13-Sheet1!$B$12+1)”，输入完成后单击“确定”按钮，如图7-62所示。

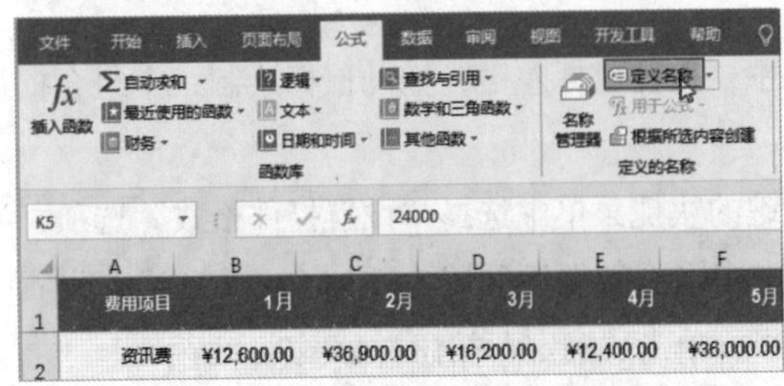
图7-61

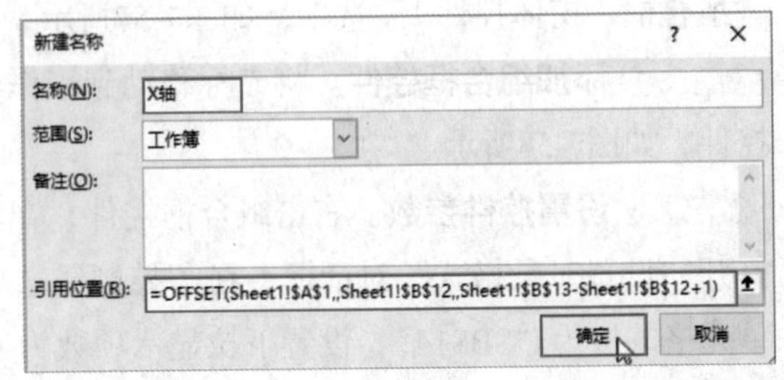
图7-62

知识拓展

OFFSET函数可以将指定的参数作为参照系，通过给定的偏移量返回新的引用。

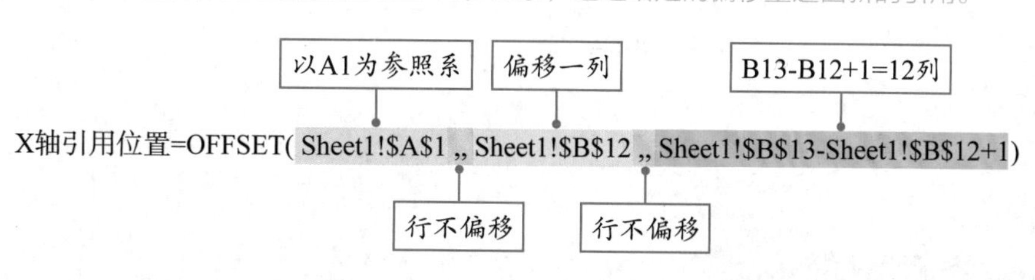

Step 03 **定义第一个项目费用的名称。**再次打开“新建名称”对话框，在“名称”文本框中输入“资讯费”，在“引用位置”文本框中输入“=OFFSET(X轴,Sheet1!$B$14,)”，如图7-63所示。

Step 04 **定义其他项目费用的名称。**参照Step 03，依次设置其他项目费用的名称，所有项目费用的名称所引用的公式都相同，即都为“=OFFSET(X轴,Sheet1!$B$14,)”，如图7-64所示。

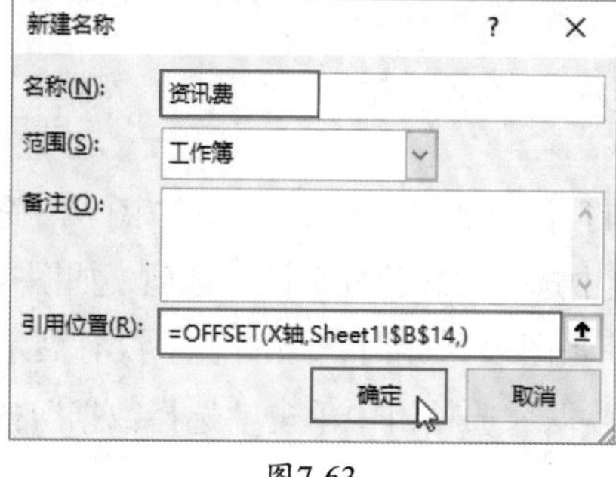

图7-63

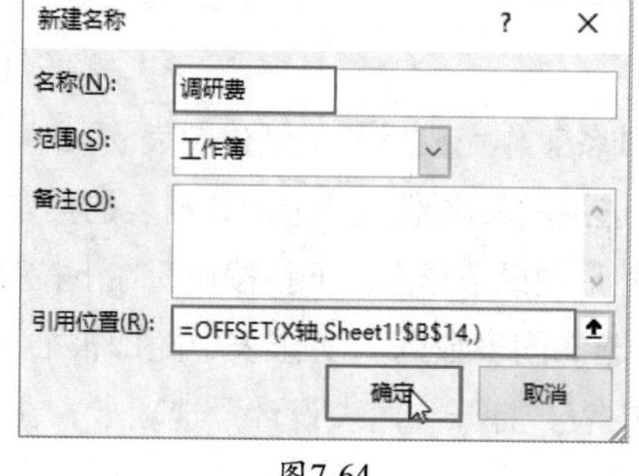

图7-64

知识拓展

本工作簿中定义的所有名称都可以在“名称管理器”对话框中查看及修改。在“公式”选项卡中单击“名称管理器”按钮，或者按组合键Ctrl+F3可以打开“名称管理器”对话框，如图7-65所示。

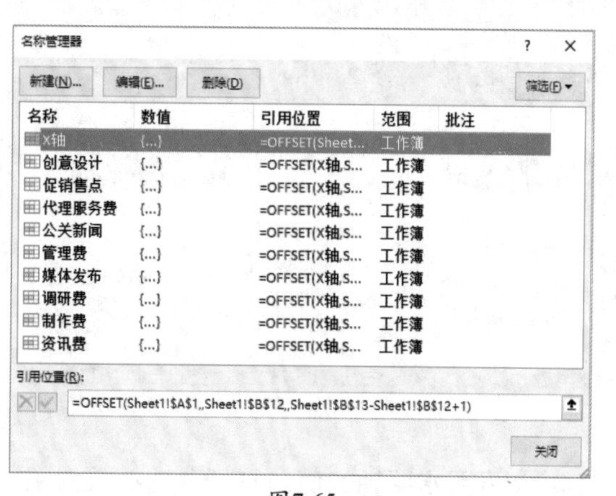

图7-65

■7.5.3 创建动态图表

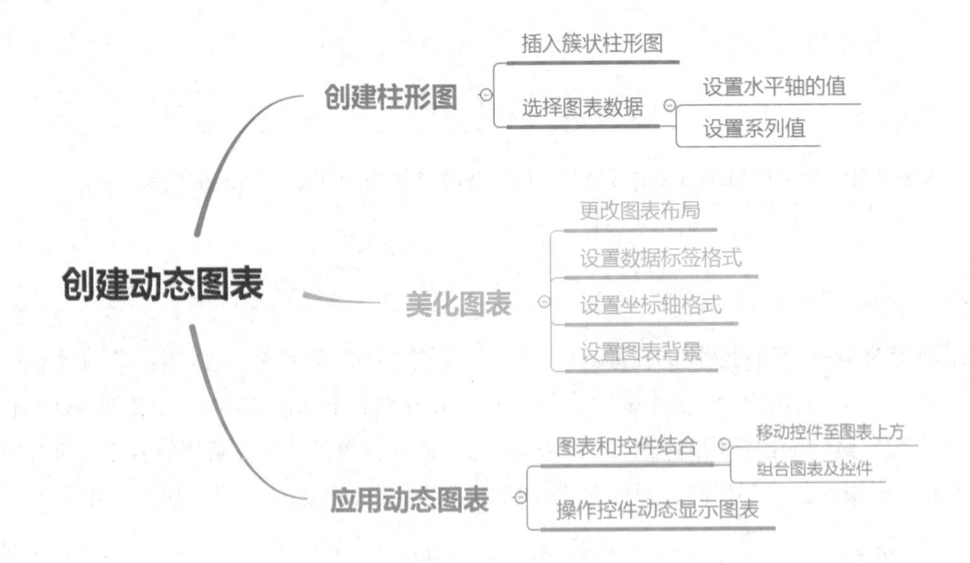

所有准备工作完成后开始创建图表。

Step 01 **选择图表类型。**只选中数据表的标题，打开“插入”选项卡，在“图表”选项组中单击“插入柱形图或条形图”下拉按钮，在下拉列表中选择“簇状柱形图”选项，如图7-66所示。

Step 02 **选择图表数据。**工作表中随即被插入一张图表，此时，该图表中没有展示出任何系列。选中图表，打开“图表设计”选项卡，在“数据”选项组中单击“选择数据”按钮，如图7-67所示。

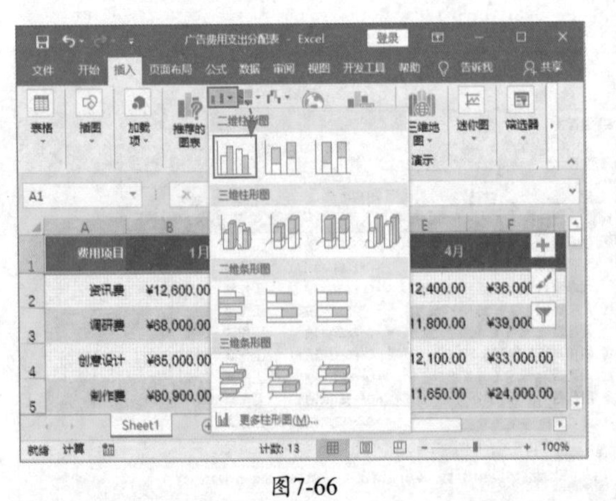

图7-66

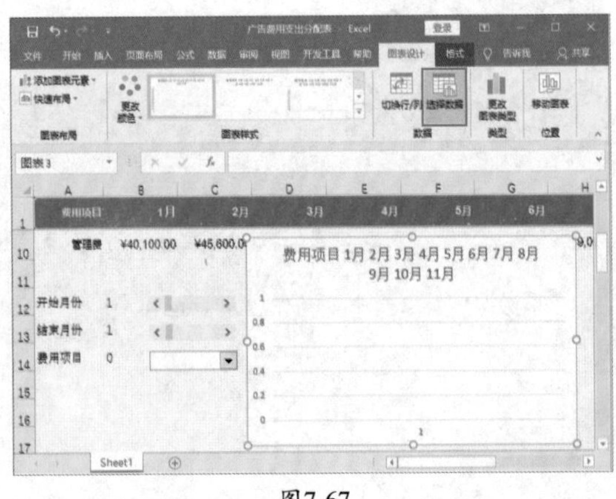

图7-67

Step 03 **设置水平轴的值。**打开“选择数据源”对话框，单击“水平轴标签”的“编辑”按钮，打开“轴标签”对话框，设置轴标签的区域为“=Sheet1!X轴”，如图7-68所示。

Step 04 **设置系列值。**在“选择数据源”对话框中单击“图例项”的“编辑”按钮，打开“编辑数据系列”对话框，设置系列名称为“=Sheet1!$A$3”，设置系列值为“=Sheet1!创意设计”，如图7-69所示。

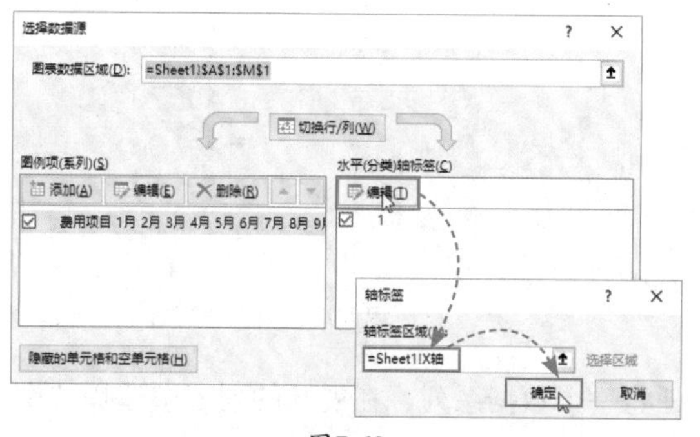

图7-68

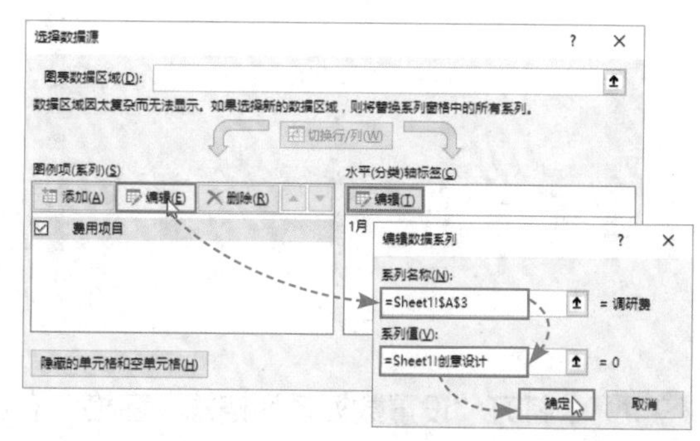

图7-69

Step 05 **查看图表效果。**在“选择数据源”对话框中单击“确定”按钮，关闭对话框，返回工作表。此时，图表已经显示出了数据系列、水平轴和垂直轴，如图7-70所示。

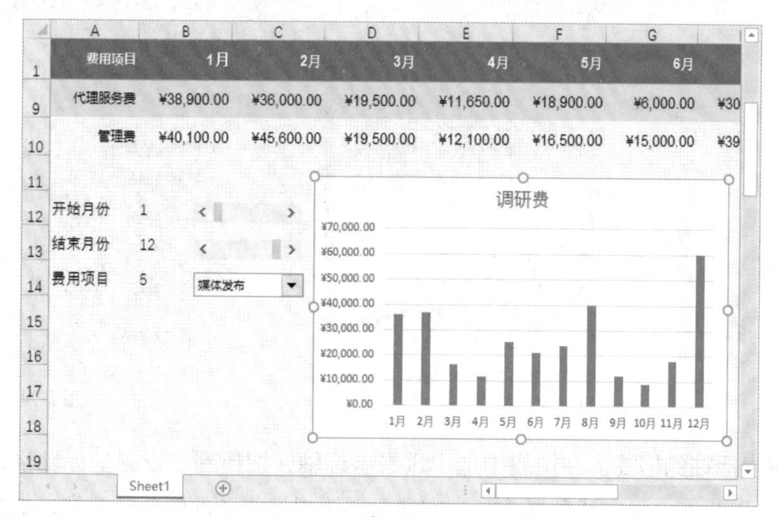

图7-70

■7.5.4　美化动态图表

为了让图表看起来更美观，还要对图表进行适当的处理，最后还要将控件和图表结合在一起。

扫码观看视频

Step 01 **更改图表布局。**修改图表标题为“广告费用支出分配”，依次选中图表中的垂直坐标轴和网格线，分别按Delete键删除，如图7-71所示。

Step 02 **添加数据标签。**选中图表，单击图表右上角的“图表元素”按钮，在展开的列表中选择“数据标签”中的“数据标签外”选项，如图7-72所示。

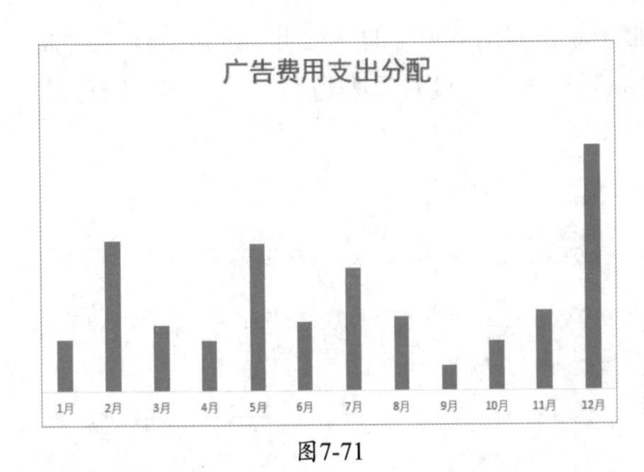

图7-71

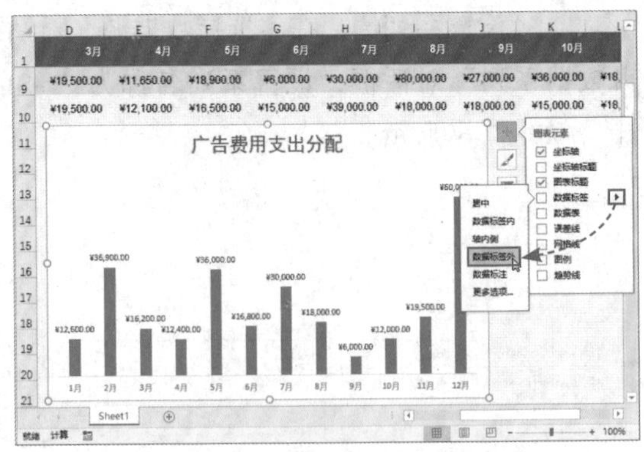

图7-72

Step 03 打开“设置数据系列格式”窗格。右击任意一个数据系列，在展开的列表中选择“设置数据系列格式”选项，如图7-73所示。

Step 04 设置系列的宽度。在“系列选项”界面中设置间隙宽度为100%，如图7-74所示。

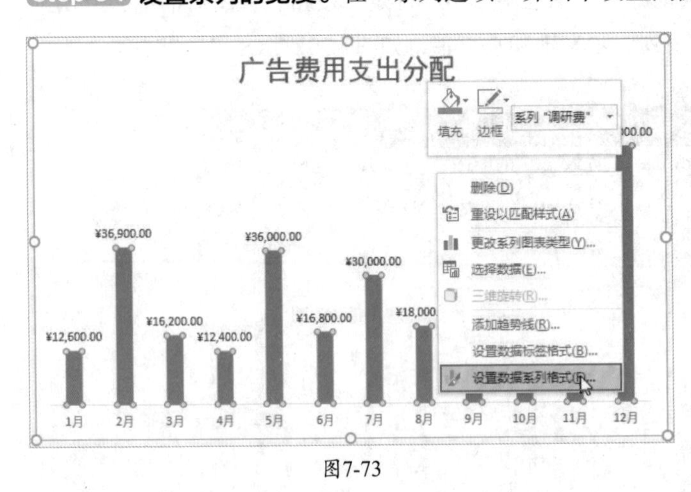

图7-73

设置数据系列格式
系列选项
系列选项
系列绘制在
主坐标轴(P)
次坐标轴(S)
系列重叠(O) -27%
间隙宽度(W) 100%

图7-74

Step 05 设置坐标轴的格式。在图表中选中水平坐标轴，切换到“设置坐标轴格式”窗格，打开“填充与线条”界面，设置线条样式为“实线”并设置好线条的颜色及宽度，如图7-75所示。

Step 06 设置数据标签的格式。在图表中选中数据标签，切换到“设置数据标签格式”窗格，打开“标签选项”界面，设置标签类别为“文本”，如图7-76所示。

Step 07 设置背景填充。在图表空白处单击，切换到“设置图表区格式”窗格，在“填充与线条”界面设置填充效果为“纯色填充”，并设置浅蓝色为填充颜色，如图7-77所示。

Step 08 调整绘图区的位置。单击图表中的绘图区，将光标移动到绘图区的边框线上，按住鼠标左键，拖动鼠标将绘图区的位置适当地向上调整，如图7-78所示。

Step 09 调整控件层次。选中案例最初创建的三个控件，右击任意一个控件，在右键的快捷菜单中选择“置于顶层”中的“置于顶层”选项，如图7-79所示。

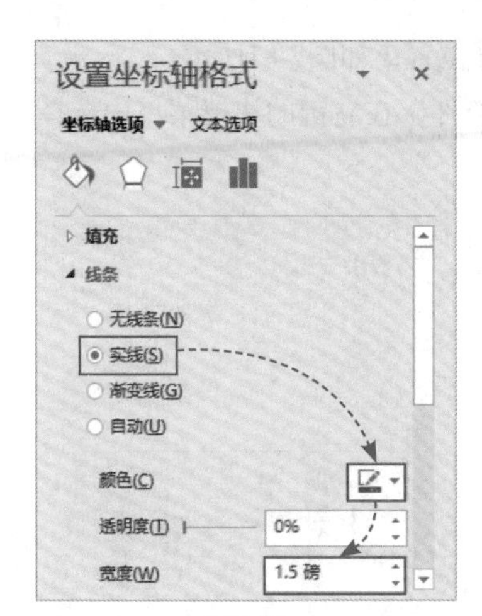

图7-75

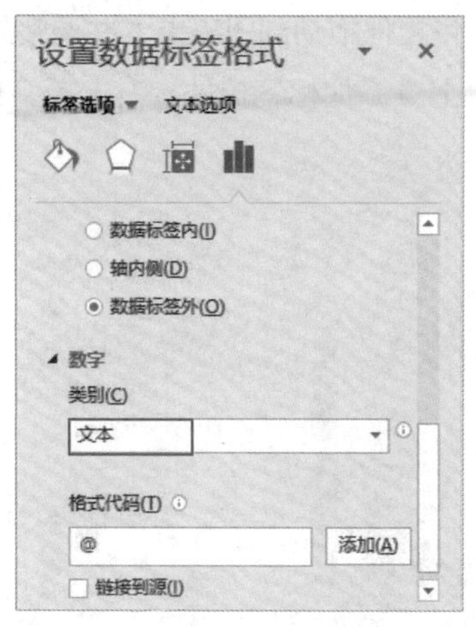

图7-76

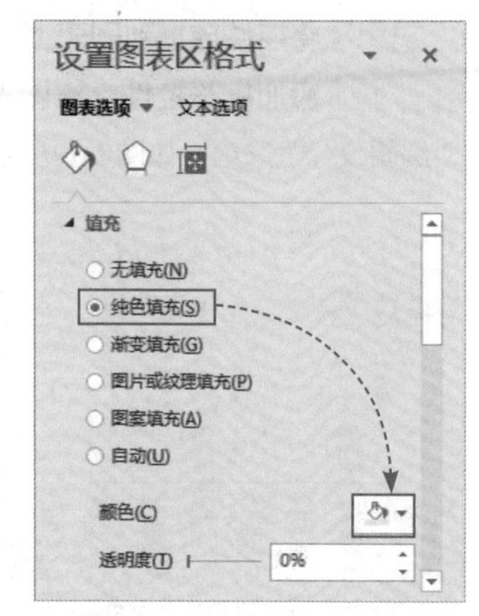

图7-77

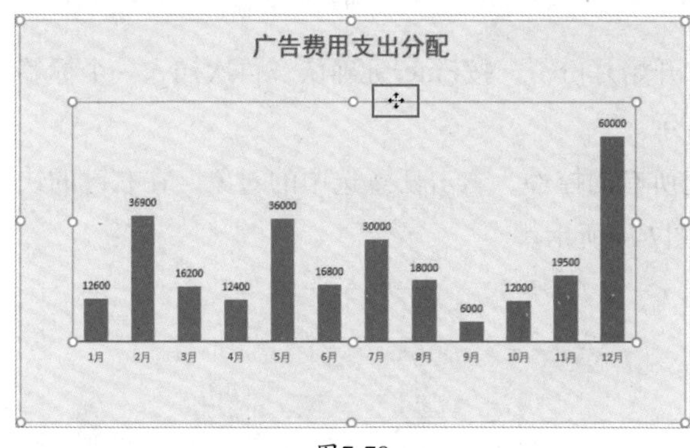

图7-78

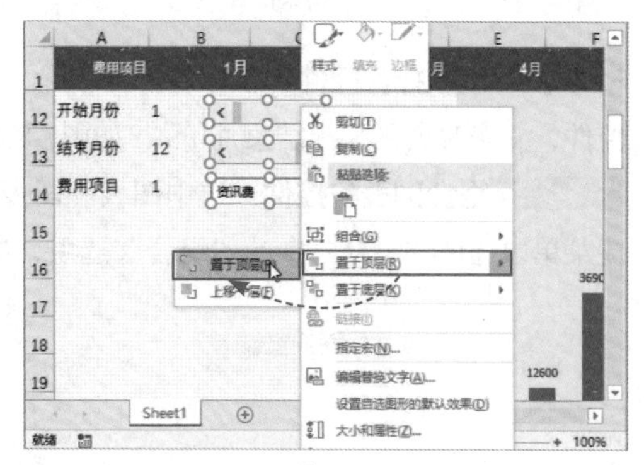

图7-79

知识拓展

正常情况下，单击鼠标无法选中窗体控件，用户可以通过以下两种方式选择窗体控件：一是右击窗体控件；二是使用“选择对象”功能选择，如图7-80所示。

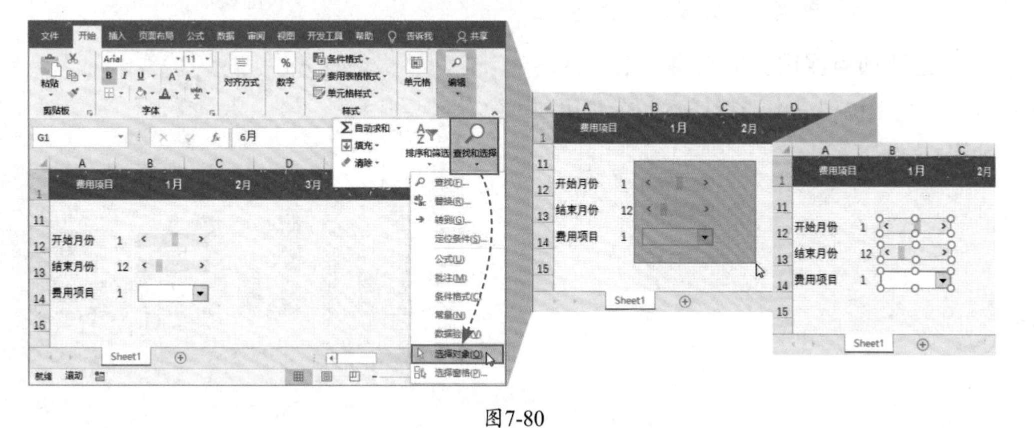

图7-80

Step 10 将控件放置到图表上。将控件拖动到图表上方并调整好位置，如图7-81所示。

Step 11 添加标签控件。在图表上方添加标签控件，右击标签控件，在右键的快捷菜单中选择“编辑文字”选项，如图7-82所示。

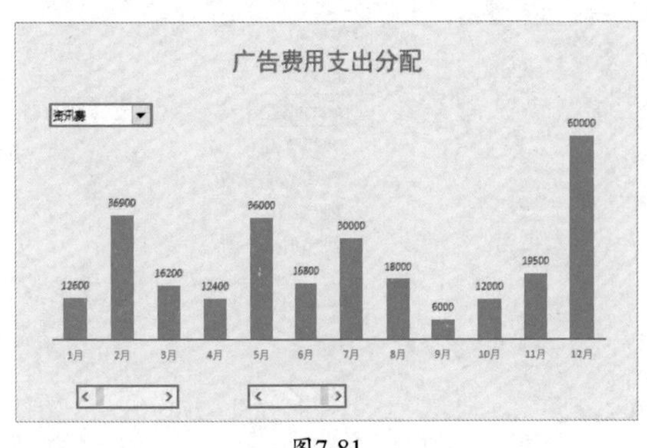

图7-81

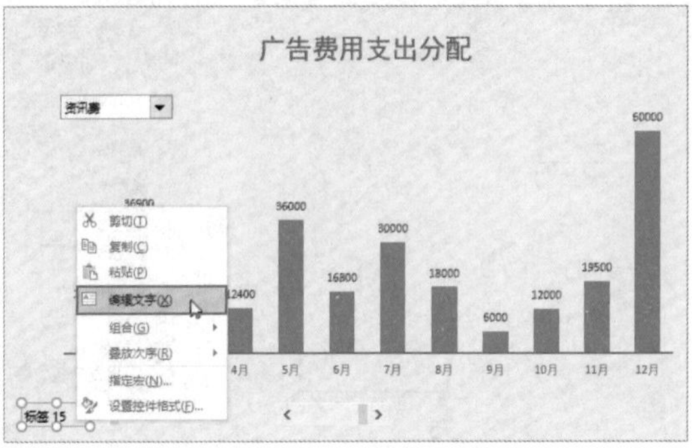

图7-82

Step 12 设置标签控件。在标签控件中输入“开始月份”，按Enter键确认。再次插入一个标签控件，并修改名称为“结束月份”，如图7-83所示。

Step 13 组合图表和控件。选中图表和图表上所有的控件，右击任意选中的对象，在右键的快捷菜单中选择“组合”中的“组合”选项，如图7-84所示。

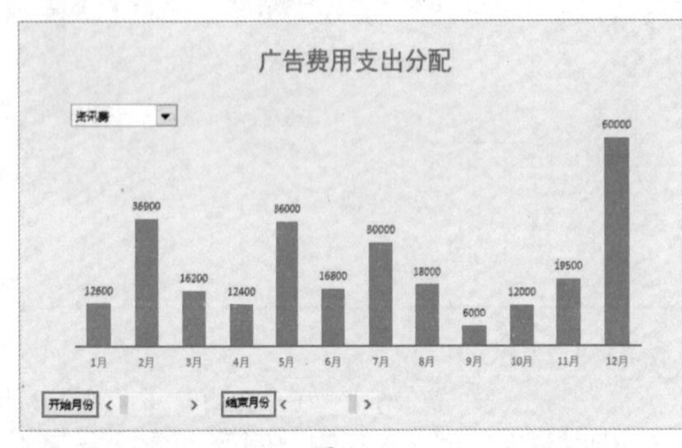

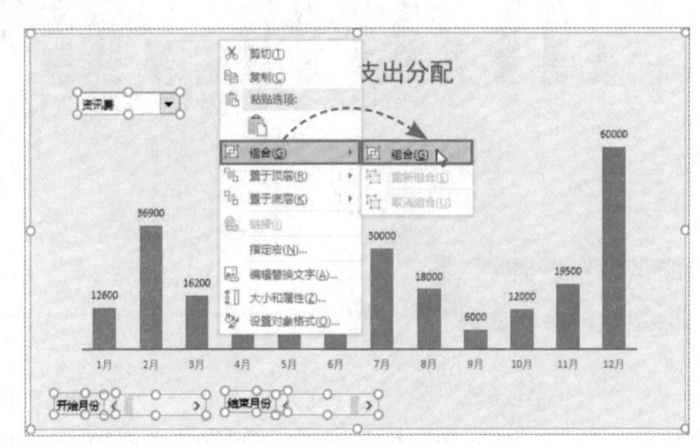

图7-83

图7-84

Step 14 选择项目费用。单击组合框控件的下拉按钮，从下拉列表中选择任意一个费用项目，如图7-85所示。

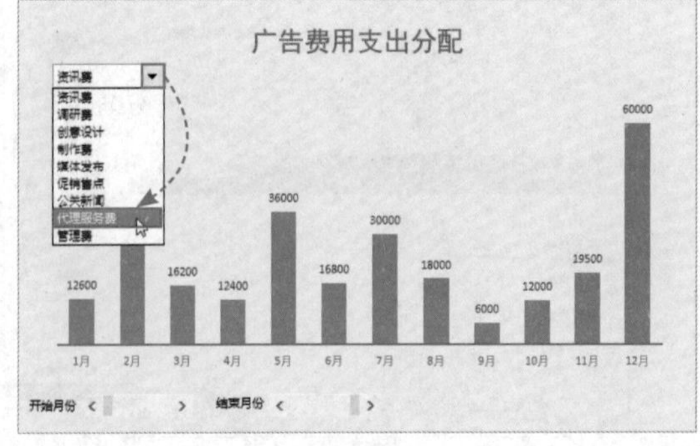

图7-85

Step 15 查看图表效果。图表中的数据系列随即根据所选费用项目发生变化，如图7-86所示。

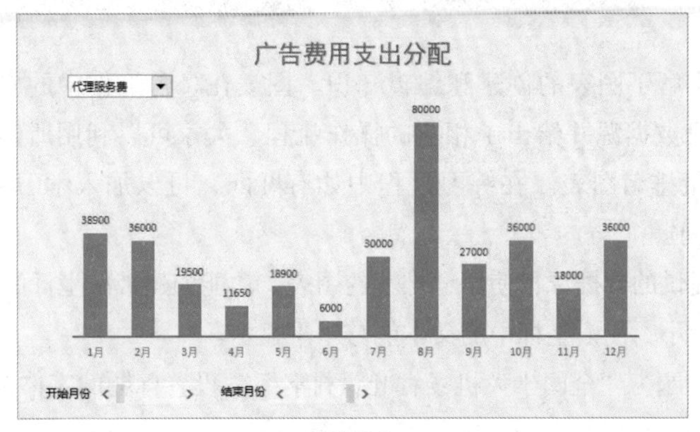

图7-86

Step 16 调整开始月份。在图表中单击“开始月份”右侧滚动条控件上的箭头，设置开始月份，如图7-87所示。

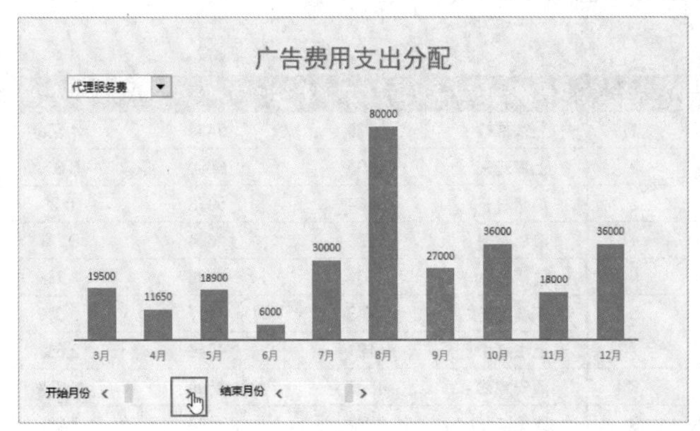

图7-87

Step 17 调整结束月份。在图表中单击“结束月份”右侧滚动条控件上的箭头，调整结束月份，如图7-88所示。

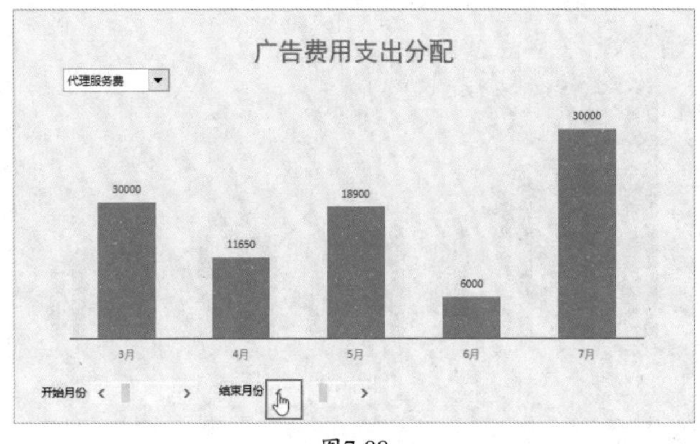

图7-88

Ⓔ课后作业

本章内容主要讲解了图表的创建和编辑知识。图表在日常工作中的应用也相当普遍，在这里我们提供了一份数据源并给出了相应的操作流程，大家可以利用所学到的知识创建一份全国十大机场吞吐量排名图表。在练习过程中如有疑问，可以加入学习交流群（QQ群号：737179838）进行提问。

（1）根据本书提供的数据源，使用“推荐的图表”功能创建带次坐标的簇状柱形图。

（2）调整图表大小，使横坐标中的文本能够水平显示。

（3）设置图表标题为“全国十大机场吞吐量排名”，设置标题的字体格式为黑体、18号、加粗。

（4）更改图表颜色为“彩色调色板4”类型。

（5）为图表中的数据系列添加“偏移：右下”的阴影效果，设置系列重叠为-50%。

（6）设置图表背景为纯色填充，填充颜色为“白色，背景1，深色5%”。

排名	机场	2018年（万人次）	2017年（万人次）	同比增长
1	北京首都	9579	9439	1.5%
2	上海浦东	7000	6600	6.6%
3	广州白云	6584	5973	10.2%
4	成都双流	4980	4604	8.2%
5	昆明长水	4561	4198	8.7%
6	深圳宝安	4473	4197	6.6%
7	上海虹桥	4191	4046	3.6%
8	西安咸阳	4186	3699	13.2%
9	重庆江北	3872	3589	7.9%
10	杭州萧山	3557	3159	12.6%

原始数据

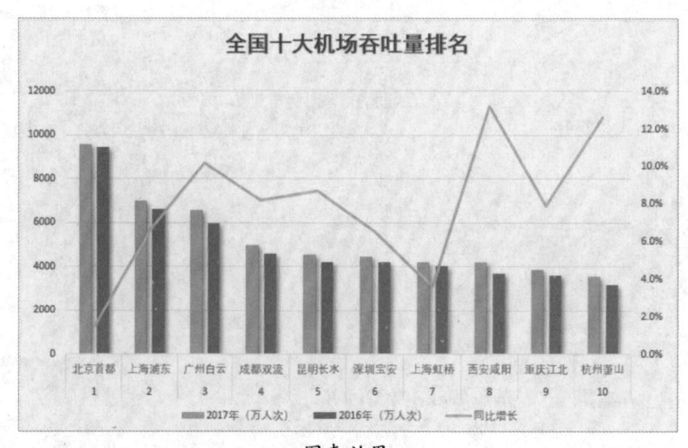

图表效果

Excel

第 8 章

打印、输出、保护，这些全都很重要

打印数据表在很多人看来是一项很简单的工作，只要计算机连接好了打印机，单击一下“打印”按钮就可以将内容打印出来，但是打印效果如何就因人而异了。往往只有懂得在打印之前设置数据表打印效果的人，才能得到真正满意的打印结果。

Ⓔ思维导图

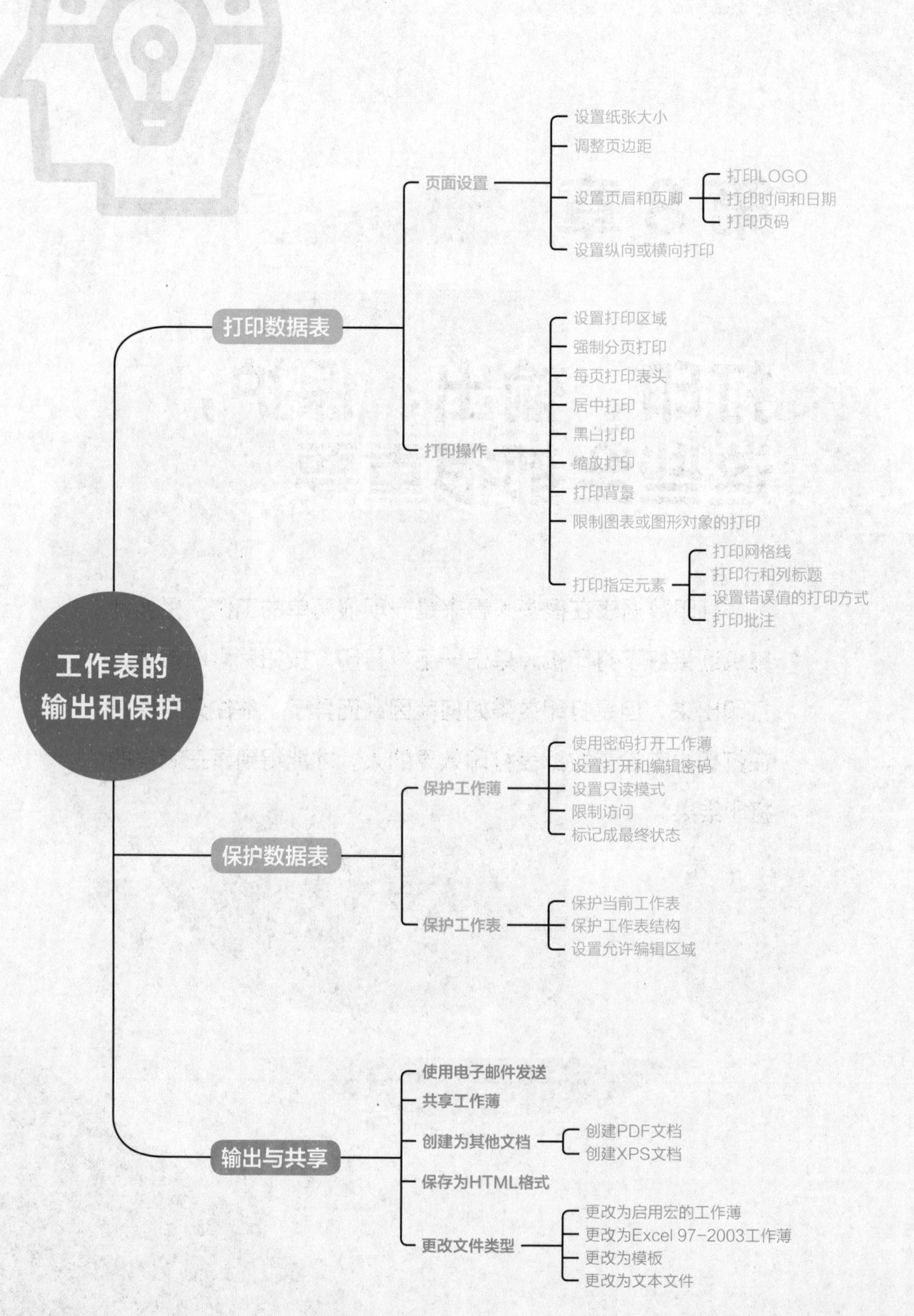

工作表的输出和保护
打印数据表
页面设置
设置纸张大小
调整页边距
设置页眉和页脚
打印LOGO
打印时间和日期
打印页码
设置纵向或横向打印
打印操作
设置打印区域
强制分页打印
每页打印表头
居中打印
黑白打印
缩放打印
打印背景
限制图表或图形对象的打印
打印指定元素
打印网格线
打印行和列标题
设置错误值的打印方式
打印批注
保护数据表
保护工作薄
使用密码打开工作薄
设置打开和编辑密码
设置只读模式
限制访问
标记成最终状态
保护工作表
保护当前工作表
保护工作表结构
设置允许编辑区域
输出与共享
使用电子邮件发送
共享工作薄
创建为其他文档
创建PDF文档
创建XPS文档
保存为HTML格式
更改文件类型
更改为启用宏的工作薄
更改为Excel 97-2003工作薄
更改为模板
更改为文本文件

知识速记

8.1 设置页面布局

扫码观看视频

Excel和Word一样也有页面布局功能，Word的页面布局设置会直接在文档页面中体现出来，而Excel的页面布局是为了得到更佳的打印效果。页面布局可以在“页面布局”选项卡、“文件”菜单中的打印界面及“页面设置”对话框中设置，如图8-1所示。

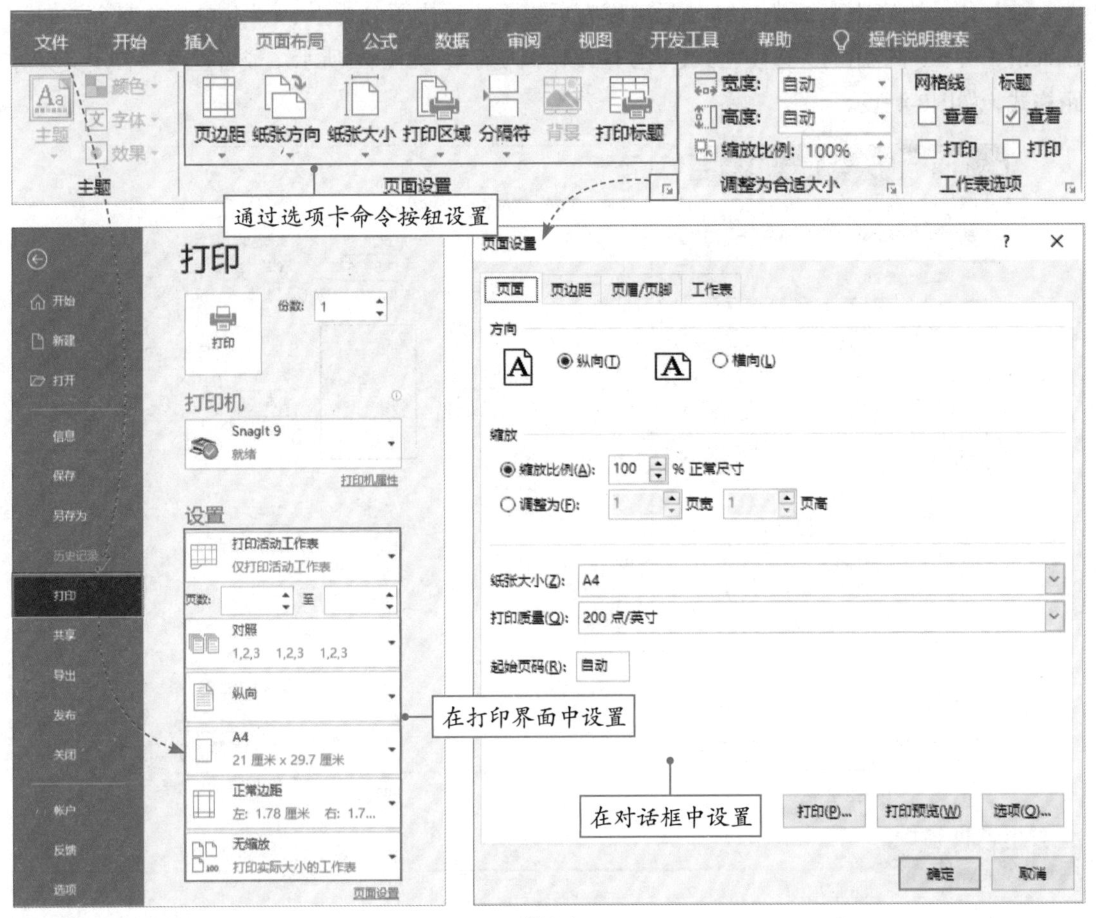

图8-1

8.1.1 设置纸张大小与方向

Excel默认的纸张大小为A4，这也是最常用的纸张大小。纸张方向共有两种，系统默认的纸张方向是“纵向”，另一种是“横向”。打印之前需要根据数据表的实际情况设置纸张的大小和方向，如图8-2所示。

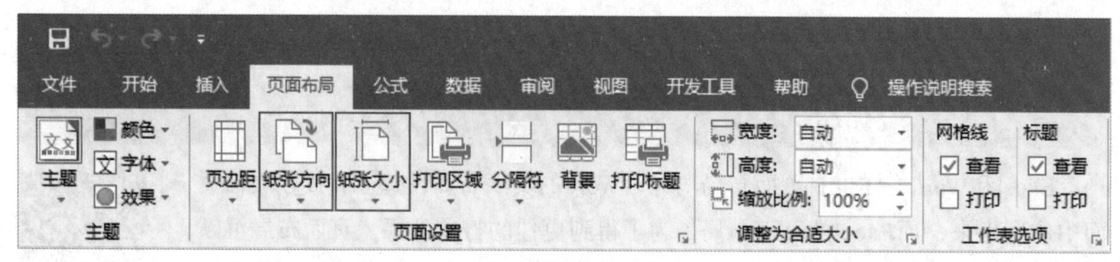

图8-2

■8.1.2　设置页边距

被打印的内容距离纸张边缘的距离称为页边距。页边距分为上、下、左、右四个方向，Excel内置了几种常用的页边距格式，用户可以从中选择，如图8-3所示。或者也可以自定义页边距格式，如图8-4所示。

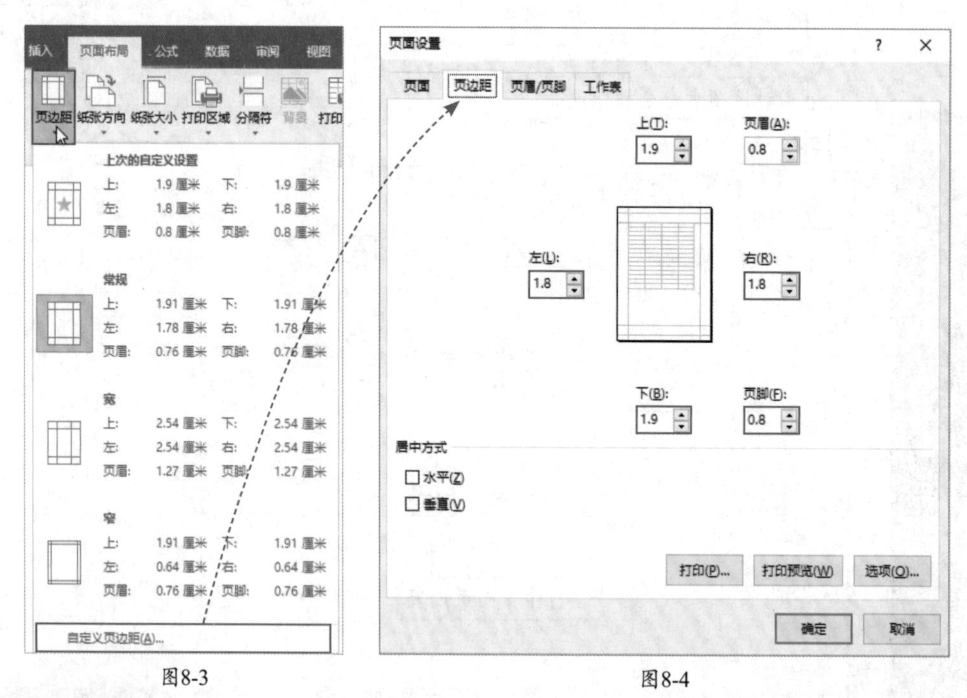

图8-3　　　　图8-4

知识拓展

除了以上方法外，还可以手动调整页边距，具体的操作方法可以参照本章的综合实战（第239页）步骤Step 05和Step 06。

■8.1.3　设置页眉与页脚

扫码观看视频

有些特殊的信息需要显示在Excel中，如页码、日期、时间、文件路径、作者信息、图片等，这些内容其实都是在页眉或页脚中显示的，自定义页脚步骤

如图8-5所示。

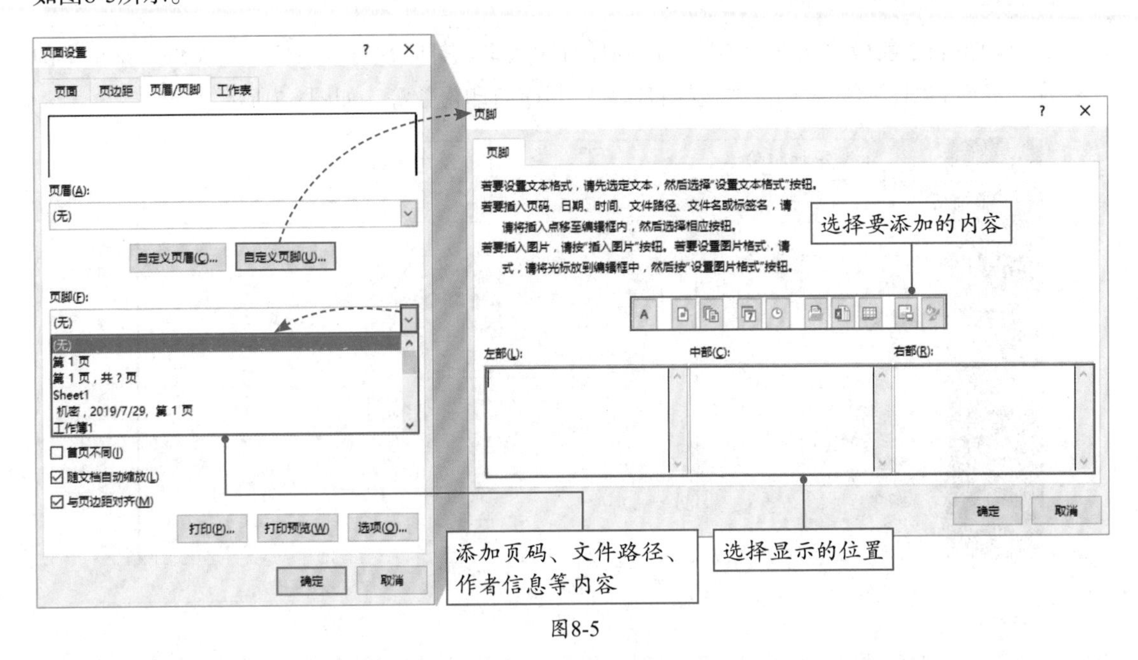

图8-5

■8.1.4　设置奇偶页不同的页眉与页脚

在Word文档中可以很方便地设置奇偶页不同的页眉与页脚，Excel中也可以轻松实现相同的操作。用户只需在“页面设置”对话框的“页眉/页脚”选项卡中勾选“奇偶页不同”复选框，然后分别设置奇数页和偶数页的页眉和页脚即可，如图8-6所示。

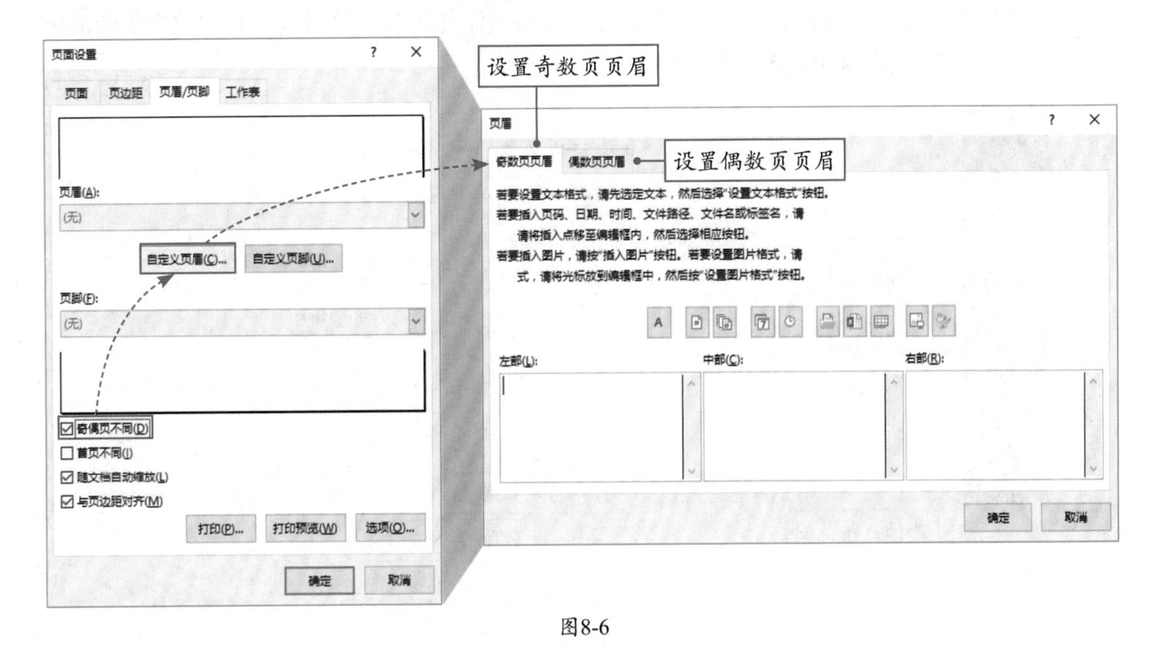

图8-6

■8.1.5 预览与打印

在打印报表之前最好先进行预览，以确保打印效果。打印预览区域位于“文件”菜单中的“打印”界面右侧，打印时还需要选择打印机、设置打印份数等，如图8-7所示。

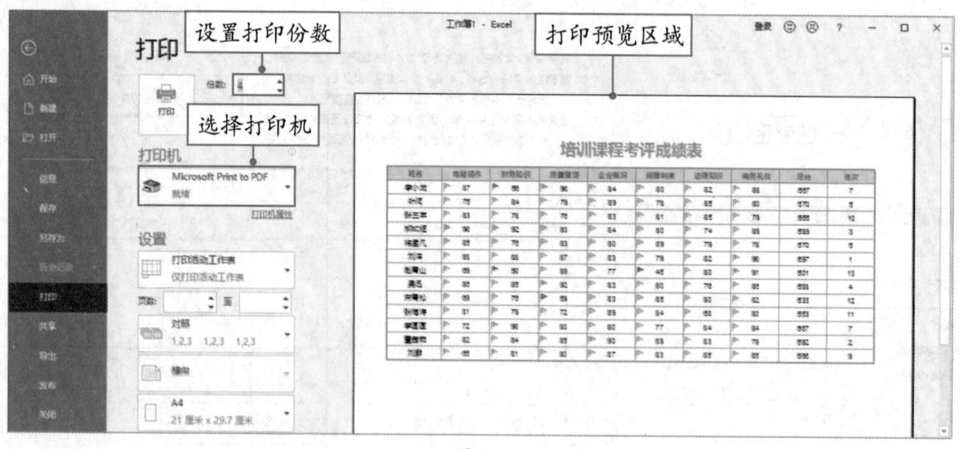

图8-7

8.2 表格打印技巧

打印报表有许多技巧，如设置打印范围、重复打印标题、居中打印等。

■8.2.1 设置打印范围

Excel默认只打印活动工作表，当工作簿中包含多张工作表时，可以设置打印整个工作簿中的所有工作表或只打印选中的单元格区域，如图8-8所示。

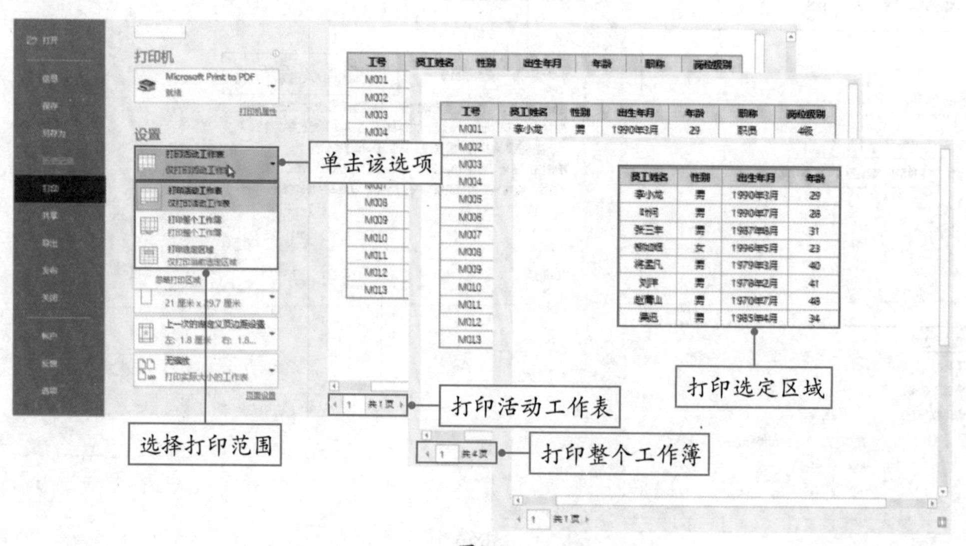

图8-8

8.2.2 设置打印区域

若将某个区域设置成了打印区域，Excel将只对该区域中的内容进行打印。在工作表中选中某个单元格区域后，在“页面布局”选项卡中单击“打印区域”按钮，从中选择“设置打印区域”选项即可将该区域设置成打印区域，如图8-9所示。

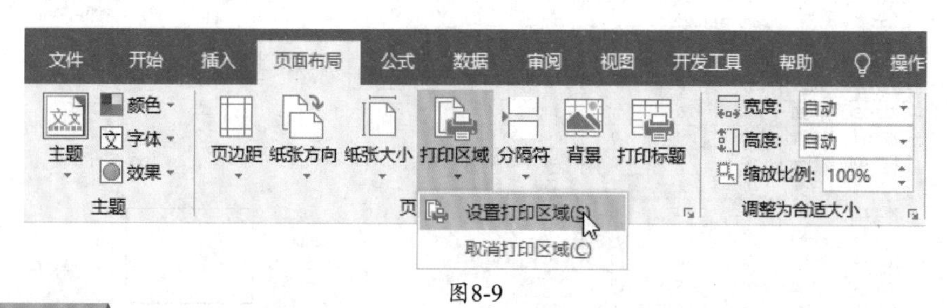

图8-9

知识拓展

在“打印区域”下拉列表中选择“取消打印区域”选项，即可取消打印区域。

8.2.3 设置居中打印

扫码观看视频

报表在打印时往往是靠纸张左侧对齐，如图8-10所示，这样直接打印出来显得很不协调，用户可以在“页面设置”对话框中将报表设置成居中打印，居中方式设为“水平”，如图8-11所示。

基本信息		迟到统计				请假统计					出勤天数	全勤奖	考勤工资
工号	姓名	半小时内	1小时内	1小时以上	应扣金额	事假	病假	旷工	年假	应扣金额			
XZ001	张爱玲	0	0	0	0	1	1	0	0	300	20	0	-300
XZ002	顾明凡	0	0	0	0	0	1	1	0	400	20	0	-400
XZ003	刘俊贤	0	0	0	0	2	0	0	0	400	20	0	-400
XZ004	吴丹丹	0	0	0	0	0	0	0	0	0	22	300	300
XZ005	刘乐	0	0	0	0	0	1	0	0	100	21	0	-100
XZ006	赵强	2	0	0	40	0	0	0	0	0	22	0	-40
XZ007	周菁	0	0	0	0	2	0	0	0	400	20	0	-400
XZ008	蒋天海	0	0	1	100	1	0	0	0	200	21	0	-300
XZ009	吴倩莲	0	0	0	0	0	1	0	4	100	17	0	-100
XZ010	李青云	0	0	0	0	0	0	0	0	0	22	300	300
XZ011	赵子新	0	1	1	150	0	1	0	0	100	21	0	-250
XZ012	张洁	0	0	0	0	0	1	1	0	400	20	0	-400
XZ013	吴亭	0	0	0	0	1	1	0	0	300	20	0	-300
XZ014	计芳	0	0	0	0	2	0	0	0	400	20	0	-400
XZ015	沈家骥	0	1	0	50	0	0	0	0	0	22	0	-50
XZ016	陈晨	0	0	1	100	1	0	0	0	200	21	0	-300
XZ017	陆良	0	0	0	0	0	0	0	0	0	22	300	300
XZ018	陆军	0	0	0	0	2	2	0	0	600	18	0	-600
XZ019	刘冲	0	0	0	0	0	0	0	0	0	22	300	300
XZ020	付晶	0	0	0	0	0	0	0	1	0	21	300	300
XZ021	江英	0	0	0	0	1	0	0	0	200	21	0	-200
XZ022	王效玮	0	0	1	100	0	0	0	0	0	22	0	-100
XZ023	陈琳	0	0	0	0	0	1	1	0	400	20	0	-400
XZ024	刘逸	0	1	0	50	0	0	0	0	0	22	0	-50
XZ025	张海燕	0	0	0	0	0	0	0	0	0	22	300	300

图8-10

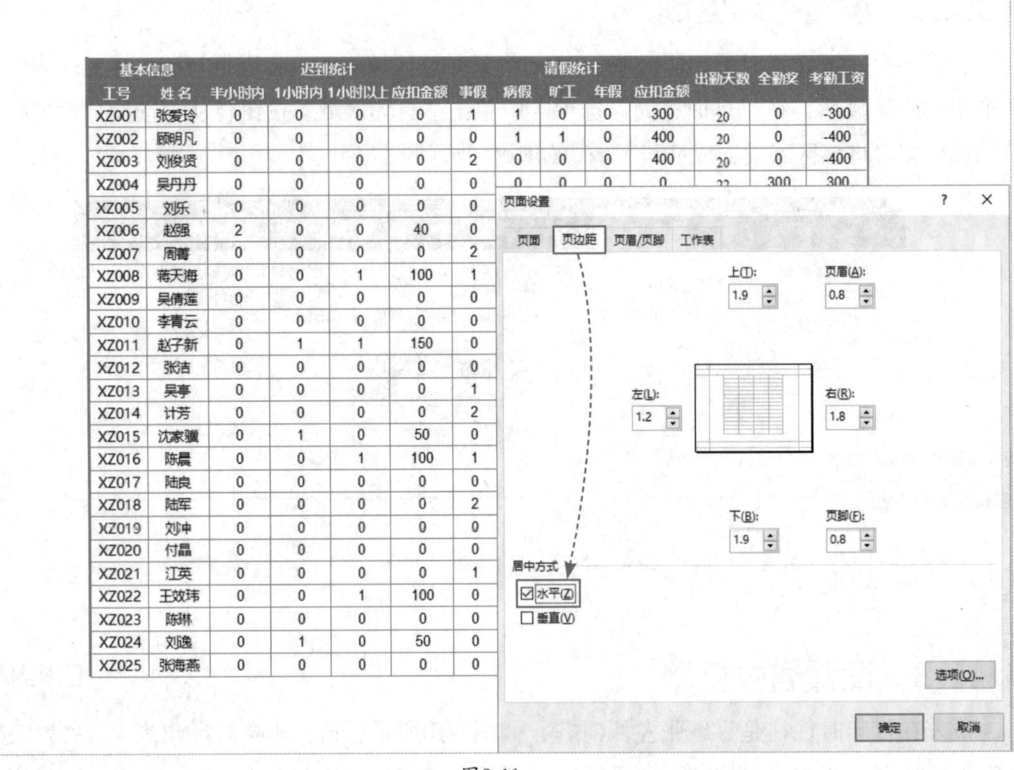

基本信息		迟到统计				请假统计					出勤天数	全勤奖	考勤工资
工号	姓名	半小时内	1小时内	1小时以上	应扣金额	事假	病假	旷工	年假	应扣金额			
XZ001	张爱玲	0	0	0	0	1	1	0	0	300	20	0	-300
XZ002	顾明凡	0	0	0	0	0	1	1	0	400	20	0	-400
XZ003	刘俊贤	0	0	0	0	2	0	0	0	400	20	0	-400
XZ004	吴丹丹	0	0	0	0	0	0	0	0	0	22	300	300
XZ005	刘乐	0	0	0	0	0							
XZ006	赵强	2	0	0	40	0							
XZ007	周菁	0	0	0	0	2							
XZ008	蒋天海	0	0	1	100	1							
XZ009	吴倩莲	0	0	0	0	0							
XZ010	李青云	0	0	0	0	0							
XZ011	赵子新	0	1	1	150	0							
XZ012	张洁	0	0	0	0	0							
XZ013	吴亭	0	0	0	0	1							
XZ014	计芳	0	0	0	0	2							
XZ015	沈家骥	0	1	0	50	0							
XZ016	陈晨	0	0	1	100	1							
XZ017	陆良	0	0	0	0	0							
XZ018	陆军	0	0	0	0	2							
XZ019	刘冲	0	0	0	0	0							
XZ020	付晶	0	0	0	0	0							
XZ021	江英	0	0	0	0	1							
XZ022	王效玮	0	0	1	100	0							
XZ023	陈琳	0	0	0	0	0							
XZ024	刘逸	0	1	0	50	0							
XZ025	张海燕	0	0	0	0	0							

图8-11

■8.2.4 重复打印标题行

在表格中包含很多数据的时候，在打印时往往只有第一页才能显示标题，所以为了方便查看数据，可以为每一页都打印标题，如图8-12所示。操作方法如图8-13所示。

基本信息		迟到统计				请假统计					出勤天数	全勤奖	考勤工资
工号	姓名	半小时内	1小时内	1小时以上	应扣金额	事假	病假	旷工	年假	应扣金额			
XZ001	张爱玲	0	0	0	0	1	1	0	0	300	20	0	-300
XZ002	顾明凡	0	0	0	0	0	1	1	0	400	20	0	-400
XZ003	刘俊贤	0	0	0	0	2	0	0	0	400	20	0	-400
XZ004	吴丹丹	0	0	0	0	0	0	0	0	0	22	300	300
XZ005	刘乐	0	0	0	0	0	1	0	0	100	21	0	-100

基本信息		迟到统计				请假统计					出勤天数	全勤奖	考勤工资
工号	姓名	半小时内	1小时内	1小时以上	应扣金额	事假	病假	旷工	年假	应扣金额			
XZ025	张海燕	0	0	0	0	0	0	0	0	0	22	300	300
XZ026	范婷婷	1	0	0	20	0	0	0	0	0	22	0	-20
XZ027	蔡晓旭	0	0	0	0	0	1	0	0	100	21	0	-100
XZ028	顾媛卿	0	0	0	0	1	0	0	0	200	21	0	-200
XZ029	孙慧	1	0	0	20	0	0	1	0	300	21	0	-320

图8-12

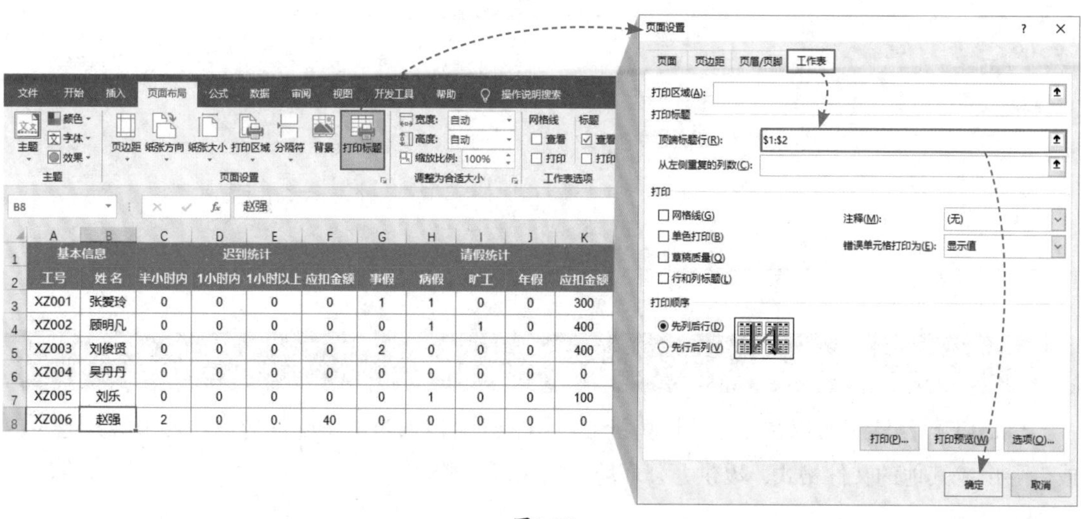

图8-13

■8.2.5　不打印图表

当工作表中包含图表时，图表也会被打印，若不需要打印图表，可以设置图表的属性，让其不参与打印，如图8-14所示。工作表中的图片和形状等其他对象也可以使用该方式取消打印。

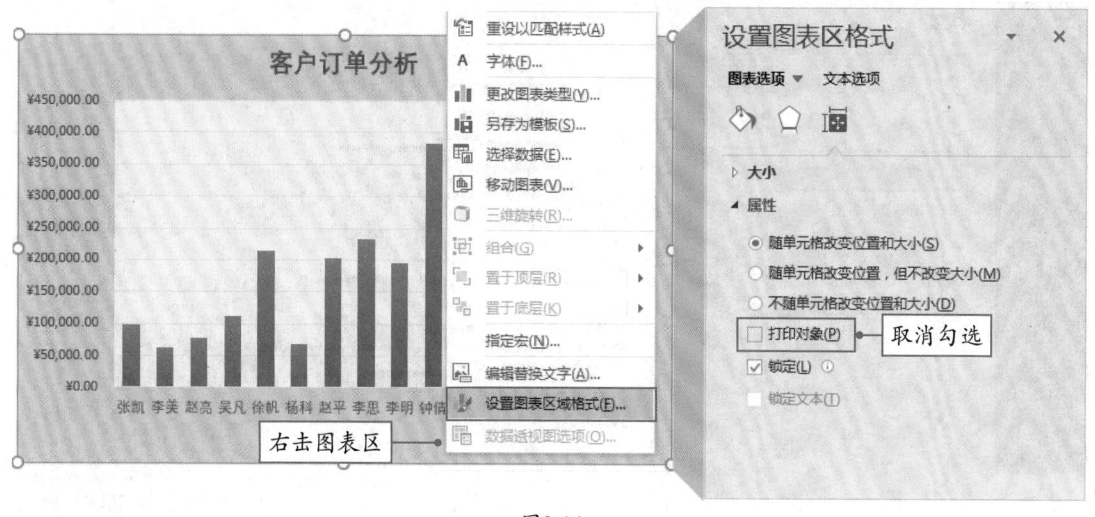

图8-14

知识拓展

用户在打印文件时，经常会遇到文件编辑错误或打印机缺墨的情况，遇此情况，若让打印机继续执行打印任务，会造成纸张和墨水的浪费。因此，在上述情况下，一定要及时将正在执行的打印任务停止。下面介绍两种终止打印的方法。

方法一：停止打印任务。执行打印任务后，在计算机屏幕右下角会显示一个打印任务提示框，双击打开提示框，右击要停止的打印任务，在打开的菜单中执行“停止”命令。

方法二：抽掉打印纸。有时停止打印任务时，系统可能会弹出当前打印任务无法停止的错误提示，面对这种提示，最直接的方法是抽掉打印纸。打印机在打印过程中检测不到打印纸的存在，就会自动停止打印任务。

8.3 Excel文件的输出及共享

Excel工作簿除了可以在自己的计算机上使用，还可以通过电子邮件的形式发送给其他人，或者导出成其他的文件格式，以供办公环境下使用。

■8.3.1 使用电子邮件发送

将Excel工作簿作为电子邮件发送时可以根据需要选择发送的形式，Excel 2019包含多种邮件形式。选择好发送形式后，根据系统提示添加Outlook电子邮件账号即可进行发送，如图8-15所示。

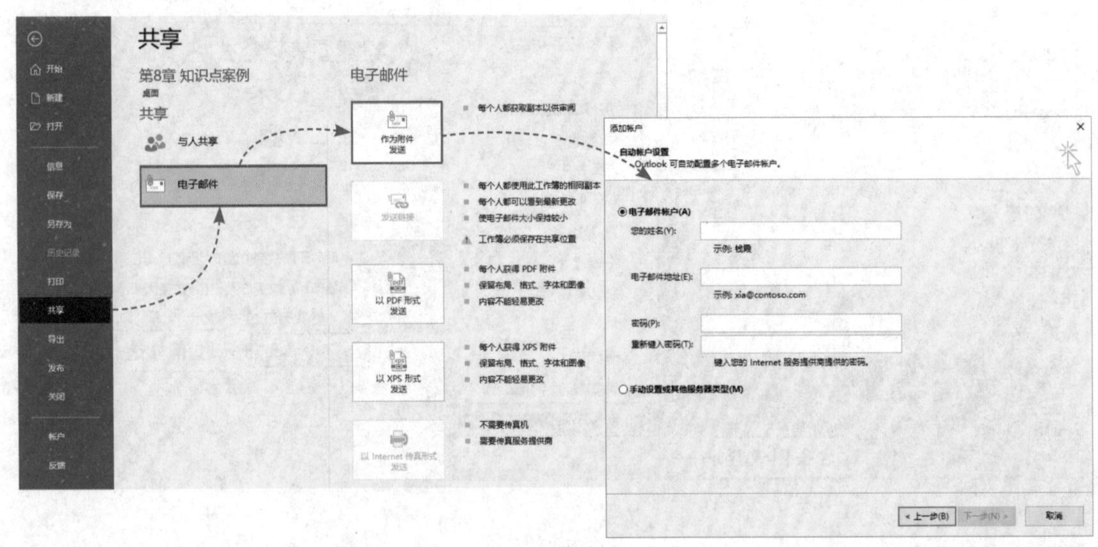

图8-15

■8.3.2 导出为PDF文件

PDF全称为Portable Document Format，译为便携式文档格式，因其良好的文件属性，是目前使用率非常高的一种文件格式。Excel文件也能够导出为PDF文件，操作方法如图8-16所示。

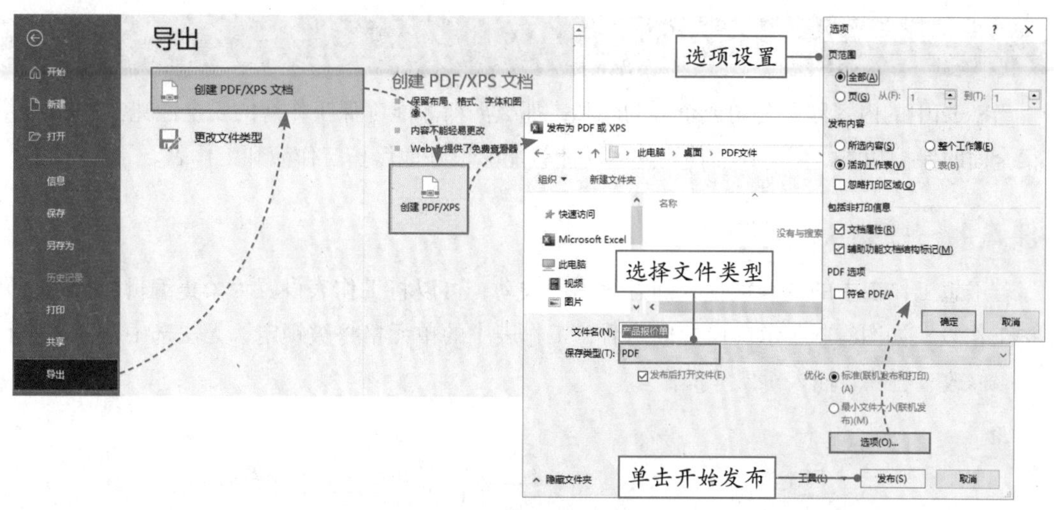

图8-16

■8.3.3　保存为HTML格式

HTML译为超文本标记语言，是目前网络上应用最为广泛的语言，也是构成网页文档的主要语言。Excel 2019具有将工作簿保存为HTML格式的功能，可以在企业内部网站或Internet上发布，访问者只需使用网页浏览器即可查看工作簿的内容，操作方法如图8-17所示。

图8-17

知识拓展

将工作簿保存为HTML格式后，该文件还可以使用Excel打开和编辑，甚至重新保存为工作簿文件，但在这个过程中，一部分Excel功能特性将会丢失。

8.4 保护工作表和工作簿

当Excel中的内容涉及公司或个人的隐私，那么如何才能确保工作簿的安全性呢？Excel提供了很全面的保护功能，用户只需使用这些功能就能够很好地保护工作簿和工作表。

■8.4.1 禁止编辑工作表

若不想工作表中的内容被他人随意编辑、改动，可以将工作表设置为禁止编辑的状态，即保护工作表，如图8-18所示。设置成功后，工作表中的单元格将被锁定，无法选中，无法进行输入、修改、删除、插入对象等操作。

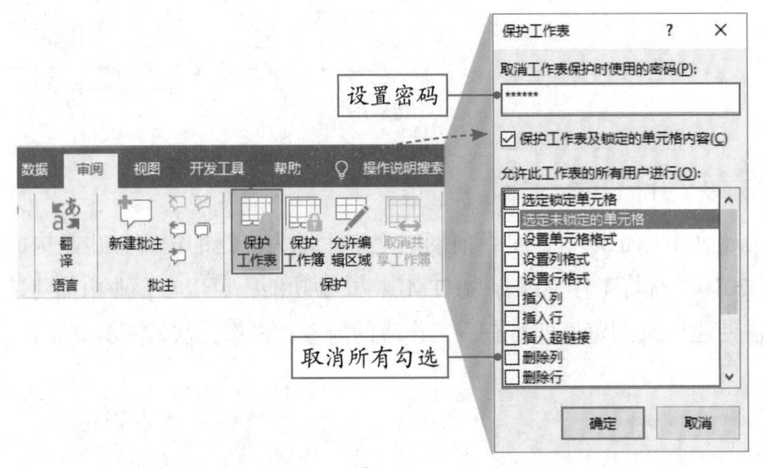

图8-18

在受保护的工作表中编辑任意一个单元格时，系统都会弹出警告对话框，如图8-19所示。

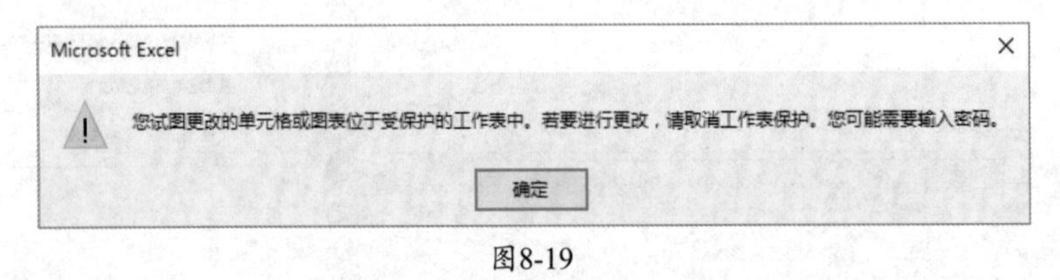

图8-19

● **新手误区：**“保护工作表”功能保护的只有当前的工作表，若工作簿中有多张工作表需要保护，需要分别在这些工作表中执行“保护工作表”操作。

■8.4.2 指定允许编辑区域

有时需要在受保护的工作表中预留出可编辑的区域，如每日生产报表，每天都需要输入当天的生产量。在保护工作表时就可以将“生产数量”和“次品数量”两列设置成可编辑区域，如图8-20所示。

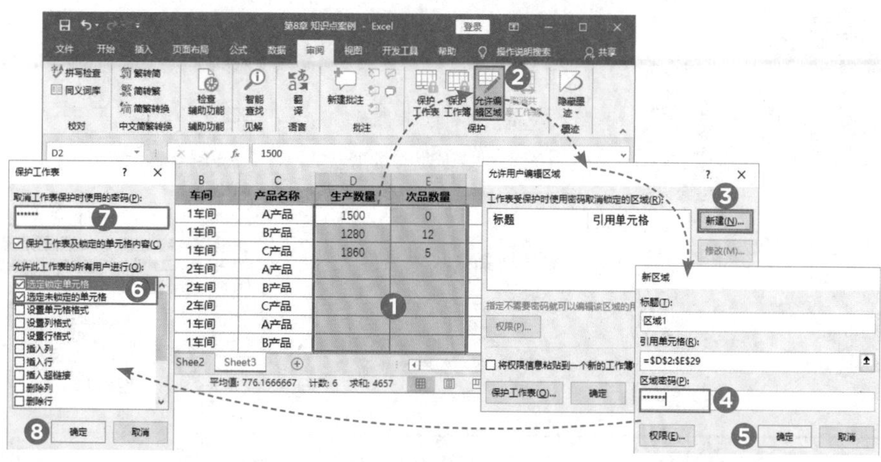

图8-20

设置完成后，在允许编辑区域内输入内容时会弹出“取消锁定区域”对话框，输入正确的密码，单击“确定”按钮即可继续在可编辑区域内输入内容，如图8-21所示，而工作表中的其他单元格均不可编辑。每次关闭工作簿再打开后，在可编辑区域中输入内容时都需要先输入密码。

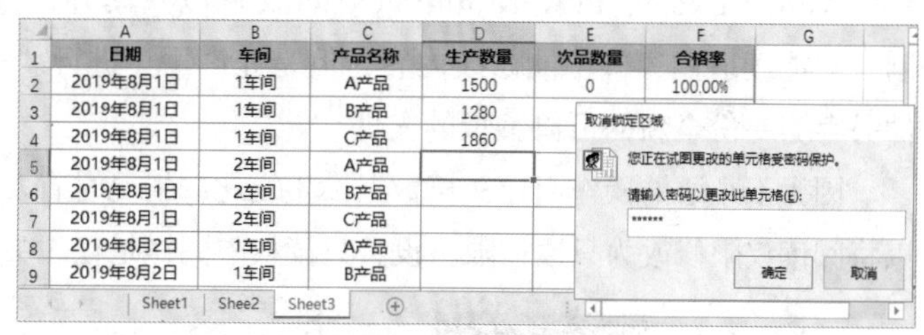

图8-21

■8.4.3 为工作簿加密

为了避免其他人查看工作簿中的内容，可以给文件设置打开密码，如图8-22所示。“文件”菜单中的“信息”界面包含了保护工作簿的各种选项，选择“用密码进行加密”选项，然后设置密码即可为工作簿加密，如图8-23所示。

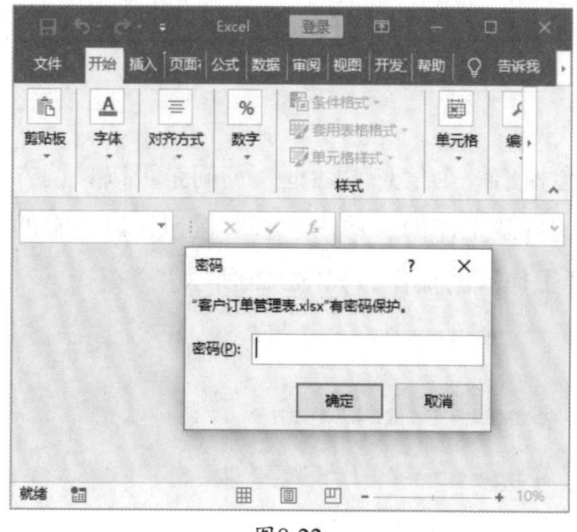

图8-22

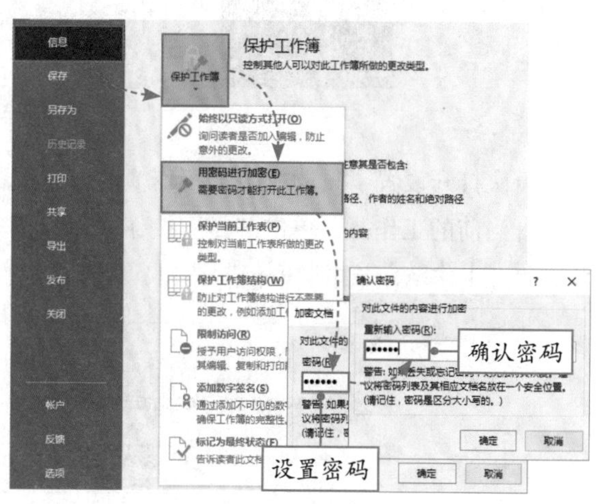

图8-23

知识拓展

若想取消工作簿的密码，只要再次打开“文件”菜单，在“信息”界面中选择“保护工作簿”中的“用密码进行加密”选项，删除“加密文档”对话框中的密码，单击“确定”按钮即可，如图8-24所示。

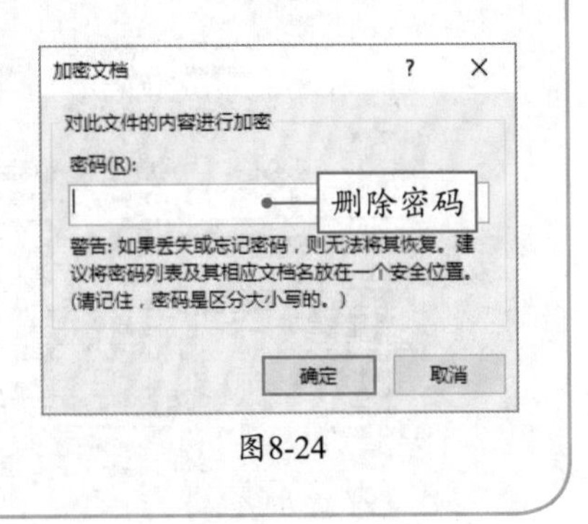

图8-24

8.4.4 设置只读模式

Word、Excel、PowerPoint等Office文件以只读方式打开时，文件的编辑和修改会受到限制，只能读取内容，不能修改内容，但是允许用户进行“另存为”操作，从而将当前打开的文件另存为一份全新的可以编辑的文件。

因为不小心的操作而让文档数据发生变化的情况时有发生，为了避免出现这种情况，用户可以将阅读权限修改为只读权限。设置只读权限同样是在“文件”菜单中进行，如图8-25所示。

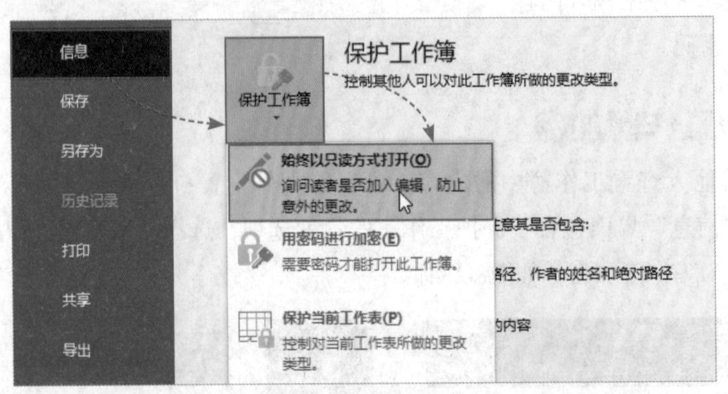

图8-25

每次打开设置了只读权限的工作簿时，系统都会弹出一个信息对话框，询问是否以只读方式打开当前的工作簿，单击“是”按钮，以只读方式打开工作簿；单击“否”按钮，以正常的状态打开工作簿；单击“取消”按钮，放弃本次打开工作簿的操作，如图8-26所示。

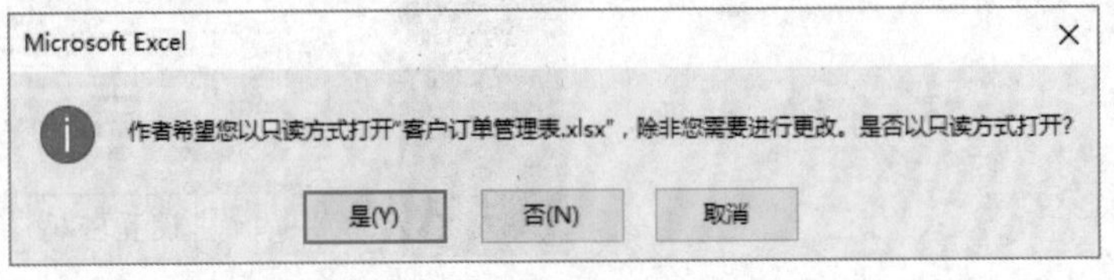

图8-26

知识拓展

以正常模式打开设置了只读权限的工作簿（即在打开工作簿时，在对话框中单击“否”按钮），然后在“文件”菜单的“信息”界面中再次单击“保护工作簿”列表中的“始终以只读方式打开”选项，可以取消工作簿的只读模式，如图8-27所示。

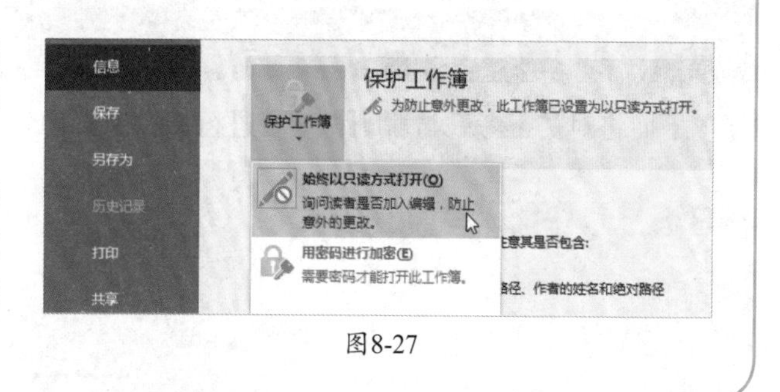

图8-27

8.4.5 标记为最终状态

如果有多人同时编辑一份工作簿，最后一位编辑者在保存时希望提醒其他人，可以将工作簿标记为最终状态。操作方法为：打开“文件”菜单，在“信息”界面中选择“保护工作簿”列表中的“标记为最终状态”选项，如图8-28所示。

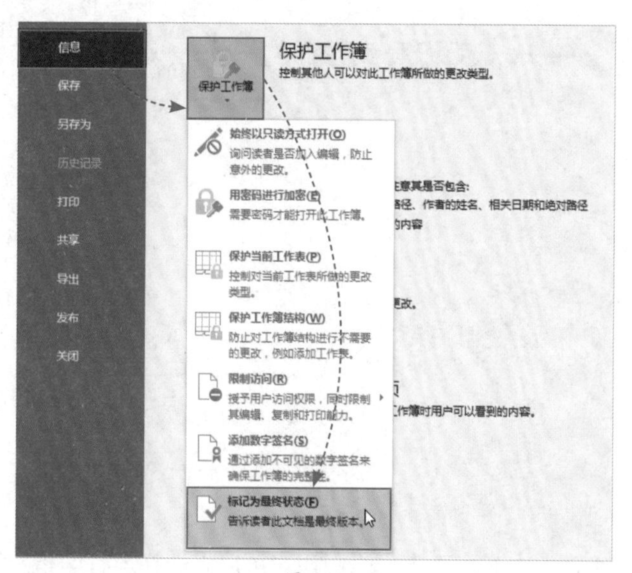

图8-28

将工作簿标记为最终状态后，状态属性将设置为“最终状态”，在此状态下禁止键入、编辑、命令和校对标记等操作，而且状态栏中会显现“标记为最终版本”的图标，如图8-29所示。

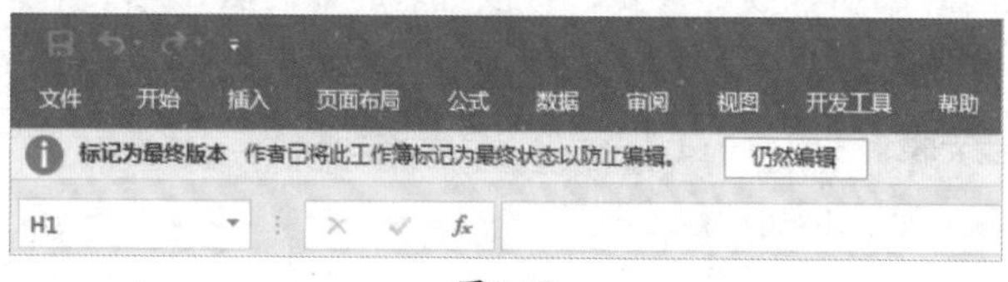

图8-29

Ⓔ综合实战

8.5 打印并保护员工考勤与薪酬管理表

下面将对员工考勤与薪酬管理表进行保护及打印。

■8.5.1 打印考勤记录表

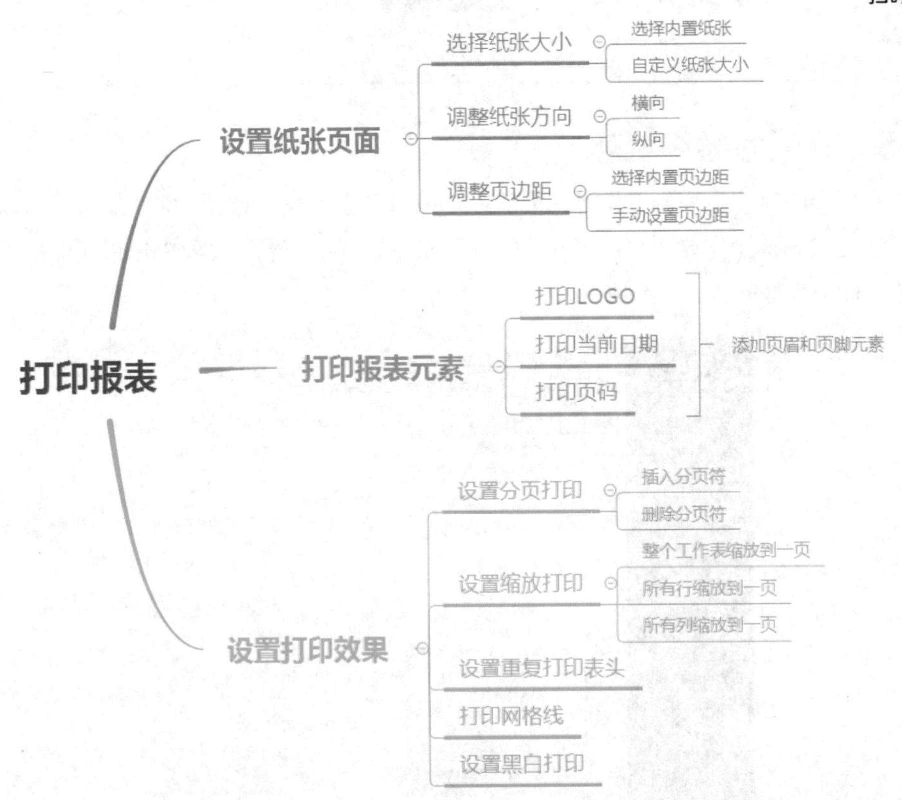

员工考勤与薪酬管理表中有多张工作表，用户可以有选择地打印指定工作表中的内容，在打印之前还需要先设置好打印参数。

1．将考勤记录表打印在一页中

由于考勤记录表的列数和行数都很多，直接打印的话无法在一页中完整显示，我们必须要通过设置才能实现将考勤记录表打印在一页纸中。

Step 01 **打开考勤记录表。**打开“员工考勤与薪酬管理表”工作簿，选择“考勤记录”工作表，单击“文件”选项，如图8-30所示。

Step 02 进行打印预览。 在“文件”菜单中选择“打印”选项，在“打印”界面右侧的打印预览区域可以预览打印效果，此时的考勤记录表需要3页纸才能打印得下，如图8-31所示。

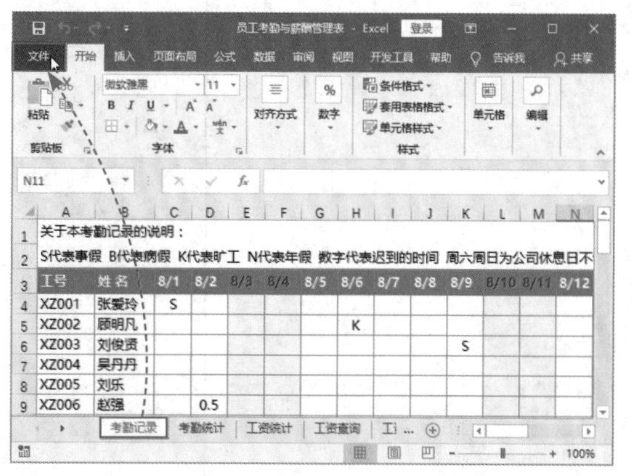

图8-30

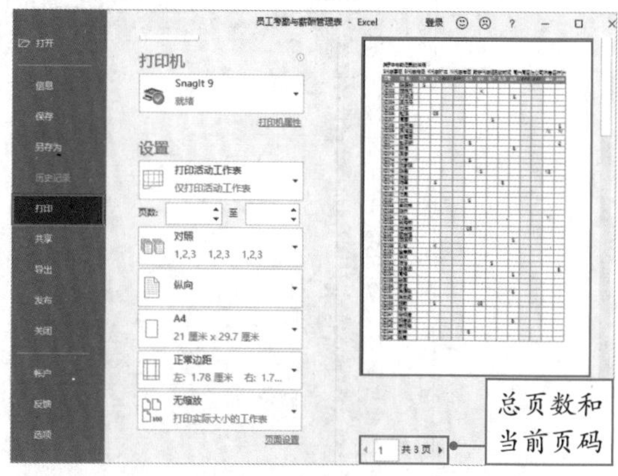

图8-31

Step 03 设置纸张方向。 在“设置”区域单击“纵向”选项，在下拉列表中选择“横向”选项，如图8-32所示。

Step 04 缩放工作表。 在“设置”区域单击“无缩放”选项，在下拉列表中选择“将工作表调整为一页”选项，如图8-33所示。

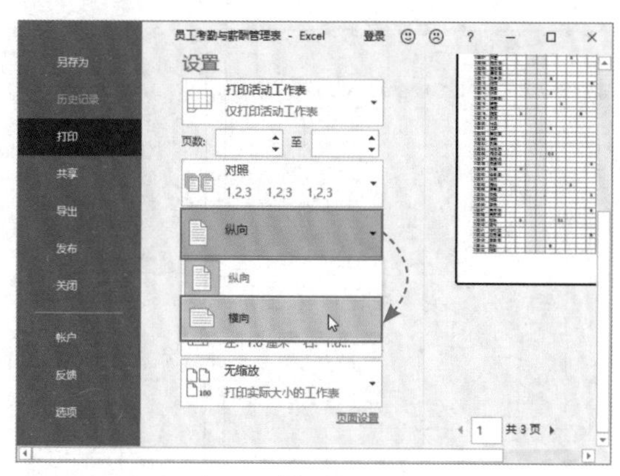

图8-32

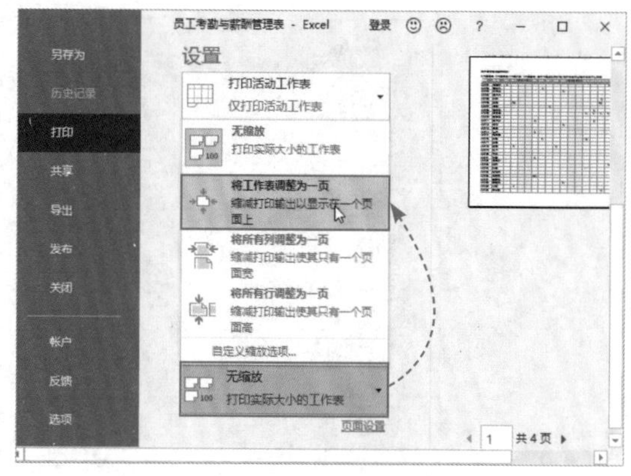

图8-33

Step 05 显示页边距线。 此时，考勤记录表已经被缩放到了一页中显示。由于行、列数太多，表格显得有些拥挤，标题中有部分内容无法正常显示，所以需要扩大报表的显示范围。在打印预览区域的右下角单击“显示页边距”按钮，显示出页边距及页眉、页脚线，如图8-34所示。

Step 06 手动调整页边距。 将光标移动到任意一条页边距线上方，当光标变成双向箭头时按住鼠标左键向边缘拖动鼠标，拖动到合适的位置时松开鼠标，按此方法分别调整好上、下、左、右的页边距，如图8-35所示。

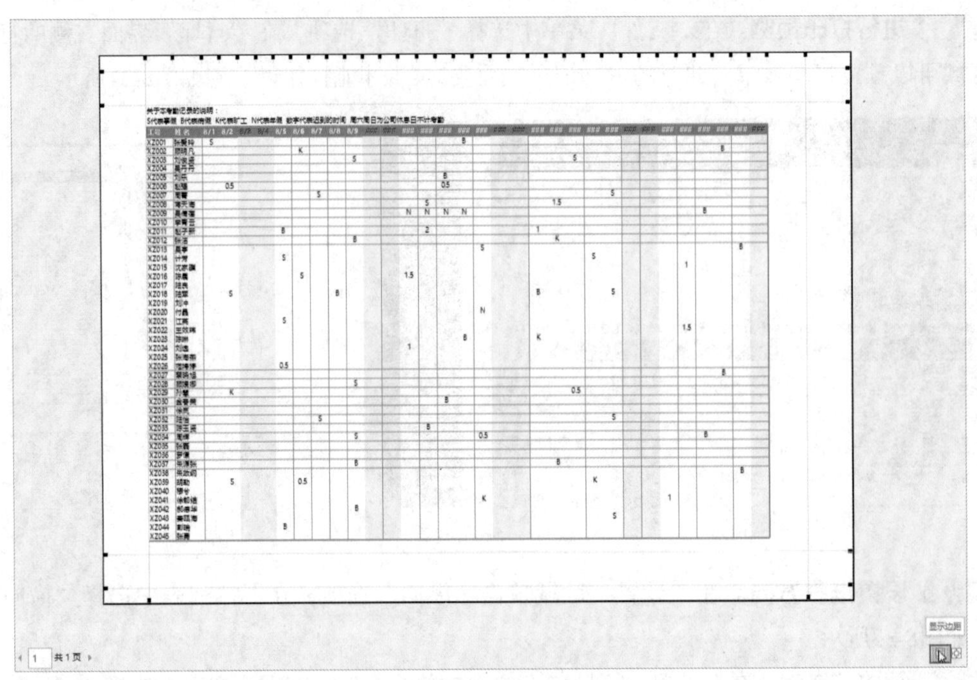

图8-34

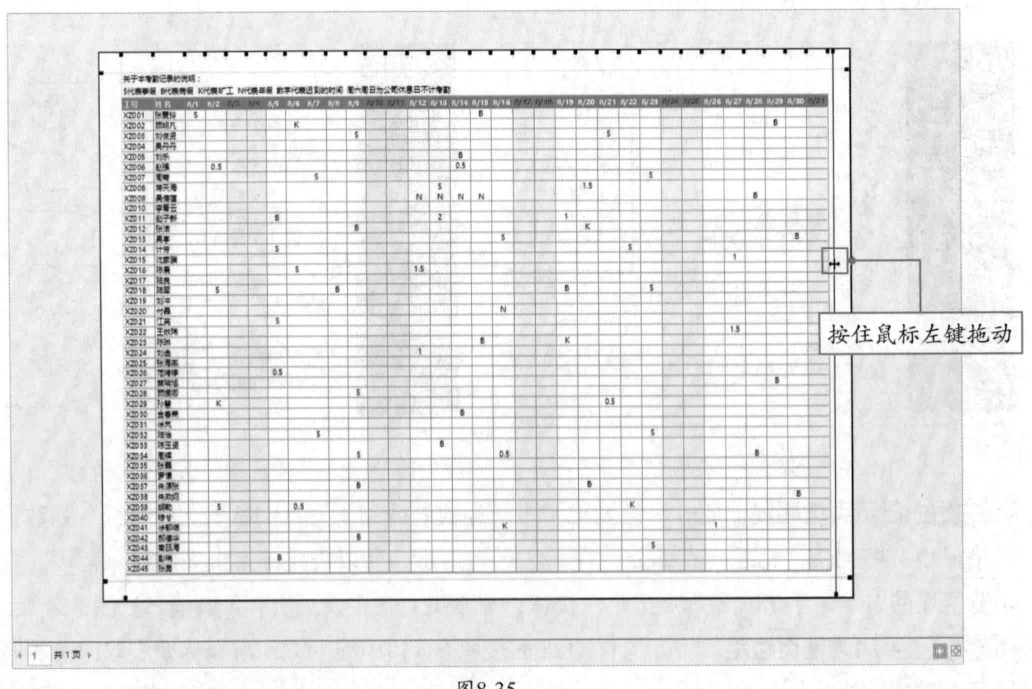

图8-35

新手误区： 用户也可以通过“页面设置”对话框精确设置页边距的具体参数。本例之所以手动设置页边距，是因为这样操作更加直观。

2. 在页眉处打印公司LOGO

在打印的文件中显示公司LOGO或其他指定的图案是打印的常见操作，这些图案通常是在页眉或页脚中显示的。下面将介绍如何自定义页眉添加公司LOGO。

Step 01 **打开“页面设置”对话框。**在“打印”界面中单击“页面设置”选项，如图8-36所示。

Step 02 **自定义页眉。**打开“页面设置”对话框，切换到“页眉/页脚”选项卡，单击“自定义页眉”按钮，如图8-37所示。

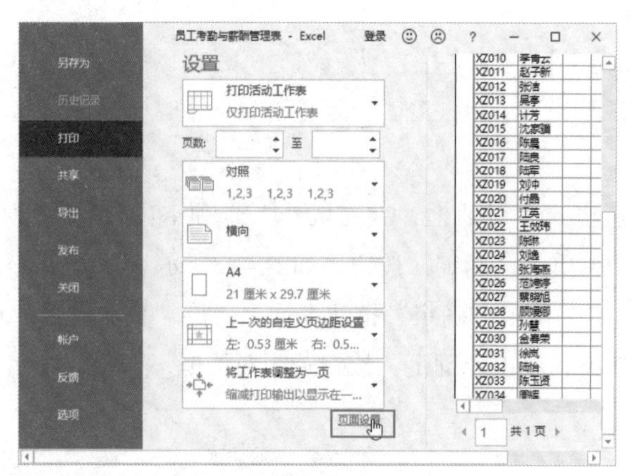

图8-36

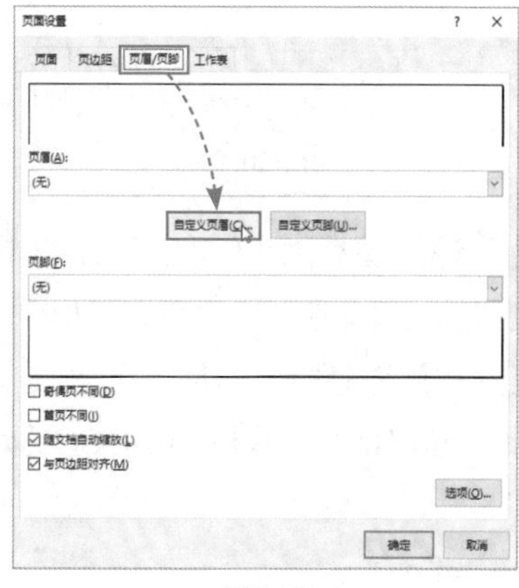

图8-37

Step 03 **执行“插入图片”命令。**打开“页眉”选项卡，将光标定位在“右部”列表框中，单击“插入图片”按钮，如图8-38所示。

Step 04 **从文件中插入图片。**打开“插入图片”对话框，单击“从文件”后的“浏览”按钮，如图8-39所示。

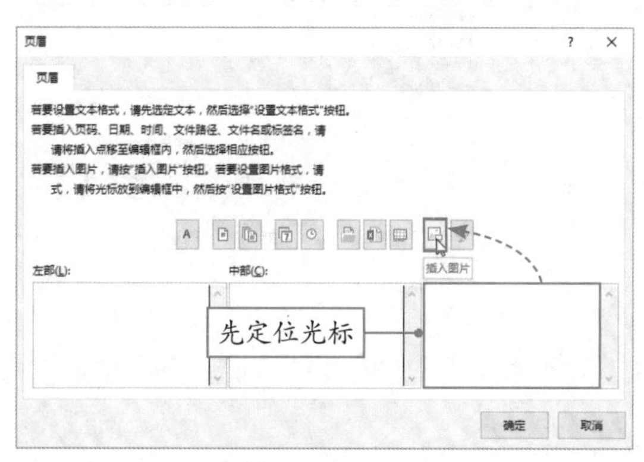

图8-38

图8-39

Step 05 **插入图片。**打开“插入图片”对话框，选择好公司LOGO图片，单击“插入”按钮，如图8-40所示。

Step 06 **打开“设置图片格式”对话框。**返回“页眉”对话框，此时“右部”列表框中已经显示出“&[图片]”内容，说明图片已经成功插入。单击“设置图片格式”按钮，如图8-41所示。

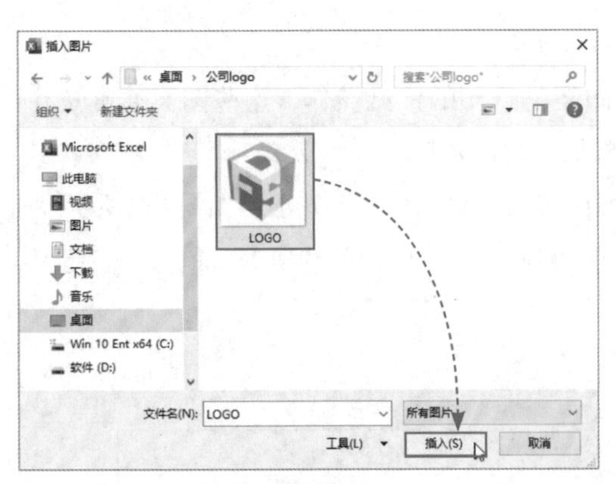

图8-40

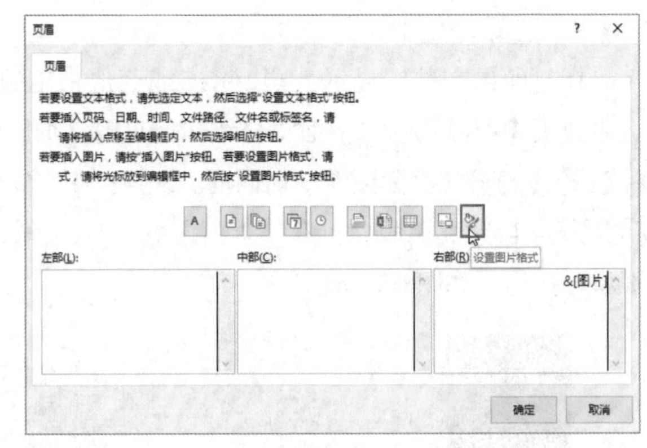

图8-41

Step 07 **设置图片大小。**打开“设置图片格式”对话框，在“大小”选项卡中设置高度值为“1.6厘米”，宽度值也自动变成“1.6厘米”，单击“确定”按钮，如图8-42所示。

Step 08 **关闭对话框。**返回“页眉”对话框，单击“确定”按钮返回上一层“页面设置”对话框，此时，该对话框中显示出LOGO的效果图，单击“确定”按钮关闭对话框，如图8-43所示。

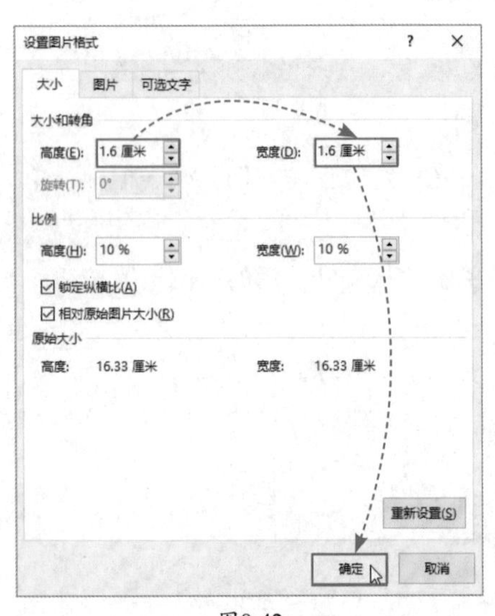

图8-42

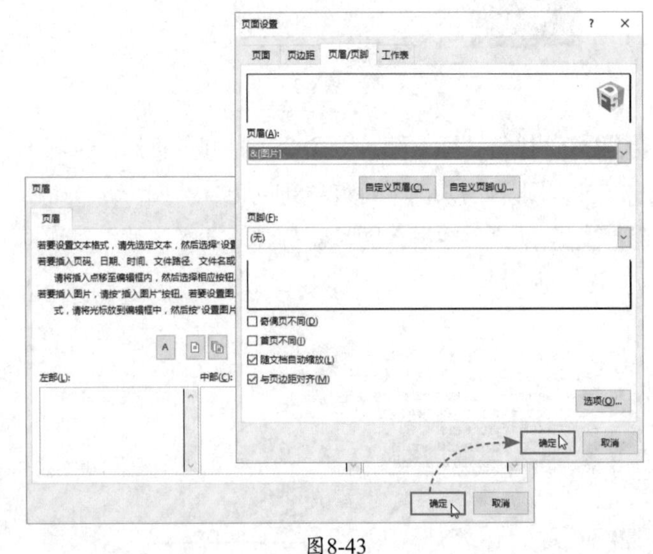

图8-43

● **新手误区：**宽度之所以能够自动输入，是因为图片锁定了纵横比，这样可以有效地保证图片不会因为纵横比失调而导致失真。

Step 09 **查看LOGO的添加效果。**返回工作表的打印预览区，报表的右上角已经出现了公司LOGO，如图8-44所示。

关于本考勤记录的说明：

S代表事假 B代表病假 K代表旷工 N代表年假 数字代表迟到的时间 周六周日为公司休息日不计考勤

工号	姓名	8/1	8/2	8/3	8/4	8/5	8/6	8/7	8/8	8/9	8/10	8/11	8/12	8/13	8/14	8/15	8/16	8/17	8/18	8/19	8/20	8/21	8/22	8/23	8/24	8/25	8/26	8/27	8/28	8/29	8/30	8/31
XZ001	张爱玲	S														B																
XZ002	顾明凡						K																							B		
XZ003	刘俊贤									S												S										
XZ004	吴丹丹																															
XZ005	刘乐														B																	
XZ006	赵强		0.5												0.5																	
XZ007	周菁							S																S								
XZ008	蒋天海													S							1.5											
XZ009	吴倩莲												N	N	N	N													B			
XZ010	李青云																															
XZ011	赵子新					B								2						1												
XZ012	张洁									B											K											
XZ013	吴亭																S														B	
XZ014	计芳					S																	S									
XZ015	沈家骥																											1				
XZ016	陈晨						S						1.5																			
XZ017	陆良																															
XZ018	陆军		S						B											B				S								
XZ019	刘中																															
XZ020	付晶																N															
XZ021	江英					S																										
XZ022	王效玮																											1.5				

图8-44

● **新手误区：** 该LOGO只会在打印界面显示，在工作表中并不会显示。

3. 显示打印日期

在打印文件时可以设置显示打印日期，操作方法如下。

Step 01 **自定义页脚。** 打开“页面设置”对话框，在“页眉/页脚”选项卡中单击“自定义页脚”按钮，如图8-45所示。

Step 02 **插入当前日期。** 打开“页脚”对话框，将光标定位在“中部”列表框中，单击“插入日期”按钮，“中部”列表框中随即出现“&[日期]”，单击“确定”按钮，如图8-46所示。

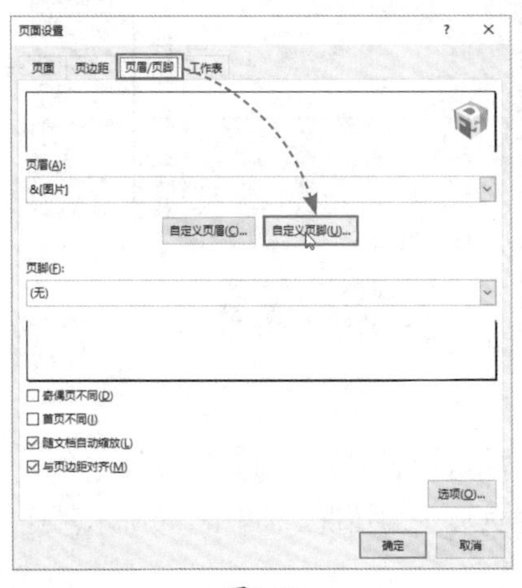

图8-45

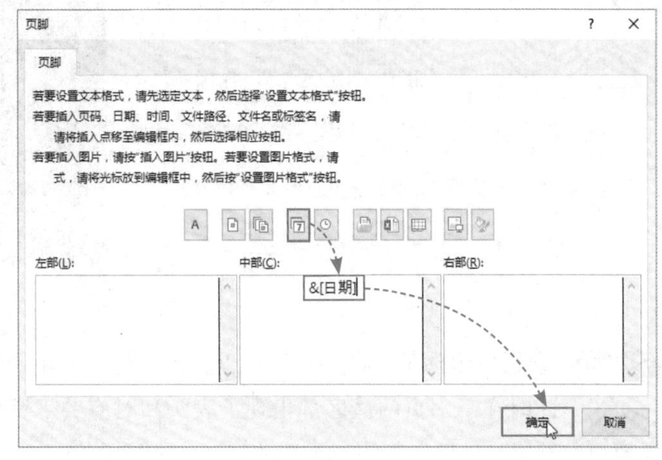

图8-46

Step 03 **查看日期的添加效果。** 返回工作表中的打印预览区域，此时在报表底部显示出了当前日期，如图8-47所示。

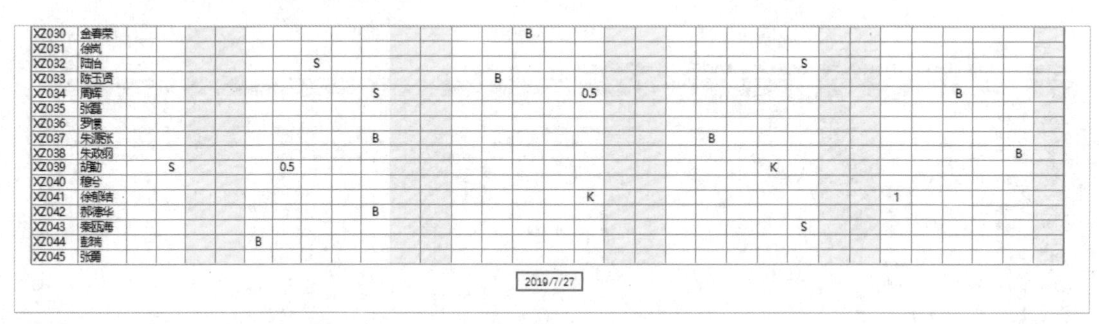

XZ030	金春荣													B																		
XZ031	徐岚																															
XZ032	陆怡							S															S									
XZ033	陈玉贤													B																		
XZ034	周辉									S							0.5												B			
XZ035	张磊																															
XZ036	罗俍																															
XZ037	朱源张									B											B											
XZ038	朱政纲																														B	
XZ039	胡勤		S				0.5																K									
XZ040	穆兮																															
XZ041	徐郁结																K										1					
XZ042	郝德华									B																						
XZ043	秦阪梅																							S								
XZ044	彭瑞					B																										
XZ045	张勇																															

2019/7/27

图8-47

■8.5.2 打印工资条

公司每月都会将员工本月的工资条发放到个人手中，前面已经介绍过了工资条的制作方法，下面将介绍如何打印工资条。

Step 01 **从“工资条”工作表进入打印界面。**打开“工资条”工作表，按组合键Ctrl+P进入打印界面，如图8-48所示。

Step 02 **选择内置页边距。**在“打印”界面中单击“正常边距”选项，在弹出的列表中选择“窄”选项，如图8-49所示。

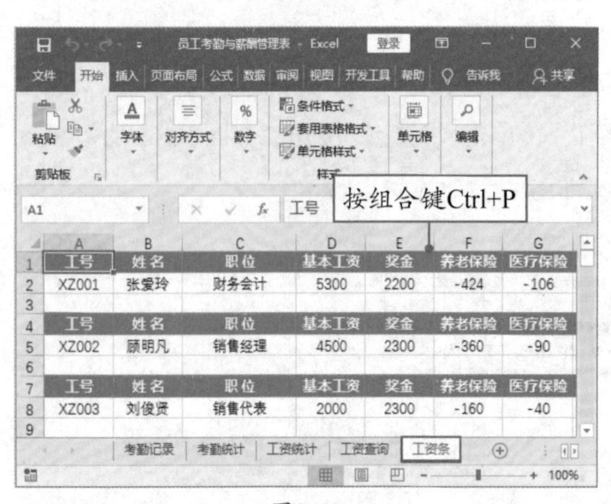

图8-48

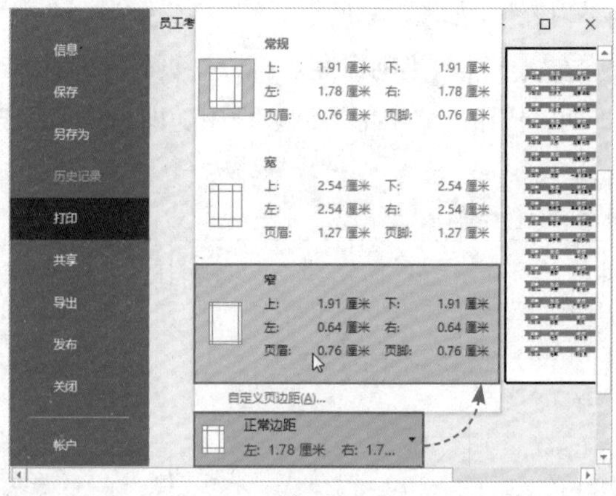

图8-49

Step 03 **查看打印预览。**在预览区可以看到，将页边距调窄后数据表中的所有列全部显示在了一页中，此时在第一页的最底部出现了表头和对应的工资分页显示的情况，如图8-50所示。还需要通过设置将最后一行的表头移动到下一页显示。

Step 04 **插入分页符。**返回工作表，滚动鼠标滚轮，观察工作表可以发现，工作表中出现了横向和纵向的虚线，这些虚线其实是分页符，标识在打印时开始分页的位置。本例第一条横向虚线在第46行下方，选中单元格A46，打开“页面布局”选项卡，在“页面设置”选项组中单击“分隔符”下拉按钮，选择“插入分页符”选项，如图8-51所示。

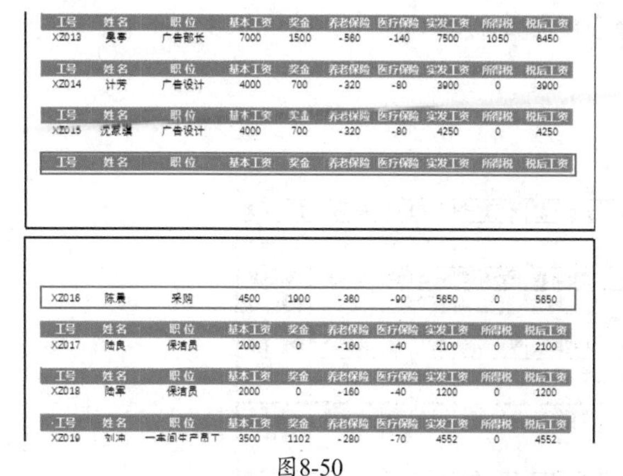

图8-50

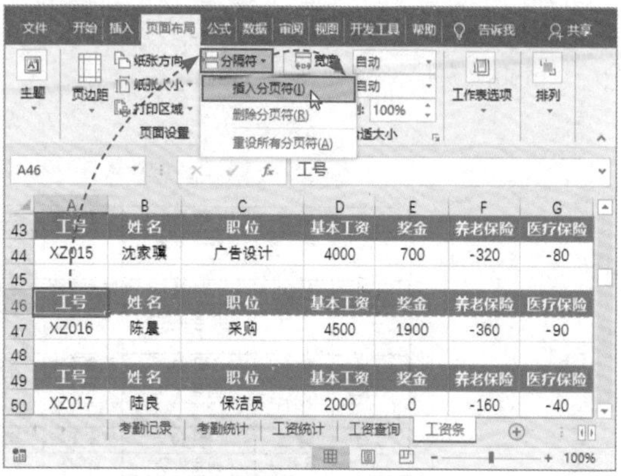

图8-51

Step 05 查看强制分页效果。在打印预览区域可以看到，最后一行的表头已经被移动到了下一页打印，如图8-52所示。

Step 06 打开“页面设置”对话框。本案例中的工资条没有设置边框，为了方便后期裁剪工资条，可以设置打印网格线。在“打印”界面中单击“页面设置”按钮，如图8-53所示。

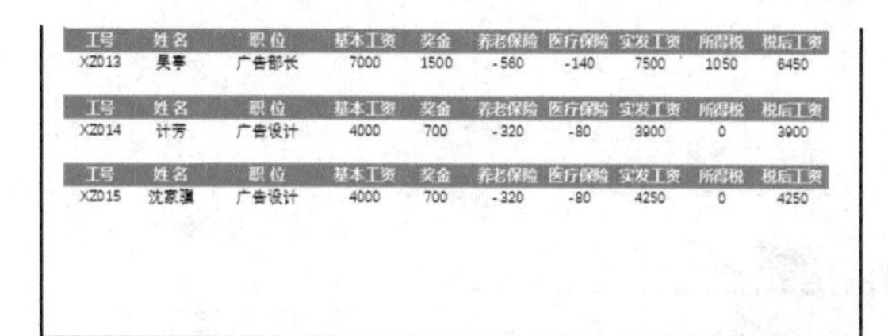

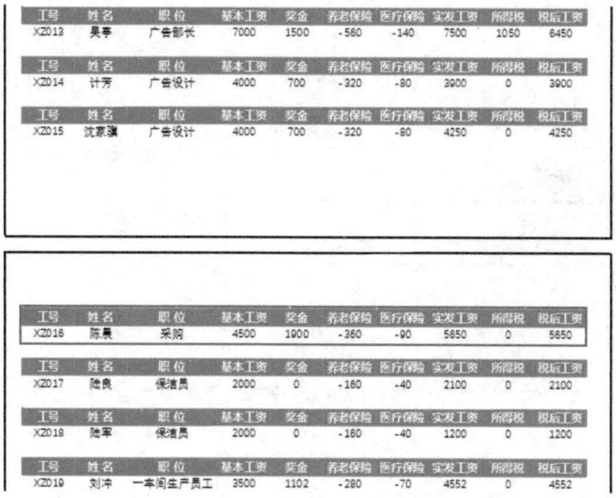

图8-52

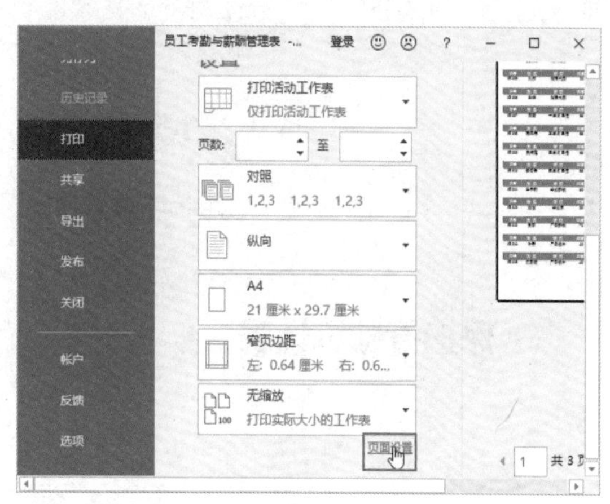

图8-53

Step 07 设置打印网格线及黑白打印。弹出“页面设置”对话框，切换到“工作表”选项卡，勾选“网格线”和“单色打印”复选框，单击“确定”按钮，如图8-54所示。

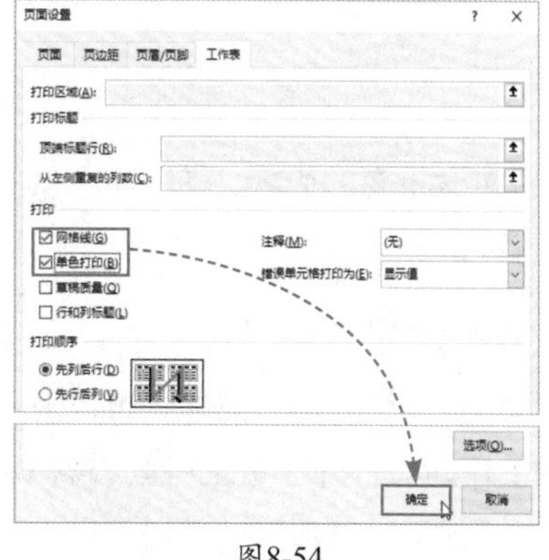

图8-54

Step 08 **预览打印效果。**在打印预览区域可以看到，此时已经显示出了网格线并变成了黑白打印，如图8-55所示。

工号	姓名	职位	基本工资	奖金	养老保险	医疗保险	实发工资	所得税	税后工资
XZ001	张爱玲	财务会计	5300	2200	-424	-106	6670	795	5875
工号	姓名	职位	基本工资	奖金	养老保险	医疗保险	实发工资	所得税	税后工资
XZ002	顾明凡	销售经理	4500	2300	-360	-90	5950	0	5950
工号	姓名	职位	基本工资	奖金	养老保险	医疗保险	实发工资	所得税	税后工资
XZ003	刘俊贤	销售代表	2000	2300	-160	-40	3700	0	3700
工号	姓名	职位	基本工资	奖金	养老保险	医疗保险	实发工资	所得税	税后工资
XZ004	吴丹丹	销售代表	2000	3300	-160	-40	5400	0	5400
工号	姓名	职位	基本工资	奖金	养老保险	医疗保险	实发工资	所得税	税后工资
XZ005	刘乐	销售代表	2000	2300	-160	-40	4000	0	4000
工号	姓名	职位	基本工资	奖金	养老保险	医疗保险	实发工资	所得税	税后工资
XZ006	赵强	销售代表	2000	2000	-160	-40	3760	0	3760

图8-55

■8.5.3　保护考勤统计表

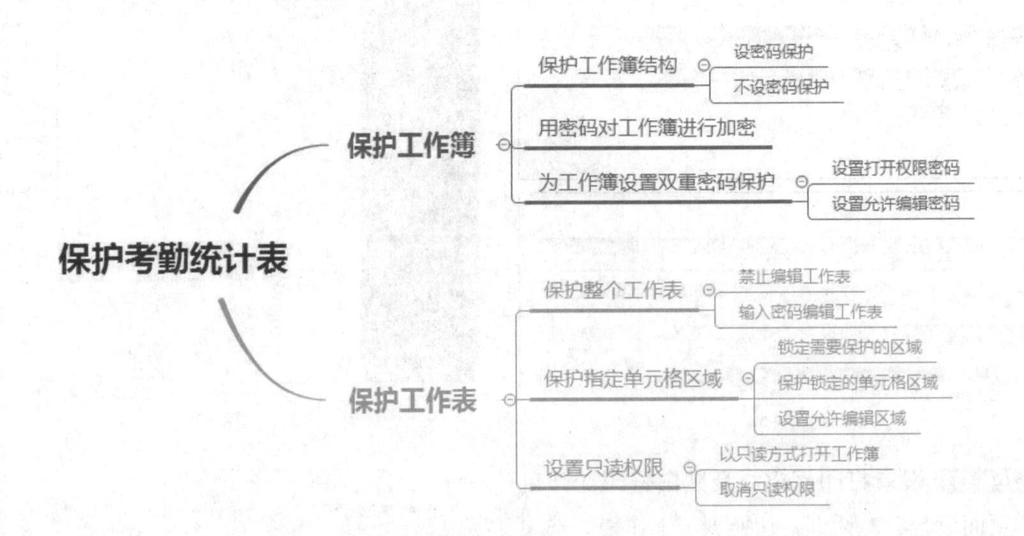

若工作簿中包含重要的内容，为了防止他人随意查看、修改工作簿中的内容，可以对工作簿或工作表进行保护。

1．保护工作簿结构

若想工作簿结构不被改动、破坏，可以对工作簿执行保护。

Step 01 **保护工作簿。**打开“员工考勤与薪酬管理表”工作簿中的任意一个工作表，打开“审阅”选项卡，在“保护”选项组中单击“保护工作簿”按钮，如图8-56所示。

Step 02 设置密码。弹出“保护结构和窗口”对话框，在“密码”文本框中输入密码，此处设置密码为“789789”，单击“确定”按钮，弹出“确认密码”对话框，再次输入密码，单击“确定”按钮关闭对话框，如图8-57所示。

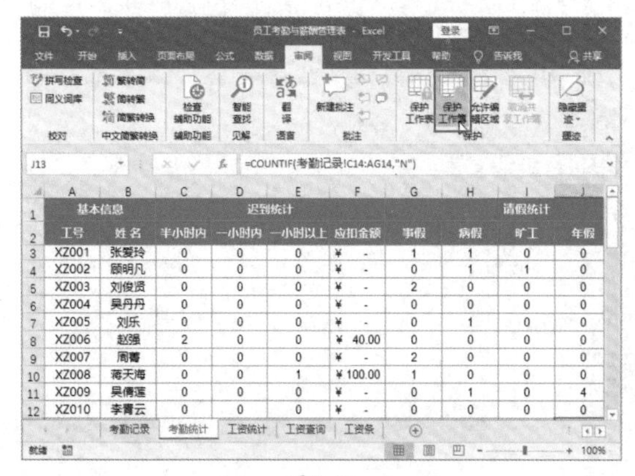
图8-56

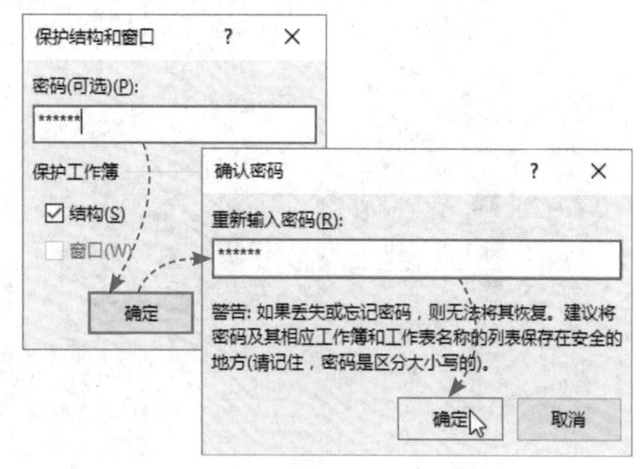

图8-57

Step 03 尝试移动工作表的位置。选中任意一个工作表标签，按住鼠标左键拖动鼠标，会出现一个禁止操作的图标，说明工作表不能被移动，如图8-58所示。

Step 04 查看保护工作簿结构的效果。右击任意的工作表标签，在弹出的菜单中大部分选项都是不能操作的状态，这是因为此时工作簿的结构已经被保护了，不能对工作表执行插入、删除、重命名、隐藏等操作，如图8-59所示。

基本信息		迟到统计					
工号	姓名	半小时内	一小时内	一小时以上	应扣金额	事假	病假
XZ001	张爱玲	0	0	0	¥ -	1	1
XZ002	顾明凡	0	0	0	¥ -	0	1
XZ003	刘俊贤	0	0	0	¥ -	2	0
XZ004	吴丹丹	0	0	0	¥ -	0	0
XZ005	刘乐	0	0	0	¥ -	0	1
XZ006	赵强	2	0	0	¥ 40.00	0	0
XZ007	周蕾	0	0	0	¥ -	2	0
XZ008	蒋天海	0	0	1	¥ 100.00	1	0
XZ009	吴倩莲	0	0	0	¥ -	0	1
XZ010	李青云	0	0	0	¥ -	0	0
XZ011	赵子新	0	1	1	¥ 150.00	0	1
XZ012	张洁	0	0	0	¥ -	0	1
XZ013	吴亭	0	0	0	¥ -	1	1

考勤记录　考勤统计　工资查询　工资条

图8-58

插入(I)...
删除(D)
重命名(R)
移动或复制(M)...
查看代码(V)
保护工作表(P)...
工作表标签颜色(T)
隐藏(H)
取消隐藏(U)...
选定全部工作表(S)

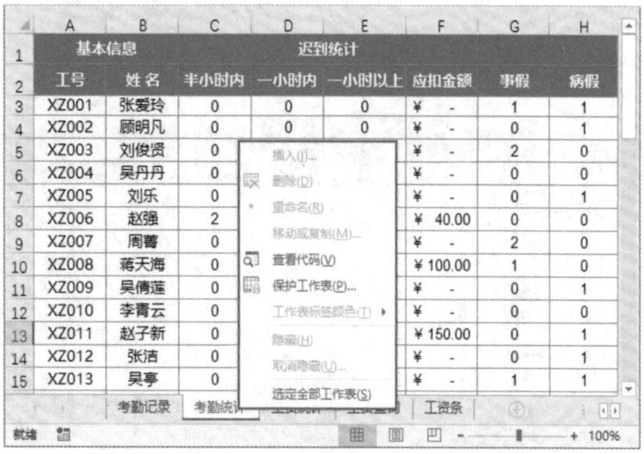

图8-59

2. 保护指定单元格区域

若工作表中包含特殊的内容，如公式、重要的数据等，可以对这些内容所在的区域进行单独保护。

Step 01 全选工作表。打开“考勤统计”工作表，单击工作表左上角的空白区域全选工作表，如图8-60所示。

Step 02 取消锁定和隐藏。按组合键Ctrl+1打开“设置单元格格式”对话框，打开“保护”选项卡，取消勾选“锁定”和“隐藏”复选框，单击“确定”按钮，如图8-61所示。

	A	B	C	D	E	F	G	H
1	基本信息		迟到统计					
2	工号	姓名	半小时内	一小时内	一小时以上	应扣金额	事假	病假
3	XZ001	张爱玲	0	0	0	¥ -	1	1
4	XZ002	顾明凡	0	0	0	¥ -	0	1
5	XZ003	刘俊贤	0	0	0	¥ -	2	0
6	XZ004	吴丹丹	0	0	0	¥ -	0	0
7	XZ005	刘乐	0	0	0	¥ -	0	1
8	XZ006	赵强	2	0	0	¥ 40.00	0	0
9	XZ007	周蕾	0	0	0	¥ -	2	0
10	XZ008	蒋天海	0	0	1	¥ 100.00	1	0
11	XZ009	吴倩莲	0	0	0	¥ -	0	1
12	XZ010	李青云	0	0	0	¥ -	0	0
13	XZ011	赵子新	0	1	1	¥ 150.00	0	1
14	XZ012	张洁	0	0	0	¥ -	0	1
15	XZ013	吴亭	0	0	0	¥ -	1	1
16	XZ014	计芳	0	0	0	¥ -	2	0
17	XZ015	沈家骥	0	1	0	¥ 50.00	0	0

单击

考勤记录 | 考勤统计 | 工资统计 | 工资查询 | 工资条

图8-60

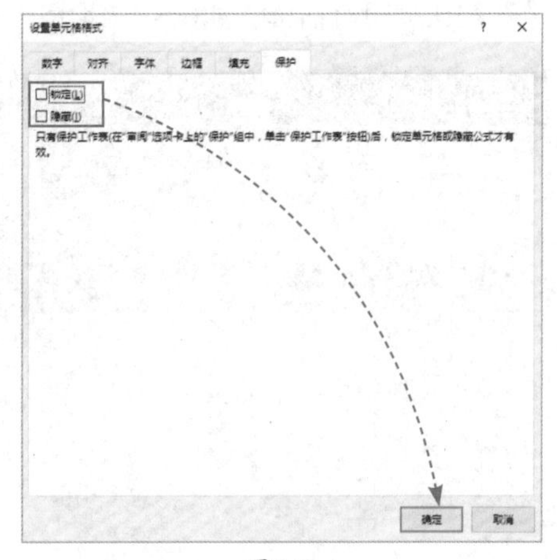

图8-61

Step 03 选择包含公式的单元格。选中工作表中的任意单元格，打开“开始”选项卡，在“编辑”选项组中单击“查找和选择”下拉按钮，在下拉列表中选择“公式”选项，如图8-62所示。

Step 04 锁定和隐藏包含公式的单元格。按组合键Ctrl+1打开“设置单元格格式”对话框，在“保护”选项卡中勾选“锁定”和“隐藏”复选框，单击“确定”按钮，如图8-63所示。

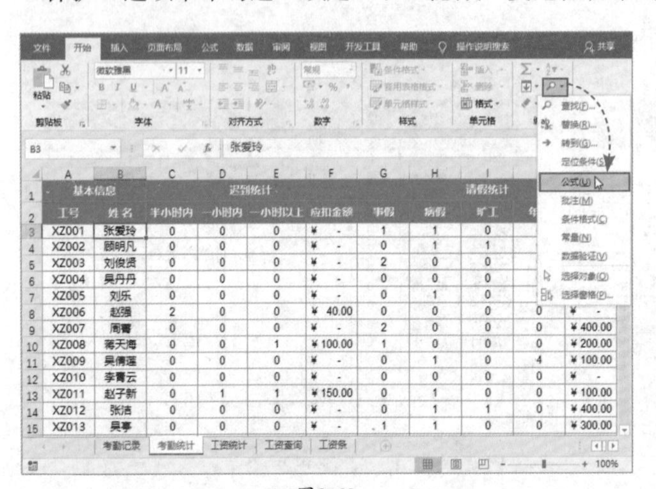

图8-62

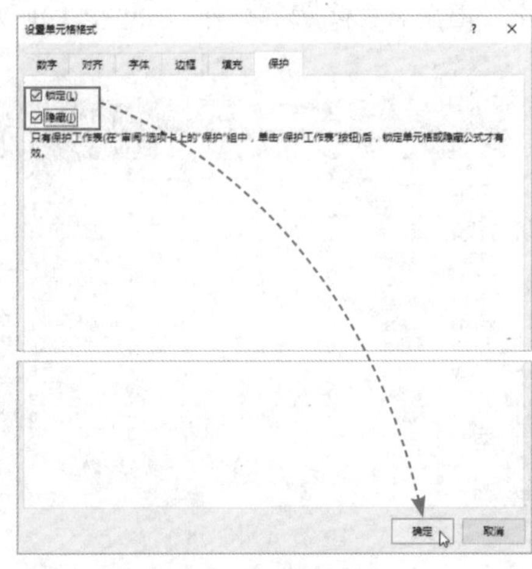

图8-63

Step 05 执行“保护工作表”命令。打开“审阅”选项卡，在“保护”选项组中单击“保护工作表”按钮，如图8-64所示。

Step 06 设置密码。打开“保护工作表”对话框，在文本框中输入密码“789789”，保持默认勾选的项目，单击“确定”按钮，弹出“确认密码”对话框，再次输入密码，单击“确定”按钮，如图8-65所示。

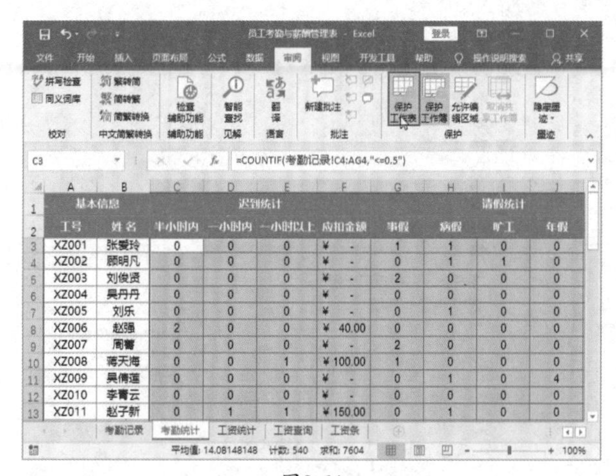

图8-64

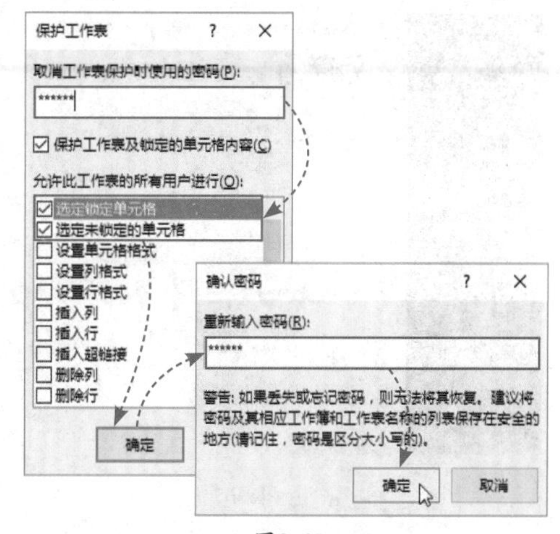

图8-65

Step 07 查看公式保护的效果。此时，工作表中的所有公式均被隐藏，在选中某个包含公式的单元格时，在编辑栏中没有任何内容显示，当试图编辑任意一个包含公式的单元格时，操作都会被中断，并且系统会弹出警告对话框，如图8-66所示，而未被锁定的区域可以正常编辑。

基本信息		迟到统计				请假统计					出勤天数	全勤奖	考勤工资
工号	姓名	半小时内	一小时内	一小时以上	应扣金额	事假	病假	旷工	年假	应扣金额			
XZ001	张爱玲	0	0	0	¥ -	1	1	0	0	¥ 300.00	20	¥ -	¥ -300.00
XZ002	顾明凡	0	0	0	¥ -	0	1	1	0	¥ 400.00	20	¥ -	¥ -400.00
XZ003	刘俊贤	0	0	0	¥ -	2	0	0	0	¥ 400.00	20	¥ -	¥ -400.00
XZ004	吴丹丹	0	0	0	¥ -	0	0	0	0	¥ -	22	¥ 300.00	¥ 300.00
XZ005	刘乐										21	¥ -	¥ -100.00
XZ006	赵强										22	¥ -	¥ -40.00
XZ007	周菁										20	¥ -	¥ -400.00
XZ008	蒋天海										21	¥ -	¥ -300.00
XZ009	吴倩莲										17	¥ -	¥ -100.00
XZ010	李青云										22	¥ 300.00	¥ 300.00
XZ011	赵子新	0	1	1	¥ 150.00	0	1	0	0	¥ 100.00	21	¥ -	¥ -250.00

Microsoft Excel

您试图更改的单元格或图表位于受保护的工作表中。若要进行更改，请取消工作表保护。您可能需要输入密码。

确定

考勤记录　考勤统计　工资统计　工资查询　工资条

图8-66

3. 为工作簿设置双重密码

为工作簿设置开启密码和编辑密码能够有效地保护工作簿，只有知道双重密码的人才能打开并编辑工作簿。

Step 01 执行“另存为”命令。打开“文件”菜单，在“另存为”界面中双击“这台电脑”选项，如图8-67所示。

Step 02 调出密码设置窗口。打开“另存为”对话框，单击“工具”按钮，在下拉列表中选择“常规选项”选项，如图8-68所示。

图8-67

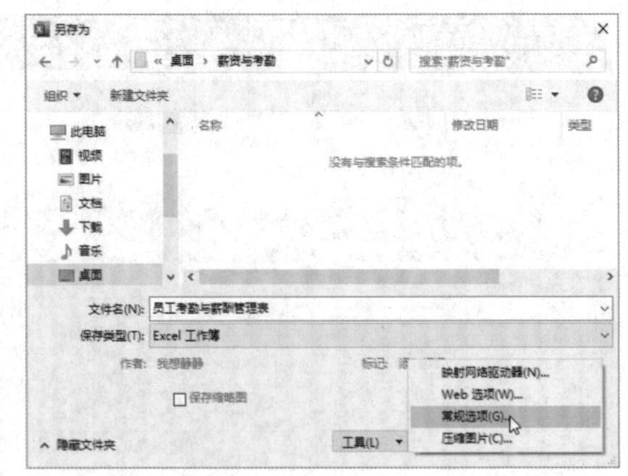

图8-68

知识拓展

在工作簿中按F12键，可以直接打开“另存为”对话框。

Step 03 **设置打开和修改权限密码。**打开“常规选项”对话框，设置“打开权限密码”为“789789”，设置“修改权限密码”为“456456”，单击“确定”按钮，分别再次输入打开权限密码和修改权限密码，如图8-69所示。

Step 04 **保存工作簿。**返回“另存为”对话框，设置好文件的保存位置，单击“保存”按钮，如图8-70所示。

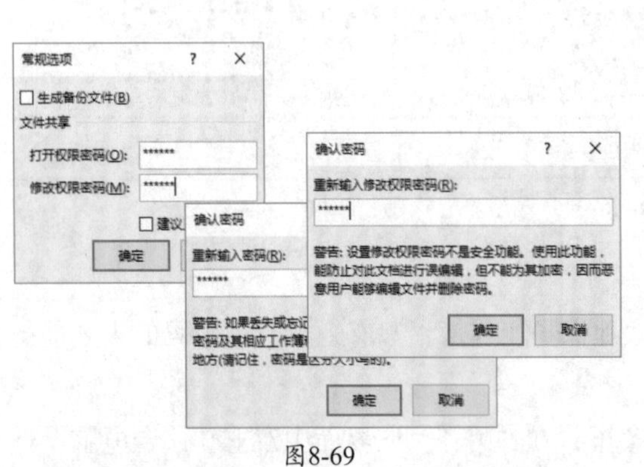

图8-69

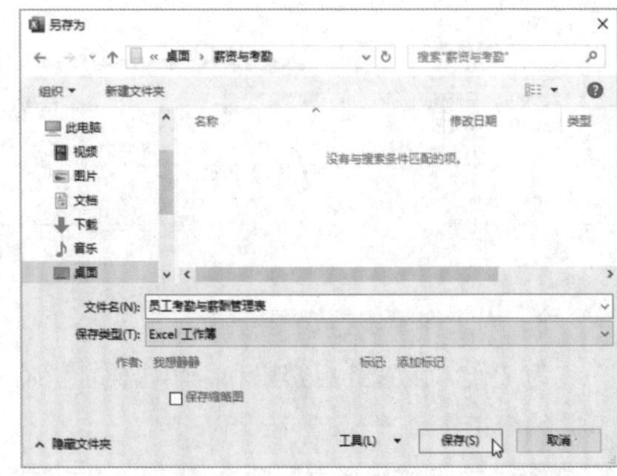

图8-70

Step 05 **输入打开权限密码。**再次打开设置了密码的工作簿，此时会先弹出一个“密码”对话框，输入打开权限密码“789789”，单击“确定”按钮，如图8-71所示。

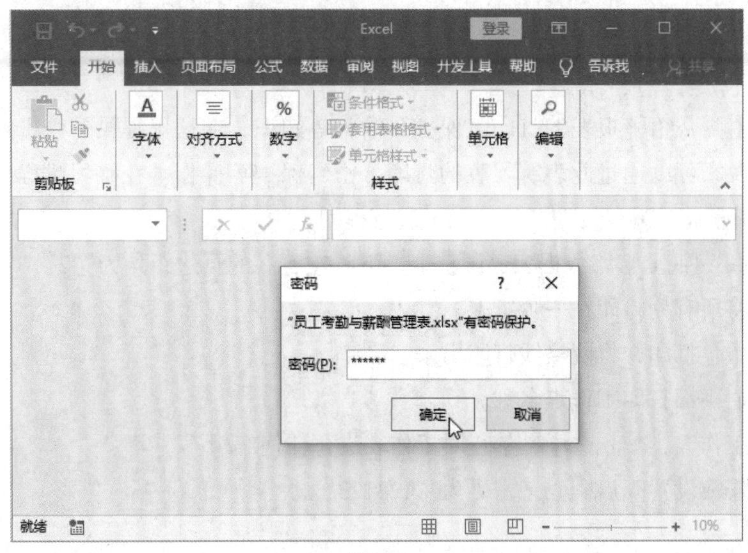

图8-71

Step 06 再次打开一个“密码”对话框，输入修改权限密码“456456”，单击“确定”按钮，如图8-72所示，这样才能打开工作簿，并对工作簿中的内容进行编辑。

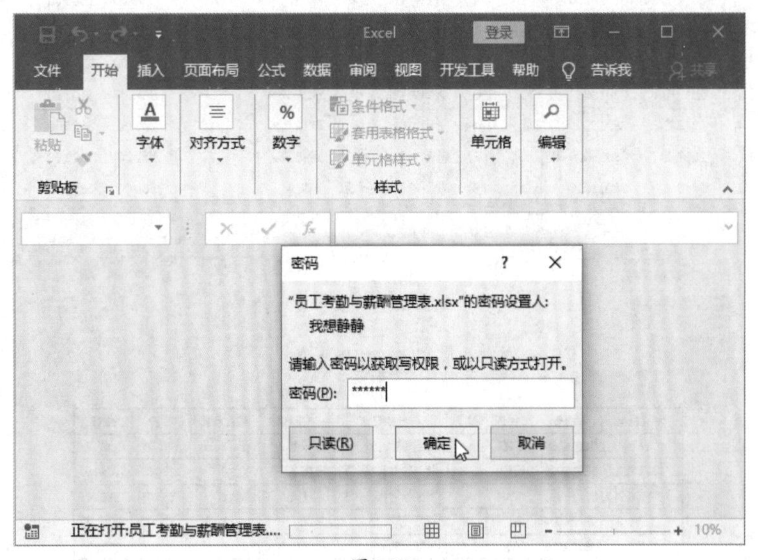

图8-72

● **新手误区：** 若只知道打开权限密码，不知道修改权限密码，可以在第二次弹出的“密码”对话框中单击“只读”按钮，以只读模式打开工作簿。

Ⓔ课后作业

本章内容主要介绍了报表的打印、保护、输入等知识，在这里提供了一份家具类产品销货台账数据表，大家可以通过此表练习表的打印、密码保护等操作。在练习过程中如有疑问，可以加入学习交流群（QQ群号：737179838）进行提问。

（1）设置在A4纸上打印数据表，调整上、下、左、右的页边距均为“2”。

（2）设置将所有列打印在一页纸上。

（3）设置单色打印，将网格线打印出来。

（4）在页眉中部打印工作表名称。

（5）保护工作表，禁止选中，禁止对工作表进行任何编辑。

（6）为工作簿设置开启密码，密码为“123123”。

	A	B	C	D	E	F	G	H	I
1	发货时间	单据号	出货员	客户	付款要求	产品名称	订货数量	单价	金额
2	2019/8/1	GB018001	丁香	A	货到付款	电脑桌	5	650.00	3250.00
3	2019/8/2	GB018002	莉莉	B	货到检验合格付款	书柜	8	1280.00	10240.00
4	2019/8/2	GB018003	小海	B	货到检验合格付款	儿童椅	2	55.00	110.00
5	2019/8/2	GB018004	杨帆	C	货到付款	书柜	1	1500.00	1500.00
6	2019/8/4	GB018005	丁香	A	货到付款	儿童书桌	6	1300.00	7800.00
7	2019/8/6	GB018006	杨帆	C	货到付款	餐桌	4	2800.00	11200.00
8	2019/8/6	GB018007	杨帆	D	货到付款	儿童书桌	7	1300.00	9100.00
9	2019/8/6	GB018008	丁香	A	货到付款	鞋柜	18	200.00	3600.00
10	2019/8/7	GB018009	杨帆	E	货到付款	置物架	20	150.00	3000.00
11	2019/8/9	GB018010	小海	B	货到检验合格付款	电脑桌	9	650.00	5850.00
12	2019/8/10	GB018011	莉莉	E	货到付款	儿童椅	20	55.00	1100.00

家具类产品销货台账

工作表效果

销货台账

发货时间	单据号	出货员	客户	付款要求	产品名称	订货数量	单价	金额
2019/8/1	GB018001	丁香	A	货到付款	电脑桌	5	650.00	3250.00
2019/8/2	GB018002	莉莉	B	货到检验合格付款	书柜	8	1280.00	10240.00
2019/8/2	GB018003	小海	B	货到检验合格付款	儿童椅	2	55.00	110.00
2019/8/2	GB018004	杨帆	C	货到付款	书柜	1	1500.00	1500.00
2019/8/4	GB018005	丁香	A	货到付款	儿童书桌	6	1300.00	7800.00
2019/8/6	GB018006	杨帆	C	货到付款	餐桌	4	2800.00	11200.00
2019/8/6	GB018007	杨帆	D	货到付款	儿童书桌	7	1300.00	9100.00
2019/8/6	GB018008	丁香	A	货到付款	鞋柜	18	200.00	3600.00
2019/8/7	GB018009	杨帆	E	货到付款	置物架	20	150.00	3000.00
2019/8/9	GB018010	小海	B	货到检验合格付款	电脑桌	9	650.00	5850.00
2019/8/10	GB018011	莉莉	E	货到付款	儿童椅	20	55.00	1100.00
2019/8/10	GB018012	莉莉	C	货到付款	书柜	3	1280.00	3840.00
2019/8/13	GB018013	杨帆	C	货到付款	儿童书桌	7	1300.00	9100.00
2019/8/15	GB018014	丁香	A	货到付款	餐桌	3	2800.00	8400.00
2019/8/18	GB018015	杨帆	C	货到付款	儿童书桌	5	1300.00	6500.00

打印预览效果